住房和城乡建设部“十四五”规划教材
“十二五”普通高等教育本科国家级规划教材

高等学校土木工程专业指导委员会规划推荐教材
（经典精品系列教材）

流体力学

（第四版）

刘　京　刘鹤年　陈文礼　王砚玲　编

中国建筑工业出版社

图书在版编目(CIP)数据

流体力学 / 刘京等编. — 4版. — 北京 ：中国建筑工业出版社，2023.1（2024.1重印）
住房和城乡建设部"十四五"规划教材 "十二五"普通高等教育本科国家级规划教材 高等学校土木工程专业指导委员会规划推荐教材 经典精品系列教材
ISBN 978-7-112-27927-2

Ⅰ.①流… Ⅱ.①刘… Ⅲ.①流体力学—高等学校—教材 Ⅳ.①O35

中国版本图书馆CIP数据核字（2022）第174326号

责任编辑：王美玲　朱首明
责任校对：孙　莹

住房和城乡建设部"十四五"规划教材
"十二五"普通高等教育本科国家级规划教材
高等学校土木工程专业指导委员会规划推荐教材
（经典精品系列教材）

流体力学

（第四版）

刘　京　刘鹤年　陈文礼　王砚玲　编

*

中国建筑工业出版社出版、发行（北京海淀三里河路9号）
各地新华书店、建筑书店经销
北京红光制版公司制版
北京圣夫亚美印刷有限公司印刷

*

开本：787毫米×1092毫米　1/16　印张：23　字数：499千字
2023年1月第四版　　2024年1月第三次印刷
定价：**59.00**元（赠课件及配套数字资源）
ISBN 978-7-112-27927-2
（40020）

本书是“十二五”普通高等教育本科国家级规划教材、住房和城乡建设部“十四五”规划教材，是土木工程专业流体力学课程（30～60学时）教材。

全书共12章：绪论，流体静力学，流体运动学，流体动力学基础，平面无旋流动及有旋流动，量纲分析和相似原理，流动阻力和水头损失，孔口、管嘴出流和有压管流，明渠流动，堰流，渗流，一维气体动力学基础。本书针对土木工程专业的特点，注意理论基础的强化，注重学生能力的培养，体系严谨，论述简明，便于教学。

本书也可作为建筑环境与能源应用工程、给排水科学与工程等其他土木工程类专业，以及环境科学与工程类、水利类、交通运输类等相关门类专业的流体力学（水力学）教材，还可作为全国注册结构工程师、注册设备工程师流体力学考试的首选参考书。

为便于教学，本书配有配套的流体力学电子教案，如有需求，可发邮件至 jckj@cabp.com.cn 索取（标题加书名、作者名），或到建工书院 http://edu.cabplink.com//index 下载，电话（010）58337285。

出版说明

党和国家高度重视教材建设。2016 年，中办国办印发了《关于加强和改进新形势下大中小学教材建设的意见》，提出要健全国家教材制度。2019 年 12 月，教育部牵头制定了《普通高等学校教材管理办法》和《职业院校教材管理办法》，旨在全面加强党的领导，切实提高教材建设的科学化水平，打造精品教材。住房和城乡建设部历来重视土建类学科专业教材建设，从“九五”开始组织部级规划教材立项工作，经过近 30 年的不断建设，规划教材提升了住房和城乡建设行业教材质量和认可度，出版了一系列精品教材，有效促进了行业部门引导专业教育，推动了行业高质量发展。

为进一步加强高等教育、职业教育住房和城乡建设领域学科专业教材建设工作，提高住房和城乡建设行业人才培养质量，2020 年 12 月，住房和城乡建设部办公厅印发《关于申报高等教育职业教育住房和城乡建设领域学科专业“十四五”规划教材的通知》（建办人函〔2020〕656 号），开展了住房和城乡建设部“十四五”规划教材选题的申报工作。经过专家评审和部人事司审核，512 项选题列入住房和城乡建设领域学科专业“十四五”规划教材（简称规划教材）。2021 年 9 月，住房和城乡建设部印发了《高等教育职业教育住房和城乡建设领域学科专业“十四五”规划教材选题的通知》（建人函〔2021〕36 号）。为做好“十四五”规划教材的编写、审核、出版等工作，《通知》要求：（1）规划教材的编著者应依据《住房和城乡建设领域学科专业“十四五”规划教材申请书》（简称《申请书》）中的立项目标、申报依据、工作安排及进度，按时编写出高质量的教材；（2）规划教材编著者所在单位应履行《申请书》中的学校保证计划实施的主要条件，支持编著者按计划完成书稿编写工作；（3）高等学校土建类专业课程教材与教学资源专家委员会、全国住房和城乡建设职业教育教学指导委员会、住房和城乡建设部中等职业教育专业指导委员会应做好规划教材的指导、协调和审稿等工作，保证编写质量；（4）规划教材出版单位应积极配合，做好编辑、出版、发行等工作；（5）规划教材封面和书脊应标注“住房和城乡建设部‘十四五’规划教材”字样和统一标识；（6）规划教材应在“十四五”期间完成出版，逾期不能完成的，不再作为《住房和城乡建设领域学科专业“十四五”规划教材》。

住房和城乡建设领域学科专业“十四五”规划教材的特点：一是重点以修订教育部、住房和城乡建设部“十二五”“十三五”规划教材为主；二是严格按照专业标准规范要求编写，体现新发展理念；三是系列教材具有明显特点，满足不同层次和类型的学校专业教学要求；四是配备了数字资源，适应现代化教学的要求。规划教材的出版凝聚了作者、主审及编辑的心血，得到了有关院校、出版单位的大力支持，教材建设管理过程有严格保障。希望广大院校及各专业师生在选用、使用过程中，对规划教材的编写、出版质量进行反馈，以促进规划教材建设质量不断提高。

住房和城乡建设部“十四五”规划教材办公室

2021 年 11 月

第四版前言

本书是住房和城乡建设部“十四五”规划教材、“十二五”普通高等教育本科国家级规划教材、高等学校土木工程专业指导委员会规划推荐教材。

近年来伴随着高等教育综合改革的实施，土木类相关专业纷纷结合自身发展定位，推进专业基础课程体系的重构，开展线上线下混合式教学等多元化教学模式的探索。本教材第四版力求在保持前三版体系风格的基础上，参照教育部高等学校力学教学指导委员会力学基础课程教学指导分委员会制定的《流体力学（水力学）课程教学基本要求（A类）》，以及土木工程专业指导委员会关于流体力学课程知识单元的建议，对内容进行了修订完善，以期更好地适应社会需求和行业发展。

第四版教材删去流体的相对平衡，在第4章中增加N-S方程精确解的举例，在第5章中增加有旋流动的小节，使得关于流体运动的理论体系更为完整；重新改写第4章中黏性流体运动微分方程的推导、第7章中关于紊流特征和时均化的论述、雷诺应力的推导等，使上述内容更严谨和易于理解；边界层概念和绕流阻力与土木类相关专业后续的专业课学习及工程应用有重要关联，但前三版的总体内容偏少，本次修订增加了边界层微分方程、层流边界层和紊流边界层的计算等内容，便于读者更全面系统地掌握边界层的特征；计算流体力学（CFD）越来越成为流体力学相关领域研究和工程实践的重要技术手段，本次修订专门增加一小节作为选学内容，希望通过尽可能简练的文字介绍，使读者初步掌握该方面的入门知识，同时理解其与经典流体力学理论之间的关系。另外，本次修订改写了相应章节的部分例题和习题，更新了引用的部分专业规范内容，纠正文、图、符号中的差错，对文字进行了再加工。最后，为便于读者进行检索查找，第四版增加了名词索引。

修订工作得到高等学校土木工程专业指导委员会和中国建筑工业出版社的大力支持，在此特致诚挚的谢忱。尤其是出版社为本修订版精心改用双色套印形式，弥补了旧版黑白印刷比较单调的缺陷，进一步提升了读者阅读体验。

本书由哈尔滨工业大学刘京、刘鹤年、陈文礼、王砚玲共同执笔，最后由刘京统稿。研究生王鹿、钱玮昕、高虎、王震等参与了资料搜集、文字整理、图表编制、课件制作等辅助性工作。行文至此，笔者深切地缅怀前三版的主编——哈尔滨工业大学刘鹤年教授。在修订过程中，时刻能够感受到他精益求精、务求完美的学术精神。衷心希望修订后的本教材能够既有继承也有创新，继续得到广大读者的认可和喜爱。

本书由大连理工大学刘亚坤教授主审，在此表示衷心的感谢。由于编者学识有限，书中难免有疏漏差错之处，敬请读者批评指正。

第三版前言

本书是“十二五”普通高等教育本科国家级规划教材，是高等学校土木工程专业指导委员会规划推荐教材。

第三版在保持前两版体系风格的基础上，参照教育部高等学校工科力学课程教学指导委员会流体力学及水力学课程教学指导小组审定的《流体力学（水力学）课程教学基本要求（A类）》，吸收了哈尔滨工业大学教学改革的经验和各校教师的意见建议修订出版。

修订版在内容上增加流体力学的发展简史，扩展黏性流体运动微分方程、有势流动相关的内容，删去非恒定总流的伯努利方程，增加适用输配水管道摩阻计算的海曾-威廉公式，删去希弗林松公式，改写了部分例题和习题；逐一校订书中引用的实验资料数据，加注参考文献序号或注码注明出处；纠正文、图、符号中的差错，进行文字再加工。

国内高等学校土木工程专业流体力学（水力学）课程的理论教学时数多在30~60学时之间，本书基本内容为60学时，在内容编排上注意到兼顾少学时教学，不需改动章节顺序，删减黏性流体运动微分方程、平面无旋流动、一维气体动力学基础及加* 号的各章节，达到基本要求，完成教学。

修订工作得到高等学校土木工程学科专业指导委员会和中国建筑工业出版社的大力支持，在此特致诚挚的谢忱，向选用本教材，提出许多宝贵意见的各校同仁致谢。

全书由哈尔滨工业大学刘鹤年、刘京共同讨论定稿，最后由刘京统稿，在完稿之际，我们以感激之情深深地怀念马祥琯教授生前对本书的关怀。

由于编者学识所限，书中难免有疏漏差错之处，敬请读者批评指正。

第二版前言

本书是普通高等教育“十五”国家级规划教材，是面向21世纪课程教材和高校土木工程学科专业指导委员会规划推荐教材的修订版。

原书是依据土木工程学科专业指导委员会审订的流体力学课程教学大纲、工科水力学及流体力学课程教学指导组审订的水力学课程(少学时)教学基本要求编写的，土木工程专业用流体力学教材。第二版在保持第一版的体系和特点的基础上，力求有新意和提高，为此，改写了§1.4牛顿流体和非牛顿流体、§2.2流体平衡微分方程、§6.5紊流运动、§9.4小桥孔径的水力计算及第11章一维气体动力学基础，新增§4.4非恒定总流的伯努利方程、§10.5渗流对建筑物安全稳定的影响，同时删减部分经验性内容和计算方法，提高了教材的质量。

土木工程专业是宽口径专业，各校流体力学课的教学内容和教学时数有较大差别，本书适用于中、低学时(40~50学时)，书中带*号的章节可作为选学内容，以便于组织教学。

本书出版适逢我国实施“2003~2007年教育振兴行动计划”，高等教育将实现更新更高跨越的年代。修订工作承蒙高校土木工程专业指导委员会、高校工科水力学及流体力学课程教学指导组专家的鼓励和指导，一些兄弟院校在原书使用过程中提出许多宝贵的意见和建议，哈尔滨工业大学、中国建筑工业出版社给予了大力支持，在此表示衷心的感谢。

本书由刘鹤年(哈尔滨工业大学)、张维佳(苏州科技学院)编，刘鹤年主编并定稿。

由于编者水平所限，书中难免疏漏和不妥之处，恳请读者批评指正。

第一版前言

本书是面向21世纪土建类人才培养方案和教学内容改革与实践项目研究成果的一部分，是普通高等学校土木工程专业流体力学课程教材，也可作为市政、环境、水利等专业流体力学(水力学)课程教学用书，以及全国注册结构工程师流体力学考试的首选参考书。

本书从流体力学课程的基础地位出发，加深加宽理论基础，在不削弱一元流动理论的同时，加强对质点运动的分析，注意运用基本方程分析流动问题，引导学以致用，重在培养学生分析问题的能力。

根据土木工程专业的专业特点，学生的基础情况和减少课内教学时数的需要，本书适当提高了知识起点，并精简传统的经验性内容和计算方法，尽量减小篇幅。部分带＊号的章节，作为选学内容，以便于组织教学。

在本书之前，曾编写出版了高等学校建筑工程专业系列教材《水力学》(中国建筑工业出版社，1998年12月)，受到有关学校的欢迎。本书吸收了编写《水力学》的经验和各校教师的建议，进一步提高了书的质量，当此《流体力学》出版之际，再次向各校同仁深致谢意。

本书的编写得到建设部高校土木工程专业指导委员会、教育部工科力学课程教学指导委员会水力学和流体力学组专家的鼓励和指导，也得到中国建筑工业出版社、哈尔滨工业大学土木工程学院的大力支持，在此致以衷心的谢忱。

由于编者学识所限，书中难免有疏漏和不足之处，恳请读者批评指正。

目　录

第1章
绪 论

(思维导图)

1.1 流体力学及其任务

1.1.1 流体力学的研究对象

流体力学是研究流体的机械运动规律及其应用的科学，是力学的分支学科。

在常温常压下，自然界物质有三种形态：固体、液体和气体。宏观地看，固体有一定的体积和形状，不易变形；液体有一定的体积，不易压缩，形状随容器形状而变，可有自由表面；气体容易压缩，充满整个容器，没有自由表面。

液体和气体合称为流体，流体的基本特征是具有流动性。什么是流动性呢？观察流动现象，诸如微风吹过平静的池水，水面因受气流的摩擦力（沿水面作用的剪切力）作用而波动；斜坡上的水，因受重力沿坡面方向的切向分力而往低处流淌……。这些现象表明，流体在静止时不能承受切力，或者说任何微小的切力作用，流体都将产生连续不断的变形，这就是流动，只要切力存在，流动就持续进行。流体的这种在微小切力作用下，连续变形的特性，称为流动性。此外，流体无论静止或运动，都几乎不能承受拉力。

固体没有流动性，在剪切力的作用下可以维持平衡，所以，流动性是区别流体和固体的力学特征。

1.1.2 流体力学的发展简史

(工程简介——最早的水井——河姆渡遗址)

1. 发展历程

人类治水的历史可追溯到上古时期。在中国，早在新石器时代晚期，已出现引水、排水沟渠和汲水井[1]，在漫长的历史进程中，积累了丰富的

[1] 周光坰编著《史前与当今的流体力学问题》北京大学出版社，2002.

治水经验和建造技术，留下众多历史文化遗产，如先秦时期（公元前 256 年～公元前 251 年）在四川岷江中游建都江堰❶(图 1-1)，从此川西平原“水旱从人，不知饥馑，时无荒年，天下谓之天府也。”(〈华阳国志·蜀志〉)；隋朝自文帝始，历二世（公元 584 年～公元 610 年）修浚并贯通南北大运河❷“自是天下利于转输”，“运漕商旅往来不绝”；又如隋大业年间（公元 605 年～公元 617 年）在河北洨河上建安济桥（赵州桥），如图 1-2 所示，这座石拱桥跨径 37.4m，主券两端各伏有两小券，既减轻了桥身自重，又可泄洪，迄今 1390 余年依然完好。历史上这些伟大的工程，皆因“顺应水性”，才能跨江河逾千年而不毁。

图 1-1　都江堰渠首

图 1-2　赵州桥

流体力学成为一门现代科学，发轫于 17 世纪欧洲文艺复兴以后，大致可分为：流体力学的建立（17 世纪中叶至 18 世纪末叶）、古典流体力学（古典水动力学）发展成熟（19 世

---

❶ 联合国教科文组织列入世界文化遗产名录 2000.11.

❷ 联合国教科文组织列入世界文化遗产名录 2014.6.

纪至20世纪初)、近代流体力学(20世纪初至中叶)和现代流体力学(20世纪中叶以后)四个时期。

欧洲文艺复兴时期(1300年～1600年)以后,意大利数学家、物理学家托里拆利(Torrieelli,E.,1608年～1647年)据实验推断开放空间存在大气压力,其后,法国数学家、物理学家、哲学家帕斯卡(Pascal,B.1623年～1662年)在不同高程继续托里拆利的实验,于1648年提出大气压概念,1653年发表静止流体中压强传递原理—帕斯卡原理。1687年英国数学家、物理学家、天文学家牛顿(Newton,I.1642年～1727年)所著《自然哲学的数学原理》(Philosophia Naturalis Principia Mathematica)问世,阐述了牛顿运动定律和万有引力定律,《自然哲学的数学原理》第二篇第九章提出关于流体内摩擦阻力的假设—牛顿内摩擦定律。1732年法国工程师皮托(Pitot,de.H.1695年～1771年)发明测量流速的仪器—皮托管,使其有可能测量点流速和流速分布。1738年瑞士数学家、物理学家伯努利(Bernoulli,D.1700年～1782年)所著《水动力学》出版,书中应用能量原理结合实验,得出水流运动的流量关系式—伯努利方程。1752年法国数学家、力学家达朗贝尔(d' Alembert,J. le. R.1717年～1783年)发表在理想流体(无黏性流体)中,物体做匀速直线运动阻力为零的理论解,即达朗贝尔佯谬。1755年瑞士数学家、力学家欧拉(Euler,L.1707年～1783年)在所著《流体运动的基本原理》中建立无黏性流体运动方程—欧拉运动方程,该方程与连续性微分方程组成无黏性流体运动微分方程组,奠定了无黏性流体动力学的理论基础,标志着流体力学从建立走向古典流体力学发展成熟时期。

19世纪至20世纪初是古典流体力学发展成熟时期,1839年德国工程师哈根(Hagen,G. H. L.1797年～1884年),同一时期法国医生、物理学家泊肃叶(Poiseuille,J. L. M.1799年～1869年)相继完成圆管水流的实验研究,后者于1841年发表圆管层流计算公式——哈根—泊肃叶公式。1822年法国土木工程师、力学家纳维(Navier,L. M. H.1785年～1836年)提出考虑黏性的流体运动方程式,至1845年英国数学家、物理学家斯托克斯(Stokes,G. G.1819年～1903年)以更为严格的推证最终建立现在形式的黏性流体运动方程——纳维—斯托克斯方程。1856年法国工程师达西(Darcy,H. P. G.1803年～1859年)提出多孔介质渗流的基本规律——达西定律。1883年英国物理学家雷诺(Reynolds,O.1842年～1912年)用可视化方法实验验证水流运动存在两种型态——层流和紊流(湍流),判别准则数—雷诺数,后于1895年提出紊动应力(雷诺应力)和紊流运动方程(雷诺方程),开紊流研究之先河。

自18世纪以来,流体力学沿着两个相互独立的途径发展,其一是古典流体力学,对理想流体以牛顿力学定律为基础,用数学演绎的方法进行理论研究,至19世纪末在数学上已臻完美,但所得理论解往往同实验结果相差甚远;另一途径是水力学,主要根据实验结果归纳成经验公式或半经验公式,应用于工程实际,此类公式因缺乏理论基础带有局限性。直到

1904 年德国力学家普朗特（Prandtl，L. 1875 年～1953 年）在观察、实验的基础上提出边界层理论，从理论上解决了古典流体力学和水力学各自用于实际流动存在的困难，使两者得以统一起来，自此，进入近代流体力学时期。

20 世纪初开始近代流体力学时期，代表人物之一普朗特继边界层理论之后，1913 年提出三维机翼理论，1925 年提出紊流的混合长理论。1906 年俄罗斯数学家、力学家儒科夫斯基（Joukowsi，N. E. 1847 年～1921 年）发表绕流体升力理论——儒科夫斯基升力理论。1911 年美国应用数学家、力学家卡门（von Karman，T. 1881 年～1963 年）发现卡门涡，建立涡街理论，1921 年根据动量原理导出边界层动量方程。1921 年英国数学家、力学家泰勒（Taylor，G. I. 1886 年～1975 年）提出紊流扩散理论，1933 和 1935 年先后发表涡旋传递理论和紊流统计理论。1927 年美国工程师德莱顿（Dryden，H. ）和基西（Kuethe，A. ）发明热线风速仪，为紊流的实验研究提供了有效的手段，首次测得紊流脉动速度。1933 年德国工程师尼古拉兹（Nikuradsa，J. ）完成人工粗糙管流摩阻变化规律及速度分布的实验研究。在这一时期，1939 年我国力学家钱学森（1911 年～2009 年）发表可压流绕流问题的解法（卡门—钱学森法），提出跨声速流动相似律，并与卡门一起，最早提出高超声速流动的概念。1945 年物理学家、力学家周培源（1902 年～1993 年）建立紊流相关动力学方程及其近似解法，是建立紊流模式理论的奠基石。1952 年力学家、机械工程学家吴仲华（1917 年～1992 年）建立叶轮机械的三元流理论，建立流动的基本方程。他们都为近代流体力学的发展作出了贡献。

20 世纪中叶（1960 年）以后，计算机广泛应用，流体力学研究领域空前扩展，非牛顿流体力学、多相流体力学、环境流体力学、物理化学流体力学、计算流体力学等新的分支和交叉学科迅速兴起，流体力学进入现代流体力学时期。

自 17 世纪中叶至今三百余年的发展史，记下了先驱者和大师们凭借科学思想的突破，理论创新和实验技术创新，引领流体力学从初起走向成熟、走向辉煌的历史进程。回顾历史，展望未来，面对当今世界面临的重大全球性问题，其中气候变化、水资源短缺、环境保护、防灾减灾、空天利用、海洋开发等无不与流体力学有着密切的关系，流体力学将在解决这些事关人类未来的问题中继续不断地创新发展！

2. 流体力学与土木工程

流体力学广泛应用于土木工程的各个领域。例如，在建筑工程和桥梁工程中，研究解决风对高耸式大跨度建筑物的荷载作用和风振问题，要以流体力学为理论基础；进行基坑排水、地基抗渗稳定处理、桥渡设计都有赖于水力分析和计算；从事给水排水系统的设计和运行控制，以及供热、供燃气、通风与空调设计和设备选用，更是离不开流体力学。可以说，流体力学已成为土木工程各领域共同的专业理论基础。

流体力学不仅用于解决单项土木工程的水和气的问题，更能帮助工程技术人员进一步认识土木工程与大气和水环境的关系。大气和水环境对建筑物和构筑物的作用是长期的、多方面的，其中台风、洪水通过直接摧毁房屋、桥梁、堤坝，造成巨大的自然灾害；另一方面，兴建大型厂矿、公路、铁路、桥梁、隧道、江海堤防和水坝等，也会对大气和水环境造成影响，有些导致生态环境恶化，甚至加重自然灾害，这方面国内外已有惨痛的教训。只有处理好土木工程与大气和水的关系，做到保护环境，减轻灾害，才能实现国民经济可持续发展。

1.1.3　流体力学的研究方法

流体力学的研究方法大体上分为理论方法、数值方法和实验方法三种。

理论方法是通过对流体物理性质和流动特征的科学抽象，提出合理的理论模型。对这样的理论模型，根据物质机械运动的普遍规律，建立控制流体运动的闭合方程组，将实际的流动问题，转化为数学问题，在相应的边界条件和初始条件下求解。理论研究方法的关键在于提出理论模型，并能运用数学方法求出理论结果，达到揭示运动规律的目的。但由于数学上的困难，许多实际流动问题还难以精确求解。

数值方法是在计算机应用的基础上，采用各种离散化方法（有限差分法、有限元法等），建立各种数值模型，通过计算机进行数值计算和数值实验，得到在时间和空间上，定量描述流场的数值近似解。50 多年来，这一方法得到很大发展，已形成一个专门学科——计算流体力学。

实验方法是通过对具体流动的观察与测量，来认识流动的规律。理论上的分析结果需要经过实验验证，实验又需用理论来指导。流体力学的实验研究，包括原型观测和模型实验，而以模型实验为主。

上述三种方法互相结合，为发展流体力学理论，解决复杂的工程技术问题，提供了研究工具。

1.1.4　连续介质假设

流体力学研究的对象是流体，从微观角度来看，流体是由大量的分子构成的，这些分子都在做无规则的热运动。由于分子间是离散的，流体的物理量（如密度、压强和速度等）在空间的分布是不连续的，又由于分子的随机运动，在空间任一点上，流体的物理量随时间的变化也是不连续的，因此以分子作为流动的基本单元来研究流体的运动将极为困难。

现代物理学的研究得出，在标准状态（0℃，1.0 大气压）下，$1cm^3$ 的水中约有 3.3×10^{22} 个水分子，相邻分子间的距离约为 3×10^{-8}cm；$1cm^3$ 气体约有 2.7×10^{19} 个分子，相邻分子间的距离约为 3×10^{-7}cm。分子间距离如此微小，即使在很小的体积中，也含有大量的分子，足以得到与分子数目无关的各项统计平均特性。

流体力学研究流体宏观机械运动的规律，也就是大量分子统计平均的规律性。1755 年瑞士数学家和力学家欧拉（Euler，L. 1707 年～1783 年）提出，把流体当作是由密集质点构成的、内部无间隙的连续体来研究，这就是连续介质假设。这里所说的质点，是指大小同所有流动空间相比微不足道，又含有大量分子，具有一定质量的流体微元。提出连续介质假设，是为回避分子运动的复杂性，对流体物质结构简化。按连续介质假设，流体运动的物理量都可视为空间坐标和时间变量的连续函数，这样就能用数学分析方法来研究流体运动。

连续介质假设用于一般的流动是合理和有效的，但是对某些特殊的问题，如研究在高空稀薄气体中的物体运动，气体分子平均自由程很大，与物体特征长度尺度相比为同量阶，则不能视稀薄气体为连续介质。

连续介质假设对于学过固体力学的读者并不陌生，在材料力学和弹塑性力学中，都把受力构件当作连续介质来研究应力和变形的规律。可以说连续介质假设是固体和流体力学许多分支学科共同的理论基础。

1.2 作用在流体上的力

力是造成物体机械运动的原因，因此研究流体机械运动的规律，要从分析作用在流体上的力入手。作用在流体上的力，按作用方式的不同可分为两类。

1.2.1 表面力

表面力是通过直接接触，作用在所取流体表面上的力，简称面力。

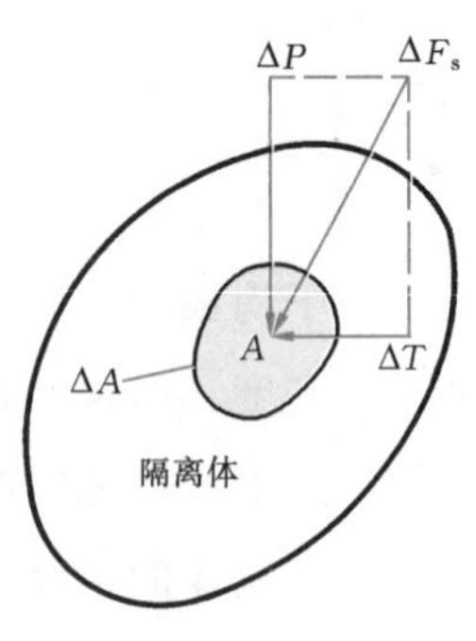

图 1-3 表面力

在运动流体中，取隔离体为研究对象（图 1-3），周围流体对隔离体的作用，以分布的表面力代替。表面力在隔离体表面某一点的大小（集度）用应力来表示。

设 A 为隔离体表面上的一点，包含 A 点取微小面积 ΔA，若作用在 ΔA 上的总表面力为 ΔF_s，将其分解为法向分力（压力）ΔP 和切向分力 ΔT，则

$$\bar{p}=\frac{\Delta P}{\Delta A} \quad \text{为 } \Delta A \text{ 上的平均压应力}$$

$$\bar{\tau}=\frac{\Delta T}{\Delta A} \quad \text{为 } \Delta A \text{ 上的平均切应力}$$

取极限 $p_A=\lim\limits_{\Delta A\to 0}\frac{\Delta P}{\Delta A}$ 为 A 点的压应力，习惯上称为 A 点的压强

$$\tau_A = \lim_{\Delta A \to 0} \frac{\Delta T}{\Delta A} \quad \text{为 } A \text{ 点的切应力}$$

应力的单位是帕斯卡（Pascal，B. 法国数学家，物理学家，1623 年～1662 年），简称帕，以符号 Pa 表示，$1\text{Pa}=1\text{N/m}^2$。

1.2.2 质量力

质量力是作用在所取流体体积内每个质点上的力，因力的大小与流体的质量成比例，故称质量力。在均质流体中，质量与体积成正比，质量力简称体力。重力是最常见的质量力，除此之外，若所取坐标系为非惯性系，建立力的平衡方程时，其中的惯性力如离心力、科里奥利力（Coriolis force）也属于质量力。

质量力的大小用单位质量力表示。设均质流体的质量为 m，所受质量力为 $\vec{F}_B$，则单位质量力为

$$\vec{f}_B = \frac{\vec{F}_B}{m}$$

在各坐标轴上的分量

$$X = \frac{F_{Bx}}{m}, Y = \frac{F_{By}}{m}, Z = \frac{F_{Bz}}{m}$$

$$\vec{f}_B = X\vec{i} + Y\vec{j} + Z\vec{k}$$

若作用在流体上的质量力，只有重力（图 1-4），则

$$F_{Bx} = 0 \qquad F_{By} = 0 \qquad F_{Bz} = -mg$$

单位质量力 $X=0$，$Y=0$，$Z=\dfrac{-mg}{m}=-g$

负号表示重力方向与 z 轴的方向相反。

单位质量力的单位为"m/s^2"，与加速度单位相同。

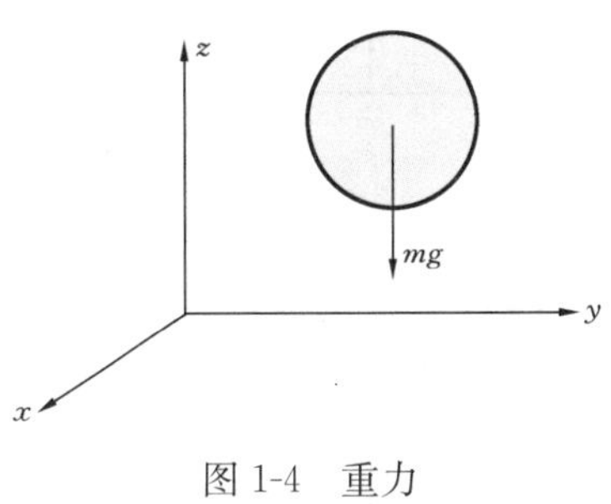

图 1-4 重力

1.3 流体的主要物理性质

流体的物理性质是决定流动状态的内在因素，同流体运动有关的主要物理性质是惯性、黏性、可压缩性和热膨胀性。

1.3.1 惯性

惯性是物体保持原有运动状态的性质，凡改变物体的运动状态，都必须克服惯性的作用。

质量是惯性大小的度量，单位体积的质量称为密度，以符号 ρ 表示。如均质流体的体积为 V，质量为 m，则

$$\rho=\frac{m}{V} \tag{1-1}$$

密度的常用单位是"kg/m^3"。

液体的密度随压强和温度的变化很小，一般可视为常数，如采用水的密度为 1000kg/m^3，水银的密度为 13600kg/m^3。

气体的密度随压强和温度而变化，一个标准大气压下 0℃空气的密度为 1.29kg/m^3。

在一个标准大气压条件下，水和空气的密度见表 1-1、表 1-2，其他几种常见流体的密度见表1-3。

水的密度　　表 1-1

温度（℃）	0	5	10	20	30
密度（kg/m^3）	999.8	1000.0	999.7	998.2	995.7
温度（℃）	40	50	60	80	100
密度（kg/m^3）	992.2	988.0	983.2	971.8	958.4

空气的密度　　表 1-2

温度（℃）	−20	0	10	20	30
密度（kg/m^3）	1.395	1.293	1.248	1.205	1.165
温度（℃）	40	60	80	100	200
密度（kg/m^3）	1.128	1.060	1.000	0.946	0.747

几种常见流体的密度　　表 1-3

流体名称	甘油	酒精	四氯化碳	水银	汽油	海水
温度（℃）	20	20	20	20	15	15
密度（kg/m^3）	1260	799	1590	13600	700～750	1020～1030

1.3.2 黏性

黏性是流体固有的物理性质，可从三个方面去认识。

1. 黏性的表象

观察图 1-5 所示两块平行平板，其间充满静止流体，两平板间距离 h，以 y 方向为法线方向。保持下平板固定不动，使上平板沿所在平面，以速度 U 运动。于是"粘附"于上平板表面的一层流体，随平板以速度 U 运动，并一层一层地向下影响，各层相继运动，直至

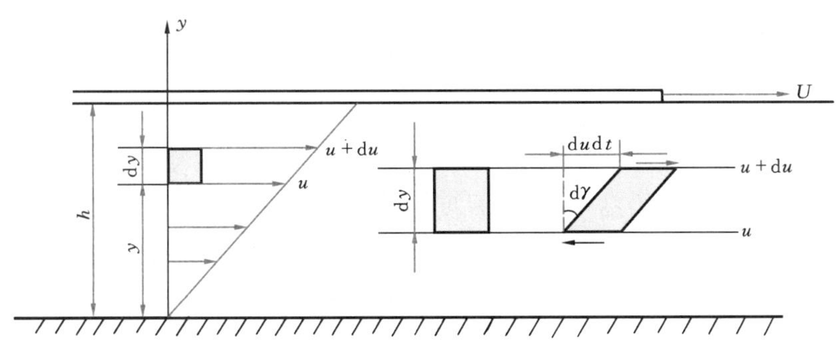

图 1-5　黏性表象

粘附于下平板的流层，速度为零。在 u 和 h 都较小的情况下，各流层的速度，沿法线方向呈直线分布。

上平板带动粘附在板上的流层运动，而且能影响到内部各流层运动，表明内部各流层之间，存在着剪切力，即内摩擦力，这就是黏性的表象。由此得出，黏性是流体的内摩擦特性。

2. 牛顿内摩擦定律

牛顿（Newton，I. 1642 年～1727 年）1687 年在所著《自然哲学的数学原理》中提出，并经后人验证：流体的内摩擦力（剪切力）T 与速度梯度 $\frac{U}{h}=\frac{\mathrm{d}u}{\mathrm{d}y}$ 成比例；与流层的接触面积 A 成比例；与流体的性质有关；与接触面上的压力无关，即

$$T=\mu A\frac{\mathrm{d}u}{\mathrm{d}y} \tag{1-2}$$

以应力表示

$$\tau=\mu\frac{\mathrm{d}u}{\mathrm{d}y} \tag{1-3}$$

式（1-2）、式（1-3）称为牛顿内摩擦定律。

式中 $\frac{\mathrm{d}u}{\mathrm{d}y}$ 为速度在流层法线方向的变化率，称为速度梯度。为进一步说明该项的物理意义，在距离为 $\mathrm{d}y$ 的上、下两流层间取矩形流体微团，这里微团即质点，只是在考虑尺度效应（旋转、变形）时，习惯上称为微团（图 1-5）。因微团上、下层的速度相差 $\mathrm{d}u$，经 $\mathrm{d}t$ 时间，微团除位移外，还有剪切变形 $\mathrm{d}\gamma$

$$\mathrm{d}\gamma\approx\tan(\mathrm{d}\gamma)=\frac{\mathrm{d}u\mathrm{d}t}{\mathrm{d}y}$$

$$\frac{\mathrm{d}u}{\mathrm{d}y}=\frac{\mathrm{d}\gamma}{\mathrm{d}t}$$

可知速度梯度 $\frac{\mathrm{d}u}{\mathrm{d}y}$ 实为流体微团的剪切应变率（剪切变形速度），牛顿内摩擦定律式（1-3）又可写成

$$\tau = \mu \frac{\mathrm{d}\gamma}{\mathrm{d}t} \tag{1-4}$$

上式指出，流体的切应力与剪切应变率成正比。而弹性体纯剪切时，切应力与剪切应变成正比（纯剪切的胡克定律）。

μ是比例系数，称为动力黏度，简称黏度，单位是“Pa · s”。动力黏度是流体黏性大小的度量，μ值越大，流体越黏，流动性越差。气体的黏度不受压强影响，液体的黏度受压强影响也很小。黏度随温度而变化，不同温度下水和空气，以及标准大气压、25℃的其他几种常见液体的黏度见表 1-4、表 1-5 和表 1-6。

不同温度下水的黏度 **表 1-4**

t (℃)	μ 10^{-3} (Pa · s)	ν 10^{-6} (m^2/s)	t (℃)	μ 10^{-3} (Pa · s)	ν 10^{-6} (m^2/s)
0	1.781	1.785	40	0.653	0.658
5	1.518	1.519	50	0.547	0.553
10	1.307	1.306	60	0.466	0.474
15	1.139	1.139	70	0.404	0.413
20	1.002	1.003	80	0.354	0.364
25	0.890	0.893	90	0.315	0.326
30	0.798	0.800	100	0.282	0.294

不同温度下空气的黏度 **表 1-5**

t (℃)	μ 10^{-5} (Pa · s)	ν 10^{-5} (m^2/s)	t (℃)	μ 10^{-5} (Pa · s)	ν 10^{-5} (m^2/s)
−20	1.61	1.15	40	1.90	1.68
0	1.71	1.32	60	2.00	1.87
10	1.76	1.41	80	2.09	2.09
20	1.81	1.50	100	2.18	2.31
30	1.86	1.60	200	2.58	3.45

几种常见液体的黏度（标准大气压，25℃） **表 1-6**

液体	μ 10^{-3} (Pa · s)	v 10^{-6} (m^2/s)
蓖麻油	700	729
硫酸	23.8	13.0
水银	1.528	0.11
乙醇	1.084	1.37
四氯化碳	0.912	0.57

在分析黏性流体运动规律时，黏度 μ 和密度 ρ 经常以比的形式出现，将其定义为流体的运动黏度

$$\nu=\frac{\mu}{\rho} \tag{1-5}$$

运动黏度的单位为“m^2/s”。

由表 1-4、表 1-5 可见，水的黏度随温度升高而减小，空气的黏度随温度升高而增大。其原因是，液体分子间的距离很小，分子间的引力即黏聚力，是形成黏性的主要因素，温度升高，分子间距离增大，黏聚力减小，黏度随之减小；气体分子间的距离远大于液体，分子热运动引起的动量交换，是形成黏性的主要因素，温度升高，分子热运动加剧，动量交换加大，黏度随之增大。

3. 无黏性流体

实际的流体，无论液体或气体，都是有黏性的。黏性的存在，给流体运动规律的研究，带来极大的困难。为了简化理论分析，特引入无黏性流体概念，所谓无黏性流体，是指无黏性即 $\mu=0$ 的流体。无黏性流体也称理想流体，实际上是不存在的，它只是一种对物性简化的力学模型。

由于无黏性流体不考虑黏性，所以对流动的分析大为简化，从而容易得出理论分析的结果。所得结果，对某些黏性影响很小的流动，能够较好地符合实际；对黏性影响不能忽略的流动，则可通过实验加以修正，从而能比较容易地解决许多实际流动问题。这是处理黏性流体运动问题的一种有效方法。

【例 1-1】旋转圆筒黏度计，外筒固定，内筒由同步电机带动旋转。内外筒间充入实验液体（图 1-6）。已知内筒半径 $r_1=1.93\text{cm}$，外筒半径 $r_2=2\text{cm}$，内筒高 $h=7\text{cm}$。实验测得内筒转速 $n=10\text{r/min}$，转轴上扭矩 $M=0.0045\text{ N}\cdot\text{m}$。试求该实验液体的黏度。

【解】充入内外筒间隙的实验液体，在内筒带动下做圆周运动。因间隙很小，速度近似直线分布，不计内筒端面的影响，内筒壁的切应力为

$$\tau=\mu\frac{\mathrm{d}u}{\mathrm{d}y}=\mu\frac{\omega r_1}{\delta}$$

式中
$$\omega=\frac{2\pi n}{60},\quad \delta=r_2-r_1$$

扭矩
$$M=\tau A r_1=\tau\times 2\pi r_1 h\times r_1$$

解得
$$\mu=\frac{15M\delta}{\pi^2 r_1^3 hn}=0.952\text{Pa}\cdot\text{s}$$

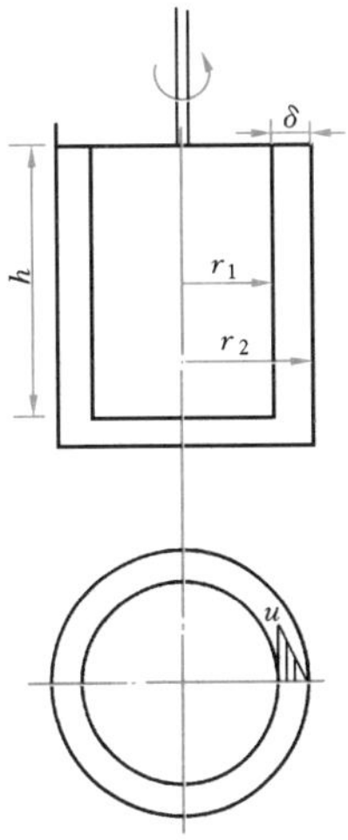

图 1-6 旋转黏度计

1.3.3 可压缩性与热膨胀性

可压缩性是流体受压，体积缩小，密度增大，除去外力后能恢复

原状的性质。可压缩性实际上是流体的弹性。热膨胀性是流体受热，体积膨胀，密度减小，温度下降后能恢复原状的性质。液体和气体的可压缩性和热膨胀性有很大差别，下面分别说明。

1. 液体的可压缩性和热膨胀性

液体的可压缩性用压缩系数来表示，它表示在一定的温度下，体积的相对缩小值与压强的增值之比。若液体的原体积为 V，压强增加 $\mathrm{d}p$ 后，体积减小 $\mathrm{d}V$，压缩系数为

$$\kappa=-\frac{\mathrm{d}V/V}{\mathrm{d}p}=-\frac{1}{V}\frac{\mathrm{d}V}{\mathrm{d}p} \tag{1-6}$$

由于液体受压体积减小，$\mathrm{d}p$ 和 $\mathrm{d}V$ 异号，式中右侧加负号，使 κ 为正值，其值越大，越容易压缩。κ 的单位是“1/Pa”。

根据增压前后质量无变化

$$\mathrm{d}m=\mathrm{d}(\rho V)=\rho\mathrm{d}V+V\mathrm{d}\rho=0$$

得
$$-\frac{\mathrm{d}V}{V}=\frac{\mathrm{d}\rho}{\rho}$$

故压缩系数可表为

$$\kappa=\frac{1}{\rho}\frac{\mathrm{d}\rho}{\mathrm{d}p} \tag{1-7}$$

液体的压缩系数随温度和压强变化，水的压缩系数见表 1-7，表中压强单位为工程大气压，1at=98000N/m^2。

水的压缩系数 κ（$\times10^{-9}$/Pa） **表 1-7**

温度（℃）\ 压强（at）	5	10	20	40	80
0	0.540	0.537	0.531	0.523	0.515
10	0.523	0.518	0.507	0.498	0.481
20	0.515	0.505	0.495	0.481	0.460

压缩系数的倒数是体积弹性模量，即

$$K=\frac{1}{\kappa}=-V\frac{\mathrm{d}p}{\mathrm{d}V}=\rho\frac{\mathrm{d}p}{\mathrm{d}\rho} \tag{1-8}$$

K 的单位是“Pa”。

液体的热膨胀性用热膨胀系数表示，它表示在一定的压强下，体积的相对增加值与温度

的增值之比。若液体的原体积为 V，温度增加 $\mathrm{d}T$ 后，体积增加 $\mathrm{d}V$，热膨胀系数为

$$\alpha_{\mathrm{v}}=\frac{1}{V}\frac{\mathrm{d}V}{\mathrm{d}T}=-\frac{1}{\rho}\frac{\mathrm{d}\rho}{\mathrm{d}T} \tag{1-9}$$

α_{v} 的单位是“1/K”或“1/℃”。

液体的热膨胀系数随压强和温度变化，水的热膨胀系数见表 1-8。

水的热膨胀系数 α_{V}（$\times 10^{-4}$/℃） 表 1-8

温度（℃） 压强（at）	1～10	10～20	40～50	60～70	90～100
1	0.14	1.50	4.22	5.56	7.19
100	0.43	1.65	4.22	5.48	7.04
200	0.72	1.83	4.26	5.39	—

从表 1-7 和表 1-8 可知，水的压缩系数和热膨胀系数都很小。一般情况下，水的可压缩性和热膨胀性均可忽略不计。对于某些特殊的流动，如有压管道中的水击，水中爆炸波的传播等，压缩性起着关键作用，必须考虑水的可压缩性；在液压封闭系统或热水采暖系统中，当工作温度变化较大时，须考虑体积膨胀对系统造成的影响。

2. 气体的可压缩性和热膨胀性

气体具有显著的可压缩性，在一般工程条件下，常用气体（如空气、氮、氧、二氧化碳等）的密度、压强和温度三者之间的关系，符合完全气体状态方程，即

$$\frac{p}{\rho}=RT \tag{1-10}$$

式中 p——气体的绝对压强（$\mathrm{N/m^2}$）；

ρ——气体的密度（$\mathrm{kg/m^3}$）；

T——气体的热力学温度（K）；

R——气体常数，在标准状态下，$R=\frac{8314}{M}\mathrm{J/(kg\cdot K)}$，空气的气体常数 $R=287\mathrm{J/(kg\cdot K)}$；

M——气体的分子量。

当气体在低温高压，临近液化状态时就不能当作完全气体看待，式（1-10）不再适用。

3. 不可压缩流体

实际流体都是可压缩的，然而有许多流动，流体密度的变化很小，可以忽略，由此引出不可压缩流体的概念。所谓不可压缩流体，是指流体的每个质点在运动全过程中，密度不变

化的流体。对于均质的不可压缩流体，密度时时处处都不变化，即 ρ=常数。不可压缩流体是又一理想化的力学模型。

如前所述，液体的压缩系数很小，在相当大的压强变化范围内，密度几乎不变。因此，一般的液体平衡和运动问题，都按不可压缩流体进行理论分析。

气体的可压缩性远大于液体，是可压缩流体。需要指出的是，几乎所有的自然界大气运动，在土木工程中常见的气流运动，如通风管道、低温烟道，管道不很长，气流的速度不大，远小于声速（约 340m/s），气体在流动过程中，密度没有明显变化，仍可作为不可压缩流体处理。

1.4* 牛顿流体和非牛顿流体

1.4.1 流变性

牛顿内摩擦定律给出了流体在简单剪切流动（图 1-5）条件下，切应力与剪切应变率的关系。这种关系反映流体的力学性质，称为流变性。表示流变关系的曲线，称为流变曲线。

水和空气等常见流体的流变性符合牛顿内摩擦定律

$$\tau = \mu \frac{\mathrm{d}u}{\mathrm{d}y}$$

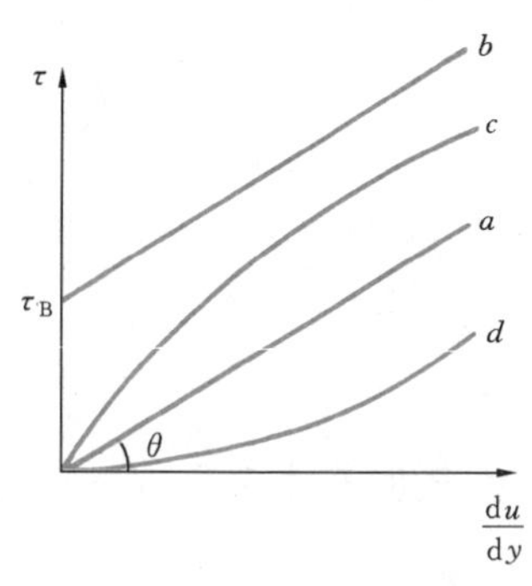

图 1-7　非时变性流体

这样的流体通称为牛顿流体。牛顿流体的动力黏度 μ，在一定的温度和压力下是常数，切应力与剪切应变率呈线性关系，流变曲线是通过坐标原点的直线（图1-7中 a 线），斜率就是牛顿流体的黏度。即

$$\mu = \frac{\tau}{\mathrm{d}u/\mathrm{d}y} = \tan\theta$$

除了以水和空气为代表的牛顿流体外，自然界和工程中还有许多液体的流变性不符合牛顿内摩擦定律，其流变曲线不是通过原点的直线（图1-7中 b～d 线），这样的流体通称为非牛顿流体。

对于非牛顿流体，也类似于牛顿流体，把切应力与剪切应变率之比，定义为非牛顿流体在该剪切应变率时的表观黏度。表观黏度一般随剪切应变率和剪切持续时间而变化。

1.4.2 非牛顿流体简介

非牛顿流体分为三类：

1. 非时变性非牛顿流体

流体的表观黏度只与剪切应变率（或切应力）有关，与剪切作用持续时间无关。这一类是应用最多的非牛顿流体，主要有：

（1）宾厄姆流体（Bingham fluid）也称塑性流体。流变方程为

$$\tau=\tau_{\mathrm{B}}+\eta\frac{\mathrm{d}u}{\mathrm{d}y} \tag{1-11}$$

式中 τ_{B}——屈服应力，单位 Pa；

η——塑性黏度，单位 Pa·s。

宾厄姆流体的流变曲线是有初始屈服应力的直线（图 1-7 中 b 线），其流动特点是当切应力超过屈服切应力 $\tau>\tau_{\mathrm{B}}$ 时才开始流动，而流动过程中，切应力和剪切应变率呈线性关系。

宾厄姆流体是含有固相颗粒的多相液体，作为分散相的颗粒之间，有较强的相互作用，在静止时形成网状结构，只有切应力足以破坏网状结构，流动才能进行，破坏网状结构的切应力便是屈服应力。通过改变分散相表面的物理化学性质，推迟网状结构的形成，减弱颗粒间的联系，从而减小屈服应力，增强流动性，这一点有很大的实用意义。

宾厄姆流体是工业上应用广泛的液体材料，如牙膏、某些石油制品、高含蜡低温原油、新拌水泥砂浆、净水厂排出的污泥等都是宾厄姆流体。

（2）拟塑性流体（pseudoplastic fluid）流变方程为

$$\tau=k\left(\frac{\mathrm{d}u}{\mathrm{d}y}\right)^{n}\qquad n<1 \tag{1-12}$$

式中 k——稠度系数，单位 $\mathrm{N\cdot s^{n}/m^{2}}$；

n——流变指数。

拟塑性流体的流变曲线，大体上是通过坐标原点，并向上凸的曲线(图 1-7 中 c 线)。由图 1-7 可见，拟塑性流体的流动特点是，随着剪切应变率的增大，表观黏度降低，流动性增大，表现出流体变稀。因此，拟塑性流体又称为剪切稀化流体。

拟塑性流体是含有长链分子结构的高分子聚合物熔体和高聚物溶液，以及含有细长纤维或颗粒的悬浮液。由于长链分子或颗粒之间的物理化学作用，形成某种松散结构，随着剪切应变率的增大，结构逐渐被破坏，长链分子沿流动方向定向排列，使流动阻力减小，表观黏度降低。

多数非牛顿流体，如某些原油、高分子聚合物溶液、醋酸纤维素、人的血液、沙拉酱食

品等都是拟塑性流体。

(3) 膨胀性流体 (dilatant fluid) 流变方程为

$$\tau = k\left(\frac{\mathrm{d}u}{\mathrm{d}y}\right)^n \qquad n>1 \tag{1-13}$$

式中 k——稠度系数，单位 $\mathrm{N \cdot s^n/m^2}$；

n——流变指数。

膨胀性流体的流变曲线大体上是通过原点并向下凹的曲线（图 1-5 中 d 线）。由图 1-5 可见，膨胀流体的流动特点是，随着剪切应变率的增大，表观黏度增大，流动性降低，表现出流体增稠。因此，膨胀流体又称为剪切稠化流体。

对于剪切稠化，一种解释是，膨胀流体多为含很高浓度、不规则形状固体颗粒的悬浮液，此种悬浮液在低剪切应变率时，不同粒度的颗粒排列较密，随着剪应变率的增大，使颗粒之间空隙增大，存在于空隙间起润滑作用的液体数量不足，流动阻力增大，表观黏度增大。

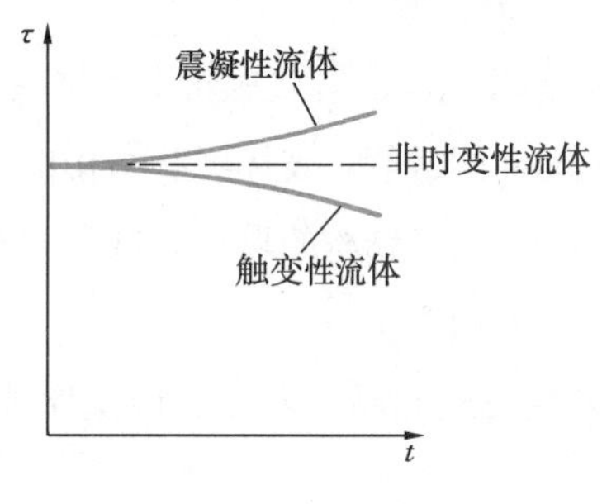

图 1-8 时变性流体

特别高浓度的挟砂水流、淀粉糊、阿拉伯树胶溶液等是膨胀性流体。

2. 时变性非牛顿流体

流体的表观黏度不仅与剪切应变率（或切应力）有关，而且与剪切作用持续时间有关（图1-8），其原因是这类流体受剪切作用，内部结构的调整需要一个时间过程。时变性非牛顿流体分为触变性流体（thixotropic fluid）和震凝性流体（rheopectic fluid），在一定剪切应变率下，前者的表观黏度随剪切作用持续时间而减小，如某些油漆、涂料是触变性流体；后者的表观黏度随剪切作用持续时间而增大，如某些乳胶悬浮液是震凝性流体。

3. 黏弹性流体

这一类流体兼有黏性和弹性双重性质，由此而显现出纯黏性流体所没有的特殊现象，诸如盛在容器内的黏弹性流体，沿旋转的搅拌杆向上爬升，液面内高外低，这种爬杆现象称为魏森贝格效应(Weissenberg effect)，而对牛顿流体，由于离心力作用，液面成为凹形，外高内低（图 1-9）。

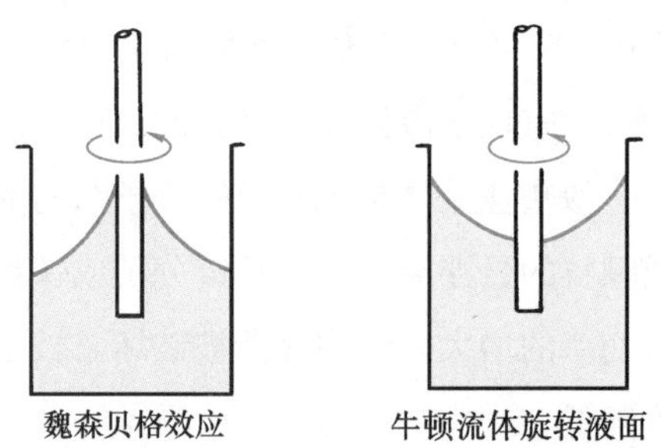

图 1-9 魏森贝格效应及对比图

黏弹性流体自大容器内由细管流出，流体的直径大于细管直径。多数黏弹性流体，如高分子熔体和高分子溶液从细管内挤出时，一般$\frac{d_e}{d}\approx 3\sim4$，这种挤出胀大现象（图 1-10）也称为巴拉斯效应(Barus effect)，而牛顿流体由细管流出时，形成射流收缩。此外，将浸入黏弹性流体中的吸管，在抽吸过程中慢慢地拔出液面，流体仍继续流入管内，形成无管虹吸（图1-11）。

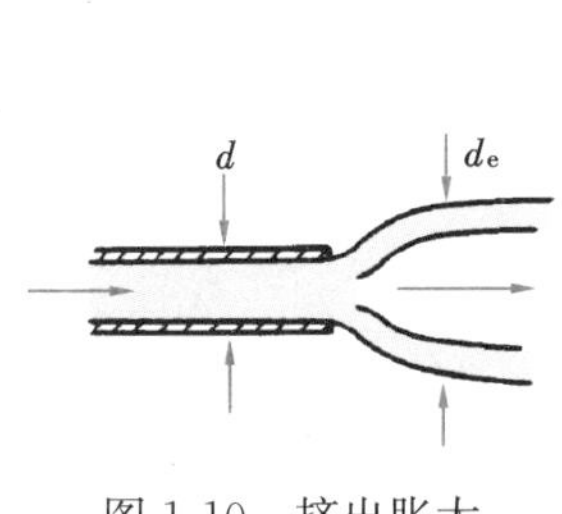

图1-10　挤出胀大

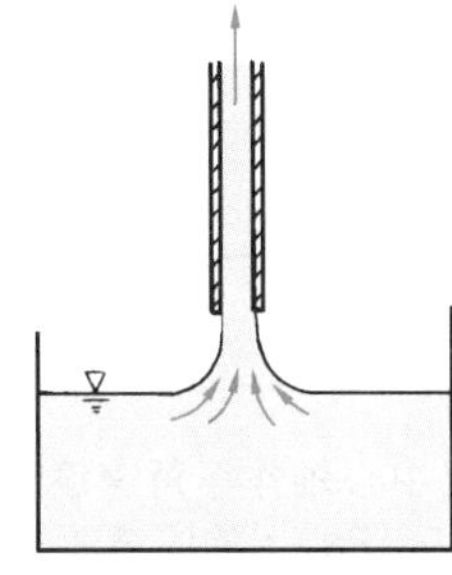

图1-11　无管虹吸

某些高分子溶液、尼龙（nylon）的熔液、蛋清、人的唾液等都是常见的黏弹性流体。

随着现代工业的发展和新材料的开发，非牛顿流体力学正在成为流体力学一个新的分支。

习题

1. 选择题（单选题）

1.1　按连续介质的概念，流体质点是指：(a) 流体的分子；(b) 流体内的固体颗粒；(c) 几何的点；(d) 几何尺寸同流动空间相比是极小量，又含有大量分子的微元体。

1.2　作用于流体的质量力包括：(a) 压力；(b) 摩擦阻力；(c) 重力；(d) 表面张力。

1.3　单位质量力的国际单位是：(a) N；(b) Pa；(c) N/kg；(d) m/s^2。

1.4　与牛顿内摩擦定律直接有关的因素是：(a) 切应力和压强；(b) 切应力和剪切应变率；(c) 切应力和剪切应变；(d) 切应力和流速。

1.5　水的动力黏度 μ 随温度的升高：(a) 增大；(b) 减小；(c) 不变；(d) 不定。

1.6　流体运动黏度 ν 的国际单位是：(a) m^2/s；(b) N/m^2；(c) kg/m；(d) $N\cdot s/m^2$。

1.7　无黏性流体的特征是：(a) 黏度是常数；(b) 不可压缩；(c) 无黏性；(d) 符合 $\frac{p}{\rho}=RT$。

1.8　当水的压强增加1个大气压时，水的密度增大约为：(a) 1/20000；(b) 1/10000；(c) 1/4000；(d) 1/2000。

2. 计算题

1.9　水的密度为 $1000kg/m^3$，2L水的质量和重力是多少?

1.10　体积为 $0.5m^3$ 的油料，重力为4410N，试求该油料的密度是多少?

1.11　某液体的动力黏度为0.005 Pa·s，其密度为 $850kg/m^3$，试求其运动黏度。

1.12　有一底面积为60cm×40cm的平板，质量为5kg，沿一与水平面成20°角的斜面下滑，如图1-12所示，平板与斜面之间的油层厚度为0.6mm，若下滑速度0.84m/s，求油的动力黏度 μ。

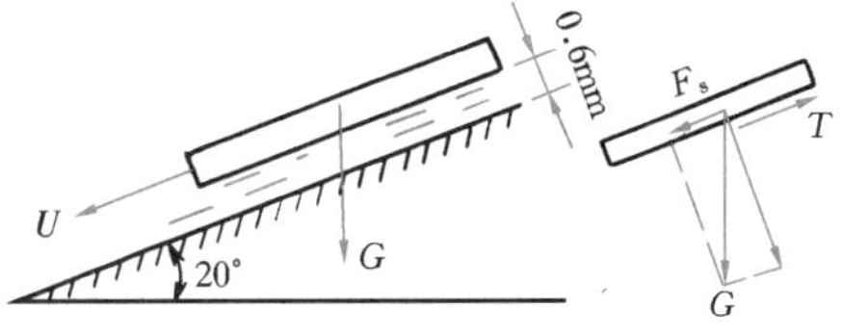

图1-12　习题1.12图

1.13　为了进行绝缘处理，将导线从充满绝缘涂料的模具中间拉过，如图 1-13 所示。已知导线直径为 0.8mm；涂料的黏度 $\mu=0.02\text{Pa}\cdot\text{s}$，模具的直径为 0.9mm，长度为 20mm，导线的牵拉速度为 50m/s，试求所需牵拉力。

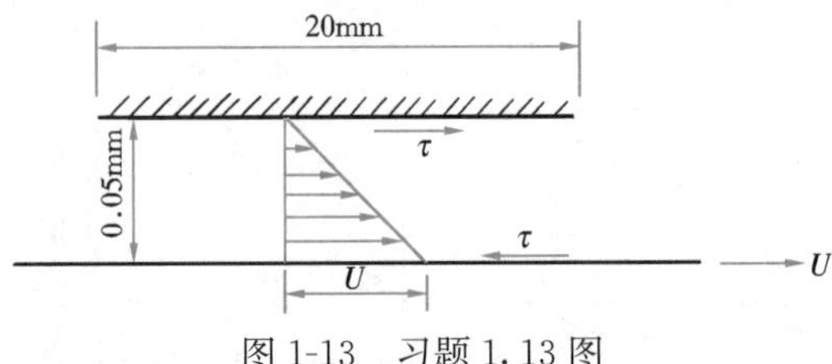

图 1-13　习题 1.13 图

1.14　一圆锥体绕其中心轴作等角速度旋转（图 1-14）$\omega=16$ rad/s，锥体与固定壁面间的距离 $\delta=$ 1mm，用 $\mu=0.1\text{Pa}\cdot\text{s}$ 的润滑油充满间隙，锥底半径 $R=0.3$m，高 $H=0.5$m。求作用于圆锥体的阻力矩。

1.15　活塞加压，缸体内液体的压强为 0.1MPa 时，体积为 1000cm^3，压强为 10MPa 时，体积为 995cm^3。试求液体的体积弹性模量。

1.16　图 1-15 所示为压力表校正器，器内充满压缩系数 $\kappa=4.75\times10^{-10}\text{m}^2/\text{N}$ 的液压油，由手轮丝杠推进活塞加压，已知活塞直径为 1cm，丝杠螺距为 2mm，加压前油的体积为 200mL，为使油压达到 20MPa，手轮要摇多少转？

1.17　图 1-16 所示为一水暖系统，为了防止水温升高时，体积膨胀将水管胀裂，在系统顶部设一膨胀水箱。若系统内水的总体积为 8m^3，加温前后最大升温范围由 20℃ 升至 95℃，在其温度范围内水的膨胀系数 $\alpha_V=0.0006/℃$。求膨胀水箱的最小容积。

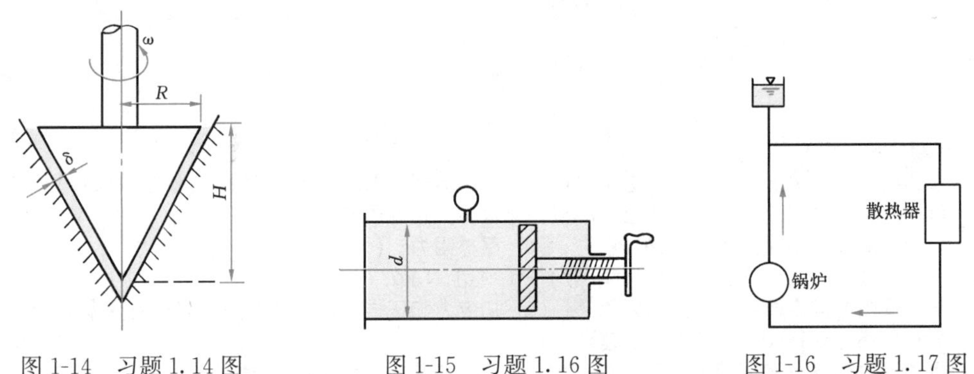

图 1-14　习题 1.14 图　　图 1-15　习题 1.16 图　　图 1-16　习题 1.17 图

1.18　钢贮罐内装满 10℃ 的水，密封加热到 75℃，在加热增压的温度和压强范围内，水的热膨胀系数 $\alpha_V=4.1\times10^{-4}/℃$，体积弹性模量 $K=2\times10^9\text{N/m}^2$，罐体坚固，假设容积不变，试估算加热后罐壁承受的压强。

1.19　汽车上路时，轮胎内空气的温度为 20℃，绝对压强为 395kPa，行驶后轮胎内空气温度上升到 50℃，试求这时的压强。

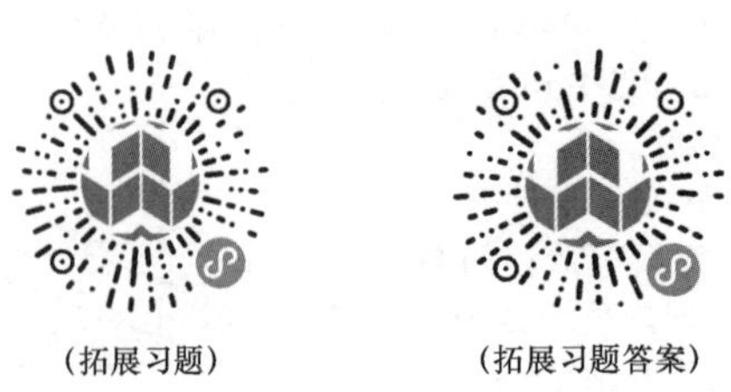
（拓展习题）　　（拓展习题答案）

第2章 流体静力学

流体静力学研究流体在静止状态下的力学规律。由于静止状态下，流体只存在压应力-压强，因此，流体静力学这一章以压强为中心，阐述静压强的特性，静压强的分布规律，以及作用面上总压力的计算。

2.1 静止流体中应力的特性

静止流体中的应力具有以下两个特性。

特性一：应力的方向沿作用面的内法线方向。

为了论证这一特性，在静止流体中任取截面 N-N，将其分为Ⅰ、Ⅱ两部分，取Ⅱ为隔离体，Ⅰ对Ⅱ的作用由 N-N 面上连续分布的应力代替（图 2-1）。

若 N-N 面上，任一点的应力 p 的方向，不是作用面的法线方向，则 p 可分解为法向应力 p_n 和切向应力 τ，而静止流体不能承受剪切力，以上情况不能存在。又流体不能承受拉力，故 p 的方向只能和作用面的内法线方向一致，即静止流体中只存在压应力-压强。

特性二：静压强的大小与作用面方位无关。

设在静止流体中任取一点 O，包含 O 点作微元直角四面体 $OABC$ 为隔离体。正交的三个边长分别为 dx、dy、dz。以 O 为原点，沿四面体正交的三个边选坐标轴（图 2-2）。

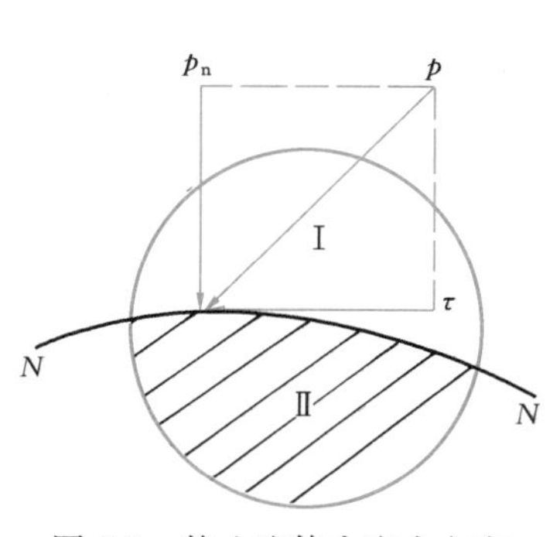

图 2-1 静止流体中应力方向

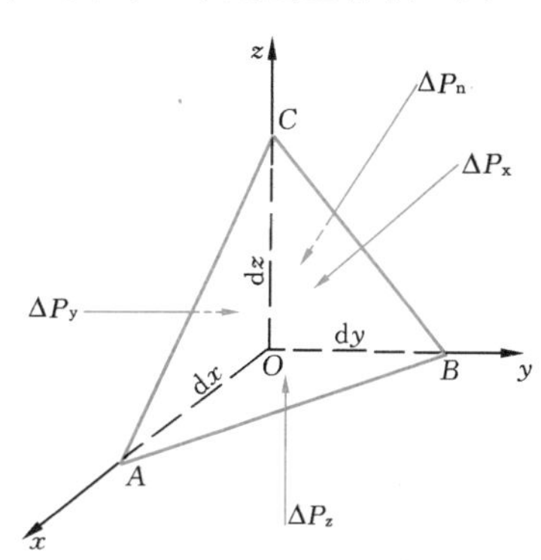

图 2-2 静微元四面体

分析作用在四面体上的力，包括：

（1）表面力：由特性一，只有压力 ΔP_x、ΔP_y、ΔP_z、ΔP_n

（2）质量力：

$$\Delta F_{Bx} = X\rho \frac{1}{6}\mathrm{d}x\mathrm{d}y\mathrm{d}z$$

$$\Delta F_{By} = Y\rho \frac{1}{6}\mathrm{d}x\mathrm{d}y\mathrm{d}z$$

$$\Delta F_{Bz} = Z\rho \frac{1}{6}\mathrm{d}x\mathrm{d}y\mathrm{d}z$$

四面体静止，各方向作用力平衡：$\sum F_x=0$，$\sum F_y=0$，$\sum F_z=0$。

由$\sum F_x=0$，有

$$\Delta P_x - \Delta P_n\cos(n,x) + \Delta F_{Bx} = 0$$

式中，$(n,\ x)$ 为倾斜平面 ABC（面积 ΔA_n）的外法线方向与 x 轴夹角。以三角形 BOC 面积

$$\Delta A_x = \Delta A_n\cos(n,x) = \frac{1}{2}\mathrm{d}y\mathrm{d}z$$

除上式，得

$$\frac{\Delta P_x}{\Delta A_x} - \frac{\Delta P_n}{\Delta A_n} + \frac{1}{3}X\rho\mathrm{d}x = 0$$

令四面体向 O 点收缩，对上式取极限，其中

$$\lim_{\Delta A_x\to 0}\frac{\Delta P_x}{\Delta A_x} = p_x,\quad \lim_{\Delta A_n\to 0}\frac{\Delta P_n}{\Delta A_n} = p_n,\quad \lim_{\mathrm{d}x\to 0}\left(\frac{1}{3}X\rho\mathrm{d}x\right) = 0$$

于是

$$p_x - p_n = 0$$

$$p_x = p_n$$

同理，由$\sum F_y=0$，$\sum F_z=0$，可得

$$p_y = p_n, p_z = p_n$$

所以

$$p_x = p_y = p_z = p_n$$

因为 O 点和 $\vec{n}$ 的方向都是任选的，故静止流体内任一点上，压强的大小与作用面方位无关。各个方向的压强可用同一个符号 p 表示，p 只是该点坐标的连续函数

$$p = p(x,y,z) \tag{2-1}$$

以上论证了静止流体中应力的特性，表明流体同弹性体的应力状况有很大差异，究其原因是流体具有流动性的必然结果。

2.2 流体平衡微分方程

在已知静止流体中应力特性的基础上，根据力的平衡原理，推求静压强的分布规律。

2.2.1 流体平衡微分方程

在静止流体内，任取一点 $O'(x,y,z)$，该点压强 $p=p(x,y,z)$。以 O' 为中心作微元直角六面体，正交的三个边分别与坐标轴平行，长度为 dx、dy、dz（图 2-3）。微元六面体静止，各方向的作用力相平衡，以 x 方向为例。

表面力：只有作用在 $abcd$ 和 $a'b'c'd'$ 面上的压力。两个受压面中心点 M、N 的压强，取泰勒（Taylor）级数展开式的前两项

$$p_M = p\left(x-\frac{dx}{2},y,z\right)= p-\frac{1}{2}\frac{\partial p}{\partial x}dx$$

$$p_N = p\left(x+\frac{dx}{2},y,z\right)= p+\frac{1}{2}\frac{\partial p}{\partial x}dx$$

因为受压面是微小平面，p_M、p_N 可作为所在面的平均压强，故 $abcd$ 和 $a'b'c'd'$ 面上的压力为

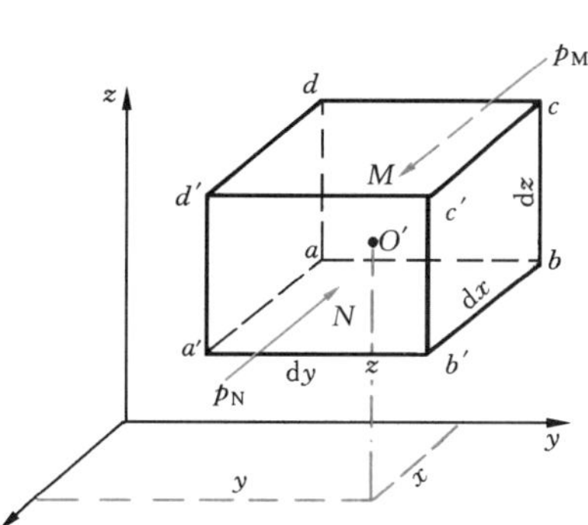

图 2-3　平衡微元六面体

$$P_M = \left(p-\frac{1}{2}\frac{\partial p}{\partial x}dx\right)dydz$$

$$P_N = \left(p+\frac{1}{2}\frac{\partial p}{\partial x}dx\right)dydz$$

质量力 $F_{Bx}=X\rho dxdydz$

列 x 方向平衡方程 $\sum F_x=0$，则有

$$\left(p-\frac{1}{2}\frac{\partial p}{\partial x}dx\right)dydz-\left(p+\frac{1}{2}\frac{\partial p}{\partial x}dx\right)dydz+X\rho dxdydz=0$$

化简得

同理，y、z 方向可得

$$\left.\begin{aligned} X-\frac{1}{\rho}\frac{\partial p}{\partial x}=0\\ Y-\frac{1}{\rho}\frac{\partial p}{\partial y}=0\\ Z-\frac{1}{\rho}\frac{\partial p}{\partial z}=0 \end{aligned}\right\} \tag{2-2}$$

式（2-2）用一个矢量方程表示

$$\vec{f}-\frac{1}{\rho}\nabla p=0 \tag{2-3}$$

式中符号 ∇ 为矢量微分算子，称哈密顿（Hamilton，W. R. 爱尔兰. 1805 年～1865 年）算子

$$\nabla=\vec{i}\frac{\partial}{\partial x}+\vec{j}\frac{\partial}{\partial y}+\vec{k}\frac{\partial}{\partial z}$$

（先贤小传——欧拉）

式（2-2）或式（2-3）是流体平衡微分方程，由瑞士数学家和力学家欧拉在 1755 年导出，又称为欧拉平衡微分方程。方程表明，在静止流体中各点单位质量流体所受表面力和质量力相平衡。

流体平衡微分方程给出了静止流体中各点质量力和表面力的平衡关系，也限定了质量力的力学类型。对式（2-2）中的 3 个分式交叉求偏导数（ρ 为常数），可得

$$\frac{\partial X}{\partial y}=\frac{\partial Y}{\partial x},\frac{\partial Y}{\partial z}=\frac{\partial Z}{\partial y},\frac{\partial Z}{\partial x}=\frac{\partial X}{\partial z} \tag{2-4}$$

由曲线积分定理，等式（2-4）是表达式 $X\mathrm{d}x+Y\mathrm{d}y+Z\mathrm{d}z$ 为某一坐标函数U（x，y，z)的全微分之必要且充分条件，即

$$\mathrm{d}U=X\mathrm{d}x+Y\mathrm{d}y+Z\mathrm{d}z \tag{2-5}$$

而

$$\mathrm{d}U=\frac{\partial U}{\partial x}\mathrm{d}x+\frac{\partial U}{\partial y}\mathrm{d}y+\frac{\partial U}{\partial z}\mathrm{d}z$$

由此，得

$$\left.\begin{aligned} X&=\frac{\partial U}{\partial x}\\ Y&=\frac{\partial U}{\partial y}\\ Z&=\frac{\partial U}{\partial z}\end{aligned}\right\} \tag{2-6}$$

满足式（2-6）的坐标函数 U（x，y，z）称为力的势函数，而具有势函数的力称为有势的力或保守力，由此得出，质量力有势是流体静止的必要条件。重力、惯性力都是有势的质量力。

2.2.2 平衡微分方程的积分

为对式（2-2）积分，将各分式分别乘以 $\mathrm{d}x$、$\mathrm{d}y$、$\mathrm{d}z$ 后相加，得到

$$\frac{\partial p}{\partial x}\mathrm{d}x+\frac{\partial p}{\partial y}\mathrm{d}y+\frac{\partial p}{\partial z}\mathrm{d}z=\rho(X\mathrm{d}x+Y\mathrm{d}y+Z\mathrm{d}z)$$

上式等号左边是压强 p（x，y，z）的全微分，这样

$$\mathrm{d}p=\rho(X\mathrm{d}x+Y\mathrm{d}y+Z\mathrm{d}z) \tag{2-7}$$

式（2-7）是流体平衡微分方程的全微分式。通常作用在流体上的单位质量力是已知的，将其代入该式直接积分，便可求得静压强的分布。

如前述，流体静止其质量力有势，将式（2-5）代入式（2-7），得到

$$\mathrm{d}p=\rho\mathrm{d}U$$

积分，即得

$$p = \rho U + c$$

式中积分常数 c 可结合边界条件和已知条件确定。

以上分析，从理论上论证了不可压缩流体在有势的质量力作用下才能静止，流体平衡微分方程有确定的解析解。

2.2.3 等压面

压强相等的空间点构成的面（平面或曲面）称为等压面。例如液体的自由表面就是一个等压面。等压面的一个重要性质是，等压面与质量力正交，证明如下：

因等压面（图 2-4）上各点的压强相等，p=常数，由式（2-7）

$$dp = \rho(Xdx + Ydy + Zdz) = 0$$

密度 $\rho \neq 0$，则等压面方程为

$$Xdx + Ydy + Zdz = 0$$

即单位质量力 $\vec{f}$ 与该点处任一线矢 $d\vec{l}$ 的数量积为零

$$Xdx + Ydy + Zdz = \vec{f} \cdot d\vec{l} = 0$$

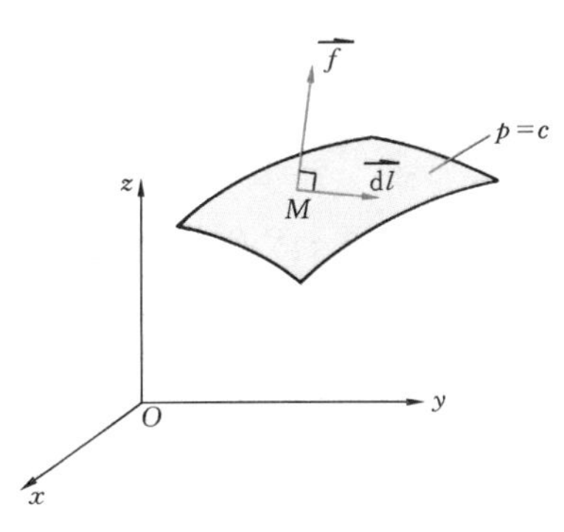

图 2-4　等压面

可知 $\vec{f}$ 和 $d\vec{l}$ 正交。这里 $d\vec{l}$ 在等压面上有任意方向，由此证明，等压面与质量力正交。

由等压面的这一性质，便可根据质量力的方向来判断等压面的形状。例如，质量力只有重力时，因重力的方向铅垂向下，可知等压面是水平面。若重力之外，还有其他质量力作用，则等压面是与质量力的合力正交的非水平面。

密度只是压强的单值函数 $\rho=\rho(p)$ 的流体称为正压流体。绝热气体、等温气体的密度和压强有单值关系，都是正压流体；不可压缩均质流体，全场密度等于常数，可认为是最简单的正压流体。对于正压流体，等压面上各点的压强相等，则密度相等，温度也相等，故等压面、等密面和等温面重合。由此可知，静止水体，室内空气均按密度和温度分层。

2.3 重力场中流体静压强的分布规律

实际工程中最常见的质量力是重力，因此，在流体平衡一般规律的基础上，研究重力作用下流体静压强的分布规律，更有实用意义。

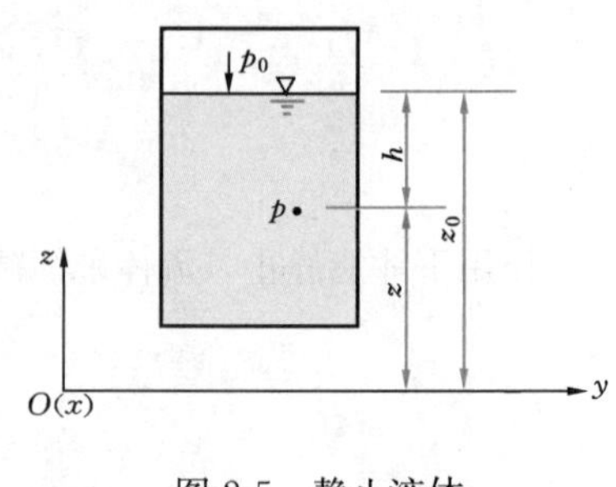

图 2-5　静止液体

2.3.1　液体静力学基本方程

1. 基本方程的两种表达式

设重力作用下的静止液体，选直角坐标系 $Oxyz$（图 2-5），自由液面的位置高度为 z_0，压强为 p_0。

液体中任一点的压强，由全微分式（2-7）

$$\mathrm{d}p = \rho(X\mathrm{d}x + Y\mathrm{d}y + Z\mathrm{d}z)$$

质量力只有重力，$X=Y=0$，$Z=-g$，代入上式，得

$$\mathrm{d}p = -\rho g\mathrm{d}z$$

均质液体，密度 ρ 是常数，积分上式

$$p = -\rho gz + c' \tag{2-8}$$

由边界条件 $z=z_0$，$p=p_0$，定出积分常数

$$c' = p_0 + \rho g z_0$$

代回原式，得

$$p = p_0 + \rho g(z_0 - z)$$

$$p = p_0 + \rho gh \tag{2-9}$$

或以单位体积液体的重力 ρg 除式（2-8）各项，得

$$\frac{p}{\rho g} = -z + \frac{c'}{\rho g}$$

$$z + \frac{p}{\rho g} = c \tag{2-10}$$

式（2-9）、式（2-10）中

p——静止液体内某点的压强；

p_0——液体表面压强，对于液面通大气的开口容器，p_0 即为大气压强，并以符号 p_a 表示；

h——该点到液面的距离，称淹没深度；

z——该点在坐标平面以上的高度。

式（2-9）、式（2-10）以不同形式表示重力作用下液体静压强的分布规律，均称为液体静力学基本方程式。

2. 推论

由液体静力学基本方程式 $p=p_0+\rho gh$，可得出以下推论。

(1) 静压强的大小与液体的体积无直接关系。盛有相同液体的容器(图 2-6),各容器的容积不同，液体的重力不同，但只要深度 h 相同，由式 (2-9) 容器底面上各点的压强就相同。

(2) 两点的压强差，等于两点间单位面积垂直液柱的重力。如图 2-7 所示，液体内任意两点 A、B 的压强

$$p_{\mathrm{A}} = p_0 + \rho g h_{\mathrm{A}}$$

$$p_{\mathrm{B}} = p_0 + \rho g h_{\mathrm{B}}$$

$$p_{\mathrm{B}} - p_{\mathrm{A}} = \rho g (h_{\mathrm{B}} - h_{\mathrm{A}}) = \rho g h_{\mathrm{AB}}$$

或

$$\left.\begin{aligned} p_{\mathrm{A}} &= p_{\mathrm{B}} - \rho g h_{\mathrm{AB}} \\ p_{\mathrm{B}} &= p_{\mathrm{A}} + \rho g h_{\mathrm{AB}} \end{aligned}\right\} \tag{2-11}$$

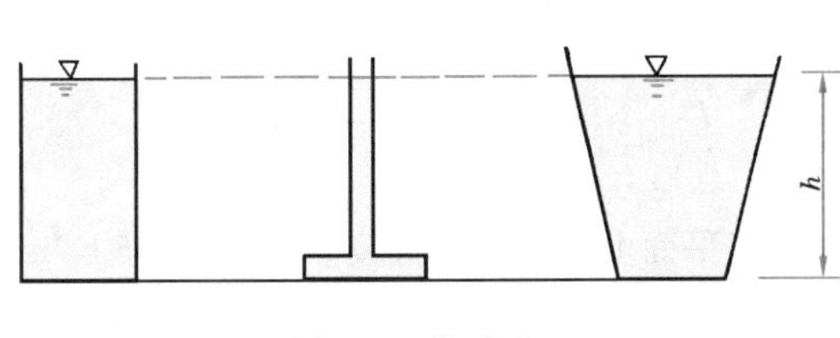

图 2-6　推论之一

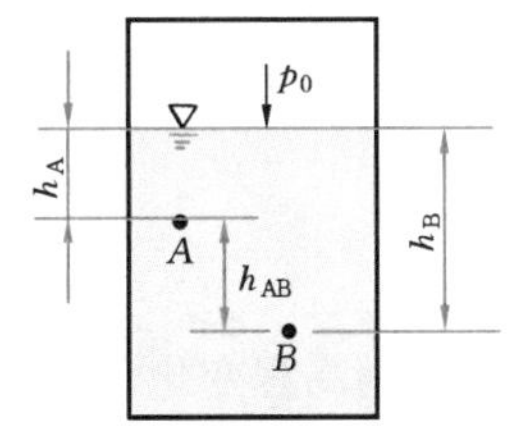

图 2-7　推论之二

(3) 平衡状态下，液体内（包括边界上）任意点压强的变化，等值地传递到其他各点。引用式 (2-11)，液体内任意两点的压强

$$p_{\mathrm{B}} = p_{\mathrm{A}} + \rho g h_{\mathrm{AB}}$$

在平衡状态下，当 A 点的压强增加 Δp，则 B 点的压强变为

$$\begin{aligned} p'_{\mathrm{B}} &= (p_{\mathrm{A}} + \Delta p) + \rho g h_{\mathrm{AB}} = (p_{\mathrm{A}} + \rho g h_{\mathrm{AB}}) + \Delta p \\ &= p_{\mathrm{B}} + \Delta p \end{aligned} \tag{2-12}$$

即某点压强的变化，等值地传递到其他各点，这就是著名的帕斯卡原理。这一原理自 17 世纪中叶发现以来，在水压机、液压传动设备中得到了广泛应用。

2.3.2 气体压强的分布

1. 按常密度计算

由流体平衡微分方程的全微分式 (2-7)，质量力只有重力，$X=Y=0$，$Z=-g$，得

$$\mathrm{d}p = -\rho g \,\mathrm{d}z \tag{2-13}$$

按密度为常数，积分上式得

$$p = -\rho g z + c$$

因气体的密度 ρ 很小，对于一般的仪器、设备，高度 z 有限，重力对气体压强的影响很小，可以忽略。故可认为各点的压强相等，即

$$p = c \tag{2-14}$$

例如贮气罐内各点的压强都相等。

2. 大气层压强的分布

以大气层为对象，研究压强的分布，必须考虑空气的压缩性。

根据对大气层的实测，从海平面到高程 11km 范围内，温度随高度上升而降低，约每升高 1000m，温度下降 6.5K，这一层大气称为对流层。从 11～25km，温度几乎不变，恒为 216.5K（−56.5℃），这一层称为同温层。

（1）对流层

由式（2-13）
$$\mathrm{d}p = -\rho g \mathrm{d}z$$

密度 ρ 随压强和温度变化，由完全气体状态方程式得 $\rho = \frac{p}{RT}$，代入上式，得

$$\mathrm{d}p = -\frac{pg}{RT}\mathrm{d}z \tag{2-15}$$

式中温度 T 随高程变化，$T = T_0 - \beta z$，T_0 为海平面上的热力学温度，$\beta = 0.0065\ \mathrm{K/m}$,于是

$$\mathrm{d}p = -\frac{pg\mathrm{d}z}{R(T_0 - \beta z)}$$

积分
$$\int_{p_a}^{p} \frac{\mathrm{d}p}{p} = \int_0^z \frac{g}{R\beta}\frac{\mathrm{d}(T_0 - \beta z)}{T_0 - \beta z}$$

得
$$p = p_a\left(1 - \frac{\beta z}{T_0}\right)^{\frac{g}{R\beta}}$$

将国际标准大气条件：海平面（平均纬度 45°）上，温度 $T_0 = 288\mathrm{K}$（15℃），$p_a = 1.013\times10^5\mathrm{N/m^2}$，以及 $R = 287\mathrm{J/(kg\cdot K)}$，$\beta = 0.0065\mathrm{K/m}$，代入上式，得到对流层标准大气压分布

$$p = 101.3\left(1 - \frac{z}{44300}\right)^{5.256}\mathrm{kPa} \tag{2-16}$$

式中 z 的单位为“m”，$0 \leqslant z \leqslant 11000\mathrm{m}$。

（2）同温层

同温层的温度

$$T_d = T_0 - \beta z_d = 288 - 0.0065\times11000 = 216.5\mathrm{K}$$

同温层最低处（$z_d = 11000\mathrm{m}$）的压强，由式（2-16）算得

$$p_d = 22.6\mathrm{kPa}$$

将以上条件代入式（2-15）积分，便可得到同温层标准大气压分布

$$\mathrm{d}p = -\frac{pg}{RT}\mathrm{d}z = -\frac{pg}{RT_d}\mathrm{d}z$$

$$\int_{p_d}^{p}\frac{\mathrm{d}p}{p}=\int_{z_d}^{z}\frac{g}{RT_d}\mathrm{d}z$$

$$p=22.6\exp\left(\frac{11000-z}{6334}\right) \tag{2-17}$$

式中 z 的单位为“m”，11000m$\leqslant z \leqslant$25000m。

2.3.3 压强的度量

压强的大小，可从不同的基准算起，由于起算基准的不同，压强分为两种。

1. 绝对压强和相对压强

绝对压强是以无气体分子存在的完全真空为基准起算的压强，以符号 p_{abs} 表示。相对压强是以当地大气压为基准起算的压强，以符号 p 表示。绝对压强和相对压强之间，相差一个当地大气压（图 2-8）。

$$p=p_{abs}-p_a \tag{2-18}$$

大气压随当地高程和气温变化而有所差异，国际上规定标准大气压（Standard atmospheric pressure），符号为 atm，1atm=101325Pa。此外，工程界为便于计算，采用工程大气压，符号 at，1at=98000Pa，也有用 1at=0.1MPa。

工程结构和工业设备都处在当地大气压的作用下，采用相对压强往往能使计算简化。例如，确定压力容器壁面所受压力，如内部压力用绝对压强计算，则还要减去外面大气压对壁面的压力。用相对压强计算，就不需计算外面大气压的作用。

开口容器（图 2-9），可忽略大气压沿高度的变化，则液面下某点的相对压强等于

$$p_A=p_a+\rho gh-p_a=\rho gh \tag{2-19}$$

工业用的各种压力表，因测量元件处于大气压作用之下，测得的压强是该点的绝对压强超过当地大气压的值，乃是相对压强。故相对压强又称为表压强或计示压强。

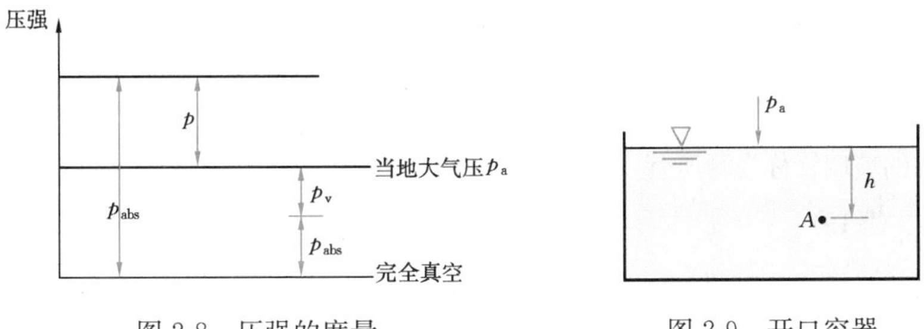

图 2-8　压强的度量　　图 2-9　开口容器

本书后面（除第 12 章）有关压强的文字和计算，如不特别指明，均为相对压强。

2. 真空度

当绝对压强小于当地大气压（图 2-8），相对压强便是负值，又称负压，这种状态用真空

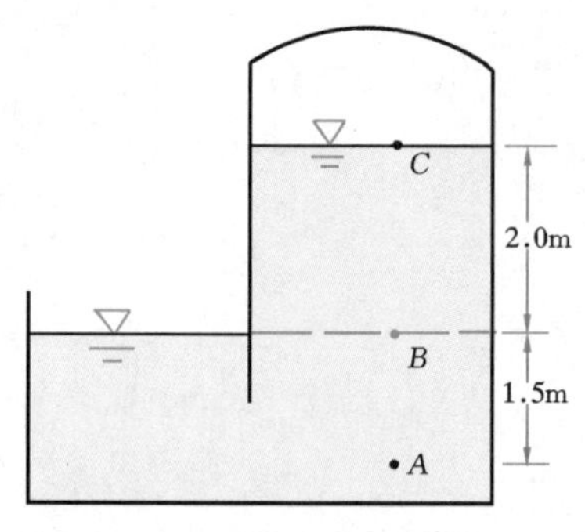

图 2-10　密封罩

度来度量。所谓真空度是指绝对压强不足当地大气压的差值，即相对压强的负值，以符号 p_v 表示

$$p_v = p_a - p_{abs} = -p \tag{2-20}$$

【例 2-1】立置在水池中的密封罩如图 2-10 所示，试求罩内 A、B、C 三点的压强。

【解】已知开口一侧水面压强是大气压，因水平面是等压面，B 点的压强以相对压强计 $p_B=0$

A 点压强

$$p_A = p_B + \rho g h_{AB} = \rho g h_{AB} = 1000 \times 9.8 \times 1.5 = 14700\text{Pa}$$

C 点压强

$$p_C = p_B - \rho g h_{BC} = -\rho g h_{BC} = -1000 \times 9.8 \times 2 = -19600\text{Pa}$$

C 点真空度

$$p_v = -p_C = 19600\text{Pa}$$

2.3.4　测压管水头

1. 测压管高度、测压管水头

下面讨论液体静力学基本方程的另一种形式，式（2-10）

$$z + \frac{p}{\rho g} = c$$

结合图 2-11，说明式中各项的意义。

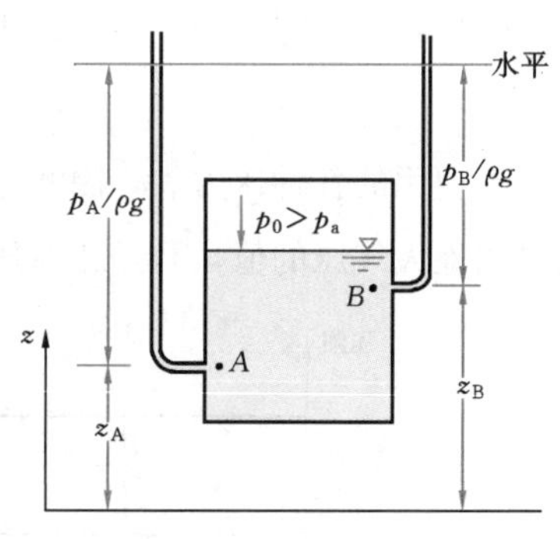

图 2-11　测压管水头

z 为某点（如 A 点）在基准面以上的高度，可直接量测，称为位置高度或位置水头。它的物理意义是受单位重力作用的液体相对于基准面的重力势能，简称位能。

$\frac{p}{\rho g}$ 也是可以直接量测的高度。量测的方法是，当测点的绝对压强大于当地大气压时，在该点接一根竖直向上的开口玻璃管，这样的玻璃管称为测压管，液体沿测压管上升的高度为 h_p。按式（2-19）

$$p = \rho g h_p$$

所以

$$h_p = \frac{p}{\rho g} \tag{2-21}$$

h_p 称为测压管高度或压强水头。物理意义是受单位重力作用的液体具有的压强势能，简称压能。

$z+\frac{p}{\rho g}$称为测压管水头，是受单位重力作用的液体具有的总势能。液体静力学基本方程 $z+\frac{p}{\rho g}=c$ 表示，静止液体中各点的测压管水头相等，测压管水头线是水平线，其物理意义是受单位重力作用的静止液体中各点具有的总势能相等。

2. 真空高度

当测点的绝对压强小于当地大气压，即处于真空状态时，$\frac{p_v}{\rho g}$也是可以直接量测的高度。量测的方法是，在该点接一根竖直向下，插入液槽内的开口玻璃管（图2-12），槽内的液体沿玻璃管上升的高度 h_v，因玻璃管内液面的压强等于测点的压强

$$p_{abs}+\rho g h_v=p_a$$

$$h_v=\frac{p_a-p_{abs}}{\rho g}=\frac{p_v}{\rho g} \tag{2-22}$$

h_v 称为真空高度。

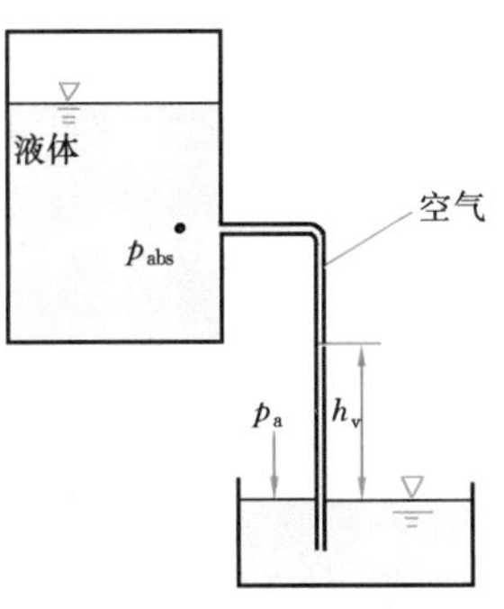

图 2-12　真空高度

【例 2-2】密闭容器（图 2-13），侧壁上方装有 U 形管水银测压计，读值 $h_p=20$cm。试求安装在水面下 3.5m 处的压力表读值。

【解】U 形管测压计的右支管开口通大气，液面相对压强 $p_N=0$，N-N 平面为等压面，容器内水面压强

$$p_0=0-\rho_p g h_p=-13.6\times 9.8\times 0.2=-26.66\text{kPa}$$

压力表读值

$$p=p_0+\rho g h=-26.66+1\times 9.8\times 3.5=7.64\text{kPa}$$

【例 2-3】用 U 形管水银压差计测量水管 A、B 两点的压强差（图 2-14）。已知两测点的高差 $\Delta z=0.4$m，压差计的读值 $h_p=0.2$m。试求 A、B 两点的压强差和测压管水头差。

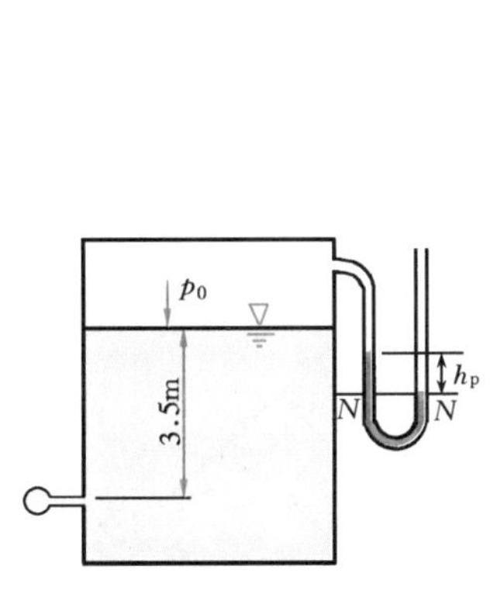

图 2-13　密闭容器

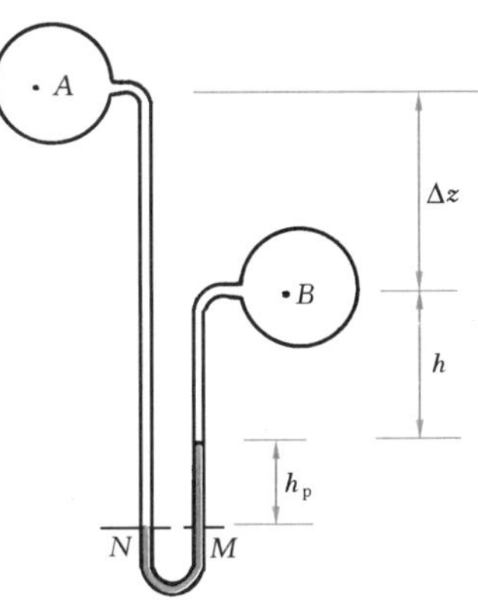

图 2-14　U 形压差计

【解】设高度 h，作等压面 M-N，由 $p_N = p_M$

$$p_A + \rho g(\Delta z + h + h_p) = p_B + \rho g h + \rho_p g h_p$$

压强差
$$p_A - p_B = (\rho_p - \rho)\ g h_p - \rho g \Delta z = 20.78\text{kPa}$$

测压管水头差，由前式

$$p_A - p_B = (\rho_p - \rho) g h_p - \rho g (z_A - z_B)$$

整理得
$$\left(z_A + \frac{p_A}{\rho g}\right) - \left(z_B + \frac{p_B}{\rho g}\right) = \left(\frac{\rho_p}{\rho} - 1\right) h_p = 12.6 h_p = 2.52\text{m}$$

2.4 液体作用在平面上的总压力

工程上除要确定点压强之外，还需确定流体作用在受压面上的总压力。对于气体，因面上各点的压强相等，总压力的大小等于压强与受压面面积的乘积。对于液体，因不同高度压强不等，计算总压力必须考虑压强的分布。计算液体总压力，实质是求受压面上分布力的合力。

液体作用在平面上的总压力，计算方法有解析法和图算法。

2.4.1 解析法

1. 总压力的大小和方向

设任意形状平面，面积为 A，与水平面夹角为 α（图 2-15）。选坐标系，以平面的延伸面与液面的交线为 Ox 轴，Oy 轴垂直于 Ox 轴向下。将平面所在坐标面绕 Oy 轴旋转 90°，展现受压平面，如图 2-15 所示。

在受压面上，围绕任一点（h，y）取微元面积 dA，液体作用在 dA 上的微小压力

$$dP = \rho g h\, dA = \rho g y \sin\alpha\, dA$$

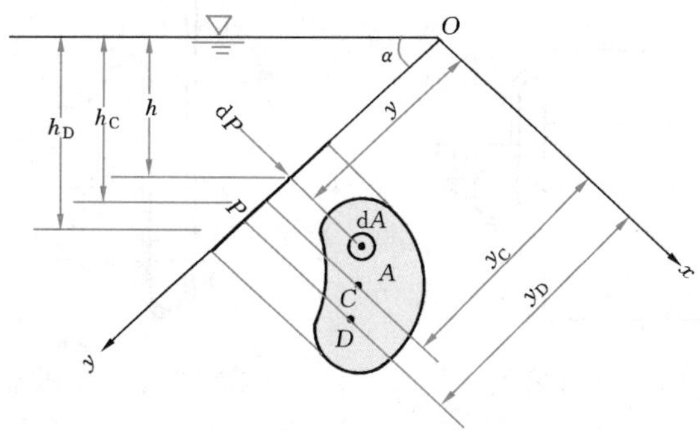

图 2-15 平面上总压力（解析）

作用在平面上的总压力是平行力系的合力

$$P=\int \mathrm{d}P=\rho g\sin\alpha\int_A y\mathrm{d}A$$

积分 $\int_A y\mathrm{d}A=y_C A$，为受压面 A 对 Ox 轴的静矩，代入上式，得

$$P=\rho g\sin\alpha y_C A=\rho g h_C A=p_C A \tag{2-23}$$

式中 P——平面上静水总压力；

y_C——受压面形心到 Ox 轴的距离；

h_C——受压面形心点的淹没深度；

p_C——受压面形心点的压强。

式（2-23）表明，任意形状平面上，静水总压力的大小等于受压面面积与其形心点的压强的乘积。总压力的方向沿受压面的内法线方向。

2. 总压力的作用点

总压力作用点（压力中心）D 到 Ox 轴的距离 y_D，根据合力矩定理

$$Py_D=\int \mathrm{d}P\cdot y=\rho g\sin\alpha\int_A y^2\mathrm{d}A$$

积分 $\int_A y^2\mathrm{d}A=I_x$，为受压面 A 对 Ox 轴的惯性矩，代入上式，得

$$Py_D=\rho g\sin\alpha I_x$$

将 $P=\rho g\sin\alpha y_C A$ 代入上式化简，得

$$y_D=\frac{I_x}{y_C A}$$

由惯性矩的平行移轴定理，$I_x=I_C+y_C^2 A$，代入上式，得

$$y_D=y_C+\frac{I_C}{y_C A} \tag{2-24}$$

式中 y_D——总压力作用点到 Ox 轴的距离；

y_C——受压面形心到 Ox 轴的距离；

I_C——受压面对平行 Ox 轴的形心轴的惯性矩；

A——受压面的面积。

式（2-24）中 $\frac{I_C}{y_C A}>0$，故 $y_D>y_C$，即总压力作用点 D 一般在受压面形心 C 之下，这是由于压强沿淹没深度增加的结果。随着受压面淹没深度的增加，y_C 增大，$\frac{I_C}{y_C A}$ 减小，总压力作用点则靠近受压面形心。

总压力作用点 D 到 Oy 轴的距离 x_D，用与前面相同的方法导出

$$x_D = x_C + \frac{I_{xyC}}{y_C A} \tag{2-25}$$

式中　x_C——受压面形心到 Oy 轴的距离；

I_{xyC}——受压面对平行于 x、y 轴的形心轴的惯性矩，$I_{xyC}=\int_A xy\mathrm{d}A$。

在实际工程中，受压面多是有纵向对称轴（与 Oy 轴平行）的平面，总压力的作用点 D 必在对称轴上。这种情况，只需算出 y_D，作用点的位置便完全确定，不需计算 x_D。几种常见图形的几何特征量见表 2-1。

常见图形的几何特征量　　表 2-1

几何图形名称	面积 A	形心坐标 l_C	对通过形心轴的惯性矩 I_C
矩形 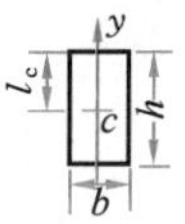	bh	$\frac{1}{2}h$	$\frac{1}{12}bh^3$
三角形 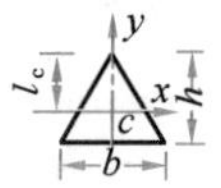	$\frac{1}{2}bh$	$\frac{2}{3}h$	$\frac{1}{36}bh^3$
半圆 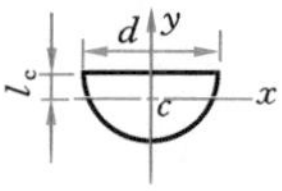	$\frac{\pi}{8}d^2$	$\frac{4r}{3\pi}$	$\frac{(9\pi^2-64)}{72\pi}r^4$
梯形 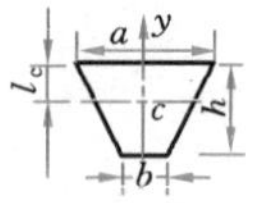	$\frac{h}{2}(a+b)$	$\frac{h}{3}\cdot\frac{(a+2b)}{(a+b)}$	$\frac{h^3}{36}\left[\frac{a^2+4ab+b^2}{a+b}\right]$
圆 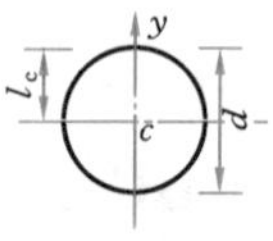	$\frac{\pi}{4}d^2$	$\frac{d}{2}$	$\frac{\pi}{64}d^4$
椭圆 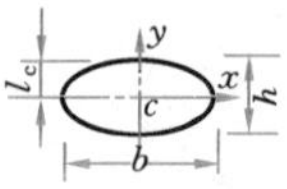	$\frac{\pi}{4}bh$	$\frac{h}{2}$	$\frac{\pi}{64}bh^3$

【例 2-4】矩形平板一侧挡水，与水平面夹角 $\alpha=30°$，平板上边与水面齐平，水深 $h=3\text{m}$，平板宽 $b=5\text{m}$（图 2-16）。试求作用在平板上的静水总压力。

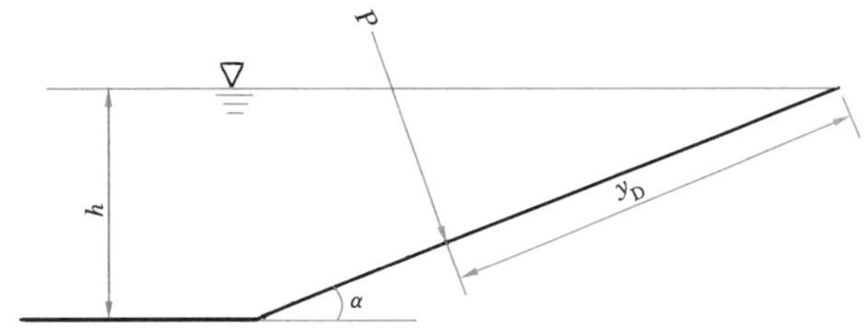

图 2-16　平面总压力计算（解析）

【解】总压力的大小由式（2-23）

$$P=p_C A=\rho g h_C A=\rho g\,\frac{h}{2}b\,\frac{h}{\sin\alpha}=\rho g b h^2$$

$$=441\text{kN}$$

方向为受压面内法线方向。

作用点由式（2-24）

$$y_D=y_C+\frac{I_C}{y_C A}=\frac{l}{2}+\frac{\frac{bl^3}{12}}{\frac{l}{2}bl}=\frac{2}{3}l$$

$$=\frac{2}{3}\,\frac{h}{\sin30°}=4\text{m}$$

2.4.2 图算法

1. 压强分布图

压强分布图是在受压面承压的一侧，以一定比例尺的矢量线段，表示压强大小和方向的图形，是液体静压强分布规律的几何图示。对于通大气的开敞容器，液体的相对压强 $p=\rho gh$，沿水深直线分布，只要把上、下两点的压强用线段绘出，中间以直线相连，就得到相对压强分布图，如图 2-17 所示。

2. 图算法

设底边平行于液面的矩形平面 AB，与水平面夹角为 α，平面宽度 b，上下底边的淹没深度为 h_1、h_2（图 2-18）。

图算法的步骤是：先绘出压强分布图，总压力的大小等于压强分布图的面积 S，乘以受压面的宽度 b，即

$$P=bS \tag{2-26}$$

总压力的作用线通过压强分布图的形心，作用线与受压面的交点，就是总压力的作

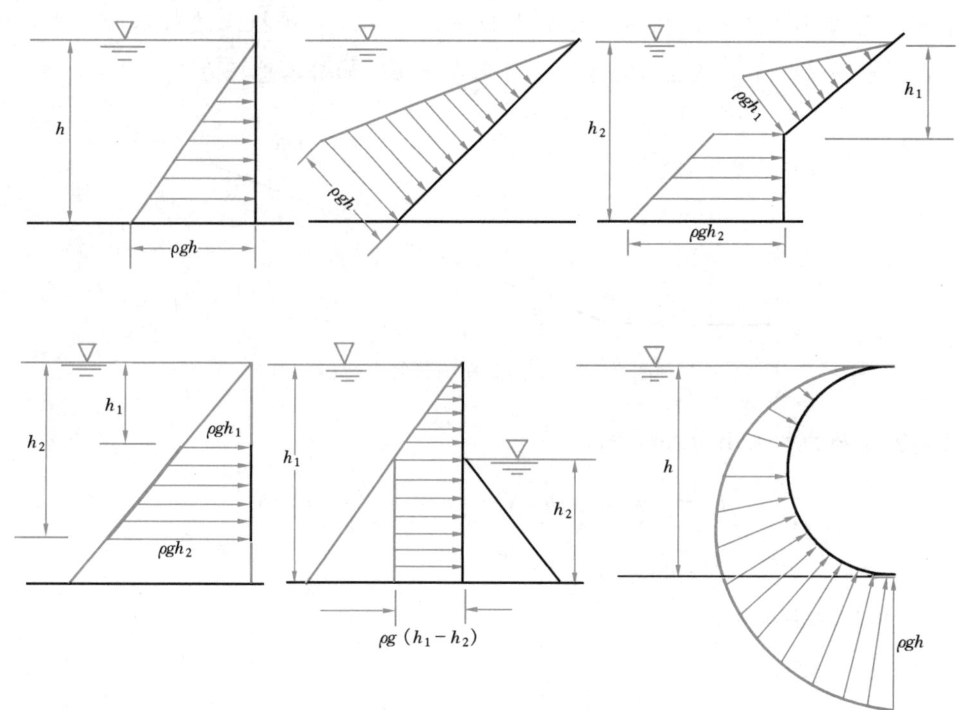

图 2-17　压强分布图

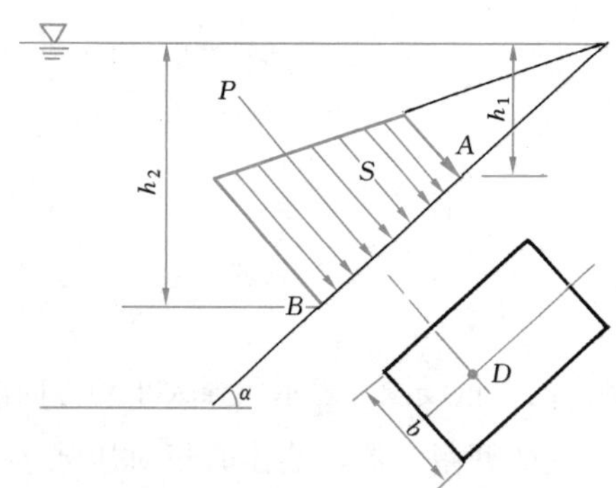

图 2-18　平面总压力（图算）

用点。

【例 2-5】已知条件同【例 2-4】，用图算法计算。

【解】绘出压强分布图 ABC(图 2-19)。由式(2-26),总压力的大小

$$P = bS = b\,\frac{1}{2}\rho gh\;\frac{h}{\sin 30^{\circ}}$$

$$= b\rho gh^2 = 441\text{kN}$$

总压力方向为受压面内法线方向。

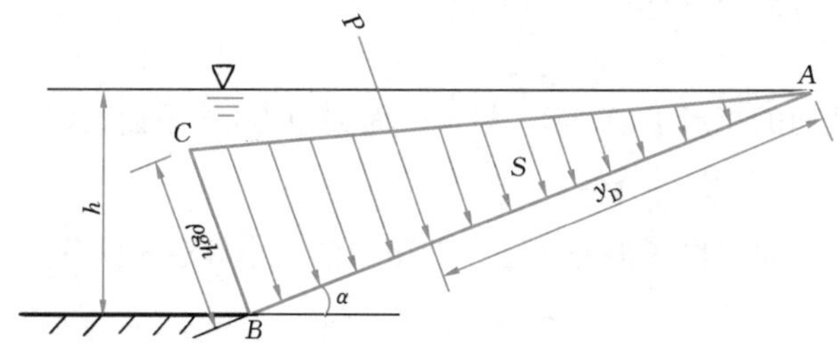

图 2-19　平面总压力计算（图算）

总压力作用线通过压强分布图的形心。

$$y_D = \frac{2}{3}\frac{h}{\sin 30^\circ} = 4\text{m}$$

两种方法所得计算结果相同。

2.5 液体作用在曲面上的总压力

实际的工程曲面，如圆形贮水池壁面、圆管壁面、弧形闸门以及球形容器等，多为二向曲面（柱面）或球面。本节着重讨论液体作用在二向曲面上的总压力。

2.5.1 曲面上的总压力

设二向曲面$\widehat{AB}$（柱面），母线垂直于图面，曲面的面积为 A，一侧承压。选坐标系，令 xOy 平面与液面重合，Oz 轴向下，如图 2-20 所示。

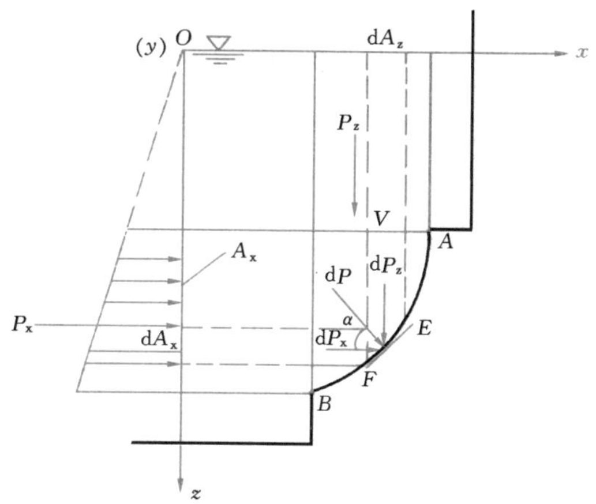

图 2-20 曲面上的总压力

在曲面上沿母线方向任取条形微元面 EF，因各微元面上的压力 dP 方向不同，而不能直接积分求作用在曲面上的总压力。为此将 dP 分解为水平分力和铅垂分力。

$$\mathrm{d}P_x = \mathrm{d}P\cos\alpha = \rho gh\,\mathrm{d}A\cos\alpha = \rho gh\,\mathrm{d}A_x$$

$$\mathrm{d}P_z = \mathrm{d}P\sin\alpha = \rho gh\,\mathrm{d}A\sin\alpha = \rho gh\,\mathrm{d}A_z$$

式中 $\mathrm{d}A_x$——EF 在铅垂投影面上的投影；

$\mathrm{d}A_z$——EF 在水平投影面上的投影。

总压力的水平分力

$$P_x = \int dP_x = \rho g \int_{A_x} h dA_x$$

积分$\int_{A_x} h dA_x$是曲面的铅垂投影面A_x对Oy轴的静矩，$\int_{A_x} h dA_x = h_C A_x$，代入上式，得

$$P_x = \rho g h_C A_x = p_C A_x \tag{2-27}$$

式中 P_x——曲面上总压力的水平分力；

A_x——曲面的铅垂投影面积；

h_C——投影面A_x形心点的淹没深度；

p_C——投影面A_x形心点的压强。

式（2-27）表明，液体作用在曲面上总压力的水平分力，等于作用在该曲面的铅垂投影面上的压力。

总压力的铅垂分力

$$P_z = \int dP_z = \rho g \int_{A_z} h dA_z = \rho g V \tag{2-28}$$

$\int_{A_z} h dA_z = V$是曲面到自由液面（或自由液面延伸面）之间的铅垂柱体——压力体的体积。式（2-28）表明，液体作用在曲面上总压力的铅垂分力，等于压力体的重力。

液体作用在二向曲面的总压力是平面汇交力系的合力

$$P = \sqrt{P_x^2 + P_z^2} \tag{2-29}$$

总压力作用线与水平面夹角

$$\tan\theta = \frac{P_z}{P_x}$$

$$\theta = \arctan \frac{P_z}{P_x} \tag{2-30}$$

过P_x作用线（通过A_x压强分布图形心）和P_z作用线（通过压力体的形心）的交点，作与水平面成θ角的直线就是总压力作用线，该线与曲面的交点即为总压力作用点。

2.5.2 压力体

式（2-28）中，积分$\int_{A_z} h dA_z = V$表示的几何体积称为压力体。压力体的界定方法是，设想取铅垂线沿曲面边缘平行移动一周，割出的以自由液面（或延伸面）为上底，曲面本身为下底的柱体就是压力体。

因曲面承压位置的不同，压力体有三种界定情况。

1. 实压力体

压力体和液体在曲面$\overset{\frown}{AB}$的同侧，压力体内实有液体，习惯上称为实压力体。P_z方向向

下（图 2-21）。

2. 虚压力体

压力体和液体在曲面$\widehat{AB}$的异侧，其上底面为自由液面的延伸面，压力体内虚空，习惯上称为虚压力体，P_z 方向向上（图 2-22）。

3. 压力体叠加

对于水平投影重叠的曲面，分开界定压力体，然后相叠加。例如半圆柱面$\widehat{ABC}$（图 2-23）的压力体，分别按曲面$\widehat{AB}$、$\widehat{BC}$确定。叠加后得虚压力体 ABC，P_z 方向向上。

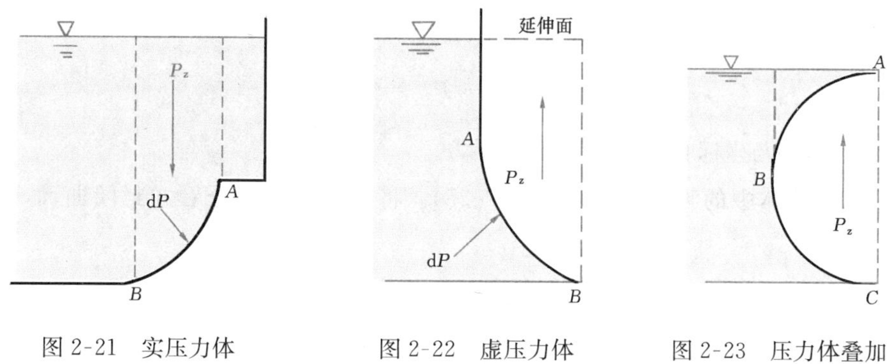

图 2-21　实压力体　　图 2-22　虚压力体　　图 2-23　压力体叠加

2.5.3 液体作用在潜体和浮体上的总压力

全部浸入液体中的物体，称为潜体。潜体表面是封闭曲面。

选坐标系，令 xOy 平面与自由液面重合，oz 轴向下（图 2-24）。

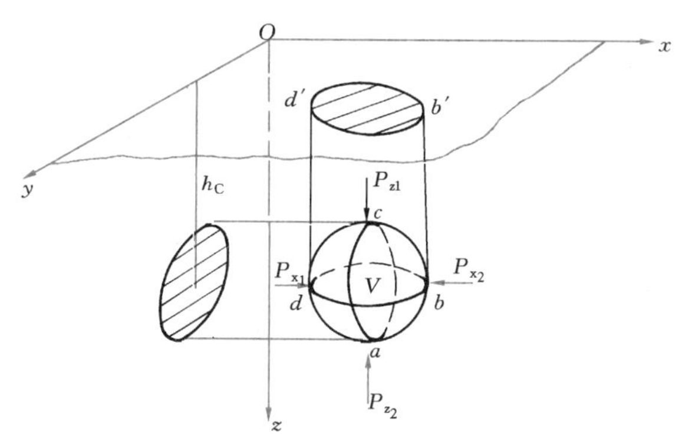

图 2-24　潜体

1. 水平分力

取平行 Oz 轴的铅垂线，沿潜体表面移动一周，切点轨迹 ac 将封闭曲面分为左右两半，由式（2-27）

$$P_{x_1} = \rho g h_C A_x, \qquad P_{x_2} = \rho g h_C A_x$$

$$P_x = P_{x_1} - P_{x_2} = 0$$

坐标 x 方向是任意选定的，所以液体作用在潜体上总压力的水平分力为零。

2. 铅垂分力

取平行于 Ox 轴的水平线，沿潜体表面平行移动一周，切点轨迹 bd 分封闭曲面为上下两半，由式（2-28）

$$P_{z_1} = \rho g V_{bb'd'dc} \qquad \text{方向向下}$$

$$P_{z_2} = \rho g V_{bb'd'da} \qquad \text{方向向上}$$

$$P_z = P_{z_1} - P_{z_2} = -\rho g V$$

负号表示 P_z 方向与坐标 Oz 方向相反，即浮力。

部分浸入液体中的物体称浮体（图 2-25）。将液面以下部分看成封闭曲面，同潜体一样。

$$P_x = 0, P_z = -\rho g V$$

(工程简介——三峡船闸)

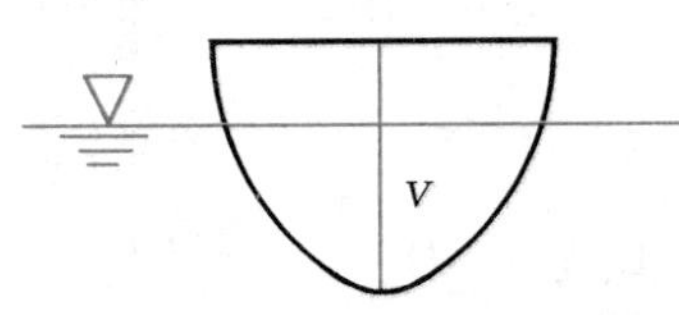

图 2-25　浮体

综上所述，液体作用于潜体（或浮体）上的总压力，只有铅垂向上的浮力，大小等于所排开的液体所受重力，作用线通过潜体的几何中心。这就是公元前 250 年左右人类最早发现的水力学规律——阿基米德（Archimedes）原理。

【例 2-6】 圆柱形压力水罐（图 2-26），半径 $R=0.5\text{m}$，长 $l=2\text{m}$，压力表读值 $p_M=23.72\text{kN/m}^2$。试求：（1）端部平面盖板所受水压力；（2）上、下半圆筒所受水压力；（3）连接螺栓所受总拉力。

【解】（1）端盖板所受水压力（受压面为圆形平面）

$$P = p_C A = (p_M + \rho g R)\pi R^2$$

$$= (23.72 + 9.8 \times 0.5) \times 3.14 \times 0.5^2$$

$$= 22.47\text{kN}$$

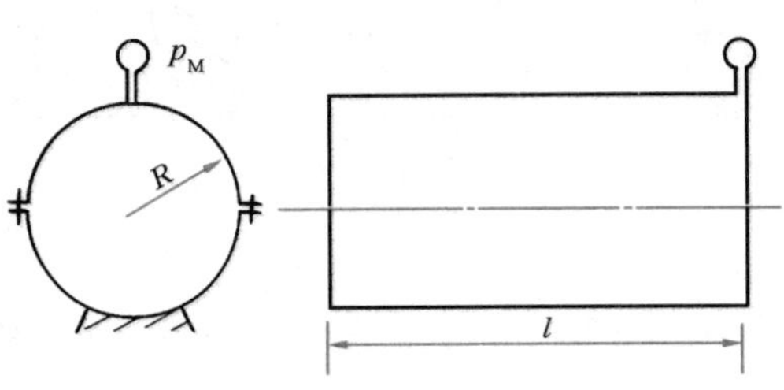

图 2-26　圆柱形压力水罐

（2）上、下半圆筒所受水压力

上、下半圆筒所受水压力只有铅垂分力。上半圆筒压力体如图 2-27 所示。

$$P_{z上}=\rho g V_{上}=\rho g\left[\left(\frac{p_M}{\rho g}+R\right)2R-\frac{1}{2}\pi R^2\right]l$$

$$=49.54\text{kN}(方向向上)$$

下半圆筒有

$$P_{z下}=\rho g V_{下}=\rho g\left[\left(\frac{p_M}{\rho g}+R\right)2R+\frac{1}{2}\pi R^2\right]l$$

$$=64.93\text{kN}(方向向下)$$

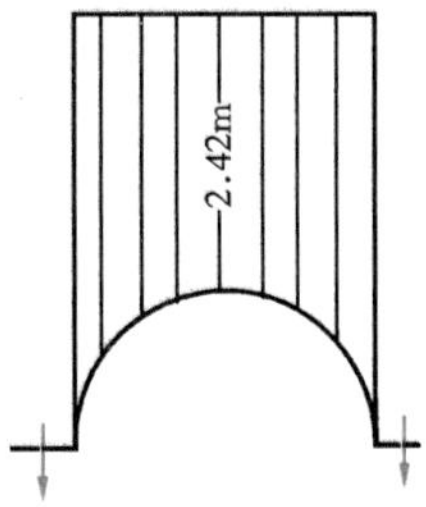

图 2-27 上半圆筒压力体

(3) 连接螺栓所受总拉力

由上半圆筒计算 $T=P_{z上}=49.54\text{kN}$(方向向下)

或由下半圆筒计算 $T=P_{z下}-N=P_{z下}-\rho g\pi R^2 l$

$=49.54\text{kN}$(方向向上)

其中 N 为支座反力,方向向上。

【例 2-7】露天敷设的输水钢管,直径 $D=1.5\text{m}$,管壁厚 $\delta=6\text{mm}$,钢管的许用应力 $[\sigma]=150\text{MPa}$,弹性模量 $E=21\times10^{10}\text{Pa}$,除内水压力外,不考虑其他荷载及敷设情况。试求:(1) 该管道允许的最大内水压强;(2) 保持弹性稳定,管内允许的最大真空度。

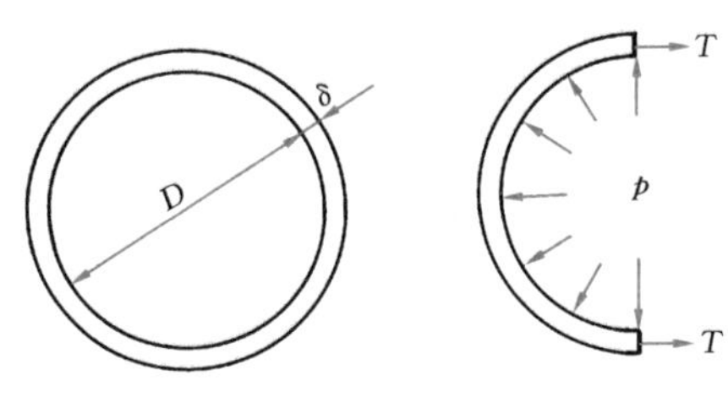

图 2-28 压力管道

【解】(1) 按薄壁圆筒环向应力计算,取 1m 长管段,沿直径平面剖分为两半,以其中的一半为隔离体(图 2-28),不计管内水重力对压强的影响,作用在管壁上的总压力

$$P=p_C A_x=p\cdot D\cdot 1$$

总压力 P 与管壁截面的张力相平衡

$$P=2T=2\sigma\delta$$

由以上关系,允许的最大内水压强

$$p_{max}=\frac{2[\sigma]\delta}{D}=\frac{2\times150\times6\times10^{-3}}{1.5}=1.2\text{MPa}$$

或

$$\frac{P_{max}}{\rho g}=\frac{1.2\times10^6}{9.8\times10^3}=122.45\text{m 水柱}$$

(2) 管内出现真空状态(工程上多见于水管放空,通气管失灵的大口径露天式压力输水钢管),管外大气压大于管内压强,致使管壁受压。钢管为薄壁圆筒,当管壁承受的外压力超过临界值,就会丧失弹性稳定而被“压瘪”(图 2-29)。用结构力学的方法,由无限长圆管均匀受外压力的稳定条件,导出临界外压力。

$$\Delta P_{cr} = 2E\left(\frac{\delta}{D}\right)^3$$

保持弹性稳定，管内允许的最大真空度

$$P_{vmax} = \Delta P_{cr} = 2 \times 21 \times 10^{10}\left(\frac{6}{1500}\right)^3$$

$$= 2.69 \times 10^4 \text{Pa}$$

或 $\frac{P_{vmax}}{\rho g} = \frac{2.69 \times 10^4}{9.8 \times 10^3} = 2.74\text{m}$ 水柱

压力输水钢管能承受很大的内水压强，而在管内为负压，管壁受压时，容易丧失弹性稳定，因此，对运行过程中管内可能出现真空状态的大口径钢管，要注意防止此类事故。

图 2-29　管内负压引起的丧失弹性稳定现象

习题

选择题

2.1　静止流体中存在：(a) 压应力；(b) 压应力和拉应力；(c) 压应力和切应力；(d) 压应力、拉应力和切应力。

2.2　相对压强的起算基准是：(a) 绝对真空；(b) 1 个标准大气压；(c) 当地大气压；(d) 液面压强。

2.3　金属压力表的读值是：(a) 绝对压强；(b) 相对压强；(c) 绝对压强加当地大气压；(d) 相对压强加当地大气压。

2.4　某点的真空度为 65000Pa，当地大气压为 0.1MPa，该点的绝对压强为：(a) 65000Pa；(b) 55000Pa；(c) 35000Pa；(d) 165000Pa。

2.5　绝对压强 p_{abs} 与相对压强 p、真空度 p_v、当地大气压 p_a 之间的关系是：(a) $p_{abs}=p+p_v$；(b) $p=p_{abs}+p_a$；(c) $p_v=p_a-p_{abs}$；(d) $p=p_v+p_a$。

2.6　在密闭容器上装有 U 形水银测压计，如图 2-30 所示，其中 1、2、3 点位于同一水平面上，其压强关系为：(a) $p_1>p_2>p_3$；(b) $p_1=p_2=p_3$；(c) $p_1<p_2<p_3$；(d) $p_2<p_1<p_3$。

2.7　用 U 形水银压差计（图 2-31）测量水管内 A、B 两点的压强差，水银面高差 $h_p=10\text{cm}$，p_A-p_B 为：(a) 13.33kPa；(b) 12.35kPa；(c) 9.8kPa；(d) 6.4kPa。

2.8　露天水池，水深 5m 处的相对压强为：(a) 5kPa；(b) 49kPa；(c) 147kPa；(d) 205kPa。

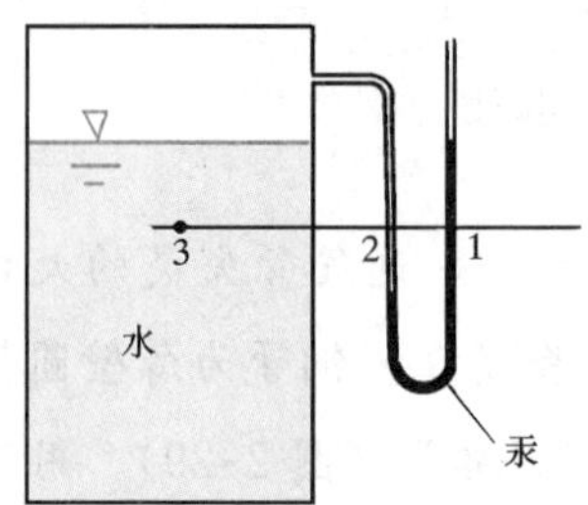

图 2-30　习题 2.6 图

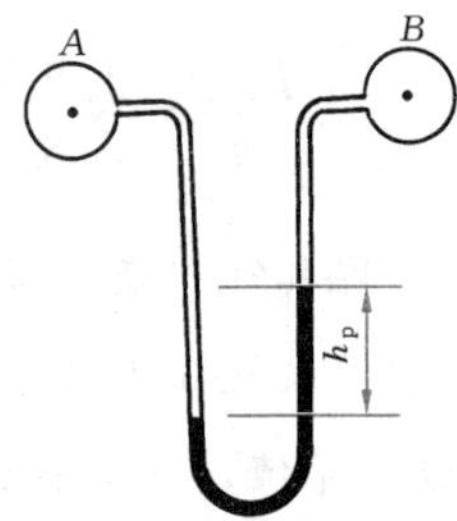

图 2-31　习题 2.7 图

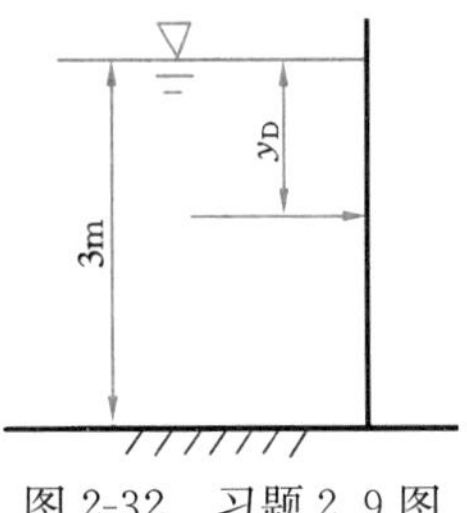

图 2-32　习题 2.9 图

2.9　垂直放置的矩形平板挡水如图 2-32 所示，水深 3m，静水总压力 P 的作用点到水面的距离 y_D 为：(a) 1.25m；(b) 1.5m；(c) 2m；(d) 2.5m。

2.10　圆形水桶，顶部及底部用环箍紧，桶内盛满液体，顶箍与底箍所受张力之比为：(a) 1/2；(b) 1.0；(c) 2；(d) 3。

2.11　在液体中潜体所受浮力的大小：(a) 与潜体的密度成正比；(b) 与液体的密度成正比；(c) 与潜体淹没的深度成正比；(d) 与液体表面的压强成反比。

计算题

2.12　正常成人的血压是收缩压 100～120mmHg，舒张压 60～90mmHg，用国际单位制表示是多少 Pa?

2.13　图 2-33 所示密闭容器，测压管液面高于容器内液面 $h=1.8$m，液体的密度为850kg/m³，求液面压强。

2.14　图 2-34 所示密闭容器，压力表的示值为 4900N/m²，压力表中心比 A 点高 0.4m，A 点在水面下 1.5m，求水面压强。

2.15　水箱形状如图 2-35 所示，底部有 4 个支座，试求水箱底面上的总压力和 4 个支座的支座反力，并讨论总压力与支座反力不相等的原因。

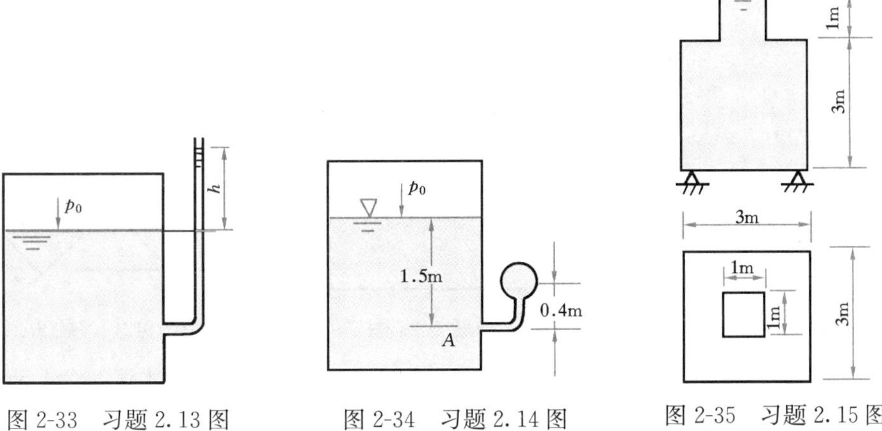

图 2-33　习题 2.13 图　　图 2-34　习题 2.14 图　　图 2-35　习题 2.15 图

2.16　图 2-36 所示盛满水的容器，顶口装有活塞 A，直径 $d=0.4$m，容器底的直径 $D=1.0$m，高 $h=1.8$m，如活塞上加力 2520N（包括活塞自重），求容器底的压强和总压力。

2.17　用多管水银测压计测压，图 2-37 中标高的单位为“m”，试求水面的压强 p_0。

2.18　图 2-38 所示盛有水的密闭容器，水面压强为 p_0，当容器自由下落时，求水中压强分布规律。

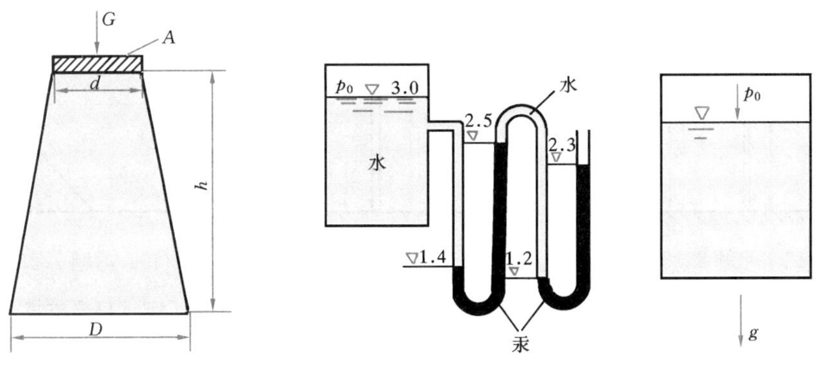

图 2-36　习题 2.16 图　　图 2-37　习题 2.17 图　　图 2-38　习题 2.18 图

2.19　绘制图 2-39 中 AB 面上的压强分布图。

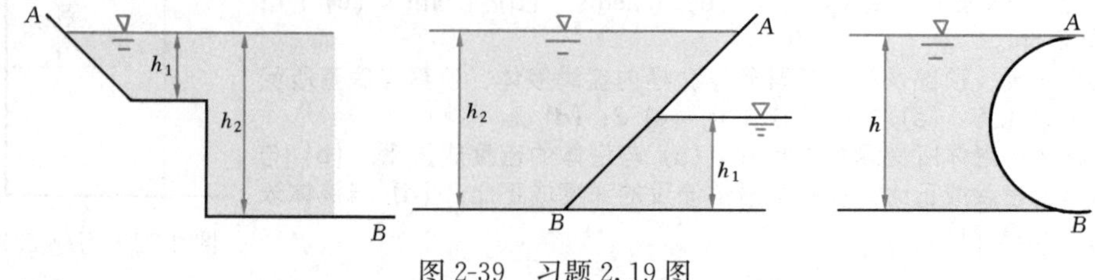

图 2-39　习题 2.19 图

2.20　如图 2-40 所示，河水深 $H=12$m，沉箱高 $h=1.8$m，试求：(1) 使河床处不漏水，向工作室 A 送压缩空气的压强是多少？(2) 画出垂直壁 BC 上的压强分布图。

2.21　如图 2-41 所示，输水管道试压时，压力表的读值为 8.5at，管道直径 $d=1$m，试求作用在管端法兰堵头上的静水总压力。

2.22　矩形平板闸门 AB（图 2-42），一侧挡水，已知长 $l=2$m，宽 $b=1$m，形心点水深 $h_C=2$m，倾角 $\alpha=45°$，闸门上缘 A 处设有转轴，忽略闸门自重及门轴摩擦力，试求开启闸门所需拉力 T。

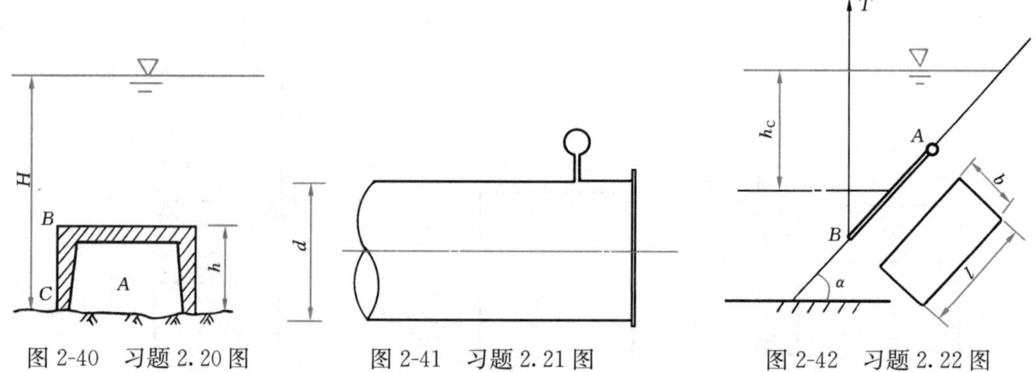

图 2-40　习题 2.20 图　　图 2-41　习题 2.21 图　　图 2-42　习题 2.22 图

2.23　矩形闸门（图 2-43）高 $h=3$m，宽 $b=2$m，上游水深 $h_1=6$m，下游水深 $h_2=4.5$m，试求：(1) 作用在闸门上的静水总压力；(2) 压力中心的位置。

2.24　矩形平板闸门一侧挡水，如图 2-44 所示，门高 $h=1$m，宽 $b=0.8$m，要求挡水深 h_1 超过 2m 时，闸门即可自动开启，试求转轴应设的位置 y。

2.25　折板 ABC 一侧挡水，如图 2-45 所示，板宽 $b=1$m，高度 $h_1=h_2=2$m，倾角 $\alpha=45°$，试求作用在折板上的静水总压力。

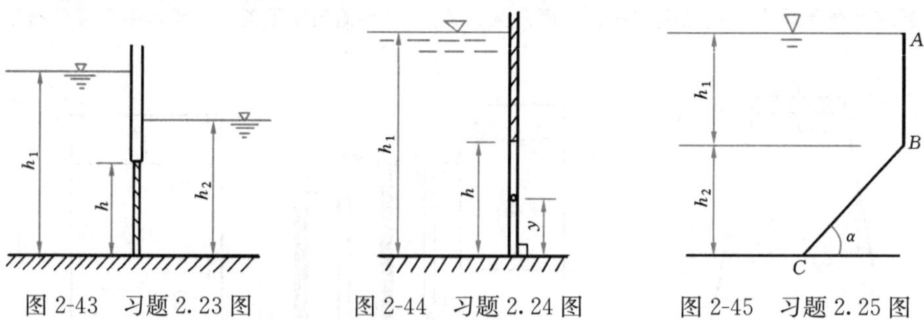

图 2-43　习题 2.23 图　　图 2-44　习题 2.24 图　　图 2-45　习题 2.25 图

2.26　金属的矩形平板闸门（图 2-46），门高 $h=3$m，宽 $b=1$m，由两根工字钢横梁支撑，挡水面与闸门顶边齐平，如要求两横梁所受的力相等，两横梁的位置 y_1、y_2 应为多少？

2.27　一弧形闸门如图 2-47 所示，宽 2m，圆心角 $\alpha=30°$，半径 $R=3$m，闸门转轴与水面齐平，求作用在闸门上的静水总压力的大小与方向。

2.28　挡水建筑物一侧挡水，如图2-48所示，该建筑物为二向曲面（柱面），$z=ax^2$，a为常数，试求单位宽度曲面上静水总压力的水平分力P_x和铅垂分力P_z。

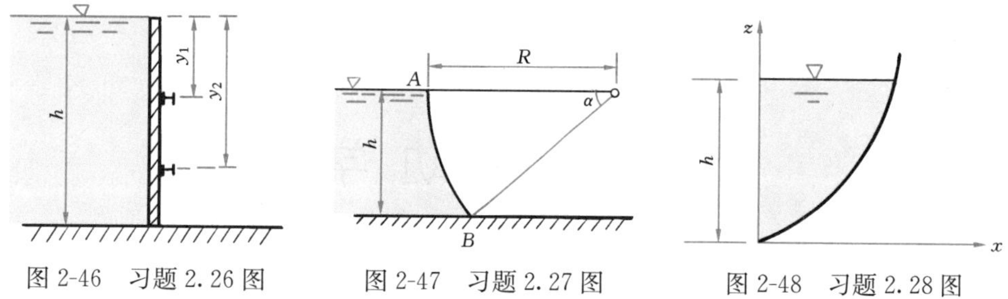

图2-46　习题2.26图　　图2-47　习题2.27图　　图2-48　习题2.28图

2.29　半径为R、具有铅垂轴的半球壳内盛满液体，如图2-49所示，求作用在被两个互相正交的垂直平面切出的1/4球面上的总压力及作用点D的位置。

2.30　在水箱的竖向壁面上，装置一均匀的圆柱体，如图2-50所示，该圆柱体可无摩擦地绕水平轴旋转，其左半部淹没在水下，试问圆柱体能否在上浮力作用下绕水平轴旋转，并加以论证。

2.31　密闭盛水容器，如图2-51所示，水深$h_1=60$cm、$h_2=100$cm，水银测压计读值$\Delta h=25$cm，试求半径$R=0.5$m的半球形盖AB所受总压力的水平分力和铅垂分力。

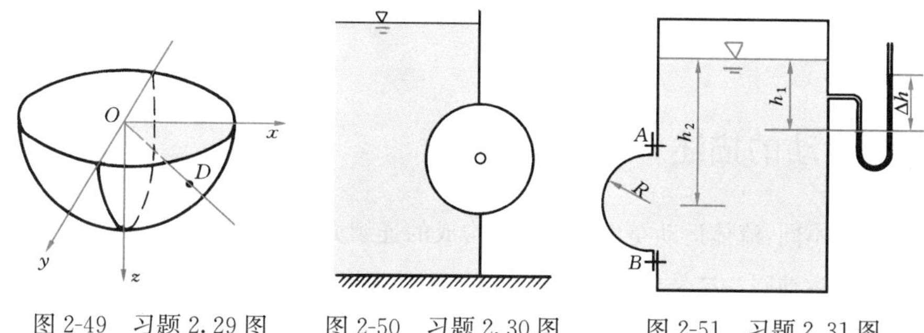

图2-49　习题2.29图　　图2-50　习题2.30图　　图2-51　习题2.31图

2.32　球形密闭容器内部充满水，如图2-52所示，已知测压管水面标高$\nabla_1=8.5$m，球外自由水面标高$\nabla_2=3.5$m，球直径$D=2$m，球壁重力不计，试求：(1) 作用于半球连接螺栓上的总拉力；(2) 作用于垂直柱上的水平力和竖向力。

2.33　极地附近的海面上露出冰山的一角，如图2-53所示，已知冰山的密度为920kg/m³，海水的密度为1025kg/m³，试求露出海面的冰山体积与海面下的体积之比。

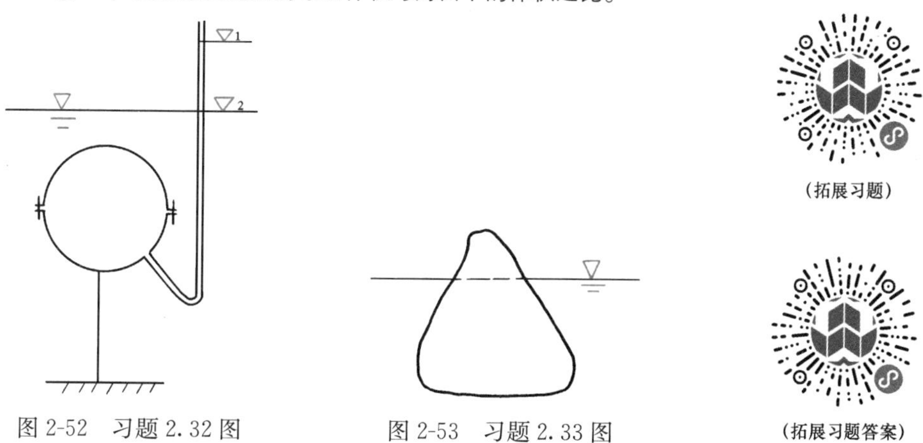

图2-52　习题2.32图　　图2-53　习题2.33图

（思维导图）

第3章 流体运动学

流体运动学研究流体的运动规律，包括描述流体运动的方法，质点速度、加速度的变化，和所遵循的规律。运动学一章，不涉及流体的动力学性质，所研究的内容及其结论，对无黏性流体和黏性流体均适用。

3.1 流体运动的描述

流体和固体不同，流体运动是由无数质点构成的连续介质的流动。怎样用数学物理的方法来描述流体的运动呢？这是从理论上研究流体运动规律首先要解决的问题。

描述流体运动有两种方法，称为拉格朗日（Lagrange，J. 法国数学家、天文学家，1736年～1813年）法和欧拉法。

3.1.1 拉格朗日法

拉格朗日法把流体的运动，看作是无数个质点运动的总和，以个别质点作为观察对象加以描述，将各个质点的运动汇总起来，就得到整个流动。

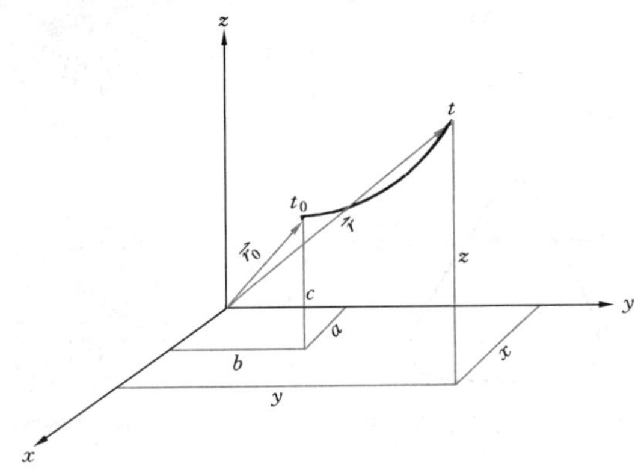

图 3-1　拉格朗日法

拉格朗日法为识别所指定的质点，用起始时刻的坐标（a，b，c）作为该质点的标志，其位移就是起始坐标和时间变量的连续函数（图 3-1）。

$$\left.\begin{aligned} x &= x(a, b, c, t) \\ y &= y(a, b, c, t) \\ z &= z(a, b, c, t) \end{aligned}\right\} \tag{3-1}$$

式中　a、b、c、t 称为拉格朗日变数。

当研究某一指定的流体质点时，起始

坐标 a、b、c 是常数，式（3-1）所表达的是该质点的运动轨迹。将式（3-1）对时间求一阶和二阶偏导数，在求导过程中 a、b、c 视为常数，便得该质点的速度和加速度。

速度

$$\left.\begin{aligned} u_x &= \frac{\partial x}{\partial t} = \frac{\partial x(a,\ b,\ c,\ t)}{\partial t} \\ u_y &= \frac{\partial y}{\partial t} = \frac{\partial y(a,\ b,\ c,\ t)}{\partial t} \\ u_z &= \frac{\partial z}{\partial t} = \frac{\partial z(a,\ b,\ c,\ t)}{\partial t} \end{aligned}\right\} \tag{3-2}$$

加速度

$$\left.\begin{aligned} a_x &= \frac{\partial u_x}{\partial t} = \frac{\partial^2 x}{\partial t^2} \\ a_y &= \frac{\partial u_y}{\partial t} = \frac{\partial^2 y}{\partial t^2} \\ a_z &= \frac{\partial u_z}{\partial t} = \frac{\partial^2 z}{\partial t^2} \end{aligned}\right\} \tag{3-3}$$

拉格朗日法是质点动力学方法的扩展，物理概念清晰。但是，由于流体质点的运动轨迹极其复杂，应用这种方法描述流体运动，在数学上存在困难，在实用上也不需要了解质点运动的全过程。所以，除个别的流动（如研究波浪运动、粒子运动等）外，一般很少采用拉格朗日法描述，本书后叙内容除特别说明，均属欧拉法。

3.1.2 欧拉法

欧拉法是以流动的空间作为观察对象，观察不同时刻各空间点上流体质点的运动参数，将各时刻的情况汇总起来，就描述了整个流动。

由于欧拉法以流动空间作为观察对象，每时刻各空间点都有确定的物理量，这样的空间区域称为流场，包括速度场、压强场、密度场等，表示为

$$\vec{u} = \vec{u}(x,\ y,\ z,\ t) \tag{3-4}$$

$$\left.\begin{aligned} u_x &= u_x(x,\ y,\ z,\ t) \\ u_y &= u_y(x,\ y,\ z,\ t) \\ u_z &= u_z(x,\ y,\ z,\ t) \end{aligned}\right\} \tag{3-5}$$

$$p = p(x,\ y,\ z,\ t) \tag{3-6}$$

$$\rho = \rho(x,\ y,\ z,\ t) \tag{3-7}$$

式中空间坐标 x、y、z 和时间变量 t 称为欧拉变数。

欧拉法广泛用于描述流体运动，例如气象预报，就是由设在各地的气象台（站）在规定的同一时间进行观测，并把观测到的气象资料汇总，绘制成该时刻的天气图，据此作出预报，这样的方法，实为欧拉法。

3.1.3 流体质点的加速度，质点导数

拉格朗日法以个别质点为对象，式（3-3）即为指定质点（起始坐标 a、b、c）的加速度表达式。

下面讨论欧拉法质点加速度的表达式。求质点的加速度，就要跟踪观察这个质点沿程速度的变化，这样一来，速度表达式$\vec{u}=\vec{u}(x,y,z,t)$中的坐标 x,y,z 是质点运动轨迹上的空间点坐标，不能视为常数，而是时间 t 的函数，即 $x=x(t)$、$y=y(t)$、$z=z(t)$。因此，加速度需按复合函数求导法则导出

$$\vec{a}=\frac{\mathrm{D}\vec{u}}{\mathrm{D}t}=\frac{\partial\vec{u}}{\partial t}+\frac{\partial\vec{u}}{\partial x}\frac{\mathrm{d}x}{\mathrm{d}t}+\frac{\partial\vec{u}}{\partial y}\frac{\mathrm{d}y}{\mathrm{d}t}+\frac{\partial\vec{u}}{\partial z}\frac{\mathrm{d}z}{\mathrm{d}t}$$

$$=\frac{\partial\vec{u}}{\partial t}+u_{x}\frac{\partial\vec{u}}{\partial x}+u_{y}\frac{\partial\vec{u}}{\partial y}+u_{z}\frac{\partial\vec{u}}{\partial z} \tag{3-8}$$

分量形式

$$\left.\begin{aligned}a_{x}&=\frac{\partial u_{x}}{\partial t}+u_{x}\frac{\partial u_{x}}{\partial x}+u_{y}\frac{\partial u_{x}}{\partial y}+u_{z}\frac{\partial u_{x}}{\partial z}\\a_{y}&=\frac{\partial u_{y}}{\partial t}+u_{x}\frac{\partial u_{y}}{\partial x}+u_{y}\frac{\partial u_{y}}{\partial y}+u_{z}\frac{\partial u_{y}}{\partial z}\\a_{z}&=\frac{\partial u_{z}}{\partial t}+u_{x}\frac{\partial u_{z}}{\partial x}+u_{y}\frac{\partial u_{z}}{\partial y}+u_{z}\frac{\partial u_{z}}{\partial z}\end{aligned}\right\} \tag{3-9}$$

上式也可表示为

$$\vec{a}=\frac{\mathrm{D}\vec{u}}{\mathrm{D}t}=\frac{\partial\vec{u}}{\partial t}+(\vec{u}\cdot\nabla)\vec{u} \tag{3-10}$$

哈密顿算子 $$\nabla=\vec{i}\frac{\partial}{\partial x}+\vec{j}\frac{\partial}{\partial y}+\vec{k}\frac{\partial}{\partial z}$$

由式（3-10）可见，在欧拉法中质点的加速度由两部分组成。其中$\frac{\partial\vec{u}}{\partial t}$称为当地加速度或时变加速度，它是由流场的不恒定性引起的。$(\vec{u}\cdot\nabla)\vec{u}$称为迁移加速度或位变加速度，它是由流场的不均匀性引起的。举例说明如下。

水箱里的水经收缩管流出（图 3-2），若水箱无来水补充，水位 H 逐渐降低，管轴线上质点的速度随时间减小，当地加速度$\frac{\partial u_{x}}{\partial t}$为负值。同时管道收缩，质点的速度随迁移而增大，故有迁移加速度 $u_{x}\frac{\partial u_{x}}{\partial x}$为正值。所以该质点的加速度 $a_{x}=\frac{\partial u_{x}}{\partial t}+u_{x}\frac{\partial u_{x}}{\partial x}$。

若水箱有来水补充，水位 H 保持不变，质点的速度不随时间变化，当地加速度$\frac{\partial u_{x}}{\partial t}=$

0，但仍有迁移加速度，该质点的加速度 $a_x = u_x \dfrac{\partial u_x}{\partial x}$。

若出水管是等直径的直管，且水位 H 保持不变（图 3-3），则管内流动的水质点，既无当地加速度，也无迁移加速度，$a_x=0$。

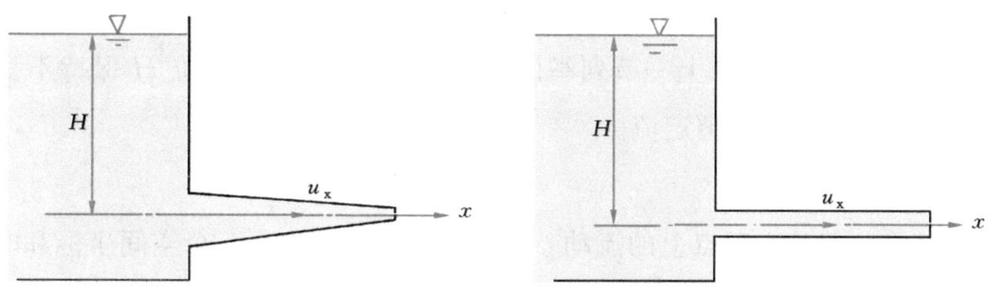

图 3-2　收缩管出流　　　　图 3-3　等直径直管出流

欧拉法描述流体运动，质点的物理量，不论矢量还是标量，对时间的变化率称为该物理量的随体导数或质点导数，其表达式与式（3-10）类同，如物理量 $A=A(x, y, z, t)$ 的随体导数

$$\frac{\mathrm{D}A}{\mathrm{D}t} = \frac{\partial A}{\partial t} + (\vec{u} \cdot \nabla)A \tag{3-11}$$

式中 $\dfrac{\partial A}{\partial t}$ 和 $(\vec{u} \cdot \nabla)A$ 分别称为物理量 A 的时变导数和位变导数。

例如不可压缩流体，密度的随体导数

$$\frac{\mathrm{D}\rho}{\mathrm{D}t} = \frac{\partial \rho}{\partial t} + (\vec{u} \cdot \nabla)\rho = 0$$

3.2　与欧拉法有关的一些流体运动的基本概念

3.2.1　流动的分类

欧拉法描述运动，各运动要素是空间坐标和时间变量的函数，如 $\vec{u}=\vec{u}(x, y, z, t)$。在欧拉法的范畴内，按不同的时空标准，对流动进行分类。

1. 恒定流和非恒定流

以时间为基准，若各空间点上的流动参数（速度、压强、密度等）皆不随时间变化，这样的流动是恒定流，反之是非恒定流。对于恒定流，流场方程为

$$\left.\begin{aligned} \vec{u} &= \vec{u}(x,y,z) \\ p &= p(x,y,z) \\ \rho &= \rho(x,y,z) \end{aligned}\right\} \tag{3-12}$$

或物理量的时变导数为零

$$\frac{\partial A}{\partial t}=0 \tag{3-13}$$

比较恒定流与非恒定流，前者欧拉变数中减去了时间变量 t，从而使问题的求解大为简化。实际工程中，多数系统正常运行时是恒定流，或虽然是非恒定流，但流动参数随时间的变化缓慢，仍可近似按恒定流处理。在上一节列举的水箱出流的例子中，水位 H 保持不变的是恒定流，水位 H 随时间变化的是非恒定流。

2. 一维、二维和三维流动

以空间为基准，若各空间点上的流动参数（主要是速度）是三个空间坐标和时间变量的函数，$\vec{u}=\vec{u}$（x，y，z，t），流动是三维流动。

若各空间点上的速度皆平行于某一平面，且流动参数在该平面的垂直方向无变化，令 z 轴垂直于该平面，则 $u_z=0$，$\frac{\partial u_x}{\partial z}=\frac{\partial u_y}{\partial z}=0$，流动参数只是两个空间坐标（$x$，$y$）和时间变量的函数$\vec{u}=\vec{u}$（$x$，$y$，$t$），这样的流动是二维流动，即平面流动。如水流绕过很长的圆柱体，忽略两端的影响，流动可简化为二维流动（图 3-4）。

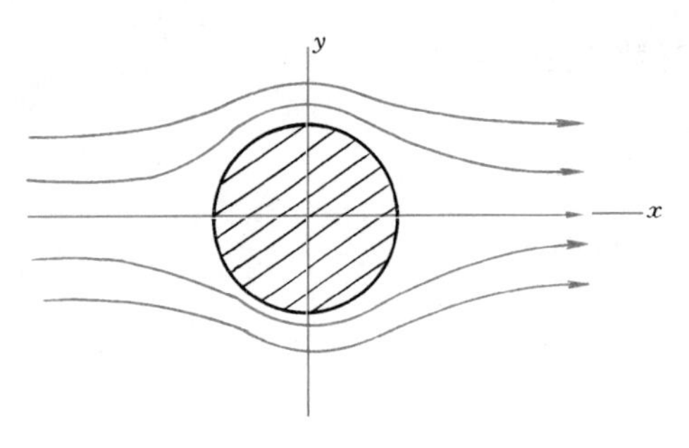

图 3-4　二维圆柱绕流

若流动参数只是一个空间坐标和时间变量的函数，这样的流动是一维流动。如管道和渠道内的流动，流束方向的尺寸远大于横向尺寸，流速取断面的平均速度，流动可视为一维流动 $\vec{v}=\vec{v}$（s，t）。

3. 均匀流和非均匀流

若质点的迁移加速度为零，换言之速度矢量不随位移变化，即

$$(\vec{u}\cdot\nabla)\vec{u}=0 \tag{3-14}$$

流动是均匀流，反之是非均匀流。在上一节列举的水箱出流的例子中，等直径直管内的流动（图 3-3）是均匀流；变直径管道内的流动（图 3-2）是非均匀流；水位 H 保持不变的等直径直管内的流动是恒定均匀流。

【例 3-1】 已知速度场$\vec{u}=$（$4y-6x$）$t\vec{i}+$（$6y-9x$）$t\vec{j}$。试问：(1) $t=2$s 时，在（2，4）点的加速度是多少？(2) 流动是恒定流还是非恒定流？(3) 流动是均匀流还是非均匀流？

【解】 (1) 由式（3-9）

$$\begin{aligned}a_x&=\frac{\partial u_x}{\partial t}+u_x\frac{\partial u_x}{\partial x}+u_y\frac{\partial u_x}{\partial y}\\&=(4y-6x)+(4y-6x)t(-6t)+(6y-9x)t(4t)\\&=(4y-6x)(1-6t^2+6t^2)\end{aligned}$$

以 $t=2\text{s}$，$x=2$，$y=4$，代入上式，得

$$a_{\text{x}}=4\text{m/s}^2$$

同理

$$a_{\text{y}}=6\text{m/s}^2$$

$$a=\sqrt{a_{\text{x}}^2+a_{\text{y}}^2}=7.21\text{m/s}^2$$

（2）因速度场随时间变化，或由时变导数

$$\frac{\partial\vec{u}}{\partial t}=\frac{\partial u_{\text{x}}}{\partial t}\vec{i}+\frac{\partial u_{\text{y}}}{\partial t}\vec{j}=(4y-6x)\vec{i}+(6y-9x)\vec{j}\neq 0$$

此流动是非恒定流。

（3）由式（3-14）

$$(\vec{u}\cdot\nabla)\vec{u}=\left(u_{\text{x}}\frac{\partial u_{\text{x}}}{\partial x}+u_{\text{y}}\frac{\partial u_{\text{x}}}{\partial y}\right)\vec{i}+\left(u_{\text{x}}\frac{\partial u_{\text{y}}}{\partial x}+u_{\text{y}}\frac{\partial u_{\text{y}}}{\partial y}\right)\vec{j}$$

$$=0$$

此流动是均匀流。

3.2.2 流线

1. 流线的概念

速度场 $\vec{u}=\vec{u}(x,y,z,t)$ 是矢量场，对于矢量场可用矢量线几何地描述。流线是速度场的矢量线，它是某一确定时刻，在速度场中绘出的空间曲线，线上所有质点在该时刻的速度矢量都与曲线相切（图 3-5）。

流线的性质是：在一般情况下不相交，否则位于交点的流体质点，在同一时刻就有与两条流线相切的两个速度矢量，这是不可能的；同样道理，流线不能是折线，而是光滑的曲线或直线。流线只在一些特殊点相交，如速度为零的点（图 3-6 中 A 点），通常称为驻点；速度无穷大的点（图 3-7、图 3-8 中 o 点），通常称为奇点；以及流线相切点（图 3-6 中 B 点）。

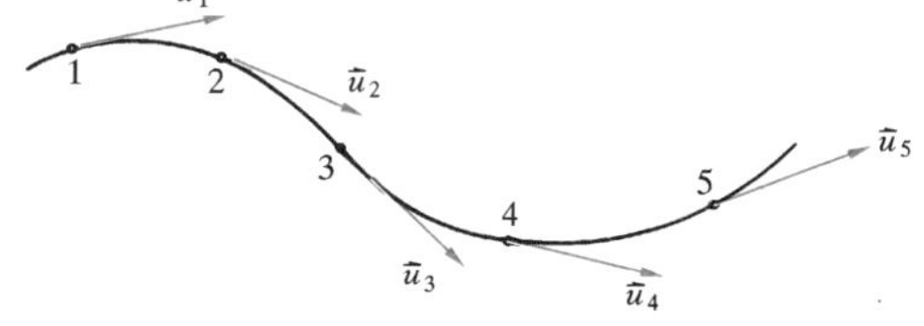

图 3-5 某时刻流线图

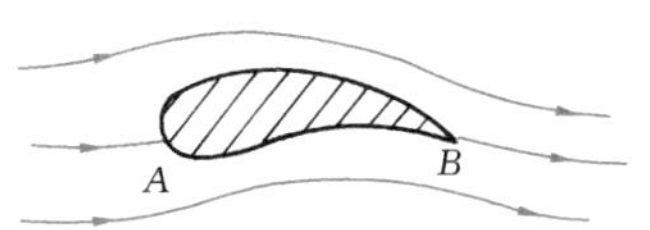

图 3-6 驻点和相切点

联系前面对流动的分类，恒定流因各空间点上速度矢量不随时间变化，所以流线的形状和位置不随时间变化，非恒定流一般说来流线随时间变化。均匀流质点的迁移加速度为零，速度矢量不随位移变化，在这样的流场中，流线是相互平行的直线。因此，从图像上看，流线为平行直线的流动是均匀流，如图 3-9 所示。

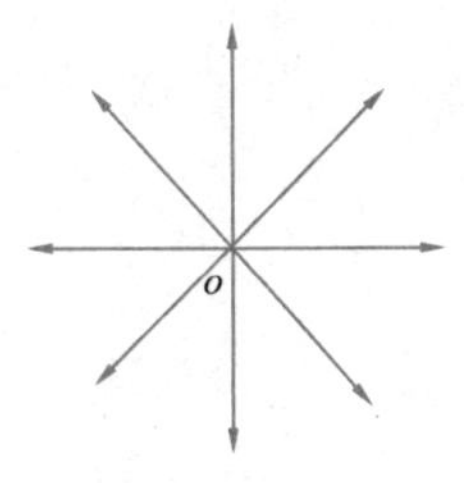

图 3-7　奇点（源）

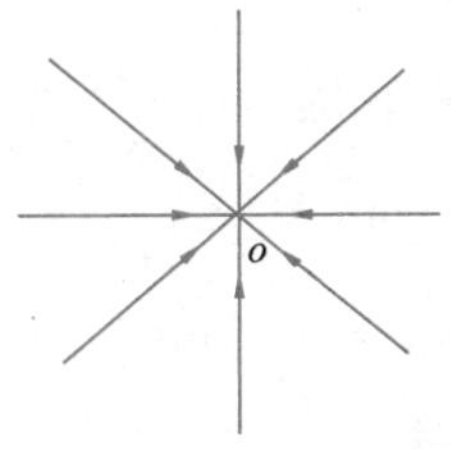

图 3-8　奇点（汇）

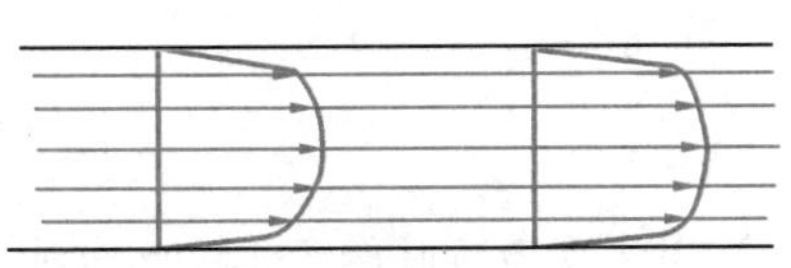
图 3-9　圆管均匀流

2. 流线方程

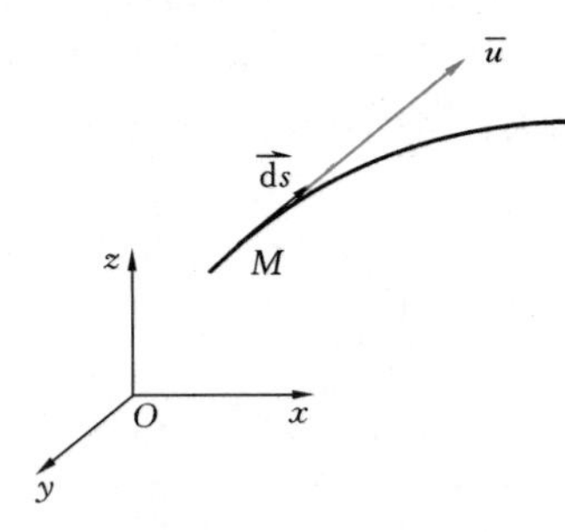

图 3-10　流线方程的推导

设某时刻在流线上任一点 M（x，y，z）附近取微元线段矢量 $\overrightarrow{ds}$，其坐标轴方向的分量为 dx、dy、dz，根据流线的定义，过该点的速度矢量 $\vec{u}$ 与 $\overrightarrow{ds}$ 共线（图 3-10），满足

$$\overrightarrow{ds} \times \vec{u} = 0 \tag{3-15}$$

即

$$\begin{vmatrix} i & j & k \\ dx & dy & dz \\ u_x & u_y & u_z \end{vmatrix} = 0$$

展开上式，得流线微分方程

$$\frac{dx}{u_x} = \frac{dy}{u_y} = \frac{dz}{u_z} \tag{3-16}$$

式（3-16）包括两个独立方程，式中 u_x、u_y、u_z 是空间坐标 x、y、z 和时间 t 的函数。因为流线是对某一时刻而言，所以微分方程中，时间 t 是参变量，在积分求流线方程时将作为常数。

3. 迹线方程

流体质点在某一时段的运动轨迹称为迹线。由运动方程

$$\left.\begin{aligned} dx &= u_x dt \\ dy &= u_y dt \\ dz &= u_z dt \end{aligned}\right\}$$

便可得到迹线的微分方程

$$\frac{dx}{u_x} = \frac{dy}{u_y} = \frac{dz}{u_z} = dt \tag{3-17}$$

式中时间 t 是自变量，x、y、z 是 t 的因变量。

流线和迹线是两个不同的概念，但恒定流流线不随时间变化，通过同一点的流线和迹线在几何上是一致的，两者重合；非恒定流，一般情况下流线和迹线不重合，个别情况，流场

速度方向不随时间变化，只速度大小随时间变化，这时流线和迹线仍相重合。

【例 3-2】 已知速度场 $u_x=a$，$u_y=bt$，$u_z=0$。试求：(1) 流线方程及 $t=0$，$t=1$，$t=2$ 时的流线图；(2) 迹线方程及 $t=0$ 时过 (0，0) 点的迹线。

【解】 (1) 由流线的微分方程式 (3-16)

$$\frac{dx}{a}=\frac{dy}{bt}$$

其中 t 是参变量，积分得

$$ay=btx+c$$

或

$$y=\frac{bt}{a}x+c$$

所得流线方程是直线方程，不同时刻 ($t=0$，$t=1$，$t=2$) 的流线图是三组不同斜率的直线族（图 3-11）。

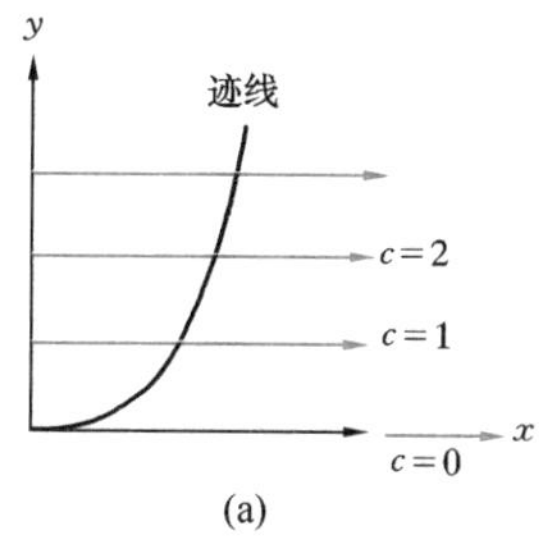

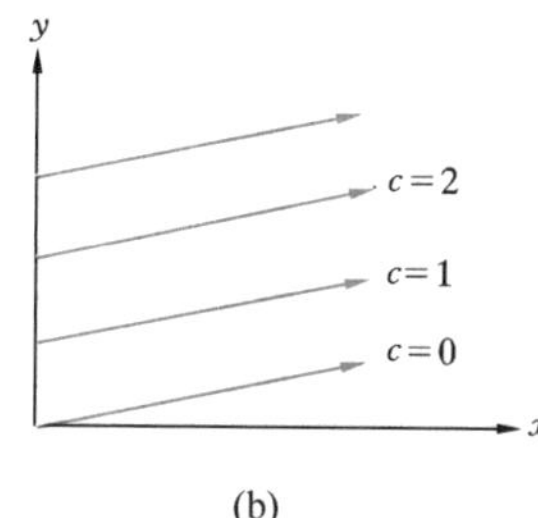

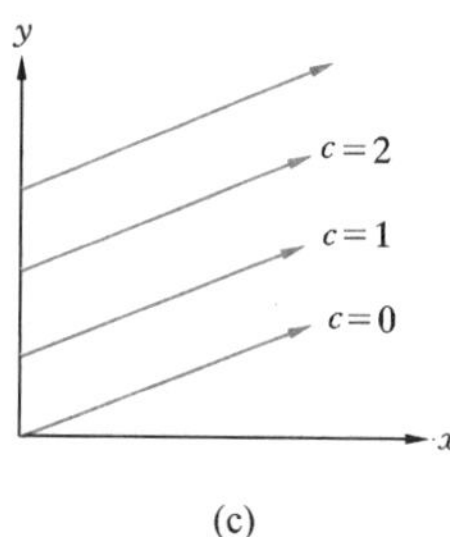

图 3-11　流线和迹线

(a) $t=0$ 时流线图，$t=0$ 过 (0，0) 点迹线；(b) $t=1$ 时流线图；(c) $t=2$ 时流线图

(2) 由迹线的微分方程式 (3-17)

$$\frac{dx}{a}=\frac{dy}{bt}=dt$$

即

$$dx=a\,dt,\qquad dy=bt\,dt$$

式中 t 是自变量，积分得

$$\begin{cases}x=at+c_1\\ y=b\dfrac{t^2}{2}+c_2\end{cases}$$

由 $t=0$，$x=0$，$y=0$，确定积分常数 $c_1=0$，$c_2=0$。消去时间变量 t，得 $t=0$ 时，过 (0，0) 点的迹线方程

$$y=\frac{b}{2a^2}x^2$$

此迹线是抛物线。本题 u_y 是时间 t 的函数，流动是非恒定流，流线和迹线不重合(图 3-11a)。

【例 3-3】已知速度场 $u_x=ax$，$u_y=-ay$，$u_z=0$。式中 $y\geqslant0$，$a>0$。试求：(1) 流线方程；(2) 迹线方程。

【解】由 $u_z=0$ 及 $y\geqslant0$，可知流动限于 Oxy 平面的上半平面。

(1) 由流线的微分方程式 (3-16)

$$\frac{\mathrm{d}x}{ax}=\frac{\mathrm{d}y}{-ay}$$

积分得

$$\ln x=-\ln y+\ln c$$

$$xy=c$$

流线是一族等轴双曲线。

流线的走向由速度场给出，可取流线上任一点的速度方向来判定。已知速度场 $u_x=ax$，$u_y=-ay$：在第一象限 ($x>0$，$y>0$) $u_x>0$ 朝 x 轴正方向，$u_y<0$ 朝 y 轴负方向；在第二象限 ($x<0$，$y>0$) $u_x<0$ 朝 x 轴负方向，$u_y<0$ 沿 y 轴负方向；在 y 轴上 ($x=0$，$y>0$) $u_x=0$，$u_y<0$ 沿 y 轴负方向，指向 O 点。根据以上分析，按流线方程 $xy=c$，便可绘出流线图(图 3-12)。

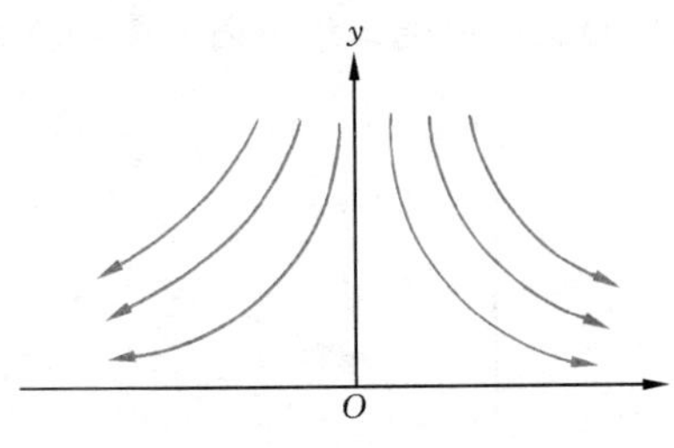

图 3-12　流线和迹线

如将 x 轴看成平板，该流线图表示均匀平行流动受平板阻挡时，驻点附近的流动图形。

(2) 由迹线的微分方程式 (3-17)

$$\frac{\mathrm{d}x}{ax}=-\frac{\mathrm{d}y}{ay}=\mathrm{d}t$$

积分得迹线方程

$$\begin{cases}x=c_1\exp(at)\\ y=c_2\exp(-at)\end{cases}$$

改写上式

$$xy=c_1c_2\exp(at-at)=c_1c_2=c$$

与流线方程相同，表明恒定流动流线和迹线在几何上一致，两者相重合。

3.2.3 流管、过流断面、元流和总流

1. 流管、流束

在流场中任取不与流线重合的封闭曲线，过曲线上各点作流线，所构成的管状表面称为流管。充满流体的流管称为流束（图 3-13）。

因为流线不能相交，所以流体不能由流管壁出入。由于恒定流中流线的形状不随时间变化，所以恒定流流管、流束的形状也不随时间变化。

2. 过流断面

在流束上作出的与流线正交的横断面是过流断面，也称过水断面。过流断面不都是平面，只有在流线相互平行的均匀流段，过流断面才是平面（图 3-14）。

图 3-13　流束

图 3-14　过流断面

3. 元流和总流

元流是过流断面无限小的流束，几何特征与流线相同。由于元流的过流断面无限小，断面上各点的流动参数如 z（位置高度）、$\vec{u}$（流速）、p（压强）均相同。

总流是过流断面为有限大小的流束，是由无数元流构成的，断面上各点的流动参数一般情况下不相同。

3.2.4 流量、断面平均流速

1. 流量

单位时间通过某一过流断面的流体量称为该断面的流量。若通过的量以体积计量就是体积流量，简称流量；若通过的量以质量计量，则称为质量流量。如以 $\mathrm{d}A$ 表示过流断面的微元面积，u 表示该点的速度，则

体积流量
$$Q=\int_A u\mathrm{d}A \quad (\mathrm{m^3/s}) \tag{3-18}$$

质量流量
$$Q_\mathrm{m}=\int_A \rho u\mathrm{d}A \quad (\mathrm{kg/s}) \tag{3-19}$$

对于均质不可压缩流体，密度 ρ 为常数，则

$$Q_\mathrm{m}=\rho Q$$

2. 断面平均流速

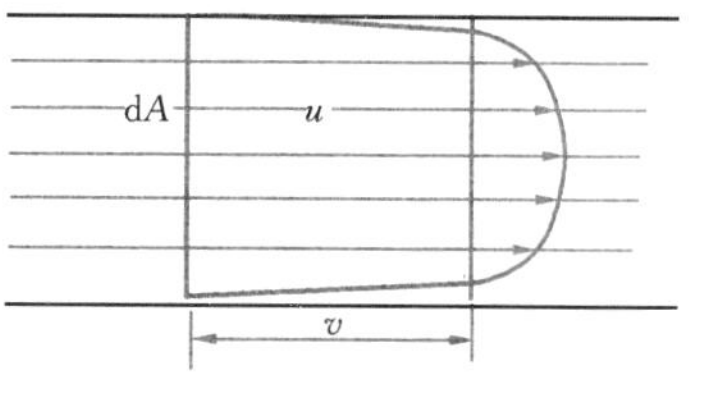

图 3-15　圆管流速分布

总流过流断面上各点的流速 u 一般是不相等的，以管流为例，管壁附近流速较小，轴线上流速最大(图 3-15)。为了便于计算，设想过流断面上流速 v 均匀分布，通过的流量与实际流量相同，流速 v 定义为该断面的平均流速，即

$$Q=\int_A u\mathrm{d}A=vA \tag{3-20}$$

或
$$v=\frac{Q}{A}$$

式（3-20）是曲面积分的中值定理。

【例 3-4】已知半径为 r_0 的圆管中，过流断面上的流速分布为 $u=u_{\max}\left(\frac{y}{r_0}\right)^{1/7}$（参见 7.6.2 节公式 7-32 的相关论述），式中 $u_{\max}$ 是轴线上断面最大流速，y 为距管壁的距离（图 3-16）。试求：(1) 通过的流量和断面平均流速；(2) 过流断面上，速度等于平均流速的点距管壁的距离。

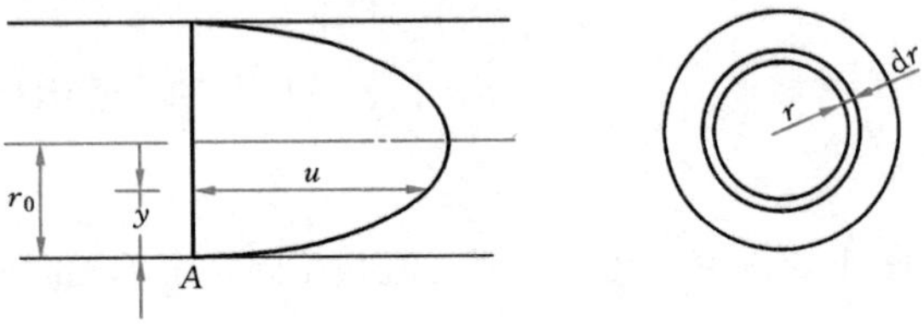

图 3-16　流量计算

【解】(1) 在过流断面 $r=r_0-y$ 处，取环形微元面积，$dA=2\pi r dr$，环面上各点流速 u 相等

流量　$Q=\int_A u dA=\int_{r_0}^{0} u_{\max}\left(\frac{y}{r_0}\right)^{1/7} 2\pi(r_0-y)d(r_0-y)$

$$=\frac{2\pi u_{\max}}{r_0^{1/7}}\int_0^{r_0}(r_0-y)y^{1/7}dy=\frac{49}{60}\pi r_0^2 u_{\max}$$

断面平均流速

$$v=\frac{Q}{A}=\frac{49}{60}u_{\max}$$

(2) 依题意，令

$$u_{\max}\left(\frac{y}{r_0}\right)^{1/7}=\frac{49}{60}u_{\max}$$

$$\frac{y}{r_0}=\left(\frac{49}{60}\right)^7=0.242$$

$$y=0.242r_0$$

3.3 连续性方程

连续性方程是流体运动学的基本方程，是质量守恒原理的流体力学表达式。

3.3.1 连续性微分方程

在流场中取微小直角六面体空间为控制体，正交的三个边长 dx、dy、dz，分别平行于

x、y、z 坐标轴（图 3-17）。控制体是流场中划定的空间，形状、位置固定不变，流体可不受影响地通过。

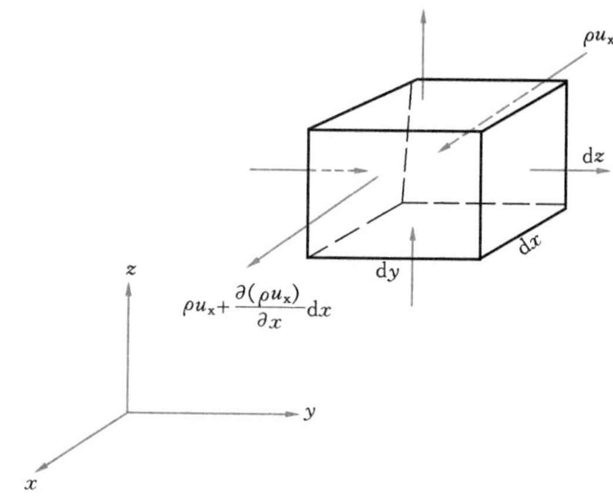

图 3-17　连续性微分方程

dt 时间 x 方向流出与流入控制体的质量差，即 x 方向净流出质量为

$$\Delta M_x=\left[\rho u_x+\frac{\partial(\rho u_x)}{\partial x}dx\right]dydzdt$$

$$-\rho u_x dydzdt$$

$$=\frac{\partial(\rho u_x)}{\partial x}dxdydzdt$$

同理，y、z 方向的净流出质量

$$\Delta M_y=\frac{\partial(\rho u_y)}{\partial y}dxdydzdt$$

$$\Delta M_z=\frac{\partial(\rho u_z)}{\partial z}dxdydzdt$$

dt 时间控制体的总净流出质量

$$\Delta M_x+\Delta M_y+\Delta M_z=\left[\frac{\partial(\rho u_x)}{\partial x}+\frac{\partial(\rho u_y)}{\partial y}+\frac{\partial(\rho u_z)}{\partial z}\right]dxdydzdt$$

流体是连续介质，质点间无空隙，根据质量守恒原理，dt 时间控制体的总净流出质量，必等于控制体内由于密度变化而减少的质量，即

$$\left[\frac{\partial(\rho u_x)}{\partial x}+\frac{\partial(\rho u_y)}{\partial y}+\frac{\partial(\rho u_z)}{\partial z}\right]dxdydzdt=-\frac{\partial\rho}{\partial t}dxdydzdt$$

化简得

$$\frac{\partial\rho}{\partial t}+\frac{\partial(\rho u_x)}{\partial x}+\frac{\partial(\rho u_y)}{\partial y}+\frac{\partial(\rho u_z)}{\partial z}=0\tag{3-21}$$

或

$$\frac{\partial\rho}{\partial t}+\mathrm{div}(\rho\vec{u})=0\tag{3-22}$$

式（3-21）或式（3-22）是连续性微分方程的一般形式。

对恒定流，$\frac{\partial \rho}{\partial t}=0$，式（3-21）化简为

$$\frac{\partial(\rho u_x)}{\partial x}+\frac{\partial(\rho u_z)}{\partial y}+\frac{\partial(\rho u_z)}{\partial z}=0 \tag{3-23}$$

对均质不可压缩流体，密度 ρ 不随时间和地点而变，式（3-21）化简为

$$\frac{\partial u_x}{\partial x}+\frac{\partial u_y}{\partial y}+\frac{\partial u_z}{\partial z}=0 \tag{3-24}$$

按场论的定义，速度场的散度 $\text{div}\vec{u}=\frac{\partial u_x}{\partial x}+\frac{\partial u_y}{\partial y}+\frac{\partial u_z}{\partial z}$，故不可压缩流体的连续性微分方程可表示为

$$\text{div}\vec{u}=0$$

一般形式的连续性微分方程式（3-21）是 1752 年达朗贝尔首先提出的，是质量守恒原理的流体力学表达式（微分形式）。是控制流体运动的基本微分方程式。

【**例 3-5**】已知速度场

$$\left.\begin{aligned}u_x&=\frac{1}{\rho}(y^2-x^2)\\u_y&=\frac{1}{\rho}(2xy)\\u_z&=\frac{1}{\rho}(-2tz)\\\rho&=t^2\end{aligned}\right\}$$

试问流动是否满足连续性条件。

【**解**】此流动为可压缩流体，非恒定流动，由连续性微分方程一般式（3-21)计算。

$$\frac{\partial\rho}{\partial t}=2t$$

$$\frac{\partial(\rho u_x)}{\partial x}=\frac{\partial}{\partial x}(y^2-x^2)=-2x$$

$$\frac{\partial(\rho u_y)}{\partial y}=\frac{\partial}{\partial y}(2xy)=2x$$

$$\frac{\partial(\rho u_z)}{\partial z}=\frac{\partial}{\partial z}(-2tz)=-2t$$

将以上各项代入式（3-21）

$$\frac{\partial\rho}{\partial t}+\frac{\partial(\rho u_x)}{\partial x}+\frac{\partial(\rho u_y)}{\partial y}+\frac{\partial(\rho u_z)}{\partial z}=0$$

此流动满足连续性条件，流动可能出现。

【例 3-6】已知速度场 $u_x=cx^2yz$，$u_y=y^2z-cxy^2z$ 其中 c 为常数。试求坐标 z 方向的速度分量 u_z。

【解】此流动为不可压缩流体三维流动

$$\frac{\partial u_x}{\partial x}=2cxyz$$

$$\frac{\partial u_y}{\partial y}=2yz-2cxyz$$

由不可压缩流体连续性微分方程式（3-24）

$$\frac{\partial u_z}{\partial z}=-\left(\frac{\partial u_x}{\partial x}+\frac{\partial u_y}{\partial y}\right)=-2yz$$

积分上式

$$u_z=-yz^2+f(x,y)$$

$f(x,y)$是 x，y 的任意函数，满足连续性微分方程的 u_z 可有无数个。最简单的情况取 $f(x,y)=0$，即 $u_z=-yz^2$。

3.3.2 连续性微分方程对总流的积分

设恒定总流，以过流断面 1-1，2-2 及侧壁面围成的固定空间为控制体，体积为 V（图 3-18）。

将不可压缩流体的连续性微分方程式（3-24），对控制体空间积分，根据高斯（Gauss）定理

$$\iiint_V\left(\frac{\partial u_x}{\partial x}+\frac{\partial u_y}{\partial y}+\frac{\partial u_z}{\partial z}\right)\mathrm{d}V=\iint_A u_n\mathrm{d}A=0 \tag{3-25}$$

式中　A——体积 V 的封闭表面；

u_n——$\vec{u}$ 在微元面积 $\mathrm{d}A$ 外法线方向的投影。

因侧表面上 $u_n=0$，于是式（3-25）化简为

$$-\int_{A_1}u_1\mathrm{d}A+\int_{A_2}u_2\mathrm{d}A=0$$

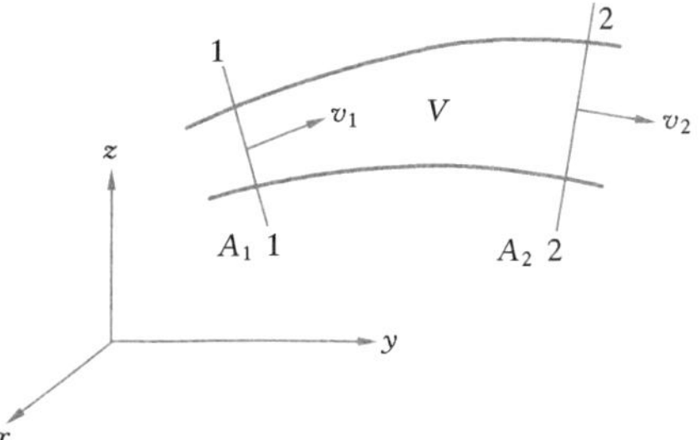

图 3-18　总流连续性方程

上式第一项 u_1 的方向与 $\mathrm{d}A$ 外法线方向相反，取负号。由此得到

$$\int_{A_1}u_1\mathrm{d}A=\int_{A_2}u_2\mathrm{d}A$$

$$Q_1=Q_2 \tag{3-26}$$

或

$$v_1A_1=v_2A_2 \tag{3-27}$$

式中 v_1、v_2 为总流的断面平均流速。

式（3-26）或式（3-27）称为流体总流的连续性方程，是控制不可压缩流体总流运动的基本方程。

【例 3-7】 变直径水管（图 3-19），已知粗管直径 $d_1=200\text{mm}$，断面平均流速 $v_1=0.8\text{m/s}$，细管直径 $d_2=100\text{mm}$，试求细管管段的断面平均流速。

【解】 由流体总流连续性方程（式 3-27）

$$v_1 A_1 = v_2 A_2$$

$$v_2 = v_1 \frac{A_1}{A_2} = v_1 \left(\frac{d_1}{d_2}\right)^2 = 3.2\text{m/s}$$

【例 3-8】 输水管道经三通管分流（图 3-20），已知管径 $d_1=d_2=200\text{mm}$，$d_3=100\text{mm}$，断面平均流速 $v_1=3\text{m/s}$，$v_2=2\text{m/s}$，试求断面平均流速 v_3。

【解】 流入和流出三通管的流量相等，即

$$Q_1 = Q_2 + Q_3$$

$$v_1 A_1 = v_2 A_2 + v_3 A_3$$

$$v_3 = (v_1 - v_2)\left(\frac{d_1}{d_3}\right)^2 = 4\text{m/s}$$

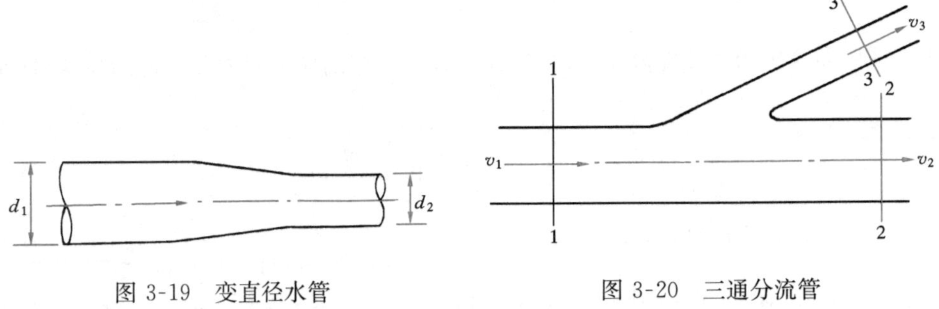

图 3-19　变直径水管

图 3-20　三通分流管

3.4　流体微团运动分析

这一节研究流体微团本身的运动。通过对微团运动的分析，来进一步认识流场的特点，也是推导黏性流体运动微分方程的基础。

3.4.1　微团运动的分解

按连续介质假设，流体是由无数质点构成的。质点是同流动空间相比无限小，又含有大量分子的微元体，在考虑其尺度效应（变形、旋转）时，习惯上称为微团，因此微团是流体运动的体元。

刚体力学早已证明，刚体的一般运动，可以分解为移动和转动两部分。流体是具有流动性极易变形的连续介质，可以想见，流体微团在运动过程中，除移动和转动之外，还将有变形运动，怎样把这三种基本运动显示出来呢？自19世纪40年代起，英国数学家斯托克斯（Stokes，G. 1845），德国力学家亥姆霍兹（Helmhotz，H. 1858）先后提出速度分解定理，从理论上解决了这个问题。现把这个定理简述如下。

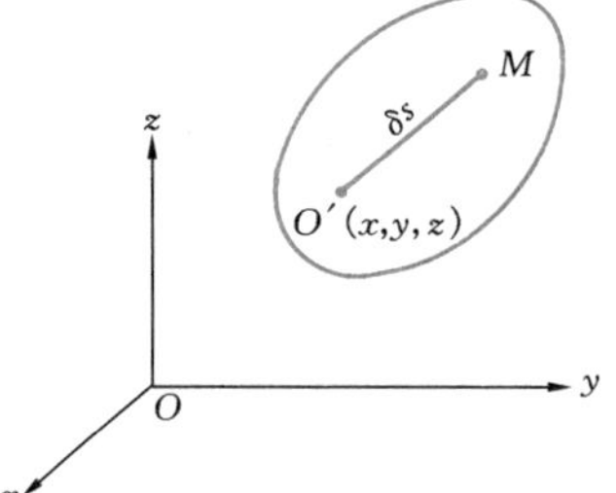

图 3-21　流体微团

某时刻 t，在流场中取微团（图 3-21），取其中一点 $O'(x,y,z)$ 为基点，速度 $\vec{u}=\vec{u}(x,y,z)$。在 O' 点的邻域任取一点 $M(x+\delta x,y+\delta y,z+\delta z)$，$M$ 点的速度由泰勒（Taylor，G.）展开式前两项表示

$$\left.\begin{aligned}u_{Mx}&=u_x+\frac{\partial u_x}{\partial x}\delta x+\frac{\partial u_x}{\partial y}\delta y+\frac{\partial u_x}{\partial z}\delta z\qquad(a)\\u_{My}&=u_y+\frac{\partial u_y}{\partial x}\delta x+\frac{\partial u_y}{\partial y}\delta y+\frac{\partial u_y}{\partial z}\delta z\qquad(b)\\u_{Mz}&=u_z+\frac{\partial u_z}{\partial x}\delta x+\frac{\partial u_z}{\partial y}\delta y+\frac{\partial u_z}{\partial z}\delta z\qquad(c)\end{aligned}\right\}\tag{3-28}$$

为显示出平移、旋转和变形运动，对以上各式的右边加减相同项，做恒等变换

$$\pm\frac{1}{2}\ \frac{\partial u_y}{\partial x}\delta y\pm\frac{1}{2}\ \frac{\partial u_z}{\partial x}\delta z\tag{3-28a}$$

$$\pm\frac{1}{2}\ \frac{\partial u_z}{\partial y}\delta z\pm\frac{1}{2}\ \frac{\partial u_x}{\partial y}\delta x\tag{3-28b}$$

$$\pm\frac{1}{2}\ \frac{\partial u_x}{\partial z}\delta x\pm\frac{1}{2}\ \frac{\partial u_y}{\partial z}\delta y\tag{3-28c}$$

并采用符号

$$\left.\begin{aligned}&\varepsilon_{xx}=\frac{\partial u_x}{\partial x}\quad\varepsilon_{yz}=\varepsilon_{zy}=\frac{1}{2}\left(\frac{\partial u_z}{\partial y}+\frac{\partial u_y}{\partial z}\right)\quad\omega_x=\frac{1}{2}\left(\frac{\partial u_z}{\partial y}-\frac{\partial u_y}{\partial z}\right)\\&\varepsilon_{yy}=\frac{\partial u_y}{\partial y}\quad\varepsilon_{zx}=\varepsilon_{xz}=\frac{1}{2}\left(\frac{\partial u_x}{\partial z}+\frac{\partial u_z}{\partial x}\right)\quad\omega_y=\frac{1}{2}\left(\frac{\partial u_x}{\partial z}-\frac{\partial u_z}{\partial x}\right)\\&\varepsilon_{zz}=\frac{\partial u_z}{\partial z}\quad\varepsilon_{xy}=\varepsilon_{yx}=\frac{1}{2}\left(\frac{\partial u_y}{\partial x}+\frac{\partial u_x}{\partial y}\right)\quad\omega_z=\frac{1}{2}\left(\frac{\partial u_y}{\partial x}-\frac{\partial u_x}{\partial y}\right)\end{aligned}\right\}\tag{3-29}$$

则式（3-28）恒等于

$$\left.\begin{aligned}u_{Mx}&=u_x+(\varepsilon_{xx}\delta x+\varepsilon_{xy}\delta y+\varepsilon_{xz}\delta z)+(\omega_y\delta z-\omega_z\delta y)\\u_{My}&=u_y+(\varepsilon_{yy}\delta y+\varepsilon_{yz}\delta z+\varepsilon_{yx}\delta x)+(\omega_z\delta x-\omega_x\delta z)\\u_{Mz}&=u_z+(\varepsilon_{zz}\delta z+\varepsilon_{zx}\delta x+\varepsilon_{zy}\delta y)+(\omega_x\delta y-\omega_y\delta x)\end{aligned}\right\}\tag{3-30}$$

式（3-30）是微团运动的分解式，下面对式中各项的分析显示，流体微团运动的速度分解为平移、变形（包括线变形和角变形）和旋转三种运动速度的组合，这就是速度分解定理。

3.4.2 微团运动的组成分析

式（3-30）是微团运动的分解式，式中各项分别代表一种简单运动的速度。为简化分析，取平面运动的矩形微团 $O'AMB$，以角点 O' 为基点，该点的速度分量为 u_x，u_y，则 A、M、B 点的速度可由泰勒展开式的前两项表示，如图 3-22 所示。

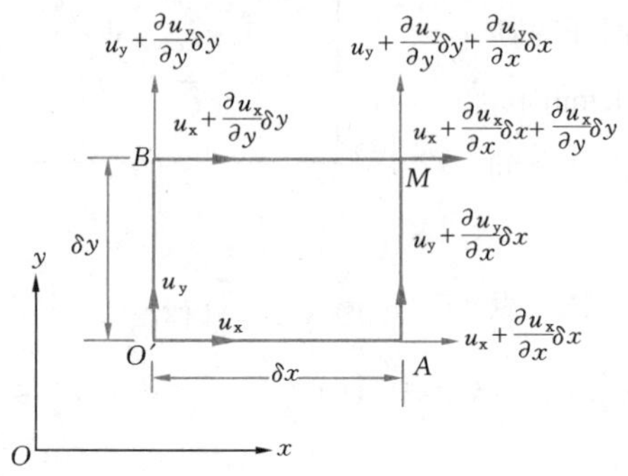

图 3-22　微团运动

1. 平移速度 u_x、u_y、u_z

如图 3-22 所示，u_x、u_y 是微团各角点共有的速度，如果微团只随基点平移，各点的速度均为 u_x、u_y。从这意义上说，u_x、u_y 是微团整体平移的速度，称为平移速度。同理，对于三维流场，u_x、u_y、u_z 称为平移速度。

2. 线变形速度 ε_{xx}、ε_{yy}、ε_{zz}

以 $\varepsilon_{xx}=\frac{\partial u_x}{\partial x}$为例。微团上 O' 点和 A 点 x 方向的速度不同，在 $\mathrm{d}t$ 时间，两点 x 方向的位移量不等，$O'A$ 边发生线变形，平行 x 轴的直线都将发生线变形（图3-23）

$$\left(u_x+\frac{\partial u_x}{\partial x}\delta x\right)\mathrm{d}t-u_x\mathrm{d}t=\frac{\partial u_x}{\partial x}\delta x\,\mathrm{d}t$$

可知 $\varepsilon_{xx}=\frac{\partial u_x}{\partial x}$是单位时间微团 x 方向的相对线变形量，称为 x 方向的线变形速度。

同理，$\varepsilon_{yy}=\frac{\partial u_y}{\partial y}$，$\varepsilon_{zz}=\frac{\partial u_z}{\partial z}$是微团在 y、z 方向的线变形速度。

3. 角变形速度 ε_{xy}、ε_{yz}、ε_{zx}

以 $\varepsilon_{xy}=\frac{1}{2}\left(\frac{\partial u_y}{\partial x}+\frac{\partial u_x}{\partial y}\right)$为例。因微团 O' 点和 A 点 y 方向的速度不同，在 $\mathrm{d}t$ 时间内，两点 y 方向的位移量不等，OA 边发生偏转（图 3-24），偏转角度

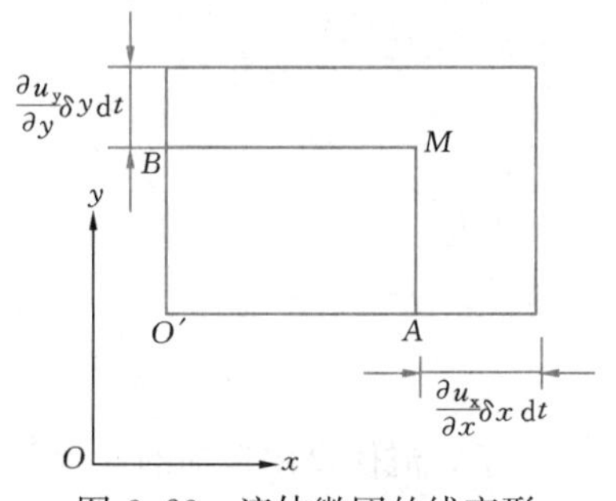

图 3-23　流体微团的线变形

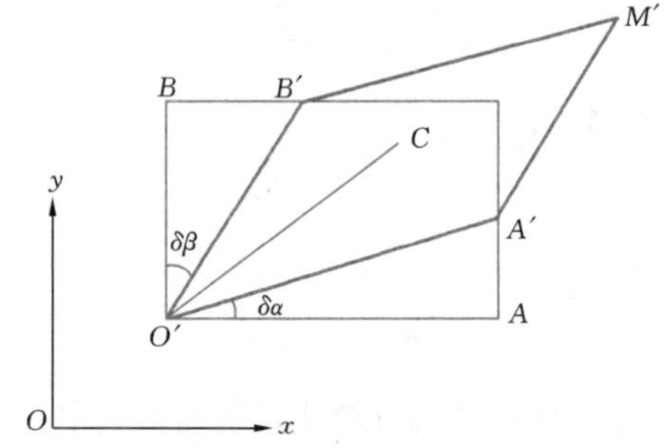

图 3-24　流体微团的角变形

$$\delta\alpha \approx \tan(8\alpha) = \frac{AA'}{\delta x} = \frac{\frac{\partial u_y}{\partial x}\delta x \mathrm{d}t}{\delta x} = \frac{\partial u_y}{\partial x}\mathrm{d}t \tag{3-31}$$

同理，$O'B$ 边也发生偏转，偏转角度

$$\delta\beta \approx \tan(\delta\beta) = \frac{BB'}{\delta y} = \frac{\frac{\partial u_x}{\partial y}\delta y \mathrm{d}t}{\delta y} = \frac{\partial u_x}{\partial y}\mathrm{d}t \tag{3-32}$$

$O'A$、$O'B$ 偏转的结果，使微团由原来的矩形变成平行四边形 $O'A'M'B'$，微团在 xOy 平面上的角变形用$\frac{1}{2}(\delta\alpha+\delta\beta)$来衡量

$$\frac{1}{2}(\delta\alpha+\delta\beta) = \frac{1}{2}\left(\frac{\partial u_y}{\partial x}+\frac{\partial u_x}{\partial y}\right)\mathrm{d}t = \varepsilon_{xy}\mathrm{d}t$$

$\varepsilon_{xy}=\frac{1}{2}\left(\frac{\partial u_y}{\partial x}+\frac{\partial u_x}{\partial y}\right)$是微团在 xOy 面上的角变形速度。

同理，$\varepsilon_{yz} = \frac{1}{2}\left(\frac{\partial u_z}{\partial y}+\frac{\partial u_y}{\partial z}\right)$，$\varepsilon_{zx} = \frac{1}{2}\left(\frac{\partial u_x}{\partial z}+\frac{\partial u_z}{\partial x}\right)$是微团在 yOz、zOx 平面上的角变形速度。

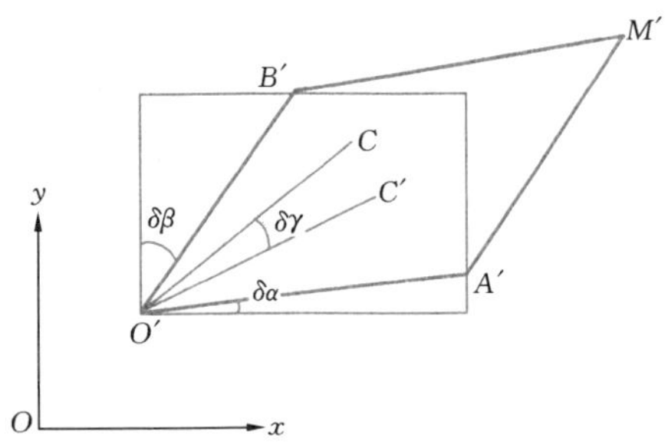

图 3-25　流体微团的旋转

4. 旋转角速度 ω_x、ω_y、ω_z

以 $\omega_z=\frac{1}{2}\left(\frac{\partial u_y}{\partial x}-\frac{\partial u_x}{\partial y}\right)$为例，在图 3-24 中，若微团 $O'A$、$O'B$ 边偏转的方向相反，转角相等，$\delta\alpha=\delta\beta$，此时微团发生角变形，但变形前后的角分线 $O'C$ 的指向不变，以此定义微团没有旋转，是单纯的角变形。若偏转角不等 $\delta\alpha\neq\delta\beta$（图3-25），变形前后角分线 $O'C$ 的指向变化（变形后 $O'C'$），表示该微团旋转。旋转角度 $\delta\gamma$ 规定以逆时针方向的转角为正，顺时针方向的转角为负。

$$\delta\gamma = \frac{1}{2}(\delta\alpha - \delta\beta)$$

将式（3-31）、式（3-32）代入上式

$$\delta\gamma = \frac{1}{2}\left(\frac{\partial u_y}{\partial x}-\frac{\partial u_x}{\partial y}\right)\mathrm{d}t = \omega_z\mathrm{d}t$$

$\omega_z=\frac{1}{2}\left(\frac{\partial u_y}{\partial x}-\frac{\partial u_x}{\partial y}\right)$是微团绕平行于 Oz 轴的基点轴的旋转角速度。

同理，$\omega_x=\frac{1}{2}\left(\frac{\partial u_z}{\partial y}-\frac{\partial u_y}{\partial z}\right)$，$\omega_y=\frac{1}{2}\left(\frac{\partial u_x}{\partial z}-\frac{\partial u_z}{\partial x}\right)$是微团绕平行于 Ox、Oy 轴的基点轴

的旋转角速度。

由以上分析，说明了速度分解定理（式 3-30）的物理意义，表明流体微团运动包括平移运动、旋转运动和变形（线变形和角变形）三部分，比刚体运动更为复杂。该定理对流体力学的发展有深远影响，在速度分解基础上，根据微团自身是否旋转，将流体运动分为有旋流动和无旋流动两种类型。由于两类流动的规律性和计算方法的不同，从而发展了对流动的分析和计算理论。此外，由于分解出微团的变形运动，为建立应力和变形速度的关系，并为最终建立黏性流体运动的基本方程式奠定了基础。

3.4.3 有旋流动和无旋流动

在速度分解定理的基础上，将流体运动分为以下两种类型。

如在运动中，流体微团不存在旋转运动，即旋转角速度为零

$$\left.\begin{aligned}\omega_x&=\frac{1}{2}\left(\frac{\partial u_z}{\partial y}-\frac{\partial u_y}{\partial z}\right)=0 \qquad \frac{\partial u_z}{\partial y}=\frac{\partial u_y}{\partial z}\\ \omega_y&=\frac{1}{2}\left(\frac{\partial u_x}{\partial z}-\frac{\partial u_z}{\partial x}\right)=0 \qquad \frac{\partial u_x}{\partial z}=\frac{\partial u_z}{\partial x}\\ \omega_z&=\frac{1}{2}\left(\frac{\partial u_y}{\partial x}-\frac{\partial u_x}{\partial y}\right)=0 \qquad \frac{\partial u_y}{\partial x}=\frac{\partial u_x}{\partial y}\end{aligned}\right\} \tag{3-33}$$

则称之为无旋流动。

如在运动中，流体微团存在旋转运动，即 ω_x、ω_y、ω_z 三者之中，至少有一个不为零，则称之为有旋流动。

上述分类的依据仅仅是微团本身是否绕基点的瞬时轴旋转，不涉及是恒定流还是非恒定流，均匀流还是非均匀流，也不涉及微团运动的轨迹形状。即便微团运动的轨迹是圆，但微团本身无旋转，流动仍是无旋流动（图 3-26），只有微团本身有旋转，才是有旋流动（图 3-27）。

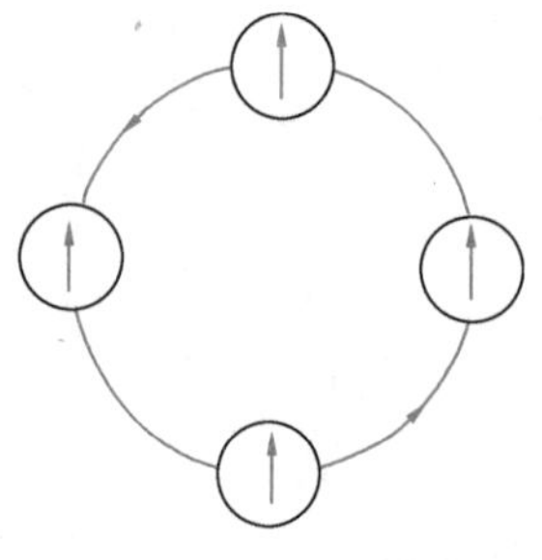

图 3-26　无旋流动

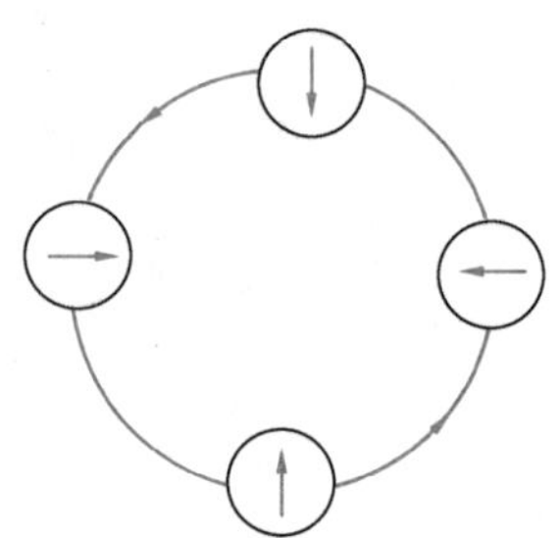

图 3-27　有旋流动

自然界中绝大多数流动都是有旋流动，有些以明显可见的旋涡形式表现出来，如桥墩后

的旋涡区，航船船尾后面的旋涡，大气中的龙卷风等。更多的情况下，有旋流动没有明显可见的旋涡，不是一眼能看出来的，需要根据速度场分析加以判别。

【例 3-9】判别下列流动是有旋流动还是无旋流动。

(1) 已知速度场 $u_x = ay$，$u_y = u_z = 0$，其中 a 为常数，流线是平行于 x 轴的直线(图 3-28)。

【解】本题为平面流动，只需判别 ω_z 是否为零。

$$\omega_z = \frac{1}{2}\left(\frac{\partial u_y}{\partial x} - \frac{\partial u_x}{\partial y}\right) = \frac{1}{2}(0-a) = -\frac{a}{2} \neq 0$$

是有旋流动。

(2) 已知速度场 $u_r = 0$，$u_\theta = \frac{b}{r}$，其中 b 是常数，流线是以原点为中心的同心圆(图 3-29)。

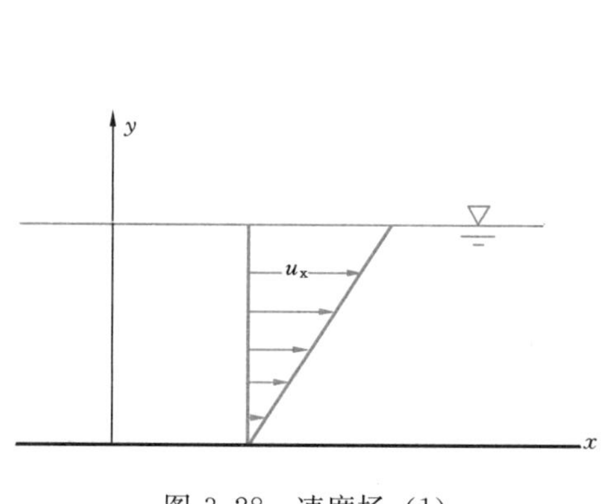

图 3-28　速度场(1)

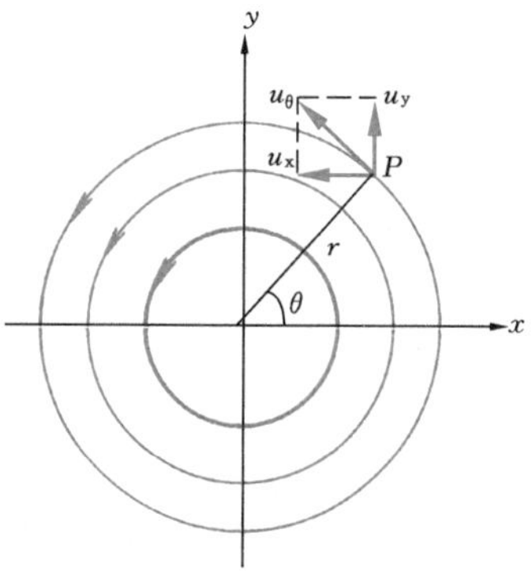

图 3-29　速度场(2)

【解】取直角坐标，任意点 $P(x,y)$ 的速度分量

$$u_x = -u_\theta \sin\theta = -\frac{b}{r}\frac{y}{r} = -\frac{by}{x^2+y^2}$$

$$u_y = u_\theta \cos\theta = \frac{b}{r}\frac{x}{r} = \frac{bx}{x^2+y^2}$$

$$\omega_z = \frac{1}{2}\left(\frac{\partial u_y}{\partial x} - \frac{\partial u_x}{\partial y}\right) = 0$$

是无旋流动。

习题

选择题

3.1 用欧拉法表示流体质点的加速度 $\vec{a}$ 等于：(a) $\frac{d^2\vec{r}}{dt^2}$；(b) $\frac{\partial \vec{u}}{\partial t}$；(c) $(\vec{u}\cdot\nabla)\vec{u}$；(d) $\frac{\partial \vec{u}}{\partial t}+(\vec{u}\cdot\nabla)\vec{u}$。

3.2 恒定流是：(a) 流动随时间按一定规律变化；(b) 各空间点上的流动参数不随时间变化；(c) 各过流断面的速度分布相同；(d) 迁移加速度为零。

3.3 一维流动限于：(a) 流线是直线；(b) 速度分布按直线变化；(c) 流动参数是一个空间坐标和时间变量的函数；(d) 流动参数不随时间变化的流动。

3.4 均匀流是：(a) 当地加速度为零；(b) 迁移加速度为零；(c) 向心加速度为零；(d) 合加速度为零。

3.5 无旋流动限于：(a) 流线是直线的流动；(b) 迹线是直线的流动；(c) 微团无旋转的流动；(d) 恒定流动。

3.6 变直径管，直径 $d_1=320$mm，$d_2=160$mm，流速 $v_1=1.5$m/s，v_2 为：(a) 3m/s；(b) 4m/s；(c) 6m/s；(d) 9m/s。

计算题

3.7 已知速度场 $u_x=2t+2x+2y$，$u_y=t-y+z$，$u_z=t+x-z$。试求点（2，2，1）在 $t=3$ 时的加速度。

3.8 已知速度场 $u_x=xy^2$，$u_y=-\frac{1}{3}y^3$，$u_z=xy$，试求：(1) 点（1，2，3）的加速度；(2) 是几维流动；(3) 是恒定流还是非恒定流；(4) 是均匀流还是非均匀流。

3.9 管道（图 3-30）收缩段长 $2l=60$cm，直径 $D=20$cm，$d=10$cm，通过流量 $Q=0.2\text{m}^3/\text{s}$，现逐渐关闭调节阀门，使流量成线性减小，在 20s 内流量减为零，试求在关阀门的第 10s 时，管轴线上 A 点的加速度（假设断面上速度均匀分布）。

3.10 已知平面流动的速度场为 $u_x=a$，$u_y=b$，a、b 为常数，试求流线方程并画出若干条上半平面（$y>0$）的流线。

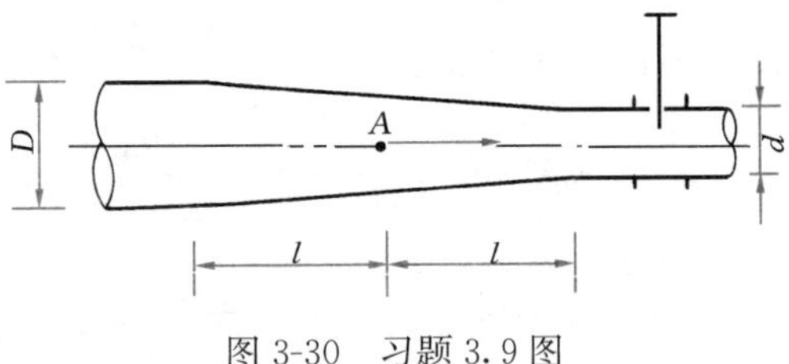

图 3-30 习题 3.9 图

3.11 已知平面流动的速度场为 $u_x=-\frac{cy}{x^2+y^2}$，$u_y=\frac{cx}{x^2+y^2}$，其中 c 为常数。试求流线方程并画出若干条流线。

3.12 已知平面流动的速度场为 $\vec{u}=(4y-6x)t\,\vec{i}+(6y-9x)t\,\vec{j}$。求 $t=1$ 时的流线方程，并画出 $1\leqslant x\leqslant 4$ 区间穿过 x 轴的 4 条流线图形。

3.13 不可压缩流体，下面的运动能否出现(是否满足连续性条件)?

(1) $u_x=2x^2+y^2$；$u_y=x^3-x(y^2-2y)$

(2) $u_x=xt+2y$；$u_y=xt^2-yt$

(3) $u_x=y^2+2xz$；$u_y=-2yz+x^2yz$；$u_z=\frac{1}{2}x^2z^2+x^3y^4$

3.14　已知不可压缩流体平面流动，在 y 方向的速度分量为 $u_y=y^2-2x+2y$。试求速度在 x 方向的分量 u_x。

3.15　在送风道（图 3-31）的壁上有一面积为 0.4m² 的风口，试求风口出流的平均速度 v。

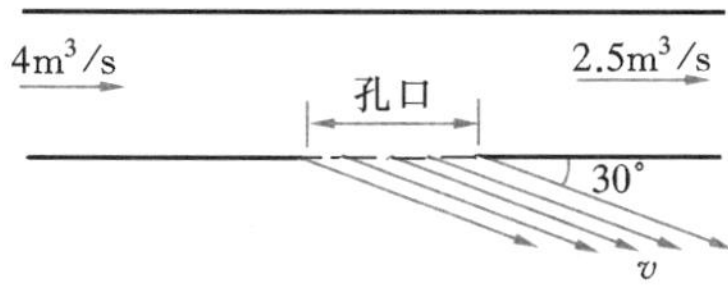

图 3-31　习题 3.15 图

3.16　求两平行平板间，流体的单宽流量，已知速度分布为 $u=u_{max}\left[1-\left(\frac{y}{b}\right)^2\right]$。式中 $y=0$ 为中心线，$y=\pm b$ 为平板所在位置，u_{max} 为常数。

3.17　下列两个流动，哪个有旋？哪个无旋？哪个有角变形？哪个无角变形？

(1) $u_x=-ay$，$u_y=ax$，$u_z=0$

(2) $u_x=-\frac{cy}{x^2+y^2}$，$u_y=\frac{cx}{x^2+y^2}$，$u_z=0$

式中 a、c 是常数。

3.18　已知有旋流动的速度场为 $u_x=2y+3z$，$u_y=2z+3x$，$u_z=2x+3y$。试求旋转角速度和角变形速度。

（拓展习题）

（拓展习题答案）

第4章 流体动力学基础

本章阐述研究流体动力学问题的基本方法，建立流体动力学基本方程。

流体动力学基本方程，是将经典力学的普遍原理应用于流体，得到的控制（支配）流体运动的方程式，是分析和求解流体运动最基本的理论工具。基本方程既可用微分形式来表示，也可用积分形式来表示，两者在本质上是一样的。求解微分形式的基本方程，可得到速度、压强等流动参数在流场中的分布，给出流场的细节；求解积分形式的基本方程，可得到有限体积控制面上流动参数的关系。

4.1 无黏性流体的运动微分方程

4.1.1 无黏性流体的应力状态

无黏性流体运动无切应力，只有法向应力——动压强。

取微元四面体（图 2-2）列运动方程，略去式中质量力和惯性力项（两项同表面力相比是高一阶微小量），便可证明无黏性流体任一点动压强的大小与作用面方位无关，只是该点空间坐标和时间的函数

$$p = p(x, y, z, t)$$

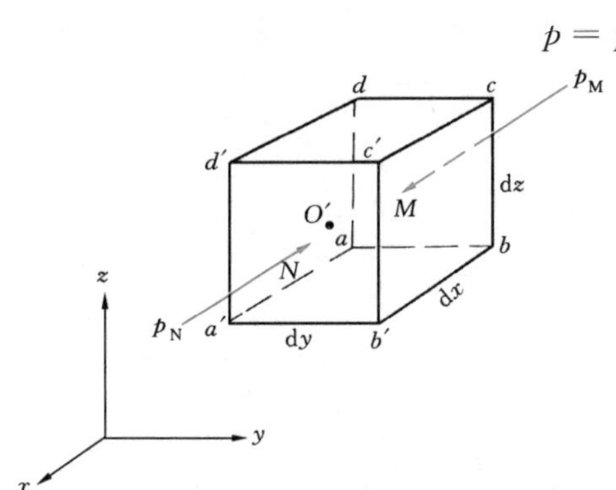

图 4-1　无黏性流体微元

4.1.2 无黏性（理想）流体运动微分方程

在运动的无黏性流体中，取微小直角六面体（微元体），正交的三个边长 dx、dy、dz，分别平行于 x、y、z 坐标轴（图 4-1）。设六面体的中心点 O'（x，y，z）、速度 $\vec{u}$、动压强 p，分析该微元体 x 方向的受力和运动情况。

表面力：无黏性流体内不存在切应力，只有压强。x 方向受压面（$abcd$ 面和 $a'b'c'd'$ 面）形心点的压强为

$$p_{\mathrm{M}} = p - \frac{1}{2}\frac{\partial p}{\partial x}\mathrm{d}x$$

$$p_{\mathrm{N}} = p + \frac{1}{2}\frac{\partial p}{\partial x}\mathrm{d}x$$

受压面上的压力

$$P_{\mathrm{M}} = p_{\mathrm{M}}\mathrm{d}y\mathrm{d}z$$

$$P_{\mathrm{N}} = p_{\mathrm{N}}\mathrm{d}y\mathrm{d}z$$

质量力：$F_{\mathrm{Bx}} = X\rho\mathrm{d}x\mathrm{d}y\mathrm{d}z$

由牛顿第二定律　$\sum F_{\mathrm{x}} = m\dfrac{\mathrm{d}u_{\mathrm{x}}}{\mathrm{d}t}$

$$\left[\left(p-\frac{1}{2}\frac{\partial p}{\partial x}\mathrm{d}x\right)-\left(p+\frac{1}{2}\frac{\partial p}{\partial x}\mathrm{d}x\right)\right]\mathrm{d}y\mathrm{d}z + X\rho\mathrm{d}x\mathrm{d}y\mathrm{d}z = \rho\mathrm{d}x\mathrm{d}y\mathrm{d}z\frac{\mathrm{d}u_{\mathrm{x}}}{\mathrm{d}t}$$

化简得

同理

$$\left.\begin{aligned} X-\frac{1}{\rho}\frac{\partial p}{\partial x} &= \frac{\mathrm{d}u_{\mathrm{x}}}{\mathrm{d}t} \\ Y-\frac{1}{\rho}\frac{\partial p}{\partial y} &= \frac{\mathrm{d}u_{\mathrm{y}}}{\mathrm{d}t} \\ Z-\frac{1}{\rho}\frac{\partial p}{\partial z} &= \frac{\mathrm{d}u_{\mathrm{z}}}{\mathrm{d}t} \end{aligned}\right\} \tag{4-1}$$

将加速度项展开成欧拉法表达式

$$\left.\begin{aligned} X-\frac{1}{\rho}\frac{\partial p}{\partial x} &= \frac{\partial u_{\mathrm{x}}}{\partial t}+u_{\mathrm{x}}\frac{\partial u_{\mathrm{x}}}{\partial x}+u_{\mathrm{y}}\frac{\partial u_{\mathrm{x}}}{\partial y}+u_{\mathrm{z}}\frac{\partial u_{\mathrm{x}}}{\partial z} \\ Y-\frac{1}{\rho}\frac{\partial p}{\partial y} &= \frac{\partial u_{\mathrm{y}}}{\partial t}+u_{\mathrm{x}}\frac{\partial u_{\mathrm{y}}}{\partial x}+u_{\mathrm{y}}\frac{\partial u_{\mathrm{y}}}{\partial y}+u_{\mathrm{z}}\frac{\partial u_{\mathrm{y}}}{\partial z} \\ Z-\frac{1}{\rho}\frac{\partial p}{\partial z} &= \frac{\partial u_{\mathrm{z}}}{\partial t}+u_{\mathrm{x}}\frac{\partial u_{\mathrm{z}}}{\partial x}+u_{\mathrm{y}}\frac{\partial u_{\mathrm{z}}}{\partial y}+u_{\mathrm{z}}\frac{\partial u_{\mathrm{z}}}{\partial z} \end{aligned}\right\} \tag{4-2}$$

矢量式

$$\vec{f}-\frac{1}{\rho}\nabla p = \frac{\partial \vec{u}}{\partial t} + (\vec{u}\cdot\nabla)\vec{u} \tag{4-3}$$

上式即无黏性流体运动微分方程式，又称欧拉运动微分方程式。该式是牛顿第二定律的流体力学表达式，是控制无黏性流体运动的基本方程式。

1755 年欧拉在所著《流体运动的基本原理》中建立了欧拉运动微分方程式。解无黏性流体运动，有速度和压强 4 个未知量（u_{x}，u_{y}，u_{z}和 p），由欧拉运动微分方程式（4-2）和连续性微分方程式（3-24）组成的基本方程组

$$
\left.\begin{aligned}
&X-\frac{1}{\rho}\frac{\partial p}{\partial x}=\frac{\partial u_x}{\partial t}+u_x\frac{\partial u_x}{\partial x}+u_y\frac{\partial u_x}{\partial y}+u_z\frac{\partial u_x}{\partial z}\\
&Y-\frac{1}{\rho}\frac{\partial p}{\partial y}=\frac{\partial u_y}{\partial t}+u_x\frac{\partial u_y}{\partial x}+u_y\frac{\partial u_y}{\partial y}+u_z\frac{\partial u_y}{\partial z}\\
&Z-\frac{1}{\rho}\frac{\partial p}{\partial z}=\frac{\partial u_z}{\partial t}+u_x\frac{\partial u_z}{\partial x}+u_y\frac{\partial u_z}{\partial y}+u_z\frac{\partial u_z}{\partial z}\\
&\frac{\partial u_x}{\partial x}+\frac{\partial u_y}{\partial y}+\frac{\partial u_z}{\partial z}=0
\end{aligned}\right\}
$$

满足未知量和方程式数目一致，流动可以求解。因此说，欧拉运动微分方程和连续性微分方程奠定了无黏性流体动力学的理论基础。

【例 4-1】 无黏性流体速度场为 $u_x=ay$，$u_y=bx$，$u_z=0$，a、b 为常数，质量力忽略不计，试求等压面方程。

【解】 本题为无黏性流体平面运动，由欧拉运动微分方程式（4-2），不计质量力

$$
\begin{cases}
-\dfrac{1}{\rho}\dfrac{\partial p}{\partial x}=u_y\dfrac{\partial u_x}{\partial y}=abx\\
-\dfrac{1}{\rho}\dfrac{\partial p}{\partial y}=u_x\dfrac{\partial u_y}{\partial x}=aby
\end{cases}
$$

将方程组化为全微分形式

$$-\frac{1}{\rho}\left(\frac{\partial p}{\partial x}\mathrm{d}x+\frac{\partial p}{\partial y}\mathrm{d}y\right)=ab(x\mathrm{d}x+y\mathrm{d}y)$$

$$-\frac{1}{\rho}\mathrm{d}p=ab(x\mathrm{d}x+y\mathrm{d}y)$$

积分，得

$$p=-\rho ab\frac{x^2+y^2}{2}+c'$$

令 p=常数，即得到等压面方程

$$x^2+y^2=c$$

4.2 元流的伯努利方程

4.2.1 无黏性流体运动微分方程的伯努利积分

无黏性流体运动微分方程是非线性偏微分方程组，只有特定条件下的积分，其中最著名的是伯努利（Bernoulli）积分。

恒定流动 $\vec{u}=\vec{u}$（x，y，z），$p=p$（x，y，z）无黏性流体运动微分方程式（4-2）化简为

$$\left.\begin{aligned}X-\frac{1}{\rho}\frac{\partial p}{\partial x}&=u_x\frac{\partial u_x}{\partial x}+u_y\frac{\partial u_x}{\partial y}+u_z\frac{\partial u_x}{\partial z} &\text{(a)}\\ Y-\frac{1}{\rho}\frac{\partial p}{\partial y}&=u_x\frac{\partial u_y}{\partial x}+u_y\frac{\partial u_y}{\partial y}+u_z\frac{\partial u_y}{\partial z} &\text{(b)}\\ Z-\frac{1}{\rho}\frac{\partial p}{\partial z}&=u_x\frac{\partial u_z}{\partial x}+u_y\frac{\partial u_z}{\partial y}+u_z\frac{\partial u_z}{\partial z} &\text{(c)}\end{aligned}\right\}\tag{4-4}$$

式（4-4）中（a）、（b）、（c）分别乘以流线上微元线段的投影 dx、dy、dz，式（a）为

$$X\mathrm{d}x-\frac{1}{\rho}\frac{\partial p}{\partial x}\mathrm{d}x=\left(u_x\frac{\partial u_x}{\partial x}+u_y\frac{\partial u_x}{\partial y}+u_z\frac{\partial u_x}{\partial z}\right)\mathrm{d}x$$

在流线上，由流线微分方程式（3-16）得

$$u_y\mathrm{d}x=u_x\mathrm{d}y,u_z\mathrm{d}x=u_x\mathrm{d}z,u_z\mathrm{d}y=u_y\mathrm{d}z$$

则
$$\left(u_x\frac{\partial u_x}{\partial x}+u_y\frac{\partial u_x}{\partial y}+u_z\frac{\partial u_x}{\partial z}\right)\mathrm{d}x$$

$$=u_x\left(\frac{\partial u_x}{\partial x}\mathrm{d}x+\frac{\partial u_x}{\partial y}\mathrm{d}y+\frac{\partial u_x}{\partial z}\mathrm{d}z\right)=u_x\mathrm{d}u_x$$

故

$$X\mathrm{d}x-\frac{1}{\rho}\frac{\partial p}{\partial x}\mathrm{d}x=u_x\mathrm{d}u_x$$

同理

$$\left.\begin{aligned}Y\mathrm{d}y-\frac{1}{\rho}\frac{\partial p}{\partial y}\mathrm{d}y&=u_y\mathrm{d}u_y\\ Z\mathrm{d}z-\frac{1}{\rho}\frac{\partial p}{\partial z}\mathrm{d}z&=u_z\mathrm{d}u_z\end{aligned}\right\}\tag{4-5}$$

将式（4-5）3 个式子相加，其中

$$\frac{1}{\rho}\left(\frac{\partial p}{\partial x}\mathrm{d}x+\frac{\partial p}{\partial y}\mathrm{d}y+\frac{\partial p}{\partial z}\mathrm{d}z\right)=\frac{1}{\rho}\mathrm{d}p\ ;$$

$$u_x\mathrm{d}u_x+u_y\mathrm{d}u_y+u_z\mathrm{d}u_z=\mathrm{d}\left(\frac{u_x^2+u_y^2+u_z^2}{2}\right)=\mathrm{d}\left(\frac{u^2}{2}\right)$$

得

$$X\mathrm{d}x+Y\mathrm{d}y+Z\mathrm{d}z-\frac{1}{\rho}\mathrm{d}p=\mathrm{d}\left(\frac{u^2}{2}\right)\tag{4-6}$$

补充条件：

质量力有势，以 U（x，y，z）表示质量力的势函数，于是 $X=\frac{\partial U}{\partial x}$，$Y=\frac{\partial U}{\partial y}$，$Z=\frac{\partial U}{\partial z}$

$$X\mathrm{d}x+Y\mathrm{d}y+Z\mathrm{d}z=\frac{\partial U}{\partial x}\mathrm{d}x+\frac{\partial U}{\partial y}\mathrm{d}y+\frac{\partial U}{\partial z}\mathrm{d}z=\mathrm{d}U$$

不可压缩流体，密度 $\rho=$常数，$\frac{1}{\rho}\mathrm{d}p=\mathrm{d}\left(\frac{p}{\rho}\right)$，将以上条件代入式（4-6），得

$$\mathrm{d}\left(U-\frac{p}{\rho}-\frac{u^2}{2}\right)=0$$

沿流线积分

$$U-\frac{p}{\rho}-\frac{u^2}{2}=C \tag{4-7}$$

若流动是在重力场中，作用在流体上的质量力只有重力，所选 z 轴铅垂向上，则质量力的势函数 $U=-gz$，代入积分式（4-7），得

$$z+\frac{p}{\rho g}+\frac{u^2}{2g}=C \tag{4-8}$$

对同一流线上的任意两点 1、2，则是

$$z_1+\frac{p_1}{\rho g}+\frac{u_1^2}{2g}=z_2+\frac{p_2}{\rho g}+\frac{u_2^2}{2g} \tag{4-9}$$

或

$$z_1+\frac{p_1}{\gamma}+\frac{u_1^2}{2g}=z_2+\frac{p_2}{\gamma}+\frac{u_2^2}{2g}$$

式中 $\gamma=\rho g$，为单位体积流体的重力。

上述无黏性流体运动微分方程沿流线积分式（4-7）称为伯努利积分。重力场中不可压缩流体的伯努利积分式（4-8）称为伯努利方程，以纪念在无黏性流体运动微分方程式（4-1）建立之前，1738 年瑞士数学家、物理学家伯努利（Bernoulli，D. 1700 年～1782 年）根据能量原理，结合实验提出与式（4-8）类似的公式，用于计算管流问题。

（先贤小传——伯努利）

由于元流的过流断面积无限小，所以沿流线的伯努利方程就是元流的伯努利方程。推导该方程引入的限定条件，就是无黏性流体元流伯努利方程的应用条件，归纳起来有：无黏性流体；恒定流动；质量力中只有重力；沿元流（流线）；不可压缩流体。

4.2.2 元流伯努利方程的物理意义和几何意义

1. 物理意义

式（4-8）中的前两项 z、$\frac{p}{\rho g}$的物理意义，在第 2 章 2.3.4 节中已说明，分别是受单位重力作用的流体具有的位能（重力势能）和压能（压强势能），$z+\frac{p}{\rho g}$是受单位重力作用的流体具有的总势能。$\frac{u^2}{2g}$是受单位重力作用的流体具有的动能。

三项之和 $z+\frac{p}{\rho g}+\frac{u^2}{2g}$是受单位重力作用的流体具有的机械能，式（4-8）则表示无黏性

流体的恒定流动，沿同一元流（沿同一流线），受单位重力作用的流体的机械能守恒。伯努利方程又称为能量方程。

2. 几何意义

式（4-8）各项的几何意义是不同的几何高度：z 是位置高度，又称位置水头，$\frac{p}{\rho g}$是测压管高度，又称压强水头，两项之和 $H_{\mathrm{p}}=z+\frac{p}{\rho g}$是测压管水头；$\frac{u^2}{2g}$是流速高度，又称速度水头。速度水头也能够直接量测，量测原理在随后的例题中说明。

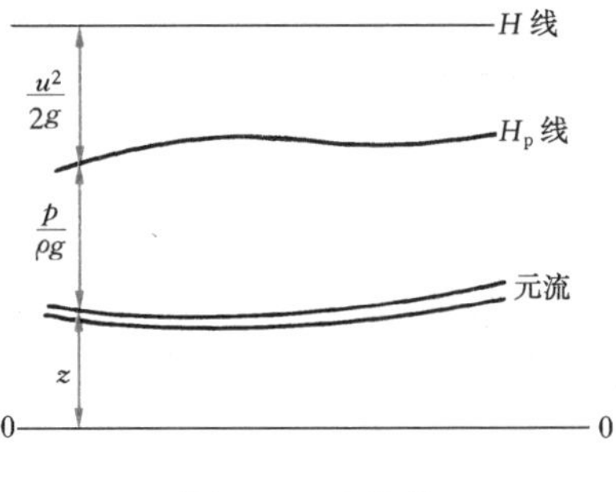

图 4-2 水头线

三项之和 $H=z+\frac{p}{\rho g}+\frac{u^2}{2g}$称为总水头，式（4-8）则表示无黏性流体的恒定流动，沿同一元流（沿同一流线）各断面的总水头相等，总水头线是水平线（图 4-2）。

【例 4-2】 应用皮托（Pitot，H.）管测量点流速。

【解】 前文指出，速度水头可直接量测，现以均匀管流为例加以说明。设均匀管流，欲量测过流断面上某点 A 的流速（图4-3）。

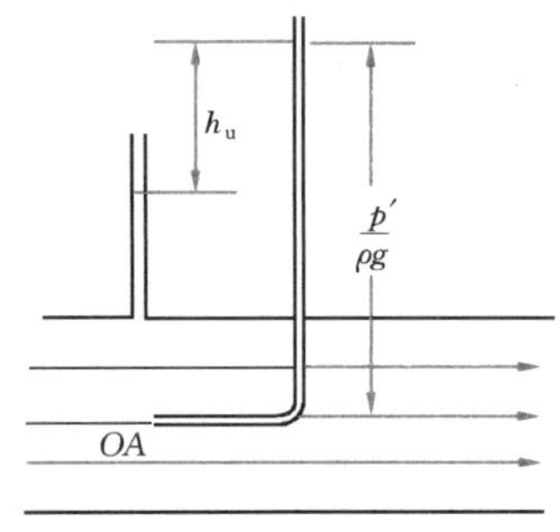

图 4-3 点流速的测量

在该点放置一根两端开口，前端弯转 90°的细管，使前端管口正对来流方向，另一端垂直向上，此管称为测速管。来流在 A 点受测速管的阻滞速度为零，动能全部转化为压能，测速管中液面升高$\frac{p'}{\rho g}$。另在 A 点上游的同一流线上取相距很近的 O 点，因这两点相距很近，O 点的速度 u、压强 p 实际上等于放置测速管以前 A 点的速度和压强，应用无黏性流体元流伯努利方程。

$$\frac{p}{\rho g}+\frac{u^2}{2g}=\frac{p'}{\rho g}$$

$$\frac{u^2}{2g}=\frac{p'}{\rho g}-\frac{p}{\rho g}=h_{\mathrm{u}}$$

式中 O 点的压强水头，由另一根测压管量测，于是测速管和测压管中液面的高度差 h_{u}，就是 A 点的流速水头，该点的流速为

$$u=\sqrt{2g\frac{p'-p}{\rho g}}=\sqrt{2gh_{\mathrm{u}}} \tag{4-10}$$

根据上述原理，将测速管和测压管组合成测量点流速的仪器，称为皮托管。其构造如图 4-4 所示。与迎流孔（测速孔）相通的是测速管，与侧面顺流孔（测压孔或环形窄缝）相通的是测压管。考虑黏性流体从迎流孔至顺流孔存在黏性效应，以及皮托管对原流场的干扰

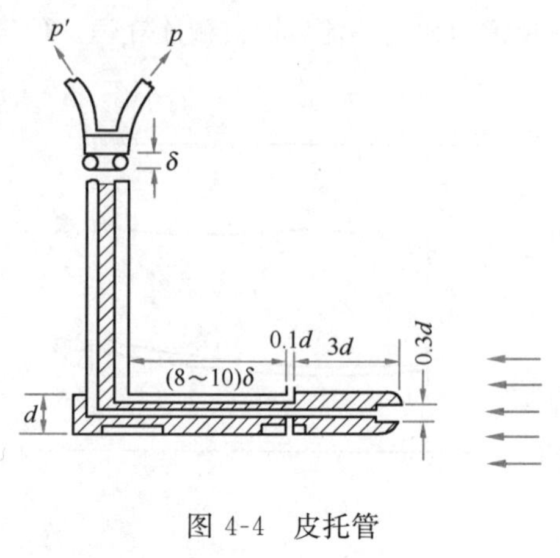

图 4-4　皮托管

等影响，引用修正系数 c

$$u=c\sqrt{2g\frac{p'-p}{\rho g}}=c\sqrt{2gh_{\mathrm{u}}} \tag{4-11}$$

式中 c 为修正系数，数值接近于 1，由实验测定。

4.2.3　黏性流体元流的伯努利方程

实际流体具有黏性，运动时产生流动阻力，克服阻力做功，使流体的一部分机械能不可逆地转化为热能而散失。因此，黏性流体流动时，受单位重力作用的流体具有的机械能沿程不是守恒而是减少，总水头线不是水平线，而是沿程下降线。

自 19 世纪 30 年代以来，人们从大量经验事实中，总结出一个重要结论，能量可以从一种形式转换成另一种形式，但不能创造，也不能消灭，总能量是恒定的，这就是能量守恒原理。因此，设 h'_{w} 为黏性流体元流受单位重力作用的流体由过流断面 1-1 运动至过流断面 2-2 的机械能损失，称为元流的水头损失。根据能量守恒原理，便可得到黏性流体元流的伯努利方程

$$z_1+\frac{p_1}{\rho g}+\frac{u_1^2}{2g}=z_2+\frac{p_2}{\rho g}+\frac{u_2^2}{2g}+h'_{\mathrm{w}} \tag{4-12}$$

水头损失 h'_{w} 也具有长度的量纲。

4.3　恒定总流的伯努利方程

上一节的最后得到黏性流体元流的伯努利方程式（4-12），为了解决实际问题，还需要将其推广到总流上去。

4.3.1　渐变流及其性质

在推导总流的伯努利方程之前，作为方程的导出条件，将前述非均匀流，按非均匀程度的不同，分为渐变流和急变流。流体质点的迁移加速度很小，$(\vec{u}\cdot\nabla)\vec{u}\approx 0$ 的流动，或者说流线近于平行直线的流动定义为渐变流，否则是急变流（图 4-5）。

显然，渐变流是均匀流的宽延情况，所以均匀流的性质，对于渐变流都近似成立。主要是：

1. 渐变流的过流断面近于平面，面上各点的速度方向近于平行；

2. 渐变流过流断面上的动压强与静压强的分布规律相同，即

$$z+\frac{p}{\rho g}=c$$

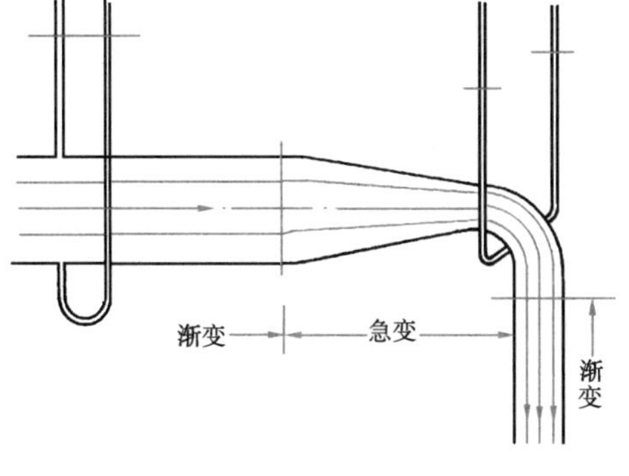

图 4-5　渐变流和急变流

证明：在恒定渐变流的过流断面（近于平面）上，任取两点的连线 nn 为轴线，做底面积 $\mathrm{d}A$，高 $\mathrm{d}n$ 的微元柱体，nn 线与铅垂线成 α 角（图 4-6）。

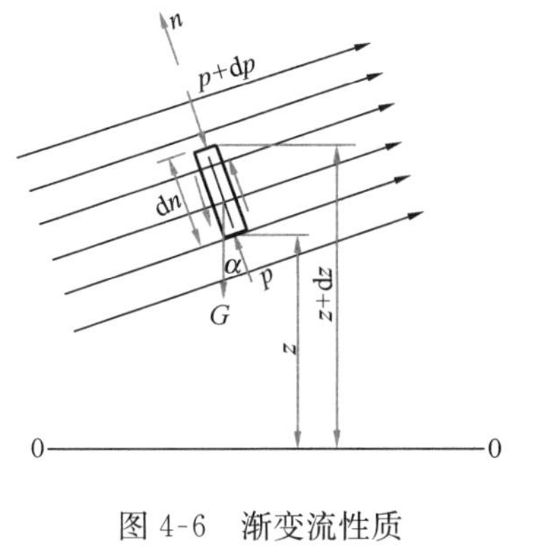

图 4-6　渐变流性质

作用在微元柱体上的表面力：上、下底面上压力 $(p+\mathrm{d}p)\mathrm{d}A$、$p\mathrm{d}A$，侧表面上压力都与 nn 正交；上、下底面上切力与 nn 正交，侧表面上横向切力与 nn 正交，上、下游沿 nn 方向的切力数值相等方向相反，合力为零。

微元柱体在 nn 方向无速度和加速度，作用力相平衡

$$p\mathrm{d}A-(p+\mathrm{d}p)\mathrm{d}A-\rho g\,\mathrm{d}A\mathrm{d}z=0$$

得

$$\mathrm{d}z+\frac{\mathrm{d}p}{\rho g}=0$$

积分

$$z+\frac{p}{\rho g}=C$$

上式与式（2-10）相同，证明在渐变流过流断面上动压强与静压强的分布规律相同。

由定义可知，渐变流没有准确的界定标准，流动是否按渐变流处理，以所得结果能否满足工程要求的精度而定。

4.3.2　总流的伯努利方程

设恒定总流，过流断面 1-1、2-2 为渐变流断面，面积为 A_1、A_2（图 4-7）。在总流内

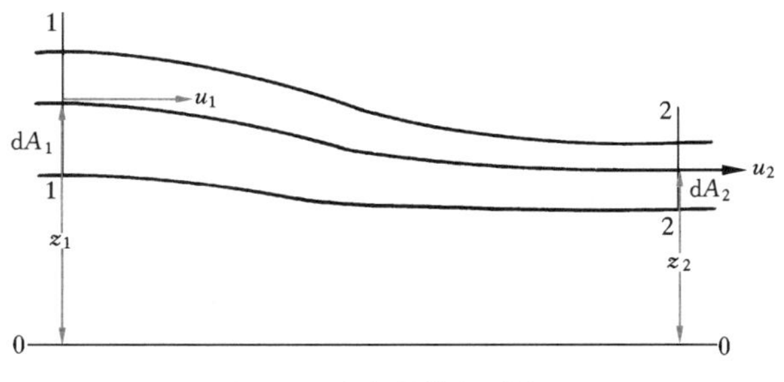

图 4-7　总流的伯努利方程

任取元流，过流断面的微元面积、位置高度、压强及流速分别为 dA_1、z_1、p_1、u_1；dA_2、z_2、p_2，u_2。

由元流的伯努利方程式（4-12）

$$z_1+\frac{p_1}{\rho g}+\frac{u_1^2}{2g}=z_2+\frac{p_2}{\rho g}+\frac{u_2^2}{2g}+h'_w$$

以重力流量 $\rho g\mathrm{d}Q=\rho g u_1\mathrm{d}A_1=\rho g u_2\mathrm{d}A_2$ 乘上式，得单位时间通过元流两过流断面的能量关系

$$\left(z_1+\frac{p_1}{\rho g}+\frac{u_1^2}{2g}\right)\rho g\,\mathrm{d}Q=\left(z_2+\frac{p_2}{\rho g}+\frac{u_2^2}{2g}\right)\rho g\,\mathrm{d}Q+h_w{}'\rho g\,\mathrm{d}Q$$

总流是由无数元流构成的，上式对总流过流断面积分，便得到单位时间通过总流两过流断面的能量关系

$$\int_{A_1}\left(z_1+\frac{p_1}{\rho g}\right)\rho g u_1\mathrm{d}A_1+\int_{A_1}\frac{u_1^2}{2g}\rho g u_1\mathrm{d}A_1$$

$$=\int_{A_2}\left(z_2+\frac{p_2}{\rho g}\right)\rho g u_2\mathrm{d}A_2+\int_{A_2}\frac{u_2^2}{2g}\rho g u_2\mathrm{d}A_2+\int_Q h_w{}'\rho g\,\mathrm{d}Q \tag{a}$$

分别确定式中三种类型的积分

（1）势能积分 $\int_A\left(z+\frac{p}{\rho g}\right)\rho g u\mathrm{d}A$

因所取过流断面是渐变流断面，面上各点受单位重力作用的流体的总势能相等，$z+\frac{p}{\rho g}=c$，于是

$$\int_A\left(z+\frac{p}{\rho g}\right)\rho g u\mathrm{d}A=\left(z+\frac{p}{\rho g}\right)\rho g Q \tag{b}$$

（2）动能积分

$$\int_A\frac{u^2}{2g}\rho g u\mathrm{d}A=\int_A\frac{u^3}{2g}\rho g\,\mathrm{d}A$$

面上各点的速度 u 不同，引入修正系数，积分按断面平均速度 v 计算，则

$$\int_A\frac{u^3}{2g}\rho g\,\mathrm{d}A=\frac{\alpha v^2}{2g}\rho g Q \tag{c}$$

式中 α 是为修正以断面平均速度计算的动能，与实际动能的差值而引入的修正系数，称为动能修正系数

$$\alpha=\frac{\int_A\frac{u^3}{2g}\rho g\,\mathrm{d}A}{\int_A\frac{v^3}{2g}\rho g\,\mathrm{d}A}=\frac{\int_A u^3\mathrm{d}A}{v^3 A}$$

α 值取决于过流断面上速度的分布情况，分布较均匀的流动 $\alpha=1.05\sim1.10$，通常取 $\alpha=1.0$。

（3）水头损失积分 $\int_Q h_w{}'\rho g\,\mathrm{d}Q$

积分 $\int_Q h_w{}'\rho g \mathrm{d}Q$ 是总流由 1-1 至 2-2 断面的机械能损失。现在定义 h_w 为总流受单位重力作用的流体由 1-1 至 2-2 断面的平均机械能损失，称为总流的水头损失。则

$$\int_Q h_w{}'\rho g \mathrm{d}Q = h_w \rho g Q \tag{d}$$

将（b）、（c）、（d）代入式（a）

$$\left(z_1+\frac{p_1}{\rho g}\right)\rho g Q_1+\frac{\alpha_1 v_1^2}{2g}\rho g Q_1=\left(z_2+\frac{p_2}{\rho g}\right)\rho g Q_2+\frac{\alpha_2 v_2^2}{2g}\rho g Q_2+h_w \rho g Q$$

两断面间无分流及汇流，$Q_1=Q_2=Q$，并以 $\rho g Q$ 除上式，得

$$z_1+\frac{p_1}{\rho g}+\frac{\alpha_1 v_1^2}{2g}=z_2+\frac{p_2}{\rho g}+\frac{\alpha_2 v_2^2}{2g}+h_w \tag{4-13}$$

式（4-13）即黏性流体总流的伯努利方程。将元流的伯努利方程推广为总流的伯努利方程，引入了某些限制条件，也就是总流伯努利方程的适用条件，包括：恒定流动；质量力只有重力；不可压缩流体（以上引自黏性流体元流的伯努利方程）；所取过流断面为渐变流断面（注意：两渐变流断面之间可以为急变流）；两断面间无分流和汇流。

4.3.3 总流伯努利方程的物理意义和几何意义

总流伯努利方程的物理意义和几何意义同元流伯努利方程类似，不再详述，需注意的是方程的“平均”意义。

式中 z——总流过流断面上某点（所取计算点）受单位重力作用的流体的位能，位置高度或位置水头；

$\frac{p}{\rho g}$——总流过流断面上某点（所取计算点）受单位重力作用的流体的压能，测压管高度或压强水头；

$\frac{\alpha v^2}{2g}$——总流过流断面上受单位重力作用的流体的平均动能，平均流速高度或速度水头；

h_w——总流两断面间受单位重力作用的流体平均的机械能损失。

因为所取过流断面是渐变流断面，面上各点的势能相等，即 $z+\frac{p}{\rho g}$ 是过流断面上受单位重力作用的流体的平均势能，而 $\frac{\alpha v^2}{2g}$ 是过流断面上受单位重力作用的流体的平均动能，故三项之和 $z+\frac{p}{\rho g}+\frac{\alpha v^2}{2g}$ 是过流断面上受单位重力作用的流体的平均机械能。式（4-13）是能量守恒原理的总流表达式。

4.3.4 水头线

水头线是总流沿程能量变化的几何图示（图 4-8）。

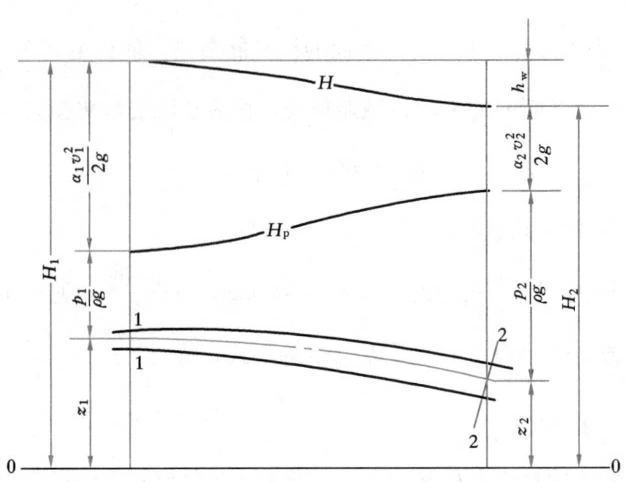

图 4-8 水头线

总水头线是沿程各断面总水头 $H=z+\dfrac{p}{\rho g}+\dfrac{\alpha v^2}{2g}$ 的连线。黏性流体的总水头线沿程单调下降，下降的快慢用水力坡度 J 表示

$$J=-\frac{\mathrm{d}H}{\mathrm{d}l}=\frac{\mathrm{d}h_{\mathrm{w}}}{\mathrm{d}l} \tag{4-14}$$

因 $\mathrm{d}H$ 恒为负值，在$\dfrac{\mathrm{d}H}{\mathrm{d}l}$前加“—”号，使 J 为正值。

测压管水头线是沿程各断面测压管水头 $H_{\mathrm{p}}=z+\dfrac{p}{\rho g}$ 的连线。此线沿程可升、可降，也可不变，其变化情况用测压管水头线坡度 J_{p} 表示

$$J_{\mathrm{p}}=-\frac{\mathrm{d}H_{\mathrm{p}}}{\mathrm{d}l} \tag{4-15}$$

在$\dfrac{\mathrm{d}H_{\mathrm{p}}}{\mathrm{d}l}$前加“—”号，使测压管水头线下降时 J_{p} 为正值，上升时为负值。

下面举例说明总流伯努利方程的应用。

【例 4-3】 用直径 $d=100\mathrm{mm}$ 的水管从水箱引水（图4-9）。水箱水面与管道出口断面中心的高差 $H=4\mathrm{m}$，保持恒定，水头损失 $h_{\mathrm{w}}=3\mathrm{m}$ 水柱。试求管道的流量。

【解】 这是一道简单的总流问题，应用伯努利方程

$$z_1+\frac{p_1}{\rho g}+\frac{\alpha_1 v_1^2}{2g}=z_2+\frac{p_2}{\rho g}+\frac{\alpha_2 v_2^2}{2g}+h_{\mathrm{w}}$$

首先要选取基准面、计算断面和计算点。为便于计算，选通过管道出口断面中心的水平面为基准面0-0（图 4-9）。计算断面应选在渐变流断面，并使其中一个已知量最多，另一个含待求量。按以上原则，本题选水箱水面为 1-1 断面，计算点在自由水面上，流动参数 $z_1=H$，$p_1=0$（相对压强），$v_1\approx 0$。选管道出口断面为 2-2 断面，以出口断面的中心为计

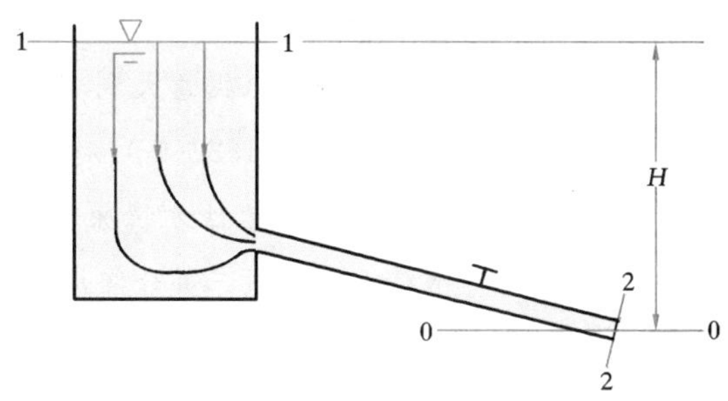

图 4-9　管道出流

算点，流动参数 $z_2=0$，$p_2=0$，v_2 待求。将各量代入总流伯努利方程

$$H=\frac{\alpha_2 v_2^2}{2g}+h_w \qquad 取\ \alpha_2=1.0$$

流速
$$v_2=\sqrt{2g(H-h_w)}=4.43\text{m/s}$$

流量
$$Q=v_2 A_2=0.035\text{m}^3/\text{s}$$

若不考虑水头损失，则有 $v_2=\sqrt{2gH}$，刚好等于水从自由水面自由下落到 0-0 断面的速度。该公式最早由托里拆利于 1643 年提出，被称为托里拆利定律。

【例 4-4】离心泵由吸水池抽水（图 4-10）。已知抽水量 $Q=5.56\text{L/s}$，泵的安装高度 $H_s=5\text{m}$，吸水管直径 $d=100\text{mm}$，吸水管的水头损失 $h_w=0.25\text{m}$ 水柱。试求水泵进口断面 2-2 的真空度。

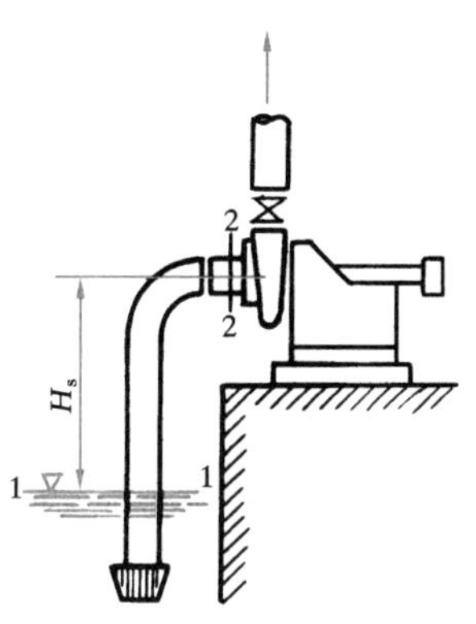

图 4-10　水泵吸水管

【解】本题运用伯努利方程（4-12）求解。选吸水池水面为 1-1 断面，与所选基准面 0-0 重合；水泵进口断面为 2-2 断面。以吸水池水面上的一点与水泵进口断面的轴心点为计算点，则流动参数为 $z_1=0$，$p_1=p_a$（绝对压强），$v_1\approx 0$；$z_2=H_s$，p_2 待求，$v_2=\frac{Q}{A}=0.708\text{m/s}$。

将各量代入总流伯努利方程

$$\frac{p_a}{\rho g}=H_s+\frac{p_2}{\rho g}+\frac{\alpha_2 v_2^2}{2g}+h_w$$

$$\frac{p_v}{\rho g}=\frac{p_a-p_2}{\rho g}=H_s+\frac{\alpha_2 v_2^2}{2g}+h_w=5.28\text{m}$$

$$p_v=9.8\times 5.28=51.74\text{kPa}$$

（实验演示——文丘里流量计实验）

【例 4-5】文丘里（Venturi）流量计（图 4-11），进口直径 $d_1=100\text{mm}$，喉管直径 $d_2=50\text{mm}$，实测测压管水头差 $\Delta h=0.6\text{m}$（或水银压差计的水银面高差 $h_p=4.76\text{cm}$），流量计的流量系数 $\mu=0.98$。试求管道输水的流量。

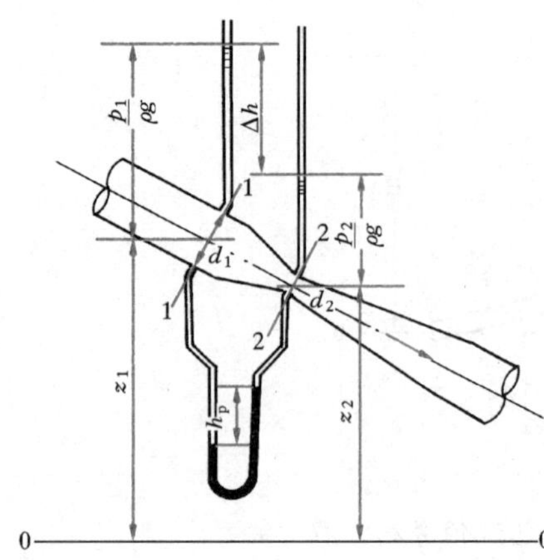

图 4-11　文丘里流量计

【解】文丘里流量计是常用的测量管道流量的仪器。最初根据意大利物理学家文丘里（Venturi, B. 1746 年～1822 年）对渐扩管的实验，运用伯努利方程和连续性方程原理制成。流量计由收缩段、喉管和扩大段三部分组成。管道过流时，因喉管断面缩小，速度增大，压强降低，据此，在收缩段进口前断面 1-1 和喉管断面 2-2 装测压管或压差计，只需测出两断面的测压管水头差，由伯努利方程便可算出管道的流量。

选水平基准面 0-0，选收缩段进口前断面和喉管断面为 1-1、2-2 计算断面，两者均为渐变流断面，计算点取在管轴线上。由于收缩段的水头损失很小，忽略不计，取动能修正系数 $\alpha_1 = \alpha_2 = 1.0$，列伯努利方程

$$z_1 + \frac{p_1}{\rho g} + \frac{v_1^2}{2g} = z_2 + \frac{p_2}{\rho g} + \frac{v_2^2}{2g}$$

$$\frac{v_2^2}{2g} - \frac{v_1^2}{2g} = \left(z_1 + \frac{p_1}{\rho g}\right) - \left(z_2 + \frac{p_2}{\rho g}\right)$$

上式含 v_1、v_2 两个未知量，补充连续性方程

$$v_1 A_1 = v_2 A_2$$

$$v_2 = \frac{A_1}{A_2} v_1 = \left(\frac{d_1}{d_2}\right)^2 v_1$$

代入前式，解得

$$v_1 = \frac{1}{\sqrt{\left(\frac{d_1}{d_2}\right)^4 - 1}} \sqrt{2g} \sqrt{\left(z_1 + \frac{p_1}{\rho g}\right) - \left(z_2 + \frac{p_2}{\rho g}\right)}$$

流量

$$Q = v_1 A_1 = \frac{\frac{1}{4}\pi d_1^2}{\sqrt{\left(\frac{d_1}{d_2}\right)^4 - 1}} \sqrt{2g} \sqrt{\left(z_1 + \frac{p_1}{\rho g}\right) - \left(z_2 + \frac{p_2}{\rho g}\right)}$$

$$= K\sqrt{\left(z_1 + \frac{p_1}{\rho g}\right) - \left(z_2 + \frac{p_2}{\rho g}\right)} \tag{4-16}$$

式中　$K = \frac{\frac{1}{4}\pi d_1^2}{\sqrt{\left(\frac{d_1}{d_2}\right)^4 - 1}} \sqrt{2g}$，由流量计结构尺寸 d_1、d_2 而定的常数，称为仪器常数，本题 $K = 0.009\text{m}^{2.5}/\text{s}$；

$$\left(z_1+\frac{p_1}{\rho g}\right)-\left(z_2+\frac{p_2}{\rho g}\right)=\Delta h$$

或
$$\left(z_1+\frac{p_1}{\rho g}\right)-\left(z_2+\frac{p_2}{\rho g}\right)=\left(\frac{\rho_{\mathrm{P}}}{\rho}-1\right)h_{\mathrm{P}}=12.6h_{\mathrm{P}}$$

将 K、$\left[\left(z_1+\frac{p_1}{\rho g}\right)-\left(z_2+\frac{p_2}{\rho g}\right)\right]$值代入式（4-16）并考虑流量计有水头损失，乘以流量系数 μ，便得到实测流量

$$Q=\mu K\sqrt{\Delta h}=0.98\times0.009\times\sqrt{0.6}=6.83\mathrm{L/s}$$

或
$$Q=\mu K\sqrt{12.6h_{\mathrm{P}}}=0.98\times0.009\times\sqrt{12.6\times0.0476}=6.83\mathrm{L/s}$$

4.3.5 总流伯努利方程应用的补充论述

伯努利方程是古典流体动力学应用最广的基本方程。应用伯努利方程要重视方程的应用条件，切忌随意套用公式，又要对实际问题做具体分析，灵活运用。下面结合三种情况加以讨论。

1. 气流的伯努利方程

总流的伯努利方程式（4-13）是对不可压缩流体导出的。气体是可压缩流体，但是对流速不大，压强变化不大的系统，如工业通风管道、烟道等，气流在运动过程中密度的变化很小，在这样的条件下，伯努利方程仍可用于气流（见第12章12.2.3节）。由于气流的密度同外部空气的密度是相同的数量级，在用相对压强进行计算时，需要考虑外部大气压在不同高度的差值。

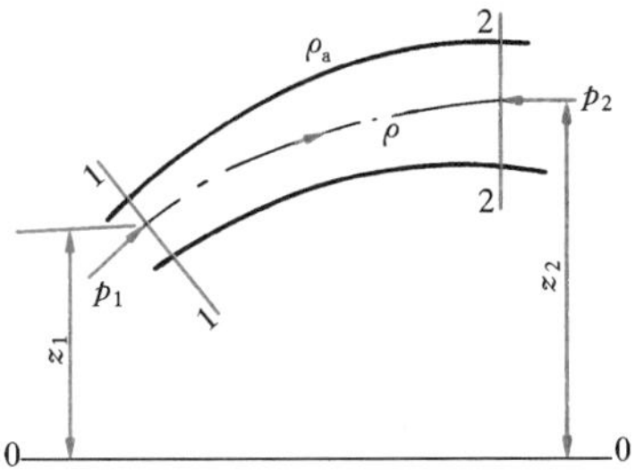

图4-12 恒定气流

设恒定气流（图4-12），气流的密度为 ρ，外部空气的密度为 ρ_a，过流断面上计算点的绝对压强为 $p_{1\mathrm{abs}}$、$p_{2\mathrm{abs}}$。

列1-1和2-2断面的伯努利方程

$$z_1+\frac{p_{1\mathrm{abs}}}{\rho g}+\frac{v_1^2}{2g}=z_2+\frac{p_{2\mathrm{abs}}}{\rho g}+\frac{v_2^2}{2g}+h_{\mathrm{w}}\qquad \alpha_1=\alpha_2=1$$

进行气流计算，通常把上式表示为压强的形式，即

$$\rho g z_1+p_{1\mathrm{abs}}+\frac{\rho v_1^2}{2}=\rho g z_2+p_{2\mathrm{abs}}+\frac{\rho v_2^2}{2}+p_{\mathrm{w}} \tag{4-17}$$

式中，p_{w} 为压强损失，$p_{\mathrm{w}}=\rho g h_{\mathrm{w}}$。

将式（4-17）中的压强用相对压强 p_1、p_2 表示

$$p_{1\mathrm{abs}}=p_1+p_{\mathrm{a}}$$

$$p_{2abs}=p_2+p_a-\rho_a g(z_2-z_1)$$

式中，p_a 为高程 z_1 处的大气压，$p_a-\rho_a g$ （z_2-z_1） 为高程 z_2 处的大气压，代入式(4-17)，整理得

$$p_1+\frac{\rho v_1^2}{2}+(\rho_a-\rho)g(z_2-z_1)=p_2+\frac{\rho v_2^2}{2}+p_w \tag{4-18}$$

这里 p_1、p_2 称为静压，$\frac{\rho v_1^2}{2}$、$\frac{\rho v_2^2}{2}$ 称为动压。 $(\rho_a-\rho)g$ 为单位体积气体所受有效浮力，（z_2-z_1）为气体沿浮力方向升高的距离，乘积 $(\rho_a-\rho)g(z_2-z_1)$ 为 1-1 断面相对于 2-2 断面单位体积气体的位能，称为位压。

式（4-18）就是以相对压强计算的气流伯努利方程。

当气流的密度和外界空气的密度相同 $\rho=\rho_a$，或两计算点的高度相同 $z_1=z_2$ 时，位压项为零，式（4-18）化简为

$$p_1+\frac{\rho v_1^2}{2}=p_2+\frac{\rho v_2^2}{2}+p_w \tag{4-19}$$

式中静压与动压之和称为总压。

当气流的密度远大于外界空气的密度（$\rho\gg\rho_a$），此时相当于液体总流，式(4-18)中 ρ_a 可忽略不计，认为各点的当地大气压相同。式（4-18）化简为

$$p_1+\frac{\rho v_1^2}{2}-\rho g(z_2-z_1)=p_2+\frac{\rho v_2^2}{2}+p_w$$

除以 ρg，即

$$z_1+\frac{p_1}{\rho g}+\frac{v_1^2}{2g}=z_2+\frac{p_2}{\rho g}+\frac{v_2^2}{2g}+h_w$$

由此可见，对于液体总流来说，压强 p_1、p_2 不论是绝对压强，还是相对压强，伯努利方程的形式不变。

【例 4-6】自然排烟锅炉（图 4-13），烟囱直径 $d=1$m，烟气流量 $Q=7.135\text{m}^3/\text{s}$，烟气密度 $\rho=0.7\text{kg/m}^3$，外部空气密度 $\rho_a=1.2\text{kg/m}^3$，烟囱的压强损失 $p_w=0.035\ \frac{H}{d}\frac{\rho v^2}{2}$。为使烟囱底部入口断面的真空度不小于 10mm 水柱，试求烟囱的高度 H。

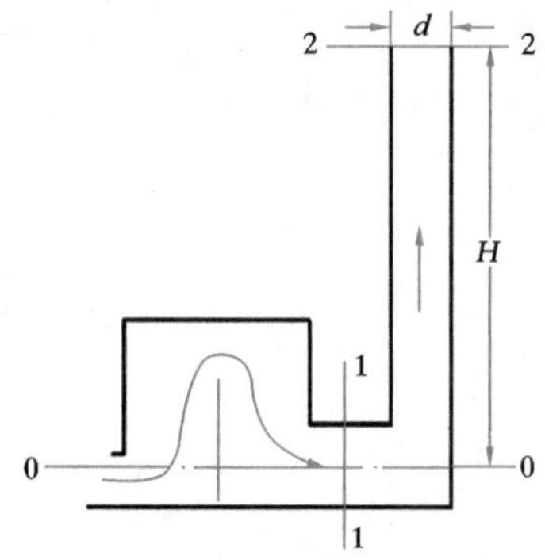

图 4-13　自然排烟锅炉

【解】选烟囱底部入口断面为 1-1 断面，出口断面为 2-2 断面。因烟气和外部空气的密度不同，由式(4-18)

$$p_1+\frac{\rho v_1^2}{2}+(\rho_a-\rho)g(z_2-z_1)=p_2+\frac{\rho v_2^2}{2}+p_w$$

其中 1-1 断面

$$p_1=-\rho_0 gh=-1000\times 9.8\times 0.01=-98\text{N/m}^2$$

$$v_1\approx 0, z_1=0$$

2-2断面：$p_2=0$，$v_2=\frac{Q}{A}=9.089\text{m/s}$，$z_2=H$代入上式

$$-98+9.8(1.2-0.7)H=0.7\times\frac{9.089^2}{2}+0.035\times\frac{H}{1}\times\frac{0.7\times9.089^2}{2}$$

得　$H=32.63\text{m}$，烟囱的高度须大于此值。

由本题可见，自然排烟锅炉底部压强为负压$p_1<0$，顶部出口压强$p_2=0$，且$z_1<z_2$，这种情况下，是位压$(\rho_a-\rho)g(z_2-z_1)$提供了烟气在烟囱内向上流动的能量。所以，自然排烟需要有一定的位压，为此烟气要有一定的温度，以保持有效浮力$(\rho_a-\rho)g$，同时烟囱还需有一定的高度(z_2-z_1)，否则将不能维持自然排烟。

2. 有能量输入或输出的伯努利方程

总流伯努利方程式（4-13）是在两过流断面间除水头损失之外，再无能量输入或输出的条件下导出的。当两过流断面间有水泵（图4-14）、风机或水轮机（图4-15）等流体机械时，存在能量的输入或输出。

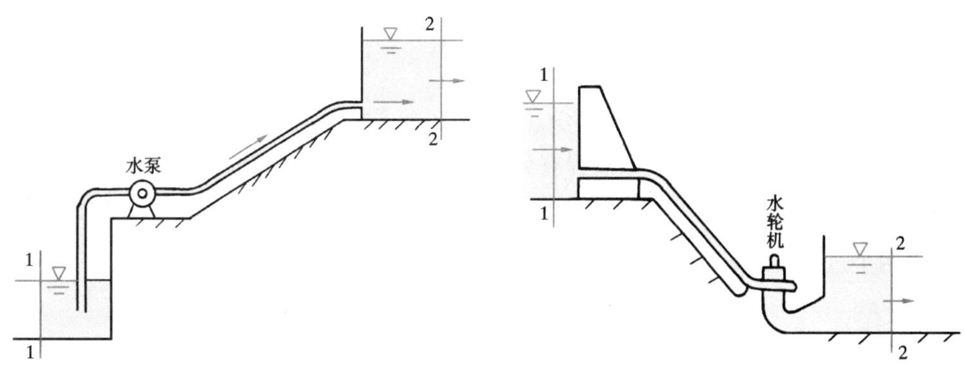

图4-14　有能量输入总流　　　　图4-15　有能量输出总流

此种情况，根据能量守恒原理，在式（4-13）中，计入受单位重力作用的流体流经流体机械获得或失去的机械能，便扩展为有能量输入或输出的伯努利方程式

$$z_1+\frac{p_1}{\rho g}+\frac{\alpha_1 v_1^2}{2g}\pm H_m=z_2+\frac{p_2}{\rho g}+\frac{\alpha_2 v_2^2}{2g}+h_w \tag{4-20}$$

式中　$+H_m$——表示受单位重力作用的流体由流体机械（如水泵）获得的机械能，又称为水泵的扬程；

$-H_m$——表示受单位重力作用的流体给予流体机械（如水轮机）的机械能，又称为水轮机的作用水头。

3. 两断面间有分流或汇流的伯努利方程

总流的伯努利方程式（4-13），是在两过流断面间无分流和汇流的条件下导出的，而实际的供水、供气管道，沿程大多都有分流和汇流，这种情况式(4-13)是否还能用呢?

对于两断面间有分流的流动（图4-16），设想1-1断面的来流，分为两股（以虚线划

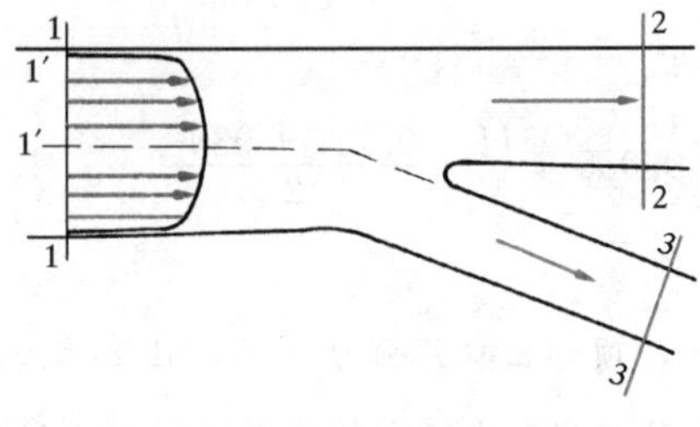

图 4-16　沿程分流

分)，分别通过 2-2、3-3 断面。对 1′-1′(1-1断面中的一部分）和 2-2 断面列伯努利方程，其间无分流

$$z'_1+\frac{p'_1}{\rho g}+\frac{v'^2_1}{2g}=z_2+\frac{p_2}{\rho g}+\frac{v_2^2}{2g}+h_{w1'-2}$$

因 1-1 断面为渐变流断面，面上各点的势能相等，则

$$z'_1+\frac{p'_1}{\rho g}=z_1+\frac{p_1}{\rho g}$$

如 1-1 断面流速分布较为均匀，$\frac{v'^2_1}{2g}\approx\frac{v_1^2}{2g}$

于是

$$z'_1+\frac{p'_1}{\rho g}+\frac{v'^2_1}{2g}\approx z_1+\frac{p_1}{\rho g}+\frac{v_1^2}{2g}$$

故

$$z_1+\frac{p_1}{\rho g}+\frac{v_1^2}{2g}=z_2+\frac{p_2}{\rho g}+\frac{v_2^2}{2g}+h_{w1-2}\quad 近似成立。$$

同理

$$z_1+\frac{p_1}{\rho g}+\frac{v_1^2}{2g}=z_3+\frac{p_3}{\rho g}+\frac{v_3^2}{2g}+h_{w1-3}$$

由以上分析，对于实际工程中沿程有分流的总流，当所取过流断面为渐变流断面，断面上流速分布较为均匀，并计入相应断面之间的水头损失，式（4-13）可用于工程计算。

对于两个过流断面间有汇流的情况，可做类似的分析。

4.4 恒定总流的动量方程

总流的动量方程是继连续性方程式（3-27）、伯努利方程式（4-13）之后的第三个积分形式基本方程。下面由动量原理，推导总流的动量方程。

设恒定总流，取过流断面Ⅰ-Ⅰ、Ⅱ-Ⅱ为渐变流断面，面积为 A_1、A_2，以过流断面及总流的侧表面围成的空间为控制体（图4-17)。控制体内的流体，经 dt 时间，由Ⅰ-Ⅱ运动到Ⅰ′-Ⅱ′位置。

在流过控制体的总流内，任取元流1-2，断面面积为 dA_1、dA_2，点流速为 $\vec{u}_1$、$\vec{u}_2$。dt 时间元流动量的增量为

$$\mathrm{d}\vec{K}=\vec{K}_{1'-2'}-\vec{K}_{1-2}$$

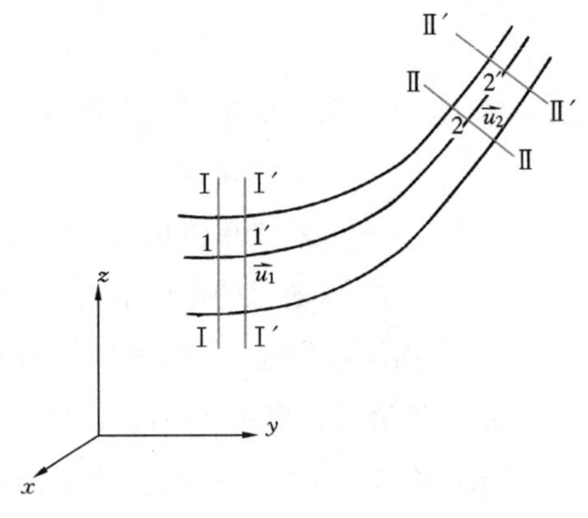

图 4-17　总流动量方程推导

$$=(\vec{K}_{1'-2}+\vec{K}_{2-2'})_{t+dt}-(\vec{K}_{1-1'}+\vec{K}_{1'-2})_{t}$$

因为是恒定流，dt 前后 $\vec{K}_{1'-2}$ 无变化，则

$$d\vec{K}=\vec{K}_{2-2'}-\vec{K}_{1-1'}=\rho_2 u_2 dt dA_2 \vec{u}_2-\rho_1 u_1 dt dA_1 \vec{u}_1$$

dt 时间总流动量的增量，因为过流断面为渐变流断面，各点的速度平行，按平行矢量和的法则，定义 $\vec{i_2}$ 为 $\vec{u}_2$ 方向的基本单位矢量，$\vec{i_1}$ 为 $\vec{u}_1$ 方向的基本单位矢量

$$\Sigma d\vec{K}=\left[\int_{A_2}\rho_2 u_2 dt dA_2 u_2\right]\vec{i}_2-\left[\int_{A_1}\rho_1 u_1 dt dA_1 u_1\right]\vec{i}_1$$

对于不可压缩流体 $\rho_1=\rho_2=\rho$，并引入修正系数，以断面平均流速 v 代替点流速 u，积分得

$$\Sigma d\vec{K}=[\rho dt\beta_2 v_2^2 A_2]\vec{i}_2-[\rho dt\beta_1 v_1^2 A_1]\vec{i}_1$$

$$=\rho dt\beta_2 v_2 A_2\vec{v}_2-\rho dt\beta_1 v_1 A_1\vec{v}_1$$

$$=\rho dt Q(\beta_2\vec{v}_2-\beta_1\vec{v}_1)$$

式中 β 是为修正以断面平均速度计算的动量与实际动量的差值而引入的修正系数，称为动量修正系数

$$\beta=\frac{\int_A u^2 dA}{v^2 A}$$

β 值取决于过流断面上的速度分布，速度分布较均匀的流动，$\beta=1.02\sim1.05$，通常取 $\beta=1.0$。

由动量定理，质点系动量的增量等于作用于该质点系上的外力的冲量

$$\Sigma\vec{F}dt=\rho Q dt(\beta_2\vec{v}_2-\beta_1\vec{v}_1)$$

得

$$\Sigma\vec{F}=\rho Q(\beta_2\vec{v}_2-\beta_1\vec{v}_1) \tag{4-21}$$

投影式

$$\left.\begin{aligned}\Sigma F_x&=\rho Q(\beta_2 v_{2x}-\beta_1 v_{1x})\\ \Sigma F_y&=\rho Q(\beta_2 v_{2y}-\beta_1 v_{1y})\\ \Sigma F_z&=\rho Q(\beta_2 v_{2z}-\beta_1 v_{1z})\end{aligned}\right\} \tag{4-22}$$

式（4-21）就是恒定总流的动量方程。方程表明，作用于控制体内流体上的外力，等于控制体净流出的动量。综合推导式（4-21）规定的条件，总流动量方程的应用条件有：恒定流；过流断面为渐变流断面；不可压缩流体。

（实验演示——动量方程实验）

总流动量方程是动量原理的总流表达式，方程给出了总流动量变化与作用力之间的关系。根据这一特点，求总流与边界面之间的相互作用力问题，以及因水头损失难以确定、运用伯努利方程受到限制的问题，适于用动量方

程求解。

【例 4-7】水平设置的输水弯管（图 4-18），转角 $\theta=60^\circ$，直径由 $d_1=200\text{mm}$ 变为 $d_2=150\text{mm}$。已知转弯前断面的压强 $p_1=18\text{kN/m}^2$（相对压强），输水流量 $Q=0.1\text{m}^3/\text{s}$，不计水头损失，试求水流对弯管作用力的大小。

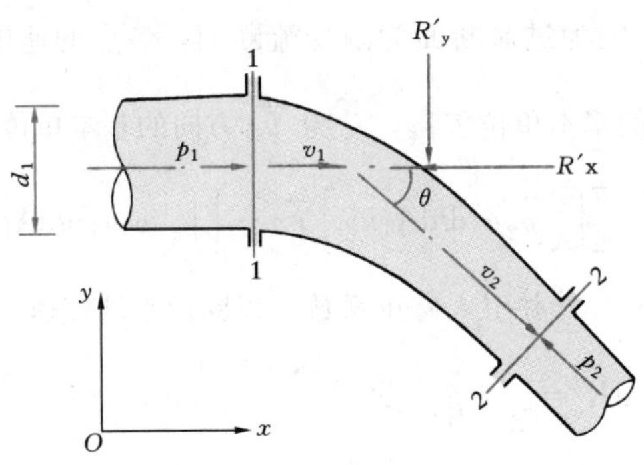

图 4-18 输水弯管

【解】在转弯段取过流断面1-1、2-2及管壁所围成的空间为控制体。选直角坐标系 xOy。令 Ox 轴与 v_1 方向一致。

分析作用在控制体内水流上的力，包括：过流断面上的动水压力 P_1、P_2；重力 G 在 xOy 面无分量；弯管对水流的作用力 R'（压力和切力的合力），此力在要列的方程中是待求量，假定分量 R'_x、R'_y 的方向，如计算得正值，表示假定方向正确，如得负值则表示力的实际方向与假定方向相反。

列总流动量方程 x，y 轴方向的投影式

$$P_1-P_2\cos 60^\circ-R'_x=\rho Q(\beta_2 v_2\cos 60^\circ-\beta_1 v_1)$$

$$P_2\sin 60^\circ-R'_y=\rho Q(-\beta_2 v_2\sin 60^\circ)$$

其中

$$P_1=p_1A_1=0.565\text{kN}$$

列 1-1、2-2 断面的伯努利方程，忽略水头损失

$$\frac{p_1}{\rho g}+\frac{v_1^2}{2g}=\frac{p_2}{\rho g}+\frac{v_2^2}{2g}$$

$$p_2=p_1+\frac{v_1^2-v_2^2}{2}\rho=7.043\text{kN/m}^2$$

$$P_2=p_2A_2=0.124\text{kN}$$

$$v_1=\frac{4Q}{\pi d_1^2}=3.185\text{m/s}$$

$$v_2=\frac{4Q}{\pi d_2^2}=5.66\text{m/s}$$

将各量代入总流动量方程，解得

$$R'_x = 0.538\text{kN}$$

$$R'_y = 0.597\text{kN}$$

水流对弯管的作用力与弯管对水流的作用力，大小相等方向相反，即

$$R_x = 0.538\text{kN},\text{方向沿 } Ox \text{ 方向}$$

$$R_y = 0.597\text{kN},\text{方向沿 } Oy \text{ 方向}$$

【例 4-8】水平分岔管路（图4-19），干管直径 $d_1=600\text{mm}$，支管直径 $d_2=d_3=400\text{mm}$，分岔角 $\alpha=30°$。已知分岔前断面的压力表读值 $p_M=70\text{kN/m}^2$，干管流量 $Q=0.6\text{m}^3/\text{s}$，不计水头损失。试求水流对分岔管的作用力。

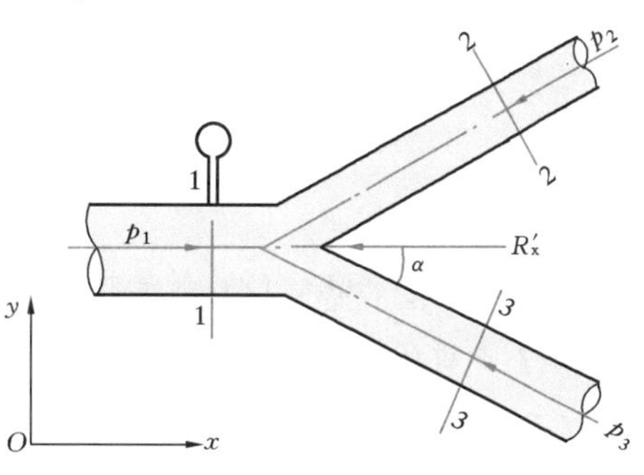

图 4-19 分岔管

【解】在分岔段取过流断面 1-1、2-2、3-3 及管壁所围成的空间为控制体。选直角坐标系 xOy，令 Ox 轴与干管轴线方向一致。作用在控制体内水流上的力包括：过流断面上的动水压力 P_1、P_2、P_3；分岔管对水流的作用力，因为对称分流，只有沿干管轴向（Ox 方向）的分力，设 R'_x 方向与坐标 Ox 方向相反。

列 Ox 方向的动量方程

$$P_1 - P_2\cos30° - P_3\cos30° - R'_x = \rho\frac{Q}{2}v_2\cos30° + \rho\frac{Q}{2}v_3\cos30° - \rho Q v_1$$

$$R'_x = P_1 - 2P_2\cos30° - \rho Q(v_2\cos30° - v_1)$$

其中

$$P_1 = p_1\frac{\pi d_1^2}{4} = 19.78\text{kN}$$

列 1-1、2-2（或 3-3）断面伯努利方程

$$p_2 = p_1 + \frac{v_1^2 - v_2^2}{2}\rho = 69.4\text{kN/m}^2$$

$$P_2 = p_2\frac{\pi d_2^2}{4} = 8.717\text{kN}$$

$$v_1 = \frac{4Q}{\pi d_1^2} = 2.12\text{m/s}$$

$$v_2 = v_3 = \frac{2Q}{\pi d_2^2} = 2.39\text{m/s}$$

将各量代入总流动量方程，解得 $R'_x=4.72\text{kN}$。水流对分岔管段的作用力 $R_x=4.72\text{kN}$，方向与 Ox 方向相同。

【例 4-9】水平方向的水射流，单宽流量 Q_1，出口流速 v_1，在大气中冲击在前方斜置的光滑平板上，射流轴线与平板成 θ 角（图4-20），不计水流在平板上的阻力。试求：(1) 沿平

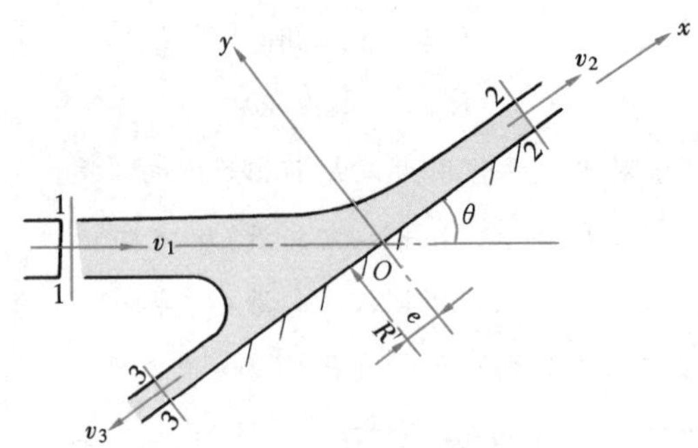

图 4-20　射流

板的单宽流量 Q_2、Q_3；(2) 射流对平板的作用力和作用点。

【解】 取过流断面 1-1、2-2、3-3 及射流侧表面与平板内壁为控制面构成控制体。选直角坐标系 xOy，O 点置于射流轴线与平板的交点，令 Ox 轴与 v_2 方向一致，Oy 轴与平板垂直。

在大气中射流，控制面内各点的压强皆可认为等于大气压（相对压强为零）。因不计水流在平板上的阻力，可知平板对水流的作用力 R' 与平板垂直，设 R' 的方向与 Oy 轴方向相同。

分别对 1-1、2-2 及 1-1、3-3 断面列伯努利方程，可得

$$v_1 = v_2 = v_3$$

(1) 求流量 Q_2 和 Q_3

列 Ox 方向的动量方程，作用在控制体内总流上的外力 $\sum F_x = 0$，故

$$\rho Q_2 v_2 + (-\rho Q_3 v_3) - \rho Q_1 v_1 \cos\theta = 0$$

$$Q_2 - Q_3 = Q_1 \cos\theta$$

由连续性方程

$$Q_2 + Q_3 = Q_1$$

联立解得

$$Q_2 = \frac{Q_1}{2}(1 + \cos\theta)$$

$$Q_3 = \frac{Q_1}{2}(1 - \cos\theta)$$

(2) 求射流对平板的作用力 R 和作用点位置 e

列 Oy 方向的动量方程

$$R' = 0 - (-\rho Q_1 v_1 \sin\theta) = \rho Q_1 v_1 \sin\theta$$

射流对平板的作用力 R 与 R' 大小相等，方向相反，即指向平板。

设 1-1、2-2、3-3 断面的高度分别为 b_1、b_2 和 b_3，对平板上 O 点取矩，则有：

$$R \cdot e = \frac{b_2}{2}\rho Q_2 v_2 - \frac{b_3}{2}\rho Q_3 v_3$$

由：$b_1 = Q/v_1$，$b_2 = Q_2/v_2$，$b_3 = Q_3/v_3$

整理可得：

$$e=\frac{1}{2}b_1\cot\theta$$

4.5 黏性流体运动微分方程

一切实际流体都有黏性，无黏性流体运动微分方程存在局限。为此，在本章最后一节阐述普遍适用的黏性流体运动微分方程，这里不作详细推导，着重从物理概念上作简要说明，为进一步学习黏性流体力学，求解黏性流体的流动问题打基础。

4.5.1 黏性流体的应力状态

黏性流体运动存在切应力，一点应力的大小与该点的位置有关，又与作用面的方位有关。为准确表示黏性流体的应力，以应力符号的第一个下标（标示作用面的外法线方向）表示作用面的方位，第二个下标表示应力的方向，故黏性流体的应力是一个有两个注标的物理量 p_{ij}，这样的物理量是二阶张量。在直角坐标系中，两个注标相同（$i=j$）的应力 p_{xx}、p_{yy}、p_{zz}是法向应力—压应力，两个注标不同（$i\neq j$）的应力是切应力，另以符号 τ_{ij} 表示。

黏性流体的应力有以下性质：

1. 一点处三个相互正交面上，垂直指向交线的切应力相等，即切应力互等，如（图 4-21）所示直角六面体微元缩成一点的极限情况。

$$\left.\begin{aligned}\tau_{xy}&=\tau_{yx}\\\tau_{yz}&=\tau_{zy}\\\tau_{zx}&=\tau_{xz}\end{aligned}\right\}\tag{4-23}$$

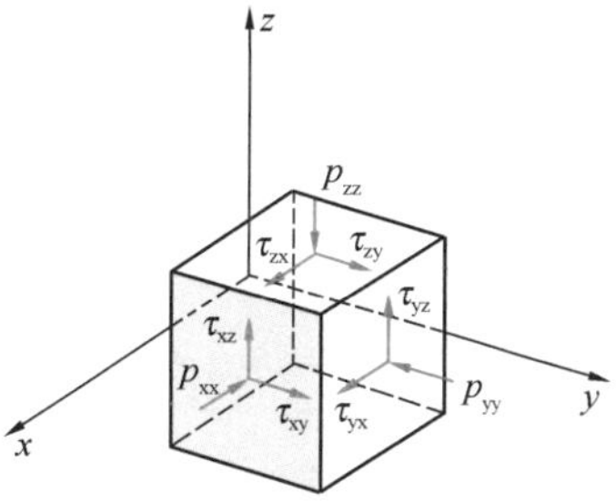

图 4-21　切应力互等

2. 一点处三个相互正交面上法向应力—压应力之和一定，即应力第一不变量

$$p_{xx}+p_{yy}+p_{zz}=p_{x'x'}+p_{y'y'}+p_{z'z'}$$

根据这一性质，将一点处三个相互正交面上的法向应力的平均值定义为该点的动压强，以符号 p 表示

$$p=\frac{1}{3}(p_{xx}+p_{yy}+p_{zz})\tag{4-24}$$

按此定义，黏性流体动压强的大小与作用面的方位无关，只是该点空间坐标和时间的函数

$$p=p(x,y,z,t)$$

动压强 p 是一点处三个相互正交面上法向应力的平均值，一般情况下，同其中某一面上的法向应力有一定差值，如下式

$$\left.\begin{aligned} p_{xx} &= p + p'_{xx} \\ p_{yy} &= p + p'_{yy} \\ p_{zz} &= p + p'_{zz} \end{aligned}\right\} \tag{4-25}$$

式中　p'_{xx}、p'_{yy}、p'_{zz}——附加法向应力。

4.5.2 应力和变形速度的关系

为求得黏性流体应力和变形速度的关系，类比弹性理论的基本假设（连续性，各向同性，应力应变线性关系），斯托克斯（Stokes. G.，1845 年）假设：(1) 各向同性，流体各方向的黏度相同；(2) 各应力分量与应变率（变形速度）线性关系；(3) 应变率为零时，各切应力分量为零，法向应力简化为动压强。推证出切应力与剪切应变率（角变形速度）呈线性关系，不可压缩流体附加法向应力与线应变率（线变形速度）呈线性关系，代入变形速度的表达式（第 3 章 3.4.2）得出不可压缩黏性流体应力和变形速度的关系式

$$\left.\begin{aligned} \tau_{xy} &= \tau_{yx} = \mu\left(\frac{\partial u_y}{\partial x} + \frac{\partial u_x}{\partial y}\right) = 2\mu\varepsilon_{xy} \\ \tau_{yz} &= \tau_{zy} = \mu\left(\frac{\partial u_z}{\partial y} + \frac{\partial u_y}{\partial z}\right) = 2\mu\varepsilon_{yz} \\ \tau_{zx} &= \tau_{xz} = \mu\left(\frac{\partial u_x}{\partial z} + \frac{\partial u_z}{\partial x}\right) = 2\mu\varepsilon_{zx} \\ p_{xx} &= p - 2\mu\frac{\partial u_x}{\partial x} = p - 2\mu\varepsilon_{xx} \\ p_{yy} &= p - 2\mu\frac{\partial u_y}{\partial y} = p - 2\mu\varepsilon_{yy} \\ p_{zz} &= p - 2\mu\frac{\partial u_z}{\partial z} = p - 2\mu\varepsilon_{zz} \end{aligned}\right\} \tag{4-26}$$

式（4-26）是在三项假设的基础上得出的，并没有坚实的理论基础，但引入该式导出的黏性流体运动微分方程，用于求解实际流动都为实验所证实，证明以类比的方法（唯象学方法）作出的基本假设符合实际。式（4-26）表征了流体固有的力学属性，称为牛顿流体的本构方程。

4.5.3 黏性流体运动微分方程

设流场中某点 M（x，y，z），速度 $\vec{u}$（u_x，u_y，u_z），以 M 为中心做直角六面体微元（边长 dx、dy、dz），作用在微元体表面的法向应力、切应力（取正向），如图 4-22 所示。

微元体 x 方向的作用力（图 4-23）：

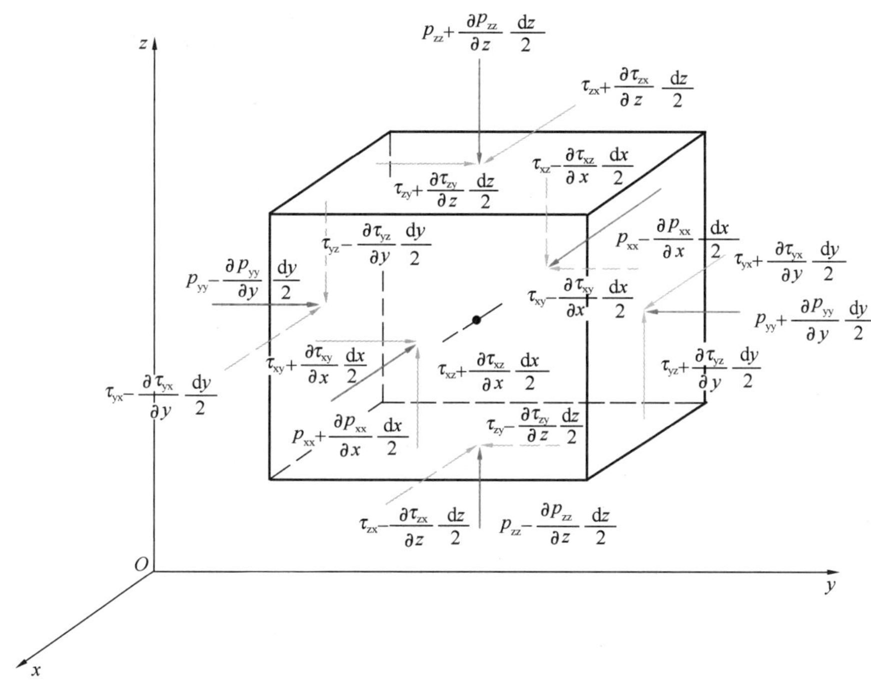

图 4-22　微元体表面力

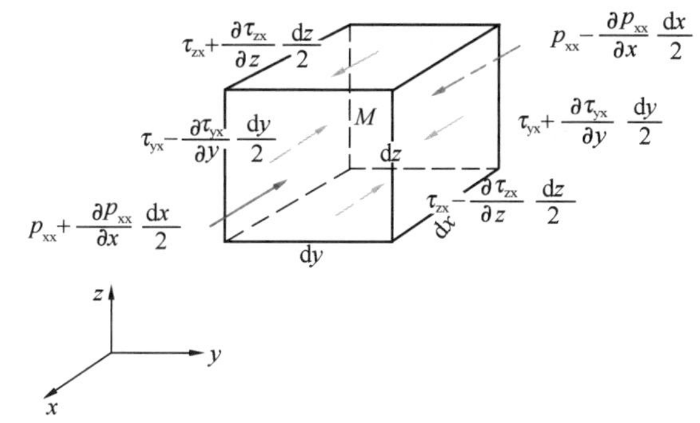

图 4-23　微元体 x 方向作用力

$$\text{表面力：}\left[\left(p_{\mathrm{xx}}-\frac{\partial p_{\mathrm{xx}}}{\partial x}\frac{\mathrm{d}x}{2}\right)-\left(p_{\mathrm{xx}}+\frac{\partial p_{\mathrm{xx}}}{\partial x}\frac{\mathrm{d}x}{2}\right)\right]\mathrm{d}y\mathrm{d}z$$

$$+\left[\left(\tau_{\mathrm{yx}}+\frac{\partial \tau_{\mathrm{yx}}}{\partial y}\frac{\mathrm{d}y}{2}\right)-\left(\tau_{\mathrm{yx}}-\frac{\partial \tau_{\mathrm{yx}}}{\partial y}\frac{\mathrm{d}y}{2}\right)\right]\mathrm{d}x\mathrm{d}z$$

$$+\left[\left(\tau_{\mathrm{zx}}+\frac{\partial \tau_{\mathrm{zx}}}{\partial z}\frac{\mathrm{d}z}{2}\right)-\left(\tau_{\mathrm{zx}}-\frac{\partial \tau_{\mathrm{zx}}}{\partial z}\frac{\mathrm{d}z}{2}\right)\right]\mathrm{d}x\mathrm{d}y$$

$$=\left(-\frac{\partial p_{\mathrm{xx}}}{\partial x}+\frac{\partial \tau_{\mathrm{yx}}}{\partial y}+\frac{\partial \tau_{\mathrm{zx}}}{\partial z}\right)\mathrm{d}x\mathrm{d}y\mathrm{d}z$$

质量力：$X\rho\mathrm{d}x\mathrm{d}y\mathrm{d}z$

由牛顿第二定律 $\Sigma F_{\mathrm{x}}=m\frac{\mathrm{d}u_{\mathrm{x}}}{\mathrm{d}t}$

$$X\rho\mathrm{d}x\,\mathrm{d}y\mathrm{d}z+\left(-\frac{\partial p_{\mathrm{xx}}}{\partial x}+\frac{\partial \tau_{\mathrm{yx}}}{\partial y}+\frac{\partial \tau_{\mathrm{zx}}}{\partial z}\right)\mathrm{d}x\,\mathrm{d}y\mathrm{d}z=\rho\mathrm{d}x\mathrm{d}y\mathrm{d}z\,\frac{\mathrm{d}u_{\mathrm{x}}}{\mathrm{d}t}$$

化简得 x 方向以应力表示的运动微分方程

同理

$$\left.\begin{aligned}X-\frac{1}{\rho}\frac{\partial p_{\mathrm{xx}}}{\partial x}+\frac{1}{\rho}\left(\frac{\partial \tau_{\mathrm{yx}}}{\partial y}+\frac{\partial \tau_{\mathrm{zx}}}{\partial z}\right)=\frac{\mathrm{d}u_{\mathrm{x}}}{\mathrm{d}t}\\Y-\frac{1}{\rho}\frac{\partial p_{\mathrm{yy}}}{\partial y}+\frac{1}{\rho}\left(\frac{\partial \tau_{\mathrm{xy}}}{\partial x}+\frac{\partial \tau_{\mathrm{zy}}}{\partial z}\right)=\frac{\mathrm{d}u_{\mathrm{y}}}{\mathrm{d}t}\\Z-\frac{1}{\rho}\frac{\partial p_{\mathrm{zz}}}{\partial z}+\frac{1}{\rho}\left(\frac{\partial \tau_{\mathrm{xz}}}{\partial x}+\frac{\partial \tau_{\mathrm{yz}}}{\partial y}\right)=\frac{\mathrm{d}u_{\mathrm{z}}}{\mathrm{d}t}\end{aligned}\right\}\tag{4-27}$$

上式是以应力表示的黏性流体运动微分方程。

将牛顿流体的本构方程式（4-26）代入式（4-27）x 方向分式

$$X-\frac{1}{\rho}\frac{\partial}{\partial x}\left(p-2\mu\frac{\partial u_{\mathrm{x}}}{\partial x}\right)+\frac{\mu}{\rho}\frac{\partial}{\partial y}\left(\frac{\partial u_{\mathrm{y}}}{\partial x}+\frac{\partial u_{\mathrm{x}}}{\partial y}\right)+\frac{\mu}{\rho}\frac{\partial}{\partial z}\left(\frac{\partial u_{\mathrm{z}}}{\partial x}+\frac{\partial u_{\mathrm{x}}}{\partial z}\right)=\frac{\mathrm{d}u_{\mathrm{x}}}{\mathrm{d}t}$$

整理上式

$$X-\frac{1}{\rho}\frac{\partial p}{\partial x}+\frac{\mu}{\rho}\left(\frac{\partial^2 u_{\mathrm{x}}}{\partial x^2}+\frac{\partial^2 u_{\mathrm{x}}}{\partial y^2}+\frac{\partial^2 u_{\mathrm{x}}}{\partial z^2}\right)+\frac{\mu}{\rho}\frac{\partial}{\partial x}\left(\frac{\partial u_{\mathrm{x}}}{\partial x}+\frac{\partial u_{\mathrm{y}}}{\partial y}+\frac{\partial u_{\mathrm{z}}}{\partial z}\right)=\frac{\mathrm{d}u_{\mathrm{x}}}{\mathrm{d}t}$$

不可压缩流体　$\dfrac{\partial u_{\mathrm{x}}}{\partial x}+\dfrac{\partial u_{\mathrm{y}}}{\partial y}+\dfrac{\partial u_{\mathrm{z}}}{\partial z}=0$

得

同理

$$\left.\begin{aligned}X-\frac{1}{\rho}\frac{\partial p}{\partial x}+\nu\nabla^2 u_{\mathrm{x}}=\frac{\mathrm{d}u_{\mathrm{x}}}{\mathrm{d}t}\\Y-\frac{1}{\rho}\frac{\partial p}{\partial y}+\nu\nabla^2 u_{\mathrm{y}}=\frac{\mathrm{d}u_{\mathrm{y}}}{\mathrm{d}t}\\Z-\frac{1}{\rho}\frac{\partial p}{\partial z}+\nu\nabla^2 u_{\mathrm{z}}=\frac{\mathrm{d}u_{\mathrm{z}}}{\mathrm{d}t}\end{aligned}\right\}\tag{4-28}$$

式中加速度用欧拉法描述

$$\left.\begin{aligned}X-\frac{1}{\rho}\frac{\partial p}{\partial x}+\nu\nabla^2 u_{\mathrm{x}}=\frac{\partial u_{\mathrm{x}}}{\partial t}+u_{\mathrm{x}}\frac{\partial u_{\mathrm{x}}}{\partial x}+u_{\mathrm{y}}\frac{\partial u_{\mathrm{x}}}{\partial y}+u_{\mathrm{z}}\frac{\partial u_{\mathrm{x}}}{\partial z}\\Y-\frac{1}{\rho}\frac{\partial p}{\partial y}+\nu\nabla^2 u_{\mathrm{y}}=\frac{\partial u_{\mathrm{y}}}{\partial t}+u_{\mathrm{x}}\frac{\partial u_{\mathrm{y}}}{\partial x}+u_{\mathrm{y}}\frac{\partial u_{\mathrm{y}}}{\partial y}+u_{\mathrm{z}}\frac{\partial u_{\mathrm{y}}}{\partial z}\\Z-\frac{1}{\rho}\frac{\partial p}{\partial z}+\nu\nabla^2 u_{\mathrm{z}}=\frac{\partial u_{\mathrm{z}}}{\partial t}+u_{\mathrm{x}}\frac{\partial u_{\mathrm{z}}}{\partial x}+u_{\mathrm{y}}\frac{\partial u_{\mathrm{z}}}{\partial y}+u_{\mathrm{z}}\frac{\partial u_{\mathrm{z}}}{\partial z}\end{aligned}\right\}\tag{4-29}$$

恒定流

$$\frac{\partial u_{\mathrm{x}}}{\partial t}=\frac{\partial u_{\mathrm{y}}}{\partial t}=\frac{\partial u_{\mathrm{z}}}{\partial t}=0$$

得

$$\left.\begin{aligned}X-\frac{1}{\rho}\frac{\partial p}{\partial x}+\nu\nabla^2 u_{\mathrm{x}}=u_{\mathrm{x}}\frac{\partial u_{\mathrm{x}}}{\partial x}+u_{\mathrm{y}}\frac{\partial u_{\mathrm{x}}}{\partial y}+u_{\mathrm{z}}\frac{\partial u_{\mathrm{x}}}{\partial z}\\Y-\frac{1}{\rho}\frac{\partial p}{\partial y}+\nu\nabla^2 u_{\mathrm{y}}=u_{\mathrm{x}}\frac{\partial u_{\mathrm{y}}}{\partial x}+u_{\mathrm{y}}\frac{\partial u_{\mathrm{y}}}{\partial y}+u_{\mathrm{z}}\frac{\partial u_{\mathrm{y}}}{\partial z}\\Z-\frac{1}{\rho}\frac{\partial p}{\partial z}+\nu\nabla^2 u_{\mathrm{z}}=u_{\mathrm{x}}\frac{\partial u_{\mathrm{z}}}{\partial x}+u_{\mathrm{y}}\frac{\partial u_{\mathrm{z}}}{\partial y}+u_{\mathrm{z}}\frac{\partial u_{\mathrm{z}}}{\partial z}\end{aligned}\right\}\tag{4-30}$$

上两式的矢量式

$$\vec{f}-\frac{1}{\rho}\nabla p+\nu\nabla^2\vec{u}=\frac{\partial\vec{u}}{\partial t}+(\vec{u}\cdot\nabla)\vec{u} \tag{4-31}$$

$$\vec{f}-\frac{1}{\rho}\nabla p+\nu\nabla^2\vec{u}=(\vec{u}\cdot\nabla)\vec{u} \tag{4-32}$$

式中　$\vec{f}$——单位质量力；

∇——哈密顿算子，$\nabla=\vec{i}\frac{\partial}{\partial x}+\vec{j}\frac{\partial}{\partial y}+\vec{k}\frac{\partial}{\partial z}$；

∇^2——拉普拉斯算子，$\nabla^2=\frac{\partial^2}{\partial x^2}+\frac{\partial^2}{\partial y^2}+\frac{\partial^2}{\partial z^2}$；

ν——运动黏度，$\nu=\frac{\mu}{\rho}$。

式（4-29）、式（4-30）即黏性不可压缩流体运动微分方程，方程各项的物理意义表示作用于单位质量流体的质量力、表面力（包括压强梯度力、黏性力）和惯性力相平衡，是黏性流体运动牛顿第二定律的微分表达式，是控制流体运动的基本方程。

自1755年欧拉建立无黏性流体运动微分方程——欧拉运动微分方程式（4-2）以来，经过纳维（Navier，C. 1822年）、斯托克斯（Stokes，G. 1845年）等人近百年的研究，最终完成现在形式的黏性流体运动微分方程，又称纳维-斯托克斯方程（Navier-Stokes equation），缩写N-S方程。

（先贤小传——纳维）

作为N-S方程式（4-29）的特例，无黏性流体运动$\mu=0$，N-S方程转化为欧拉运动微分方程式（4-2）；流体静止，N-S方程转化为欧拉平衡微分方程式（2-2）。

4.5.4 N-S方程求解问题

求解黏性不可压缩流体运动的速度场和压强场共有u_x、u_y、u_z和p四个未知量，由N-S方程式（4-29）和连续性微分方程式（3-24）组成的基本方程组

$$\left.\begin{aligned}
&X-\frac{1}{\rho}\frac{\partial p}{\partial x}+\nu\nabla^2u_x=\frac{\partial u_x}{\partial t}+u_x\frac{\partial u_x}{\partial x}+u_y\frac{\partial u_x}{\partial y}+u_z\frac{\partial u_x}{\partial z}\\
&Y-\frac{1}{\rho}\frac{\partial p}{\partial y}+\nu\nabla^2u_y=\frac{\partial u_y}{\partial t}+u_x\frac{\partial u_y}{\partial x}+u_y\frac{\partial u_y}{\partial y}+u_z\frac{\partial u_y}{\partial z}\\
&Z-\frac{1}{\rho}\frac{\partial p}{\partial z}+\nu\nabla^2u_z=\frac{\partial u_z}{\partial t}+u_x\frac{\partial u_z}{\partial x}+u_y\frac{\partial u_z}{\partial y}+u_z\frac{\partial u_z}{\partial z}\\
&\frac{\partial u_x}{\partial t}+\frac{\partial u_y}{\partial t}+\frac{\partial u_z}{\partial t}=0
\end{aligned}\right\}$$

方程数和未知量数相等，如给定初边值条件，则方程组可封闭求解。但因N-S方程是一个

二阶非线性偏微分方程，其惯性力项（ū·∇）$\vec{u}$ 是非线性项，这一项的存在，使方程的求解极困难。至今 N-S 方程完全的一般形式的解的存在和唯一性问题，在理论上尚未获得解决❶。目前，对于个别特殊流动，可认为 N-S 方程中惯性力项为零，或在不需做任何近似的基础上整理为极简单的数学形式，从而将偏微分方程组转变为更为简单的微分方程形式，积分后由边界条件确定常数，得出精确解。这些精确解及其结论对于深刻理解黏性流体运动具有重要意义。

【例 4-10】利用 N—S 方程推导两个相对运动平行平板间的流速分布规律。

【解】在充分长的平行平板之间的流动可看为一维均匀流动。设流体流动方向为 x 方向，与平板垂直方向为 y 方向，平板的延展方向为 z 方向，则有 $u_x = u_x(y, z, t)$，$u_y \equiv u_z \equiv 0$。再根据连续性微分方程，可得 $\partial u_x / \partial x \equiv 0$。将上述关系式代入 N—S 方程中，同时设质量力只有重力，最终整理可得：

$$\frac{\partial u_x}{\partial t} = -\frac{1}{\rho}\frac{\partial p}{\partial x} + \nu\left(\frac{\partial^2 u_x}{\partial y^2} + \frac{\partial^2 u_x}{\partial z^2}\right) \tag{4-33}$$

上式是关于 u_x 的线性偏微分方程。

再假设这两个平行平板，一个静止而另一个以速度 U 沿 x 轴正向运动，平板间距为 h，流动恒定且不考虑 z 方向运动，则式（4-33）可进一步简化为以下的常微分方程形式：

$$\frac{1}{\rho}\frac{\mathrm{d}p}{\mathrm{d}x} = \nu\frac{\mathrm{d}^2 u_x}{\mathrm{d}y^2} \tag{4-34}$$

边界条件为

$$u_x = \begin{cases} 0 (y = 0) \\ U (y = h) \end{cases} \tag{4-35}$$

作为 x 方向的 N—S 方程，观察式（4-34）可知，$\mathrm{d}p/\mathrm{d}x$ 只能是 y 的函数；再结合一维均匀流动特征 $\partial p / \partial y = 0$，可综合得到 $\mathrm{d}p/\mathrm{d}x = c$。代入式（4-34）并积分处理：

$$\nu u_x = \frac{1}{\rho}\frac{\mathrm{d}p}{\mathrm{d}x}\frac{y^2}{2} + C_1 y + C_2$$

代入边界条件，上式可得精确解如下：

$$u_x(y) = U\frac{y}{h} + \frac{h^2}{2\mu}\left(-\frac{\mathrm{d}p}{\mathrm{d}x}\right)\left[\frac{y}{h}\left(1 - \frac{y}{h}\right)\right] \tag{4-36}$$

可以看出，该类型流动的流速分布是由以下两部分叠加而成：等号右端第一项，不考虑压强梯度下，由于平板存在相对运动而产生的单纯剪切流动，流速呈现线性分布，即第一章中图 1-5 解释黏性现象时所示的流动。为纪念法国物理学家莫里斯·库埃特，又称库埃特流动；

❶ 21 世纪初，美国克莱数学促进会（CMI）在法兰西学院（College de France）宣布，将 N-S 方程求解问题列为当代数学中最重要的未解决问题，即七个克莱（CMI）“千年难题”之一。

等号右端第二项，压强梯度所产生的抛物线形流速分布，又称泊素叶流动。

引入无量纲压强梯度 $P=(h^2/2\mu U)(-\mathrm{d}p/\mathrm{d}x)$，若其值为 0，即库埃特流动；若其值为正，即沿流动方向压强降低时，流速在所有位置均为正；当 P 小于 -1 时，静止平板附近的 u_x/U 开始出现负值，产生回流区域。P 值越小，回流区域越大（图 4-24）。压强沿流动方向逐渐减少的情况又被称为顺压梯度，反之则被称为逆压梯度。

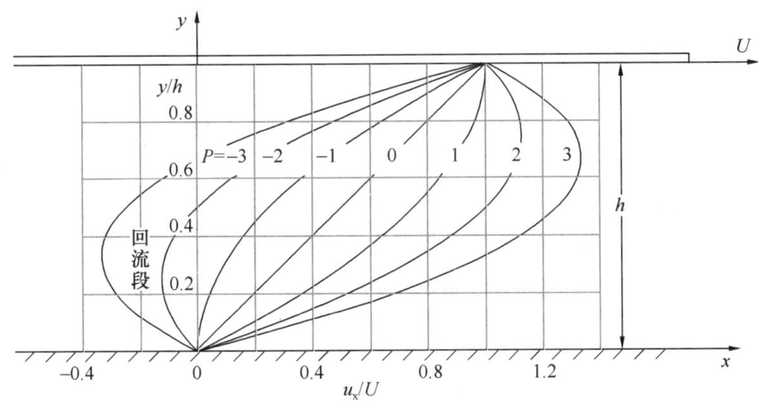

图 4-24　相对运动平行平板间的流速分布

除求精确解的方法外，还可以在计算机应用的基础上，通过将 N—S 方程等偏微分方程组转化为计算机可求解的代数方程组，采用数值算法求得流场的数值解。这部分内容的简单介绍见 7.9 节。

习题

选择题

4.1　等直径水管，A-A 为过流断面，B-B 为水平面，1、2、3、4 为面上各点，如图 4-25 所示，各点的流动参数有以下关系：(a) $p_1=p_2$；(b) $p_3=p_4$；(c) $z_1+\frac{p_1}{\rho g}=z_2+\frac{p_2}{\rho g}$；(d) $z_3+\frac{p_3}{\rho g}=z_4+\frac{p_4}{\rho g}$。

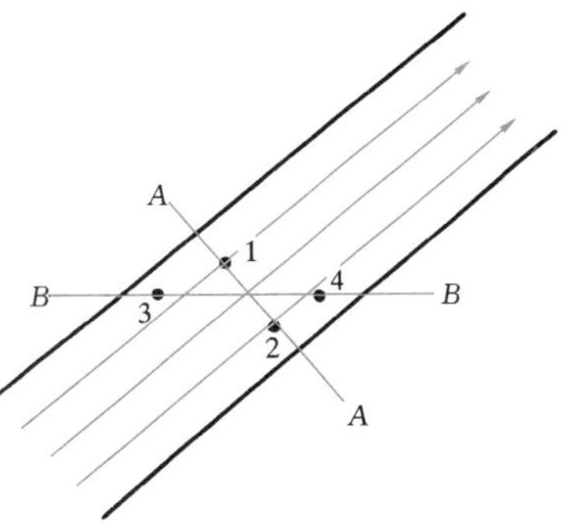

图 4-25　习题 4.1 图

4.2　伯努利方程中 $z+\frac{p}{\rho g}+\frac{\alpha v^2}{2g}$ 表示：(a) 受单位重力作用的流体具有的机械能；(b) 单位质量流体具有的机械能；(c) 单位体积流体具有的机械能；(d) 通过过流断面流体的总机械能。

4.3　水平放置的渐扩管如图 4-26 所示，如忽略水头损失，断面形心点的压强，有以下关系：(a) $p_1>p_2$；(b) $p_1=p_2$；(c) $p_1<p_2$；(d) 不定。

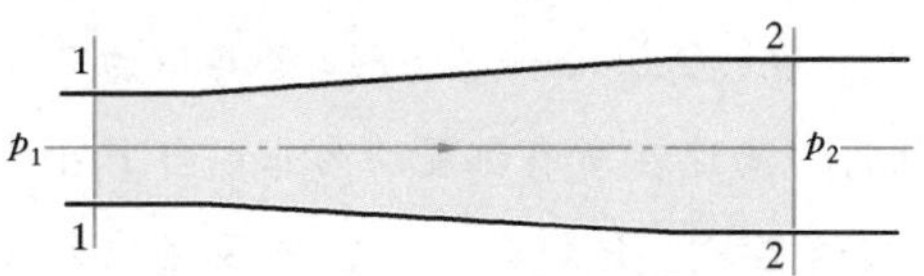

图 4-26　习题 4.3 图

4.4　黏性流体总水头线沿程的变化是：(a) 沿程下降；(b) 沿程上升；(c) 保持水平；(d) 前三种情况都有可能。

4.5　黏性流体测压管水头线的沿程变化是：(a) 沿程下降；(b) 沿程上升；(c) 保持水平；(d) 前三种情况都有可能。

4.6　皮托管用于测量：(a) 压强；(b) 点流速；(c) 流量；(d) 密度。

计算题

4.7　一变直径的管段 *AB* 如图 4-27 所示，直径 $d_A=0.2$m，$d_B=0.4$m，高差 $\Delta h=1.5$m。今测得 $p_A=30$kN/m²，$p_B=40$kN/m²，*B* 处断面平均流速 $v_B=1.5$m/s。试判断水在管中的流动方向。

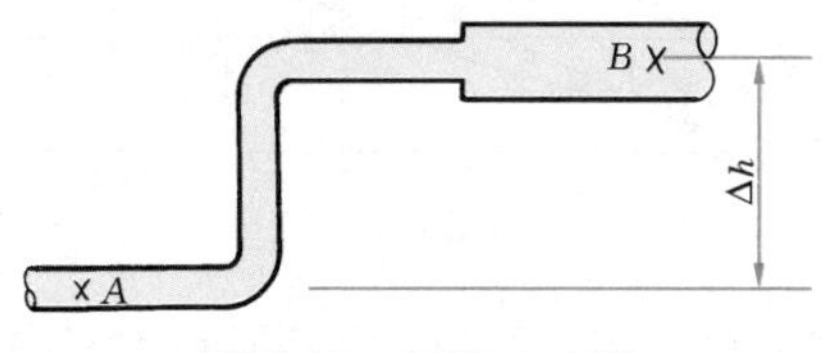

图 4-27　习题 4.7 图

4.8　如图 4-28 所示利用皮托管原理，测量水管中的点流速 u。如读值 $\Delta h=60$mm，求该点流速。

4.9　水管（图 4-29）直径 50mm，末端阀门关闭时，压力表读值为21kN/m²。阀门打开后读值降至 5.5kN/m²，如不计水头损失，求通过的流量。

4.10　水在变直径竖管（图 4-30）中流动，已知粗管直径 $d_1=300$mm，流速 $v_1=6$m/s。为使两断面的压力表读值相同，试求细管直径（水头损失不计）。

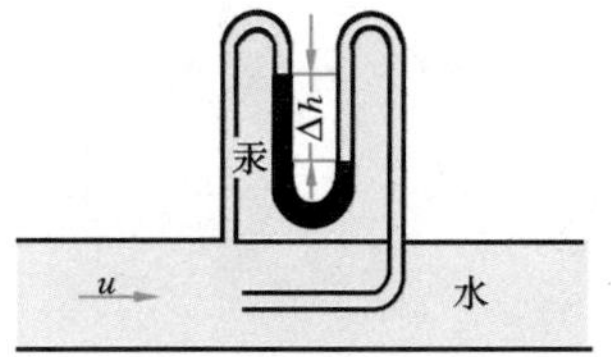

图 4-28　习题 4.8 图

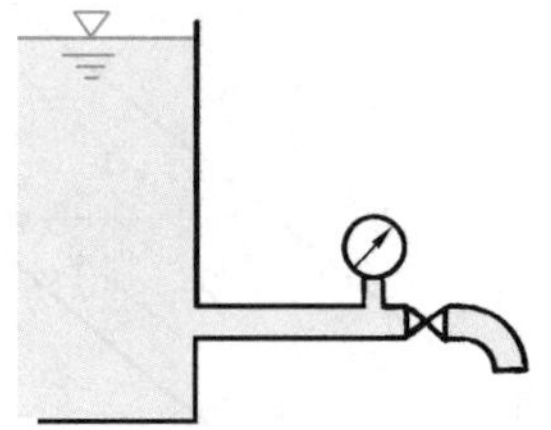

图 4-29　习题 4.9 图

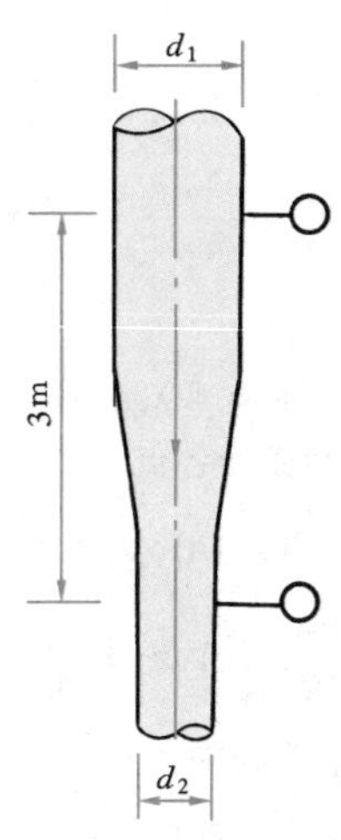

图 4-30　习题 4.10 图

4.11　为了测量石油管道的流量，安装文丘里流量计，如图4-31所示，管道直径 $d_1=200mm$，流量计喉管直径 $d_2=100mm$，石油密度 $\rho=850kg/m^3$，流量计流量系数 $\mu=0.95$。现测得水银压差计读数 $h_p=150mm$，问此时管中流量 Q 是多少?

4.12　恒位水箱（图4-32）中的水从一扩散短管流到大气中，直径 $d_1=100mm$，该处绝对压强 $p_1=0.5$ 大气压，直径 $d_2=150mm$，求水头 H，水头损失忽略不计。

4.13　离心式通风机（图4-33）用集流器 A 从大气中吸入空气，直径 $d=200mm$ 处接一根细玻璃管，已知管中的水上升 $H=150mm$，求进气流量（空气的密度 $\rho=1.29kg/m^3$）。

4.14　一吹风装置如图4-34所示，进排风口都直通大气，风扇前、后断面直径 $d_1=d_2=1m$，排风口直径 $d_3=0.5m$，已知排风口风速 $v_3=40m/s$，空气的密度 $\rho=1.29kg/m^3$，不计压强损失，试求风扇前、后断面的压强 p_1 和 p_2。

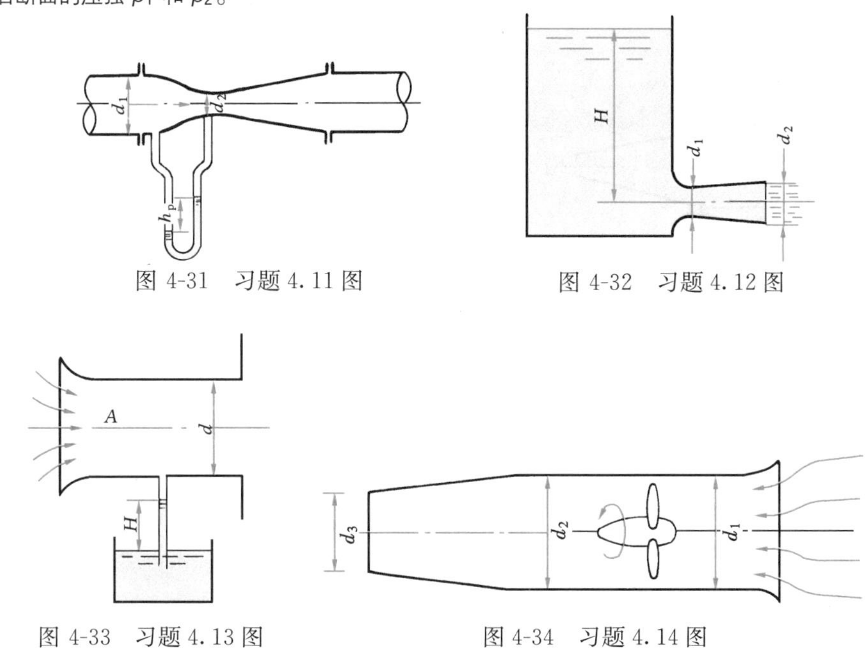

图4-31　习题4.11图

图4-32　习题4.12图

图4-33　习题4.13图

图4-34　习题4.14图

4.15　离心泵抽水，吸水管和压水管直径相同，如图4-35所示，测得水泵进口断面真空表读值 $p_V=0.03MPa$，出口断面压力表读值 $p_M=0.08MPa$，压力表至吸水管距离 $z=0.5m$，求水泵的扬程。

4.16　水力采煤用水枪在高压下喷射强力水柱冲击煤层，如图4-36所示，喷嘴出口直径 $d=30mm$，出口水流速度 $v=54m/s$，求水流对煤层的冲击力。

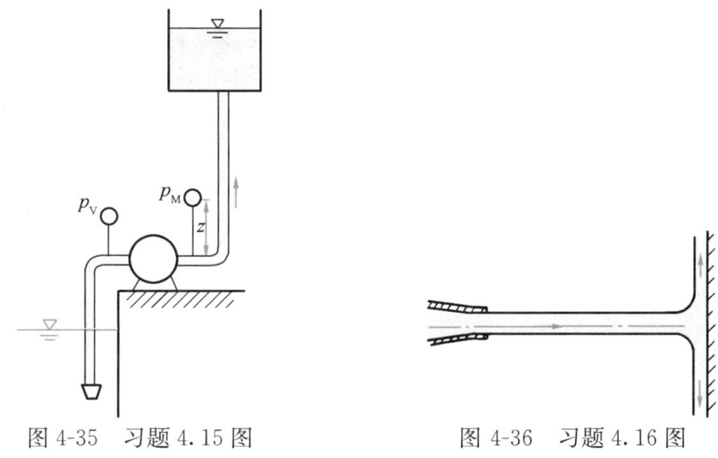

图4-35　习题4.15图

图4-36　习题4.16图

4.17 水由喷嘴射出（图 4-37），已知流量 $Q=0.4\text{m}^3/\text{s}$，主管直径 $D=0.4\text{m}$，喷口直径 $d=0.1\text{m}$，水头损失不计，求水流作用在喷嘴上的力。

4.18 闸下出流（图 4-38），平板闸门宽 $b=2\text{m}$，闸前水深 $h_1=4\text{m}$，闸后水深 $h_2=0.5\text{m}$，出流量 $Q=8\text{m}^3/\text{s}$，不计摩擦阻力，试求水流对闸门的作用力，并与按静水压强分布规律计算的结果相比较。

4.19 矩形断面的平底渠道（图 4-39），其宽度 B 为 2.7m，渠底在某断面处抬高 0.5m，该断面上游的水深为 2m，下游水面降低 0.15m，如忽略边壁和渠底阻力，试求：(1) 渠道的流量；(2) 水流对底坎的冲力。

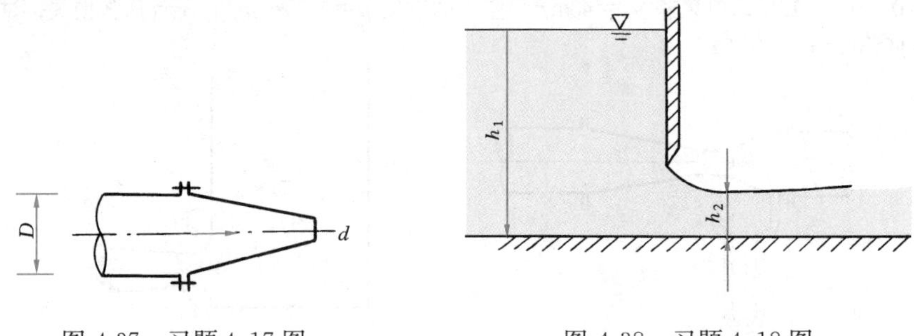

图 4-37 习题 4.17 图

图 4-38 习题 4.18 图

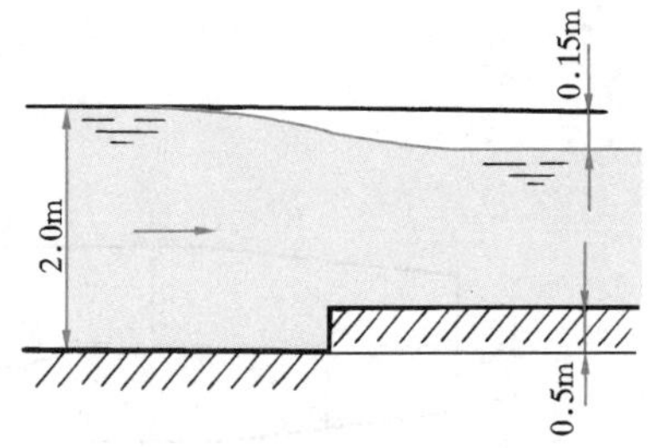

图 4-39 习题 4.19 图

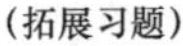

（拓展习题）

（拓展习题答案）

第5章 平面无旋流动及有旋流动

第3章和第4章论述了流体运动学和流体动力学的基本概念，其中在微团运动分析的基础上，将流体的运动分为有旋流动和无旋流动。严格地说，黏性流体的运动都是有旋流动。理论研究表明，只有不可压缩无黏性流体，运动初始无旋，将继续保持无旋。但在实际流动中，发生在广阔水域的闸孔出流、堰流，开敞空间的空气流动等由于黏性作用较小，受边界影响较小，都可以看作无旋流动。本章分别讨论最简单的一类平面流动——不可压缩无黏性流体的平面无旋流动，以及强制涡流、自由涡流及其组合涡流——特殊的一类有旋流动的相关理论，利用数学方法巧妙地解析这些理想状态下的流动规律，它们一方面是古典流体力学的核心内容，同时对工程实践也具有重要的指导意义和实用价值。

5.1 无黏性流体无旋流动的伯努利方程

由无黏性流体恒定流动的运动微分方程式（4-4）

$$X-\frac{1}{\rho}\frac{\partial p}{\partial x}=u_x\frac{\partial u_x}{\partial x}+u_y\frac{\partial u_x}{\partial y}+u_z\frac{\partial u_x}{\partial z}$$

$$Y-\frac{1}{\rho}\frac{\partial p}{\partial y}=u_x\frac{\partial u_y}{\partial x}+u_y\frac{\partial u_y}{\partial y}+u_z\frac{\partial u_y}{\partial z}$$

$$Z-\frac{1}{\rho}\frac{\partial p}{\partial z}=u_x\frac{\partial u_z}{\partial x}+u_y\frac{\partial u_z}{\partial y}+u_z\frac{\partial u_z}{\partial z}$$

各式分别乘以流场中任意两邻点（不限于同一流线上）间距离的投影 $\mathrm{d}x$、$\mathrm{d}y$、$\mathrm{d}z$，然后相加，得

$$X\mathrm{d}x+Y\mathrm{d}y+Z\mathrm{d}z-\frac{1}{\rho}\left(\frac{\partial p}{\partial x}\mathrm{d}x+\frac{\partial p}{\partial y}\mathrm{d}y+\frac{\partial p}{\partial z}\mathrm{d}z\right)$$

$$=\left(u_x\frac{\partial u_x}{\partial x}+u_y\frac{\partial u_x}{\partial y}+u_z\frac{\partial u_x}{\partial z}\right)\mathrm{d}x+\left(u_x\frac{\partial u_y}{\partial x}+u_y\frac{\partial u_y}{\partial y}+u_z\frac{\partial u_y}{\partial z}\right)\mathrm{d}y$$

$$+\left(u_x\frac{\partial u_z}{\partial x}+u_y\frac{\partial u_z}{\partial y}+u_z\frac{\partial u_z}{\partial z}\right)\mathrm{d}z$$

以无旋流动条件式（3-33）

$$\left.\begin{aligned}\frac{\partial u_z}{\partial y}=\frac{\partial u_y}{\partial z}\\ \frac{\partial u_x}{\partial z}=\frac{\partial u_z}{\partial x}\\ \frac{\partial u_y}{\partial x}=\frac{\partial u_x}{\partial y}\end{aligned}\right\}$$

代入加速度项，其中

$$\left(u_x\frac{\partial u_x}{\partial x}+u_y\frac{\partial u_x}{\partial y}+u_z\frac{\partial u_x}{\partial z}\right)\mathrm{d}x=\left(u_x\frac{\partial u_x}{\partial x}+u_y\frac{\partial u_y}{\partial x}+u_z\frac{\partial u_z}{\partial x}\right)\mathrm{d}x$$

$$=\frac{\partial}{\partial x}\left(\frac{u_x^2+u_y^2+u_z^2}{2}\right)\mathrm{d}x=\frac{\partial}{\partial x}\left(\frac{u^2}{2}\right)\mathrm{d}x$$

同理
$$\left(u_x\frac{\partial u_y}{\partial x}+u_y\frac{\partial u_y}{\partial y}+u_z\frac{\partial u_y}{\partial z}\right)\mathrm{d}y=\frac{\partial}{\partial y}\left(\frac{u^2}{2}\right)\mathrm{d}y$$

$$\left(u_x\frac{\partial u_z}{\partial x}+u_y\frac{\partial u_z}{\partial y}+u_z\frac{\partial u_z}{\partial z}\right)\mathrm{d}z=\frac{\partial}{\partial z}\left(\frac{u^2}{2}\right)\mathrm{d}z$$

则
$$\frac{\partial}{\partial x}\left(\frac{u^2}{2}\right)\mathrm{d}x+\frac{\partial}{\partial y}\left(\frac{u^2}{2}\right)\mathrm{d}y+\frac{\partial}{\partial z}\left(\frac{u^2}{2}\right)\mathrm{d}z=\mathrm{d}\left(\frac{u^2}{2}\right)$$

又流体为不可压缩流体，质量力只有重力，将以上条件代入前式，整理得

$$-g\mathrm{d}z-\mathrm{d}\left(\frac{p}{\rho}\right)=\mathrm{d}\left(\frac{u^2}{2}\right)$$

积分
$$z+\frac{p}{\rho g}+\frac{u^2}{2g}=c \tag{5-1}$$

或
$$z_1+\frac{p_1}{\rho g}+\frac{u_1^2}{2g}=z_2+\frac{p_2}{\rho g}+\frac{u_2^2}{2g} \tag{5-2}$$

式（5-1）是无黏性流体无旋流动的伯努利方程，其物理意义是无黏性流体恒定无旋流动全流场受单位重力作用的流体的机械能守恒。

对比无黏性流体无旋流动的伯努利方程式（5-1）与式（4-8），形式完全相同，但含义和应用范围不同，式（4-8）在同一条流线上成立，而无旋流动的伯努利方程全流场成立。

【例 5-1】 热带气旋的速度分布（暴风眼附近除外）近似 $u_\theta=\dfrac{C}{r}$，$u_r=0$，C 是常数，测得半径 90km 处风速为 8.5m/s，气压为 1013.25hPa（百帕），求半径 16km 处的气压是多少？

【解】 判别流动类型，见【例 3-9】（2），$\omega_z=0$，风眼区除外是无旋流动，根据气旋的速度分布

$$u_{\theta 1} r_1 = u_{\theta 2} r_2$$

$$u_{\theta 2} = u_{\theta 1} \frac{r_1}{r_2} = 8.5 \times \frac{90}{16} = 47.8\text{m/s}$$

列无旋流动的伯努利方程式（5-2），$u_r = 0$，$u_\theta = u$

$$p_1 + \frac{\rho u_{\theta 1}^2}{2} = p_2 + \frac{\rho u_{\theta 2}^2}{2}$$

$$p_2 = p_1 + \frac{\rho}{2}(u_{\theta 1}^2 - u_{\theta 2}^2) = 999.8\text{hPa}$$

$$(\rho = 1.2\text{kg/m}^3)$$

可知气旋的气压自外围向内降低，形成气压梯度，如此强风扫过，足以摧毁建筑结构，造成气象灾害。

5.2 速度势函数和流函数

前文（4.1节）给出控制无黏性流体运动的基本方程组，由于欧拉运动微分方程是非线性方程，难以直接求解，由此，从数学上另辟蹊径，对无旋流动引入速度势函数，对不可压缩流体平面流动引入流函数，得以运用势流叠加或复变函数理论求解。

5.2.1 速度势函数

经由流体微团运动分析，得到的无旋流条件式（3-33）

$$\left.\begin{aligned} \frac{\partial u_z}{\partial y} &= \frac{\partial u_y}{\partial z} \\ \frac{\partial u_x}{\partial z} &= \frac{\partial u_z}{\partial x} \\ \frac{\partial u_y}{\partial x} &= \frac{\partial u_x}{\partial y} \end{aligned}\right\}$$

根据曲线积分定理，速度 u_x、u_y、u_z能表示成全微分

$$d\varphi = u_x dx + u_y dy + u_z dz \tag{5-3}$$

的必要和充分条件，

对比
$$d\varphi = \frac{\partial \varphi}{\partial x}dx + \frac{\partial \varphi}{\partial y}dy + \frac{\partial \varphi}{\partial z}dz$$

得
$$u_x = \frac{\partial \varphi}{\partial x},\quad u_y = \frac{\partial \varphi}{\partial y},\quad u_z = \frac{\partial \varphi}{\partial z} \tag{5-4}$$

矢量式
$$\vec{u} = \nabla \varphi$$

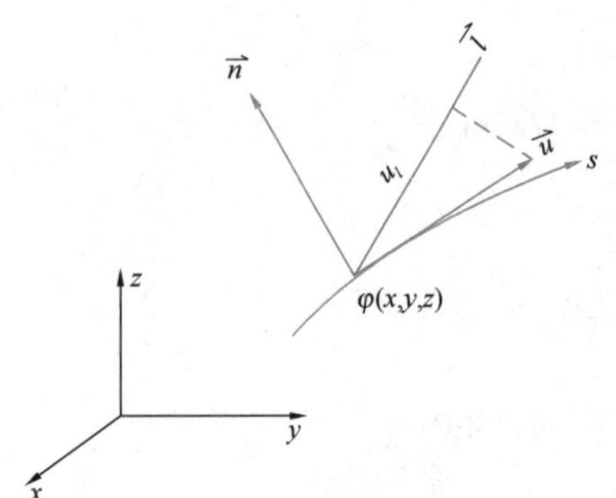

图 5-1　势函数性质 1

式中哈密顿算子 $\nabla=\vec{i}\dfrac{\partial}{\partial x}+\vec{j}\dfrac{\partial}{\partial y}+\vec{k}\dfrac{\partial}{\partial z}$

函数 φ（x，y，z）仿照引力场势函数的定义，称为速度势函数。由此得出，无旋流动是有速度势的流动，简称势流；反之，有速度势的流动即无旋流动，两者含义相同。

速度势函数有以下性质：

1. 速度势函数 φ 在某方向 $\vec{l}$ 的偏导数，是速度 $\vec{u}$ 在该方向的投影 u_l（图 5-1）。

证明：设流场某点速度势函数 φ（x，y，z），在 $\vec{l}$ 方向的方向导数

$$\begin{aligned}\frac{\partial\varphi}{\partial l}&=\frac{\partial\varphi}{\partial x}\cos(l,x)+\frac{\partial\varphi}{\partial y}\cos(l,y)+\frac{\partial\varphi}{\partial z}\cos(l,z)\\&=u_x\cos(l,x)+u_y\cos(l,y)+u_z\cos(l,z)\\&=u_l\end{aligned}\tag{5-5}$$

推论：当指定方向分别为流线方向 $\vec{s}$；与流线正交方向 $\vec{n}$，由上式

$$\left.\begin{aligned}\frac{\partial\varphi}{\partial s}&=u_s=u\\\frac{\partial\varphi}{\partial n}&=u_n=0\end{aligned}\right\}\tag{5-6}$$

2. 等势面与速度矢量正交。

流场中由势函数相等的点构成的空间曲面称为等势面，φ（x，y，z）$=c$。

证明：在等势面上任取一点 M，该点的速度 $\vec{u}$，过 M 点在等势面上引任意方向微分线矢 $\mathrm{d}\vec{l}$（图 5-2）。

由性质 1，势函数 φ 对某方向的偏导数是速度 $\vec{u}$ 在该方向的投影 $\dfrac{\partial\varphi}{\partial l}=u_l$。

等势面上 $\varphi=c$，$\dfrac{\partial\varphi}{\partial l}=0$，即 $u_l=0$，$\vec{u}\perp\mathrm{d}\vec{l}$，$\mathrm{d}\vec{l}$ 有任意方向，证明等势面与速度矢量正交，等势面是过流断面。

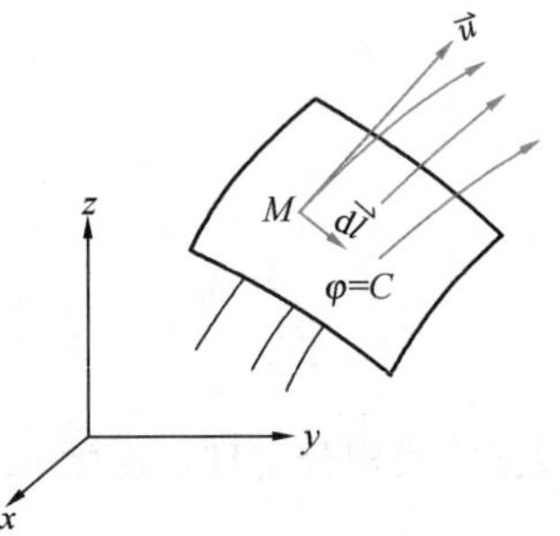

图 5-2　势函数性质 2

3. 速度势函数沿流线方向增值。

证明：设流场某点速度势函数 φ（x，y，z），速度 $\vec{u}$，沿流线 s 势函数的增量（以微分近似）

$$\begin{aligned}\mathrm{d}\varphi&=\frac{\partial\varphi}{\partial x}\mathrm{d}x+\frac{\partial\varphi}{\partial y}\mathrm{d}y+\frac{\partial\varphi}{\partial z}\mathrm{d}z\\&=u_x\mathrm{d}x+u_y\mathrm{d}y+u_z\mathrm{d}z=\vec{u}\cdot\mathrm{d}\vec{s}=u\mathrm{d}s\cos\alpha\end{aligned}$$

沿流线 $\vec{u}$ 与 $d\vec{s}$ 指向相同，夹角 $\alpha=0$，则

$$d\varphi = u ds \tag{5-7}$$

式中 $u>0$，$ds>0$，$d\varphi>0$，速度势函数沿流线方向增值，亦即速度 $\vec{u}$ 指向势函数 φ（x，y，z）增值方向（图 5-3）。

4. 不可压缩流体速度势函数是调和函数。

证明：将式（5-4）代入不可压缩流体的连续性微分方程式（3-24），得

$$\frac{\partial}{\partial x}\left(\frac{\partial \varphi}{\partial x}\right)+\frac{\partial}{\partial y}\left(\frac{\partial \varphi}{\partial y}\right)+\frac{\partial}{\partial z}\left(\frac{\partial \varphi}{\partial z}\right)$$

$$=\frac{\partial^2 \varphi}{\partial x^2}+\frac{\partial^2 \varphi}{\partial y^2}+\frac{\partial^2 \varphi}{\partial z^2}=0 \tag{5-8}$$

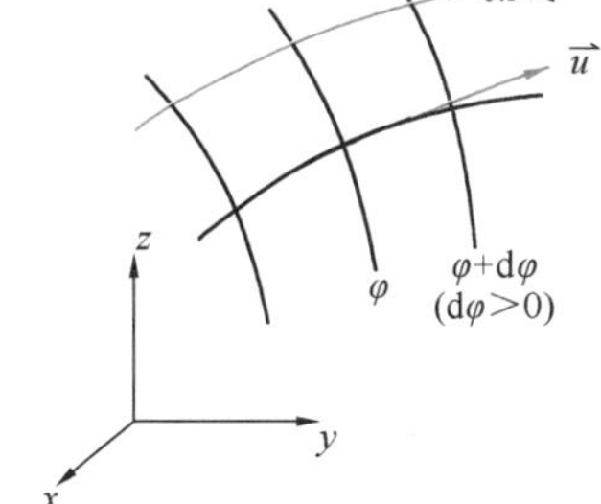

图 5-3　势函数性质 3

即 $$\nabla^2 \varphi = 0$$

式中 $$\nabla^2=\frac{\partial^2}{\partial x^2}+\frac{\partial^2}{\partial y^2}+\frac{\partial^2}{\partial z^2}$$

式（5-8）是著名的拉普拉斯（Laplace，S. M. 1749 年～1827 年）方程，满足拉普拉斯方程的函数是调和函数。所以，调和函数的一切性质，也是速度势函数具有的性质。

拉格朗日最早进行了速度势函数的研究，但成果并不完善。法国数学家和物理学家柯西（Cauchy，A. L. 1789 年～1857 年）在 1827 年首先给出了严格的证明。

由以上分析可知，不可压缩流体无旋流动的问题，归结为在给定的边界条件下，求解拉普拉斯方程。拉普拉斯方程是二阶线性偏微分方程，已有各种理论方法求得解析解，即使边界条件复杂，其数值求解也较为简单。一旦求得速度势 φ，就可由式（5-4）求得流速 $\vec{u}$（u_x，u_y，u_z），再由势流伯努利方程式(5-2)解得压强 p，问题得到解决。

【例 5-2】已知流速场 $u_x=x^2-y^2$，$u_y=-2xy$，$u_z=0$。试求：(1) 判别流动是否无旋；(2) 若是无旋流动求速度势 φ，并指出 φ 是否为调和函数。

【解】(1) 本题为 xOy 面上的平面流动，只需判别 ω_z 是否为零。

$$\omega_z=\frac{1}{2}\left(\frac{\partial u_y}{\partial x}-\frac{\partial u_x}{\partial y}\right)=\frac{1}{2}\left[\frac{\partial}{\partial x}(-2xy)-\frac{\partial}{\partial y}(x^2-y^2)\right]=0$$

是无旋流动，具有速度势。

(2) 求速度势函数 φ，可选用对势函数的全微分式（5-3）积分，对速度式（5-4）单项积分，或对函数式 $u_x dx+u_y dy$ 曲线积分这三种算法之一求解。

$$\varphi=\int u_x dx+u_y dy$$

$$=\int (x^2-y^2)dx-2xydy$$

$$=\int x^2\mathrm{d}x-\int\mathrm{d}(y^2x)=\frac{1}{3}x^3-xy^2+C$$

速度是势函数 φ 的偏导数，取常数 $C=0$，不影响对流场的描述。

由
$$\frac{\partial^2\varphi}{\partial x^2}+\frac{\partial^2\varphi}{\partial y^2}=\frac{\partial}{\partial x}\left(\frac{\partial\varphi}{\partial x}\right)+\frac{\partial}{\partial y}\left(\frac{\partial\varphi}{\partial y}\right)$$
$$=\frac{\partial}{\partial x}(x^2-y^2)+\frac{\partial}{\partial y}(-2xy)=0$$

$\nabla^2\varphi=0$　φ 是调和函数。

5.2.2 平面流动与流函数

对于不可压缩流体平面运动，有连续性微分方程 $\frac{\partial u_x}{\partial x}+\frac{\partial u_y}{\partial y}=0$，移项得 $\frac{\partial u_x}{\partial x}=-\frac{\partial u_y}{\partial y}$，根据曲线积分定理，前式是表达式 $u_x\mathrm{d}y-u_y\mathrm{d}x$ 成为某一函数 ψ（x，y）的全微分的必要和充分条件

$$\mathrm{d}\psi=u_x\mathrm{d}y-u_y\mathrm{d}x \tag{5-9}$$

对比
$$\mathrm{d}\psi=\frac{\partial\psi}{\partial x}\mathrm{d}x+\frac{\partial\psi}{\partial y}\mathrm{d}y$$

得
$$u_x=\frac{\partial\psi}{\partial y},u_y=-\frac{\partial\psi}{\partial x} \tag{5-10}$$

函数 ψ（x，y）称为流函数。由流函数的引出条件可知，凡是不可压缩流体的平面流动，连续性微分方程成立，不论无旋流动或有旋流动，都存在流函数，而只有无旋流动才有速度势，可见流函数比速度势更具有普遍性。平面无旋流动兼有流函数 ψ 和速度势函数 φ。

流函数有以下主要性质：

1. 流函数的等值线是流线。

证明：流函数值相等 $\psi=c$，$\mathrm{d}\psi=0$，由式（5-9）得流函数等值线方程

$$u_x\mathrm{d}y-u_y\mathrm{d}x=0$$

则
$$\frac{\mathrm{d}x}{u_x}=\frac{\mathrm{d}y}{u_y}$$

上式即平面流动的流线方程，故流函数的等值线是流线，给流函数以不同值，便得到流线族。

2. 两条流线的流函数的差值，等于通过该两流线间的单宽流量。

证明：在流函数值为 ψ_A、ψ_B 的两条流线间（图5-4），任作曲线 AB，在 AB 上沿 A 至 B 方向，取有向微元线段 $\mathrm{d}\vec{l}$，其流速为 $\vec{u}$，通过 $\mathrm{d}l$ 的流量

$$\mathrm{d}q=\vec{u}\cdot\vec{n}\mathrm{d}l=u_x\cos(n,x)\mathrm{d}l+u_y\cos(n,y)\mathrm{d}l$$
$$=u_x\mathrm{d}y-u_y\mathrm{d}x=\mathrm{d}\psi$$

$$q=\int_{A}^{B}\mathrm{d}\psi=\psi_{B}-\psi_{A} \tag{5-11}$$

这一性质也可表述为：平面流动中，通过任一曲线的单宽流量，等于该曲线两端流函数的差值。

3. 流函数沿速度矢量逆时针旋转 90°的方向增值（图 5-5）。

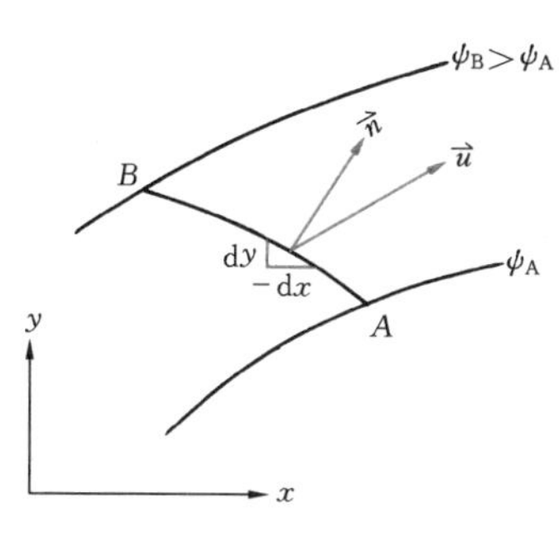

图 5-4 流函数性质一

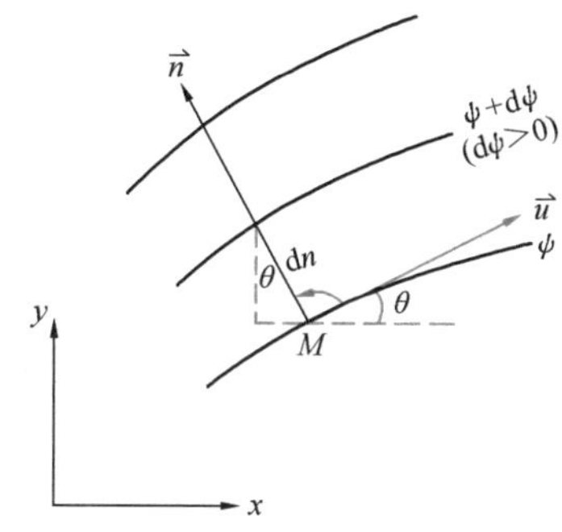

图 5-5 流函数性质二

证明：设流场中某点 M，流函数 $\psi\ (x,\ y)$，速度 $\vec{u}$，将速度矢量线逆时针旋转 90°指向 $\vec{n}$，在方向线 $\vec{n}$ 上流函数的增量（以微分近似）

$$\begin{aligned}\mathrm{d}\psi&=\frac{\partial\psi}{\partial x}\mathrm{d}x+\frac{\partial\psi}{\partial y}\mathrm{d}y\\&=-u_{y}\mathrm{d}x+u_{x}\mathrm{d}y\\&=-u\sin\theta(-\mathrm{d}n\sin\theta)+u\cos\theta\mathrm{d}n\cos\theta\\&=u\mathrm{d}n(\sin^{2}\theta+\cos^{2}\theta)=u\mathrm{d}n\end{aligned} \tag{5-12}$$

式中 $u>0$，$\mathrm{d}n>0$，所以 $\mathrm{d}\psi>0$，流函数沿速度矢量逆时针旋转 90°的方向增值，亦即速度矢量逆时针旋转 90°指向流函数增值方向。

4. 平面无旋流动的等流函数线（流线）与等势线正交。

证明：对于平面无旋流动，同时存在速度势和流函数。由等流函数线方程

$$\mathrm{d}\psi=u_{x}\mathrm{d}y-u_{y}\mathrm{d}x=0$$

某一点的斜率

$$m_{1}=\frac{\mathrm{d}y}{\mathrm{d}x}=\frac{u_{y}}{u_{x}}$$

由等势线方程

$$\mathrm{d}\varphi=u_{x}\mathrm{d}x+u_{y}\mathrm{d}y=0$$

同一点等势线斜率

$$m_{2}=\frac{\mathrm{d}y}{\mathrm{d}x}=-\frac{u_{x}}{u_{y}}$$

乘积
$$m_1m_2=\frac{u_y}{u_x}\left(-\frac{u_x}{u_y}\right)=-1$$

等流函数线（流线）与等势线正交，故平面无旋流动等势线也就是过流断面线。

5. 平面无旋流动，流函数是调和函数。

证明：因为平面无旋流动

$$\omega_z=\frac{1}{2}\left(\frac{\partial u_y}{\partial x}-\frac{\partial u_x}{\partial y}\right)=0$$

则
$$\frac{\partial u_y}{\partial x}-\frac{\partial u_x}{\partial y}=0$$

将
$$u_x=\frac{\partial \psi}{\partial y},u_y=-\frac{\partial \psi}{\partial x}$$

代入上式，得

$$\frac{\partial^2 \psi}{\partial x^2}+\frac{\partial^2 \psi}{\partial y^2}=0 \tag{5-13}$$

$$\nabla^2\psi=0$$

平面无旋流动的流函数满足拉普拉斯方程，是调和函数。

比照式（5-4）和式（5-10），得

$$\left.\begin{aligned}\frac{\partial \varphi}{\partial x}&=\frac{\partial \psi}{\partial y}\\ \frac{\partial \varphi}{\partial y}&=-\frac{\partial \psi}{\partial x}\end{aligned}\right\} \tag{5-14}$$

式(5-14)即柯西-黎曼(Cauchy-Riemann)条件。φ、ψ满足拉普拉斯方程和柯西-黎曼条件，是一对共轭调和函数。

平面无旋流动，速度势函数和流函数都满足同一形式的微分方程—拉普拉斯方程：$\nabla^2\varphi=0,\nabla^2\psi=0$，但两者的力学含义不同，其边界条件的表达不同，对$\varphi$的壁面条件$\frac{\partial \varphi}{\partial n}=0$（无穿透），对$\psi$则为$\psi=c$（常数）。

【例 5-3】 已知速度场$u_x=ax$，$u_y=-ay$，$y\geqslant 0$试求：(1) 流函数；(2) 速度势函数；(3) 绘出流线、等势线及等压线（上半平面）。

【解】 本题为平面流动。

(1) 流函数

连续性微分方程$\frac{\partial u_x}{\partial x}+\frac{\partial u_y}{\partial y}=a-a=0$，存在流函数。

$$\psi=\int u_x\mathrm{d}y-u_y\mathrm{d}x=\int ax\mathrm{d}y+ay\mathrm{d}x=a\int \mathrm{d}(xy)=axy+c_1$$

流线方程$xy=c$与【例 3-3】流线方程相同。

(2) 等势线

检查无旋条件$\frac{\partial u_y}{\partial x}-\frac{\partial u_x}{\partial y}=0$无旋，有速度势函数。

$$\varphi=\int u_x dx+u_y dy=\int ax dx-ay dy=\frac{a}{2}(x^2-y^2)+c_2$$

等势线方程$x^2-y^2=c$，以直角平分线为渐近线的双曲线族。

速度场x轴相当于固体壁面，流体沿y轴垂直流向固壁，在坐标原点分开流向两侧，原点即分流点，速度为零是驻点。

(3) 压强分布

设坐标原点（在本题中是驻点）的压强为p_0，任意点的压强p，由式(5-2)

$$\frac{p_0}{\rho g}=\frac{p}{\rho g}+\frac{u^2}{2g}$$

式中 $u=\sqrt{u_x{}^2+u_y{}^2}=a\sqrt{x^2+y^2}$，代入上式

解得 $$p=p_0-\rho\frac{a^2}{2}(x^2+y^2)$$

等压线方程 $x^2+y^2=c$，以驻点为圆心的同心圆族。

流线、等势线及等压线如图5-6所示。

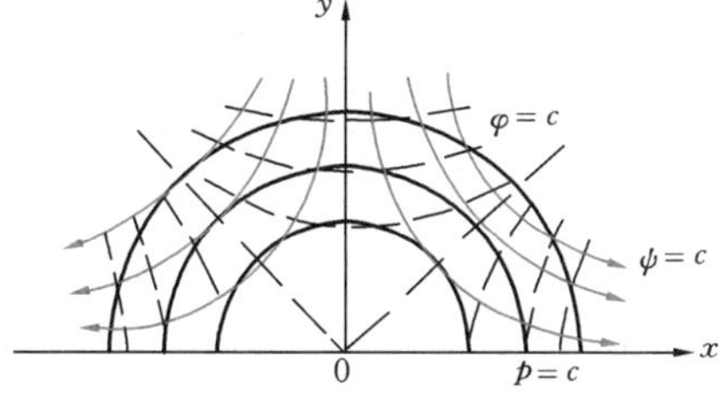

图5-6 平面势流算例

5.3 流网法解平面势流

平面势流由等势线和等流函数线（流线）构成的线网称为流网。下面根据等势线和等流函数线的性质，说明流网原理及其工程应用。

5.3.1 流网原理

1. 网格的几何特征

根据等势线和流线正交，流网的网格成正交四边形，另据势函数沿流线方向增值（式5-7），流函数沿等势线方向（速度矢量逆时针旋转90°方向）增值（式5-12）。

$$d\varphi=u ds$$

$$d\psi=u dn$$

则 $$\frac{d\varphi}{d\psi}=\frac{ds}{dn}$$

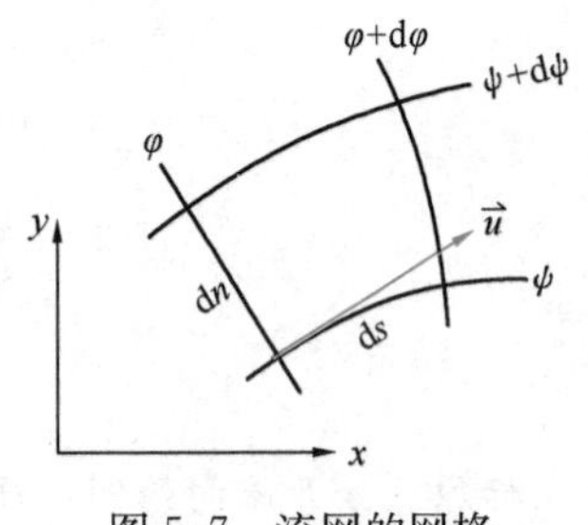

图 5-7 流网的网格

取网格所在势函数、流函数的增值相等 $d\varphi=d\psi$，得出：网格邻边 $ds=dn$，网格为曲边正方形（图 5-7）。

2. 流速、压强分布

使所绘各相邻流线流函数的差值 $d\psi$ 相同，根据流函数的性质（式 5-11），通过各网格的流量相同。

$$q=u_1\mathrm{d}n_1=u_2\mathrm{d}n_2$$

$$\frac{u_2}{u_1}=\frac{\mathrm{d}n_1}{\mathrm{d}n_2}\quad u_2=u_1\frac{\mathrm{d}n_1}{\mathrm{d}n_2}\tag{5-15}$$

由上式，已知某点流速 u_1，只需在网格上量取 dn_1、dn_2，便可求得另一点的流速 u_2，乃至流场各点的流速。速度既定，已知某点的压强 p_1，由势流伯努利方程式（5-2）求得另一点的压强 p_2。

$$\frac{p_2}{\rho g}=\frac{p_1}{\rho g}+(z_1-z_2)+\frac{u_1^2-u_2^2}{2g}\tag{5-16}$$

式中位置高度 z_1、z_2 直接在网上量取。

5.3.2 绘制流网

绘制（手绘）流网，首先按一定比尺绘出流动区域边界，流网边界有：固体壁面边界、自由水面边界、入流断面和出流断面边界，其中入流或出流断面含部分已知条件，下面举例说明：

1. 固体边界内的流网

流体沿壁面流动（图 5-8），壁面线 AB、CD 是流线；在壁面线上、下游流速均匀分布的流段，绘与 AB、CD 线正交的等势线 AC、BD，定出流网边界。视计算精度的要求，将边界等势线 AC 分成几个等分，自各等分点起，按流动走向逐条绘边界内流线，再按曲边正方形的规格逐条绘出边界内等势线，构成流网。最后修正初绘流网，使各网格尽量接近“正交正方”，就可由式（5-15）、式（5-16）计算速度场和压强场。

2. 有自由水面的流网

有自由水面的流动（图 5-9），自由水面上垂直方向的速度分量为零，自由水面线是流线。自由水面即是流网的边界，各点压强均为大气压，水面线的位置形状要由已知的边界条件（$p=p_a$）确定。以水库闸下出流（图 5-9）为例，先初设水面线绘出流网，再由势流伯努利方程式（5-2）检查水面线上各点压强是否等于大气压强

$$H=z+\frac{p}{\rho g}+\frac{u^2}{2g}$$

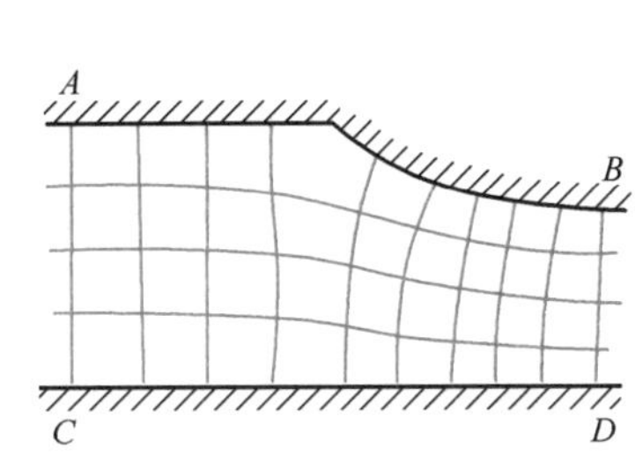

图 5-8 固体边界流网

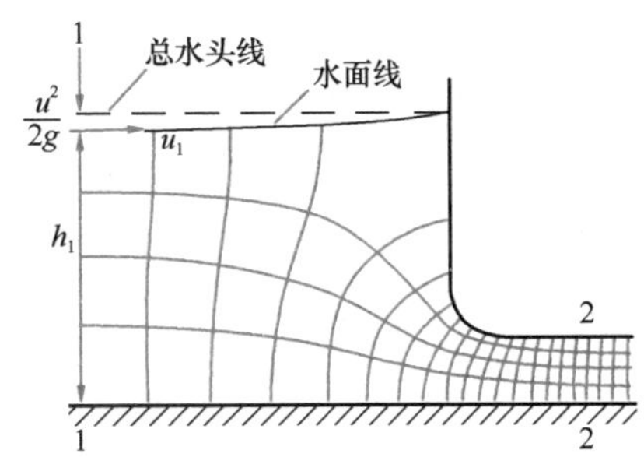

图 5-9 有自由水面的流网

代入水面压强 $p=p_a=0$

$$H=z+\frac{u^2}{2g} \tag{5-17}$$

式中 H——已知入流断面 1-1（或出流断面 2-2）的总水头；

z——自由水面线上所取点位置高度，在初绘流网上量取；

u——自由水面所取点流速，由式（5-15）求得。

所绘流网如不满足式（5-17），需修改初设自由水面高度，连带调整边界内流线和等势线的走向，最终完成流网。

如上述绘成的流网，满足流场的边界条件和势函数、流函数的性质，理论上是拉普拉斯方程在一定边界条件下的图解。在特定边界条件下，拉普拉斯方程只有唯一解，因此，对一类特定的边界条件，只能绘出一个正确的流网，给出流场唯一的正确解。

流网法解平面势流看似烦琐，但画法简单，图像清楚，精度可满足一般的工程要求，现阶段仍是工程计算一种实用的方法。

5.4 势流叠加法解平面势流

势流叠加法解平面势流是针对拉普拉斯方程是齐次线性偏微分方程，根据线性微分方程的叠加原理，即几个平面势流的势函数、流函数分别叠加，所得新的势函数和流函数仍满足拉普拉斯方程和柯西-黎曼条件，得到新的平面势流。势流叠加原理在理论上扩展了对平面势流的构想，并为求解平面势流提供了新的启示：选取基本平面势流叠加，如所得的势函数和流函数满足流动给定的边界条件，此势函数和流函数就是该流动的解；前者的逆命题，选取基本平面势流叠加，找出与之对应的实际流动，由此得出一些实用的势函数和流函数。

5.4.1 势流叠加原理

叠加原理是势流叠加法解平面势流的理论基础，证明如下：

证明 1：设两个基本平面势流，速度势和流函数分别是 φ_1、ψ_1；φ_2、ψ_2，满足拉普拉斯方程

$$\frac{\partial^2 \varphi_1}{\partial x^2}+\frac{\partial^2 \varphi_1}{\partial y^2}=0,\quad \frac{\partial^2 \psi_1}{\partial x^2}+\frac{\partial^2 \psi_1}{\partial y^2}=0;$$

$$\frac{\partial^2 \varphi_2}{\partial x^2}+\frac{\partial^2 \varphi_2}{\partial y^2}=0,\quad \frac{\partial^2 \psi_2}{\partial x^2}+\frac{\partial^2 \psi_2}{\partial y^2}=0$$

则
$$\frac{\partial^2 \varphi_1}{\partial x^2}+\frac{\partial^2 \varphi_1}{\partial y^2}+\frac{\partial^2 \varphi_2}{\partial x^2}+\frac{\partial^2 \varphi_2}{\partial y^2}=\frac{\partial^2 (\varphi_1+\varphi_2)}{\partial x^2}+\frac{\partial^2 (\varphi_1+\varphi_2)}{\partial y^2}=0$$

令
$$\varphi=\varphi_1+\varphi_2$$

得
$$\frac{\partial^2 \varphi}{\partial x^2}+\frac{\partial^2 \varphi}{\partial y^2}=0$$

同理
$$\psi=\psi_1+\psi_2,\quad \frac{\partial^2 \psi}{\partial x^2}+\frac{\partial^2 \psi}{\partial y^2}=0$$

速度
$$u_{\mathrm{x}}=\frac{\partial \varphi}{\partial x}=\frac{\partial \varphi_1}{\partial x}+\frac{\partial \varphi_2}{\partial x}=u_{\mathrm{x1}}+u_{\mathrm{x2}}$$

$$u_{\mathrm{y}}=\frac{\partial \varphi}{\partial y}=\frac{\partial \varphi_1}{\partial y}+\frac{\partial \varphi_2}{\partial y}=u_{\mathrm{y1}}+u_{\mathrm{y2}}$$

证明 2：由柯西-黎曼条件

$$\frac{\partial \varphi_1}{\partial x}=\frac{\partial \psi_1}{\partial y},\quad \frac{\partial \varphi_1}{\partial y}=-\frac{\partial \psi_1}{\partial x};$$

$$\frac{\partial \varphi_2}{\partial x}=\frac{\partial \psi_2}{\partial y},\quad \frac{\partial \varphi_2}{\partial y}=-\frac{\partial \psi_2}{\partial x}$$

则
$$\frac{\partial \varphi_1}{\partial x}+\frac{\partial \varphi_2}{\partial x}=\frac{\partial \psi_1}{\partial y}+\frac{\partial \psi_2}{\partial y}$$

$$\frac{\partial (\varphi_1+\varphi_2)}{\partial x}=\frac{\partial (\psi_1+\psi_2)}{\partial y}$$

得
$$\frac{\partial \varphi}{\partial x}=\frac{\partial \psi}{\partial y}$$

同理
$$\frac{\partial \varphi}{\partial y}=-\frac{\partial \psi}{\partial x}$$

5.4.2 基本平面势流

下面给出几个可用来叠加的基本平面势流：

1. 等速均匀流

等速均匀流是流场中各点速度大小相等的均匀流，是最简单的平面势流。设等速均匀流，速度U_0与x轴夹角α（图5-10）。

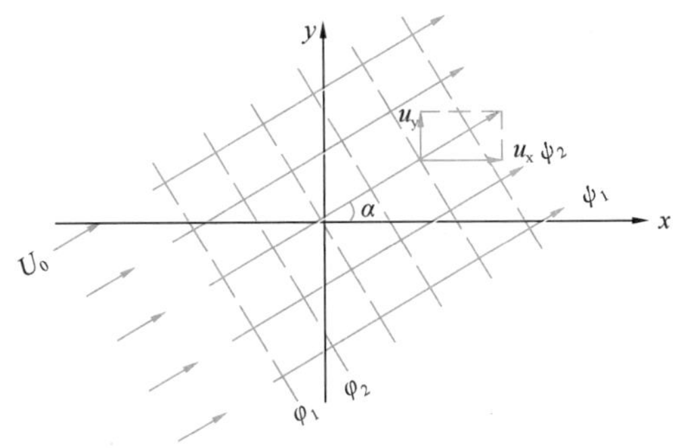

图5-10　等速均匀流

速度场　$u_x = U_0\cos\alpha$，$u_y = U_0\sin\alpha$

速度势　$\varphi = \int u_x dx + u_y dy = \int U_0\cos\alpha dx + U_0\sin\alpha dy$

$$= U_0(x\cos\alpha + y\sin\alpha)$$

流函数　$\psi = \int u_x dy - u_y dx = U_0(y\cos\alpha - x\sin\alpha)$　(5-18)

当流动方向平行于x轴，$\alpha=0$

$$u_y = 0, \varphi = U_0 x, \psi = U_0 y$$

当流动方向平行于y轴，$\alpha=90°$

$$u_x = 0, \varphi = U_0 y, \psi = -U_0 x$$

2. 源流和汇流

(1) 速度势和流函数的极坐标表达式

某些平面流动，包括源流和汇流，用极坐标表示更为方便，这里首先介绍速度势和流函数的极坐标表达式。

已知速度势的直角坐标表达式(5-3)

$$d\varphi = u_x dx + u_y dy$$

对上式进行坐标变换（图5-11），便可得到速度势的极坐标表达式

$$d\varphi = u_r dr + u_\theta r d\theta \quad (5\text{-}19)$$

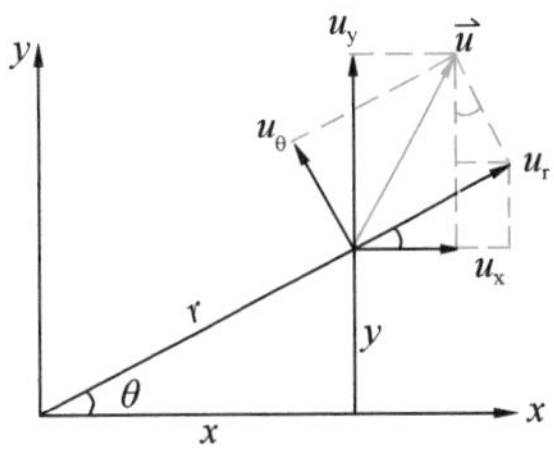

图5-11　坐标变换

对比　$d\varphi(r, \theta) = \frac{\partial\varphi}{\partial r}dr + \frac{\partial\varphi}{\partial\theta}d\theta$

得
$$u_r=\frac{\partial\varphi}{\partial r}，\ u_\theta=\frac{1}{r}\frac{\partial\varphi}{\partial\theta} \tag{5-20}$$

同理可得流函数的极坐标表达式

$$d\psi=u_r r d\theta-u_\theta dr \tag{5-21}$$

$$u_r=\frac{1}{r}\frac{\partial\psi}{\partial\theta}，\ u_\theta=-\frac{\partial\psi}{\partial r} \tag{5-22}$$

(2) 源流和汇流

流体从平面上的一点 O 流出，均匀地向四周径向直线流动，这样的流动称为源流(图 5-12)，O 点称为源点，由源点流出的单位厚度流量 q 称为源流强度。

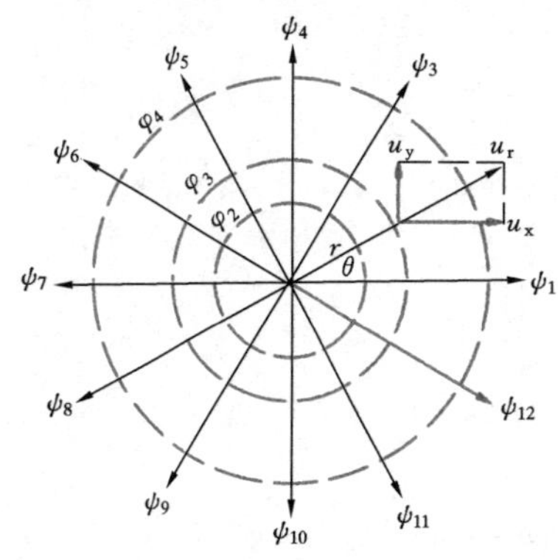

图 5-12 源流

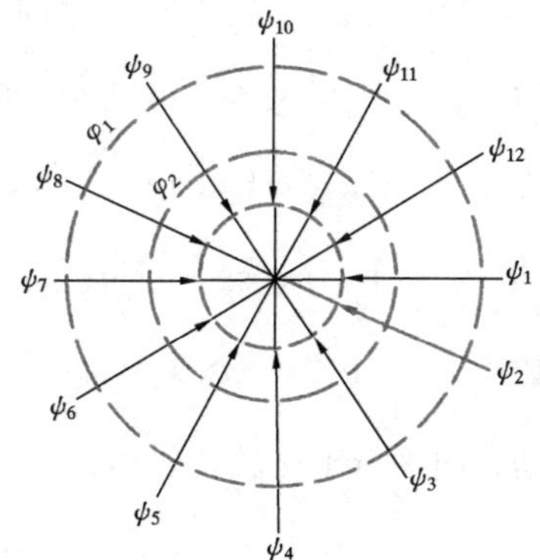

图 5-13 汇流

速度场
$$u_r=\frac{q}{2\pi r}, u_\theta=0$$

速度势
$$\varphi=\int u_r dr+u_\theta r d\theta=\int\frac{q}{2\pi r}dr$$
$$=\frac{q}{2\pi}\ln r \tag{5-23}$$

流函数
$$\psi=\int u_r r d\theta-u_\theta dr=\int\frac{q}{2\pi r}r d\theta$$
$$=\frac{q}{2\pi}\theta \tag{5-24}$$

等势线方程　$\varphi=c$，$r=c$，等势线是以 O 点为圆心的同心圆。

流线方程　$\psi=c$，$\theta=c$，流线是由 O 点引出的射线。

以直角坐标表示

$$\varphi(x,y)=\frac{q}{2\pi}\ln\sqrt{x^2+y^2} \tag{5-25}$$

$$\psi(x,y)=\frac{q}{2\pi}\arctan\frac{y}{x} \tag{5-26}$$

流体从四周沿径向均匀地流入一点，这样的流动称为汇流（图 5-13）。流入汇点的单位厚度流量称为汇流强度$-q$。汇流的速度势和流函数的表达式与源流相同，符号相反。

$$\varphi=-\frac{q}{2\pi}\ln r \tag{5-27}$$

$$\psi=-\frac{q}{2\pi}\theta \tag{5-28}$$

直角坐标表示

$$\varphi=-\frac{q}{2\pi}\ln\sqrt{x^2+y^2} \tag{5-29}$$

$$\psi=-\frac{q}{2\pi}\arctan\frac{y}{x} \tag{5-30}$$

源流和汇流是一种理想化的流动，在原点（源点或汇点）$r\to0$，$u_r\to\infty$是不可能的，这样的点称为奇点。如将原点附近除外，注水井向地层注水，地下水从四周向汲水井汇集，可看作是平面点源和点汇流动。

3. 环流

流体绕固定点作圆周运动，且速度与圆周半径成反比，这样的流动称为环流（图5-14）。

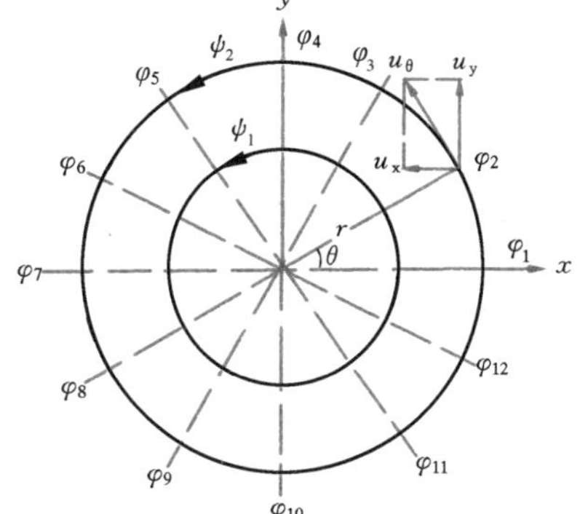

图 5-14　环流

把坐标原点置于环流中心，则

速度场　$u_r=0,u_\theta=\dfrac{\Gamma}{2\pi r}$

式中Γ为不随半径r变化的常数，称为环流强度，$\Gamma>0$逆时针旋转，$\Gamma<0$顺时针旋转。

速度势
$$\varphi=\int u_r\mathrm{d}r+u_\theta r\mathrm{d}\theta=\int\frac{\Gamma}{2\pi r}r\mathrm{d}\theta=\frac{\Gamma}{2\pi}\theta \tag{5-31}$$

流函数
$$\psi=\int u_r r\mathrm{d}\theta-u_\theta\mathrm{d}r=\int-\frac{\Gamma}{2\pi r}\mathrm{d}r=-\frac{\Gamma}{2\pi}\ln r \tag{5-32}$$

等势线方程　$\varphi=c$，$\theta=c$，等势线是由O点引出的射线。

流线方程　$\psi=c$，$r=c$，流线是以O点为圆心的同心圆。

以直角坐标表示

$$\varphi(x,y)=\frac{\Gamma}{2\pi}\text{arc tan}\frac{y}{x} \tag{5-33}$$

$$\psi(x,y)=-\frac{\Gamma}{2\pi}\ln\sqrt{x^2+y^2} \tag{5-34}$$

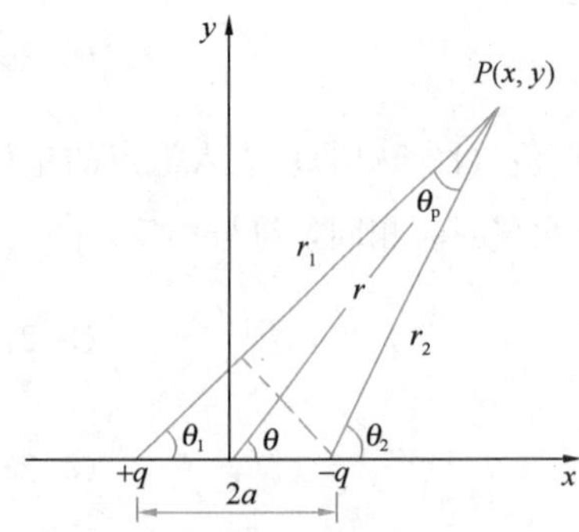

图 5-15　点源和点汇叠加

在原点 $r=0$，$u_\theta=\infty$，该处是奇点。大气中出现的气旋，除去涡核区以外的区域，流场可用环流来表征。具体见 5.5.3 节的介绍。

4. 偶极子

偶极子是源、汇流叠加，在设定条件下导出的基本势流。

设直角坐标系（$-a$，0）、（$+a$，0），等强度点源和点汇叠加（图 5-15）。

势函数　$$\varphi=\frac{q}{2\pi}\ln r_1-\frac{q}{2\pi}\ln r_2=\frac{q}{2\pi}\ln\frac{r_1}{r_2} \tag{5-35}$$

流函数　$$\psi=\frac{q}{2\pi}\theta_1-\frac{q}{2\pi}\theta_2=-\frac{q}{2\pi}(\theta_2-\theta_1)=-\frac{q}{2\pi}\theta_p \tag{5-36}$$

设定随源、汇点距离缩小，源、汇流强度增大，保持源、汇点的距离与源、汇流强度的乘积一定，满足 $\lim\limits_{\substack{2a\to 0\\ q\to\infty}}2aq=M$，这样的平面势流称为偶极子，定值 M 称为偶极矩。

为导出偶极子的势函数和流函数，分别按设定条件对式（5-35）、式（5-36）取极限。

势函数　$$\varphi=\lim_{\substack{2a\to 0\\ q\to\infty}}\frac{q}{2\pi}\ln\frac{r_1}{r_2}=\lim_{\substack{2a\to 0\\ q\to\infty}}\frac{q}{2\pi}\ln\left(1+\frac{r_1-r_2}{r_2}\right)$$

这里（图 5-15）$r_1-r_2\approx 2a\cos\theta_1$

$$\ln\left(1+\frac{r_1-r_2}{r_2}\right)\approx\ln\left(1+\frac{2a\cos\theta_1}{r_2}\right)$$

展成级数，忽略高阶微小量

$$\ln\left(1+\frac{2a\cos\theta_1}{r_2}\right)=\frac{2a\cos\theta_1}{r_2}\quad\left(\frac{2a\cos\theta_1}{r_2}<1\right)$$

由设定条件 $2a\to 0$，$q\to\infty$，$2aq=M$，$r_2\to r$，$\theta_1\to\theta$，代回上式，得

$$\varphi=\lim_{\substack{2a\to 0\\ q\to\infty}}\frac{q}{2\pi}\ln\frac{r_1}{r_2}=\frac{M}{2\pi}\frac{\cos\theta}{r}=\frac{M}{2\pi}\frac{x}{r^2}=\frac{M}{2\pi}\frac{x}{x^2+y^2} \tag{5-37}$$

令 $\varphi=c$，得等势线方程 $\dfrac{M}{2\pi}\dfrac{x}{x^2+y^2}=c$，变换式

$$\left(x-\frac{M}{4\pi c}\right)^2+y^2=\left(\frac{M}{4\pi c}\right)^2$$

等势线为圆心在 x 轴上 $\left(\dfrac{M}{4\pi c},0\right)$，半径 $\dfrac{M}{4\pi c}$，且与 y 轴在原点（偶极子中心）相切的圆族（图 5-16 虚线）。

流函数　$$\psi=\lim_{\substack{2a\to 0\\ q\to\infty}}-\frac{q}{2\pi}\theta_p$$

由正弦定理　$$\sin\theta_p=\frac{2a\sin\theta_1}{r_2}$$

由设定条件 $2a\to 0$，$q\to\infty$，$2aq=M$，$r_2\to r$，$\theta_1\to\theta$，$\theta_{\rm p}\to 0$，$\sin\theta_{\rm p}\to\theta_{\rm p}$，得 $\theta_{\rm p}=\dfrac{2a\sin\theta}{r}$。代回上式

$$\psi=\lim_{\substack{2a\to 0\\ q\to\infty}}-\frac{q}{2\pi}\theta_{\rm p}=-\frac{M}{2\pi}\frac{\sin\theta}{r}$$

$$=-\frac{M}{2\pi}\frac{y}{r^2}=-\frac{M}{2\pi}\frac{y}{x^2+y^2} \tag{5-38}$$

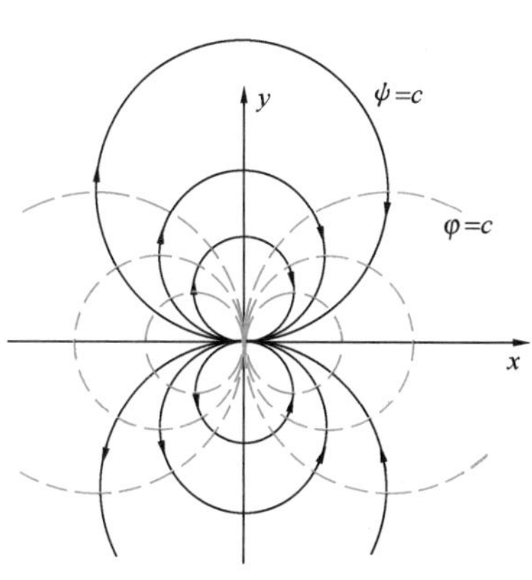

图 5-16 偶极子等势线、流线

令 $\psi=c$，得流函数线（流线）方程 $-\dfrac{M}{2\pi}\dfrac{y}{x^2+y^2}=c$，变换式

$$x^2+\left(y+\frac{M}{4\pi c}\right)^2=\left(\frac{M}{4\pi c}\right)^2$$

流线为圆心在 y 轴上 $\left(0,-\dfrac{M}{4\pi c}\right)$，半径 $\dfrac{M}{4\pi c}$，且与 x 轴在原点相切的圆族（图 5-16 实线）。

偶极子速度场

$$u_{\rm r}=\frac{\partial\varphi}{\partial r}=-\frac{M\cos\theta}{2\pi r^2}$$

$$u_\theta=\frac{1}{r}\frac{\partial\varphi}{\partial\theta}=-\frac{M\sin\theta}{2\pi r^2}$$

或

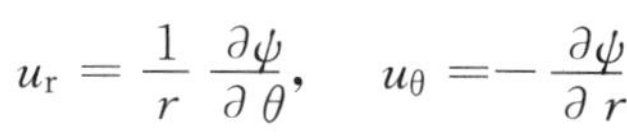

$$u_{\rm r}=\frac{1}{r}\frac{\partial\psi}{\partial\theta},\quad u_\theta=-\frac{\partial\psi}{\partial r}$$

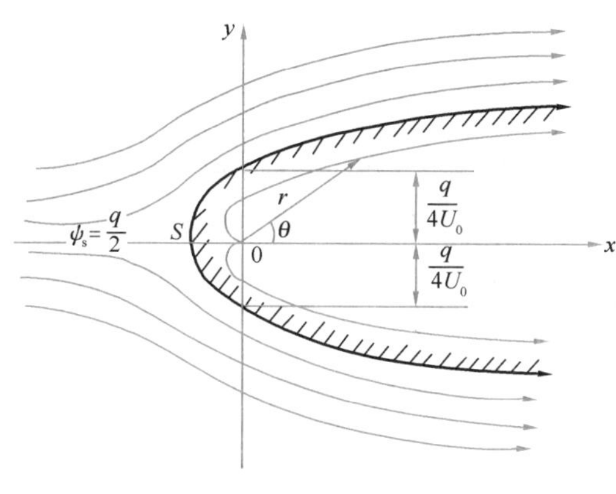

图 5-17 半体绕流

单个偶极子并无实际意义，但和某些基本势流叠加，可得到有意义的流动的理论解，故将其作为势流叠加的一个基本平面势流。

5.4.3 势流叠加举例

1. 等速均匀流和点源叠加

设等速均匀流沿 x 轴方向，点源置于坐标原点（图 5-17）。

已知均匀流的势函数和流函数

$$\varphi_1=U_0x=U_0r\cos\theta,\quad \psi_1=U_0y=U_0r\sin\theta$$

源流的势函数和流函数

$$\varphi_2=\frac{q}{2\pi}\ln r,\quad \psi_2=\frac{q}{2\pi}\theta$$

叠加后
$$\varphi=\varphi_1+\varphi_2=U_0 r\cos\theta+\frac{q}{2\pi}\ln r \tag{5-39}$$

$$\psi=\psi_1+\psi_2=U_0 r\sin\theta+\frac{q}{2\pi}\theta \tag{5-40}$$

速度场
$$u_{\mathrm{r}}=\frac{\partial \varphi}{\partial r}=U_0\cos\theta+\frac{q}{2\pi r}$$

$$u_\theta=\frac{1}{r}\frac{\partial \varphi}{\partial \theta}=-U_0\sin\theta$$

驻点的坐标

由 $u_\theta=0$，得 $\theta=0$ 或 $\theta=\pi$；

由 $u_{\mathrm{r}}=0$，得 $r_{\mathrm{s}}=-\frac{q}{2\pi U_0\cos\theta}$，将 $\theta=0$ 代入该式，得极径 $r_{\mathrm{s}}<0$ 是不可能的，舍弃 $\theta=0$，驻点 S 的坐标为 $\theta=\pi$，$r_{\mathrm{s}}=\frac{q}{2\pi U_0}$。

将驻点坐标代入流函数式（5-40），得 $\psi_{\mathrm{s}}=\frac{q}{2}$，则通过驻点的流线方程为

$$U_0 r\sin\theta+\frac{q}{2\pi}\theta=\frac{q}{2}$$

给出各 θ 值，即可由上式画出通过驻点的流线（图 5-17），其中：

$\theta=\frac{\pi}{2}$，$\frac{3}{2}\pi$，$r=\pm y=\frac{q}{4U_0}$；

$\theta=\pi$，r 有任意值，r_{s} 是沿 x 轴极径的一段；

$\theta\to 0$，2π，$r\to\infty$，$r\sin\theta=y$，流线以 $\pm y=\frac{q}{2U_0}$ 为渐近线。

注意到均匀来流过驻点的流线在驻点一分为二，将整个流动分为两个区域：流线以内是源流的流区；以外是均匀来流的流区。如用同一形状的固体边界代替这条流线，流动图形不会因此而有不同。设想内区“固化”，则这种固体的形状称为半体，半体相当于桥墩、闸墩的前半部。故等速均匀流和源流的叠加，表示了半体的绕流运动，叠加后的速度势和流函数就是半体绕流运动的解。

【例 5-4】 风速 $U_0=12\mathrm{m/s}$（强风）的水平风，吹过高度 $H=300\mathrm{m}$，形状接近钝头曲线型的山坡（图 5-18），试用势流来描述此流动。

【解】 依照水平风吹过山坡的流动图形，可近似用半个半体（$y\geqslant 0$）绕流来描述。已知半体绕流的势函数和流函数由等速均匀流和点源叠加得出

$$\varphi=U_0 r\cos\theta+\frac{q}{2\pi}\ln r$$

$$\psi=U_0 r\sin\theta+\frac{q}{2\pi}\theta$$

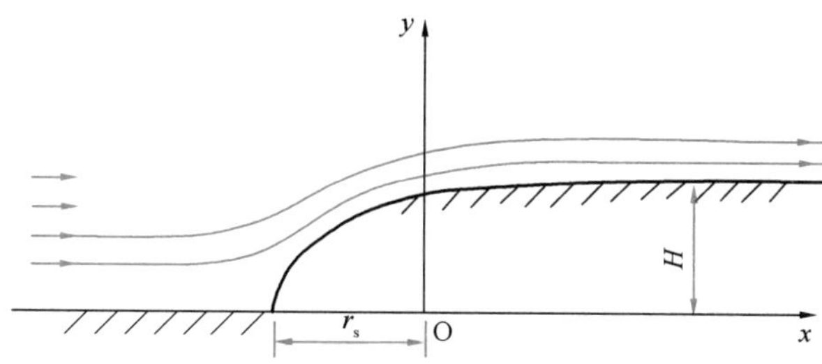

图 5-18 半体绕流（$y \geqslant 0$）

速度场
$$u_r = \frac{\partial \varphi}{\partial r} = U_0 \cos\theta + \frac{q}{2\pi r}$$

$$u_\theta = \frac{1}{r}\frac{\partial \varphi}{\partial \theta} = -U_0 \sin\theta$$

按边界条件，确定驻点坐标 r_s 和源流强度 q：

山坡起升点（坡脚）是驻点，由 $u_r = 0$，$u_\theta = 0$ 解得驻点坐标 $\theta = \pi$，$r_s = \frac{q}{2\pi U_0}$，将 $\theta = \pi$ 代入流函数式得驻点的流函数 $\psi = \frac{q}{2}$，则过驻点的流线（绕流边界线）方程

$$U_0 r\sin\theta + \frac{q}{2\pi}\theta = \frac{q}{2}$$

山坡顶面趋向平面，绕流边界线 $\theta \to 0$，$r \to \infty$，$r\sin\theta = y = H$，代入上式 $U_0 H = \frac{q}{2}$，得出：

源流强度 $q = 2U_0 H = 2 \times 12 \times 300 = 7200\text{m}^2/\text{s}$

驻点坐标 $\theta = \pi$，$r_s = \frac{q}{2\pi U_0} = 95.54\text{m}$

势函数和流函数：

将 U_0、q 代回前式得

$$\varphi = 12r\cos\theta + 1146.5\ln r$$
$$\psi = 12r\sin\theta + 1146.5\theta$$

速度场
$$u_r = \frac{\partial \varphi}{\partial r} = 12\cos\theta + 1146.5\frac{1}{r}$$

$$u_\theta = \frac{1}{r}\frac{\partial \varphi}{\partial \theta} = -12\sin\theta$$

2. 等速均匀流和偶极子叠加

设等速均匀流沿 x 轴方向，偶极子置于坐标原点（图 5-19），相叠加的势函数和流函数

$$\varphi = U_0 x + \frac{M}{2\pi}\frac{\cos\theta}{r}$$

$$=\left(U_0 r+\frac{M}{2\pi}\frac{1}{r}\right)\cos\theta \tag{5-41}$$

$$\psi=U_0 y-\frac{M}{2\pi}\frac{\sin\theta}{r}$$

$$=\left(U_0 r-\frac{M}{2\pi}\frac{1}{r}\right)\sin\theta \tag{5-42}$$

速度场

$$u_r=\frac{\partial\varphi}{\partial r}=\left(U_0-\frac{M}{2\pi}\frac{1}{r^2}\right)\cos\theta$$

$$u_\theta=\frac{1}{r}\frac{\partial\varphi}{\partial\theta}=-\left(U_0+\frac{M}{2\pi}\frac{1}{r^2}\right)\sin\theta$$

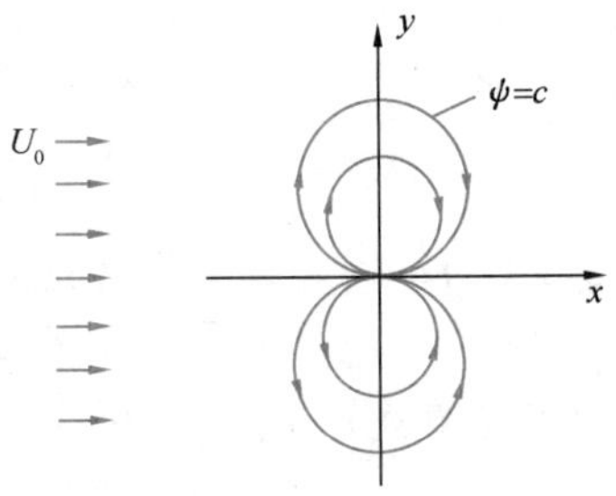

驻点的坐标

由 $u_\theta=0$，得 $\theta=0$，$\theta=\pi$；

由 $u_r=0, U_0-\frac{M}{2\pi}\frac{1}{r^2}=0$，得 $r=\sqrt{\frac{M}{2\pi U_0}}$（极径取正值）。由以上结果得驻点坐标（$r$，$\theta$）：前驻点 s_1（$\sqrt{\frac{M}{2\pi U_0}}$，$\pi$），后驻点 s_2（$\sqrt{\frac{M}{2\pi U_0}}$，0）。

图 5-19 等速均匀流和偶极子叠加

将驻点坐标代入流函数式（5-42），得 $\psi=0$，通过驻点的流线方程为

$$\left(U_0 r-\frac{M}{2\pi}\frac{1}{r}\right)\sin\theta=0$$

解得

$$\sin\theta=0：\theta=0,\theta=\pi$$

$$U_0 r-\frac{M}{2\pi}\frac{1}{r}=0：r=\sqrt{\frac{M}{2\pi U_0}}$$

可知过驻点的流线，在前、后驻点的上、下游沿 x 轴，其间是以偶极点为圆心，半径 $r=\sqrt{\frac{M}{2\pi U_0}}$ 的圆——绕流圆。绕流圆以外的区域等同于均匀来流对圆柱体绕流的流场（图 5-20）。

3. 圆柱绕流

(1) 势函数和流函数

以圆柱半径 $r_0=\sqrt{\frac{M}{2\pi U_0}}$ 为绕流圆半径代入式（5-41）、式（5-42）便得到圆柱绕流的势函数和流函数

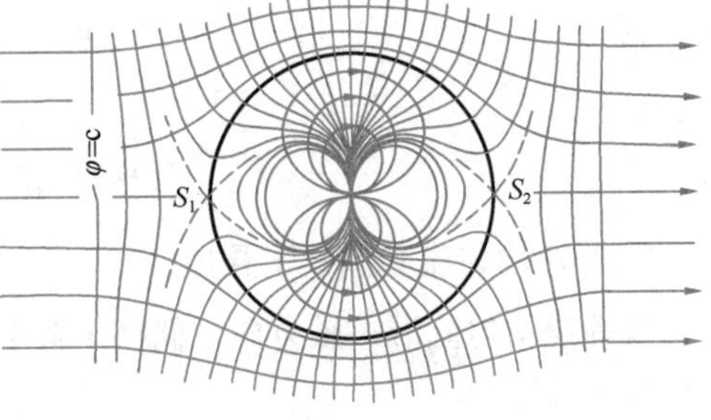

图 5-20 均匀流和偶极子叠加（圆柱绕流）[21]

$$\varphi=\left(1+\frac{r_0^2}{r^2}\right)rU_0\cos\theta$$

$$\psi=\left(1-\frac{r_0^2}{r^2}\right)rU_0\sin\theta$$

速度场
$$u_r=\frac{\partial\varphi}{\partial r}=\left(1-\frac{r_0^2}{r^2}\right)U_0\cos\theta$$

$$u_\theta=\frac{1}{r}\frac{\partial\varphi}{\partial\theta}=-\left(1+\frac{r_0^2}{r^2}\right)U_0\sin\theta$$

圆柱表面 $r=r_0$，绕流速度

$$u_r=0,\ u_\theta=-2U_0\sin\theta$$

$u_r=0$，圆柱面无穿透，只有切向速度 $u=u_\theta=-2U_0\sin\theta$，式中负号表示速度方向同极角正向相反。

（2）压强和总压力

将 $u=u_\theta=-2U_0\sin\theta$ 代入无黏性流体势流的伯努利方程式（5-2），柱面压强

$$p=p_0+\frac{\rho U_0{}^2}{2}(1-4\sin^2\theta)$$

在圆柱面上取微元面积（图 5-21），面上压力

$$dP_x=-pr_0\cos\theta d\theta$$

$$dP_y=-pr_0\sin\theta d\theta$$

总压力
$$P_x=-\int_0^{2\pi}\left[p_0+\frac{\rho U_0^2}{2}(1-4\sin^2\theta)\right]r_0\cos\theta d\theta=0$$

$$P_y=-\int_0^{2\pi}\left[p_0+\frac{\rho U_0^2}{2}(1-4\sin^2\theta)\right]r_0\sin\theta d\theta=0$$

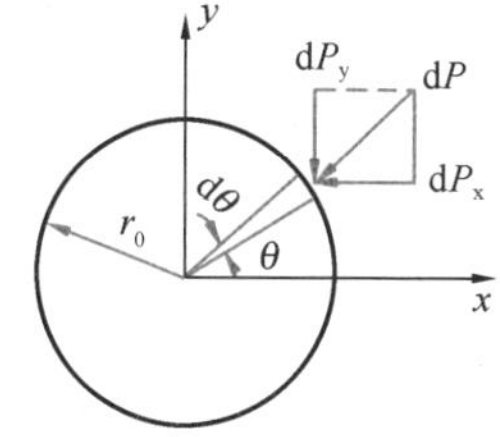

图 5-21　圆柱绕流总压力

x、y 方向总压力均为零，表示无黏性流体以速度 U_0 绕圆柱流动，或圆柱体以 $-U_0$ 速度在静止流体中运动，其阻力为零，这一理论解同观察和实验不相符，曾是著名的达朗贝尔佯谬(d'Alembert's paradox，1752 年)，究其原因在于古典流体力学时流体所作的无黏性假设，忽略了流体黏性的影响所致，显出古典流体力学理论的局限，进而促进水力学和黏性流体动力学的形成发展。

5.5 有旋流动

5.5.1 沿流线垂直方向的动压强变化

4.3.1 节讨论渐变流性质时，给出了渐变流过流断面上的动压强与静压强分布规律相同

的结论。下面讨论更为普遍的情况，即沿垂直于弯曲流线方向上的动压强分布规律。

如图 5-22 所示，选择任意形状的一条元流，截取其流束上由 1-1、2-2 断面构成的微小六面体作为研究对象，对应的曲率半径为 r。分析其受力平衡关系。

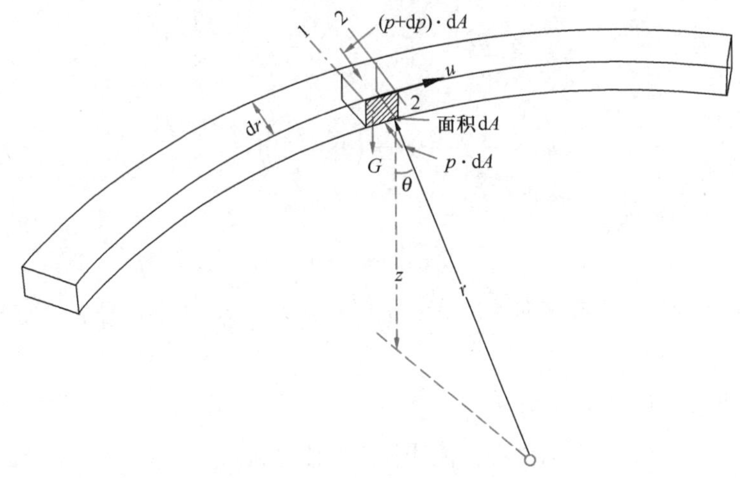

图 5-22　沿流线垂直方向的力平衡

表面力：沿 r 方向的压力分别为 $p\mathrm{d}A$ 和 $-(p+\mathrm{d}p)\mathrm{d}A$

质量力：微小六面体受到的惯性力 $\rho\mathrm{d}A\mathrm{d}r\dfrac{u^2}{r}$，微小六面体受到的重力 $-\rho g\mathrm{d}A\mathrm{d}r$。

其中重力沿 r 方向的分力为 $-\rho g\mathrm{d}A\mathrm{d}r\cos\theta=-\rho g\mathrm{d}A\mathrm{d}r\dfrac{\mathrm{d}z}{\mathrm{d}r}$。$\mathrm{d}z$ 为 $\mathrm{d}r$ 在铅垂方向上的分量，θ 为 r 方向与铅垂线之间的夹角。

则沿 r 方向的力平衡如下：

$$p\mathrm{d}A+\rho\mathrm{d}A\mathrm{d}r\frac{u^2}{r}-\rho g\mathrm{d}A\mathrm{d}r\frac{\mathrm{d}z}{\mathrm{d}r}-(p+\mathrm{d}p)\mathrm{d}A=0$$

整理后得：

$$\mathrm{d}p=\rho\frac{u^2}{r}\mathrm{d}r-\rho g\mathrm{d}z \tag{5-43}$$

当流线为近似平行直线，流线的曲率半径 $r\to\infty$，则上式变为：

$$\mathrm{d}p=-\rho g\mathrm{d}z$$

即 4.3.1 节给出的渐变流过流断面上动压强分布规律。

当研究对象为二维流动，即流线都在一个水平面上，$\mathrm{d}z=0$，则有

$$\mathrm{d}p=\rho\frac{u^2}{r}\mathrm{d}r \tag{5-44}$$

5.5.2　强制涡流

设想流体受到外部施加的转矩作用，流体和其接触的固体边壁一起旋转，但内部质点之

间没有相对运动的情况称为流体的相对平衡，从流体微团运动的角度又被称为强制涡流。可证明，强制涡流属于有旋流动，是涉及旋转的流体机械中常见的现象。下面以等角速度旋转容器内的液体流动为例，说明这类问题的一般分析方法。

盛有液体的圆柱形容器，半径为 R，静止时液体深度为 H_0，该容器绕铅垂轴以角速度 ω 旋转。由于液体的黏性作用，经过一段时间后，整个液体随容器以同样角速度旋转，液体与容器以及液体内部各层之间无相对运动。

设 O 点为容器底面中心点，Oz 轴与旋转轴重合，如图 5-23 所示。

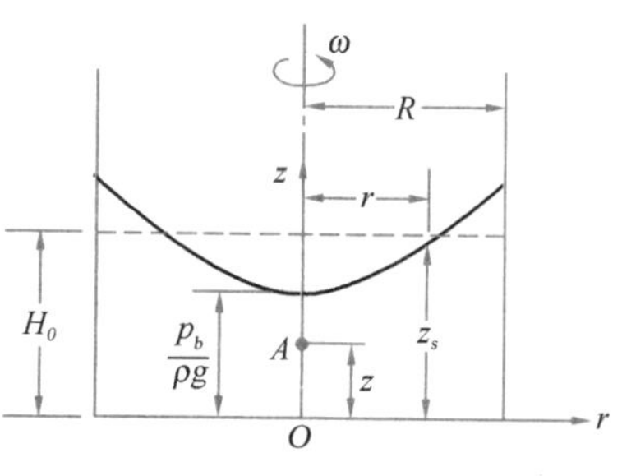

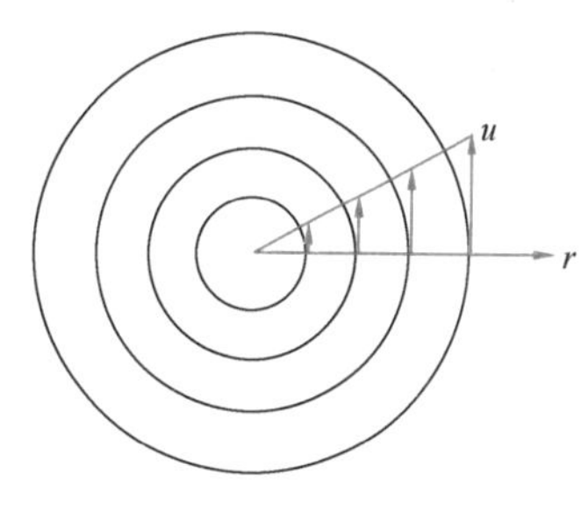

图 5-23 等角速度旋转运动

1. 压强分布规律

距 Oz 轴 r 处的流速为 $u=\omega r$，按直角坐标分解可得：

$$u_x=-\omega y,\ u_y=\omega x$$

则有
$$\omega_z=\frac{1}{2}\left(\frac{\partial u_y}{\partial x}-\frac{\partial u_x}{\partial y}\right)=2\omega$$

该流动为有旋流动。

设距底面 z 处 A 点的压强为 p，代入式（5-44）可得

$$\mathrm{d}p=\rho\omega^2 r\mathrm{d}r$$

积分
$$p=\frac{\rho}{2}\omega^2 r^2+c \tag{5-45}$$

设 O 点压强为 p_b，由边界条件 $r=0$，$z=z$，$p=p_b-\rho gz$ 确定积分常数 $c=p_b-\rho gz$，则

$$p=p_b+\frac{\rho}{2}\omega^2 r^2-\rho gz \tag{5-46}$$

2. 等压面

将式（5-46）变形，得等压面方程

$$z=\frac{p_b}{\rho g}+\frac{\omega^2}{2g}r^2-\frac{p}{\rho g} \tag{5-47}$$

可知等压面为一族旋转抛物面（图 5-24）。

当 $p=0$，可得自由液面方程

$$z_s=\frac{p_b}{\rho g}+\frac{\omega^2}{2g}r^2 \tag{5-48}$$

对于开口容器，将式（5-48）一式（5-47），得 $z_s-z=h=\dfrac{p}{\rho g}$，从而

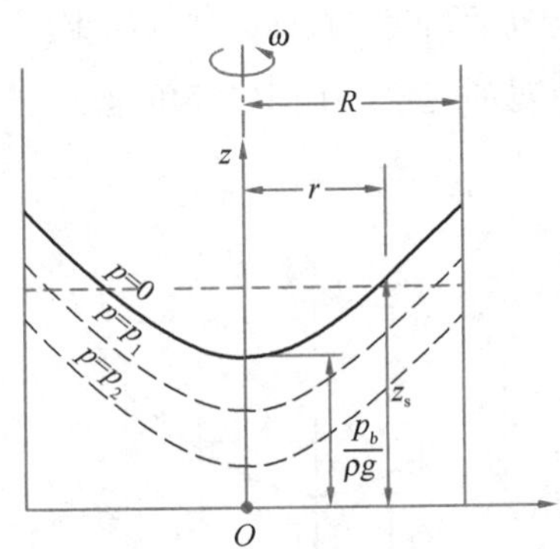

图 5-24　强制涡流的等压面示意图

$$p=\rho gh$$

式中 h 为液面下淹没深度。这表明，对于强制涡流，内部铅垂方向压强分布规律与静止流体相同。

3. O 点压强 p_{b}

对于容器边壁处 $r=R$，$z_{\mathrm{s}}=z_{\mathrm{w}}$，代入式（5-48）

$$z_{\mathrm{w}}=\frac{p_{\mathrm{b}}}{\rho g}+\frac{\omega^2}{2g}R^2 \tag{5-49}$$

由几何学可知，旋转抛物体的体积为等高圆柱体体积的一半。同时，容器旋转时水体体积与静止时的水体体积相等，故

$$\pi R^2 z_{\mathrm{w}}-\frac{1}{2}\pi R^2\left(z_{\mathrm{w}}-\frac{p_{\mathrm{b}}}{\rho g}\right)=\pi R^2 H_0$$

整理

$$z_{\mathrm{w}}=H_0+\frac{1}{2}\left(z_{\mathrm{w}}-\frac{p_{\mathrm{b}}}{\rho g}\right)=H_0+\frac{1}{2}\frac{\omega^2R^2}{2g} \tag{5-50}$$

将式（5-50）代入式（5-49），可得

$$\frac{p_{\mathrm{b}}}{\rho g}=H_0-\frac{1}{2}\frac{\omega^2R^2}{2g} \tag{5-51}$$

上式表明，边壁处的水面比静止水面高 $\frac{1}{2}\frac{\omega^2R^2}{2g}$，中心点水面比静止水面低 $\frac{1}{2}\frac{\omega^2R^2}{2g}$。

4. 总水头

在任意高度 z，半径 r 的流线（圆）上，按 4.2.2 节关于总水头的定义，代入式（5-51），整理可得

$$H\equiv z+\frac{p}{\rho g}+\frac{u^2}{2g}=\frac{p_{\mathrm{b}}}{\rho g}+\frac{\omega^2r^2}{g}=\left(H_0-\frac{1}{2}\frac{\omega^2R^2}{2g}\right)+\frac{\omega^2r^2}{g} \tag{5-52}$$

可见总水头 H 和 z 无关，和 r 有关，即流线越靠近外侧总水头越大。

【例 5-5】 半径为 R 的密闭球形容器，充满密度为 ρ 的液体，该容器绕铅垂轴以角速度 ω 旋转（图 5-25）。试求最大压强作用点的坐标。

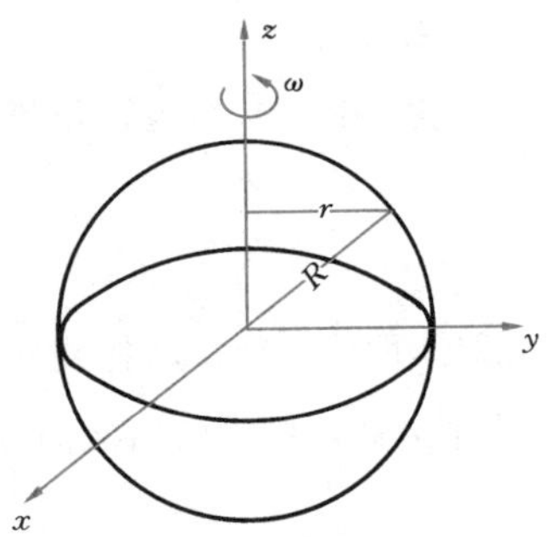

图 5-25　旋转球形容器

【解】 由 $u=wr$，代入式（5-43），积分得

$$p=\rho\left(\frac{\omega^2r^2}{2}-gz\right)+c$$

设球心压强为 p_0，则 $x=y=z=0$，$p=p_0$

得

$$c=p_0$$

球壁上 $r^2=R^2-z^2$，代入上式

$$p=p_0+\rho\left[\frac{\omega^2(R^2-z^2)}{2}-gz\right]$$

令 $\frac{\mathrm{d}p}{\mathrm{d}z}=0$　　$\frac{\omega^2}{2}(-2z)-g=0$

得

$$z=-\frac{g}{\omega^2}$$

$$r=\sqrt{R^2-\frac{g^2}{\omega^4}}$$

最大压强作用点在 $z=-\frac{g}{\omega^2}$，$r=\sqrt{R^2-\frac{g^2}{\omega^4}}$的圆周线上。

5.5.3 自由涡流、组合涡流

当流体未受到外部转矩的作用，在自然状态下绕轴旋转的流动被称为自由涡流。

以绕铅垂的中心轴进行水平面自由涡流为例。沿中心轴向上为 z 轴正向，与流线正交为 r 轴（图 5-26）。由于没有外部向流体提供的能量，如不考虑能量损耗，则沿流线的总水头恒定为：

$$H\equiv z+\frac{p}{\rho g}+\frac{u^2}{2g}=c \tag{5-53}$$

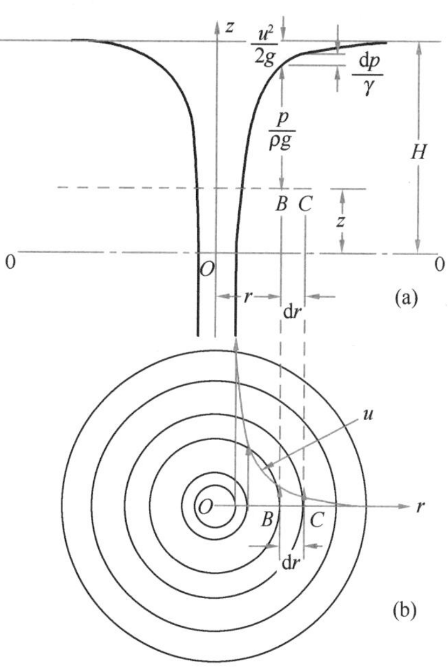

图 5-26　自由涡流

（a）纵剖面图；（b）横剖面图

根据式（5-44）可知，在高度为 z 的水平面上，与同心圆形状的流线正交的压力值随着和中心点距离的增加而变大，此压力梯度是流体做圆周运动的离心力带来的。

1. 流速分布规律

在图 5-26（a）中取高度 z 的横剖面，选择 B、C 两点，距 Oz 轴的距离分别为 r 和 $r+\mathrm{d}r$。设这两点的动压强和速度分别为 p 和 u，以及 $p+\mathrm{d}p$ 和 $u+\mathrm{d}u$，代入式（5-53），

$$z+\frac{p}{\rho g}+\frac{u^2}{2g}=z+\frac{p+\mathrm{d}p}{\rho g}+\frac{(u+\mathrm{d}u)^2}{2g}$$

忽略高次的微小量 $\mathrm{d}u^2$，整理可得

$$\frac{\mathrm{d}p}{\rho g}+\frac{u\mathrm{d}u}{g}=0 \tag{5-54}$$

将上式和式（5-44）联立，消去 dp

$$u\mathrm{d}u = -\frac{u^2}{r}\mathrm{d}r$$

对上式积分
$$\ln u = -\ln r + c$$

可得
$$ru = K = c \tag{5-55}$$

式中 K 为特定的常数。可见速度 u 的大小和距中心轴的距离 r 成反比例（图 5-26b），即 5.4.2 节中介绍的环流状态。参照角动量守恒定律，上式可认为围绕中心轴旋转的所有单位质量流体微团的角动量保持不变。

2. 等压面

将式（5-55）代入式（5-53），得等压面方程

$$z = H - \frac{K^2}{2g}\frac{1}{r^2} - \frac{p}{\rho g} \tag{5-56}$$

当 $p=0$，可得自由液面方程

$$z_s = H - \frac{K^2}{2g}\frac{1}{r^2} \tag{5-57}$$

结合图 5-27 可知，在 r 值较大时，自由涡流的等压面接近于水平面。越靠近中心轴，等压面急剧下降，形成纵深的漏斗面。

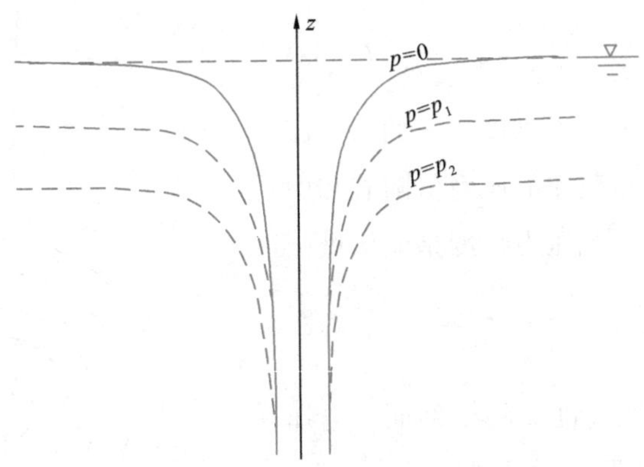

图 5-27　自由涡流的等压面示意图

由式（5-55），结合【例 3-9（2）】，可知自由涡流实际上是无旋流动。但在自然现象中，如大气中的龙卷风、水流中的立轴涡旋等（图 5-28、图 5-29），其中心部分（涡核区）是以涡心为圆心的圆，其中的流体像刚体一样旋转，需有外力不断推动，速度与距涡心的距离成正比，属于强制涡流；外围部分（环流区）的速度与距涡心的距离成反比，在开始时由中心部分的转动通过黏性作用带动形成，流动稳定后则无须再加入能量，属于自由涡流。同

时具备这两种流动特征的涡旋称为平面组合涡流，其流速和压强分布的示意图如图5-30所示。为纪念苏格兰工程师、物理学家兰肯（Rankine，W. J. M.1820年～1872年），又称兰肯涡，其原理应用于旋风燃烧炉、离心式除尘器、离心式水泵等流体机械设备中。

图5-28　2015年发生在美国新墨西哥州的陆龙卷

图5-29　日本鸣门涡旋潮

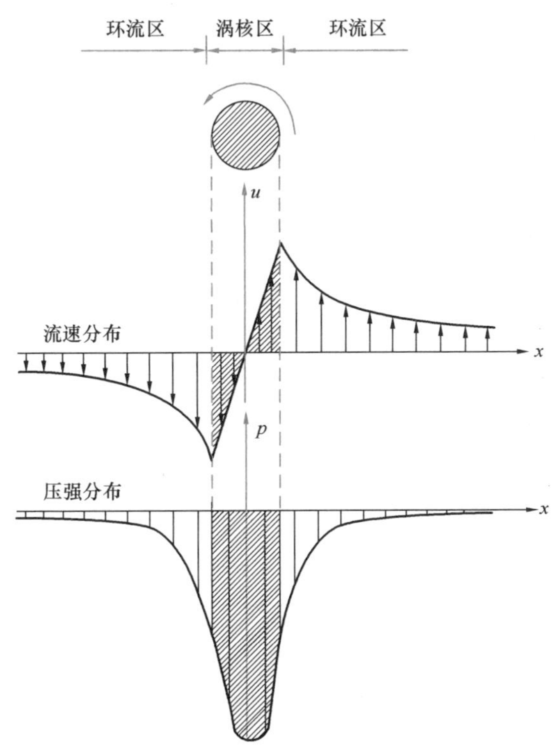

图5-30　平面组合涡流的流速和压强分布

习题

选择题

5.1 无黏性流体无旋流动，伯努利方程 $z_1+\frac{p_1}{\rho g}+\frac{u_1^2}{2g}=z_2+\frac{p_2}{\rho g}+\frac{u_2^2}{2g}$ 只适用于：(a) 同一流线上两点；(b) 同一迹线上两点；(c) 过流断面上两点；(d) 流场中任意两点。

5.2 平面流动 $\vec{u}=u_x\vec{i}+u_y\vec{j}$ 是势流的条件是：(a) $\frac{\partial u_x}{\partial x}+\frac{\partial u_y}{\partial y}=0$；(b) $\frac{\partial u_x}{\partial x}-\frac{\partial u_y}{\partial y}=0$；(c) $\frac{\partial u_y}{\partial x}+\frac{\partial u_x}{\partial y}=0$；(d) $\frac{\partial u_y}{\partial x}-\frac{\partial u_x}{\partial y}=0$。

5.3 平面流动具有流函数的条件是：(a) 无黏性流动；(b) 无旋流动；(c) 具有速度势；(d) 满足连续性。

5.4 平面流动两条流线的流函数的差值等于：(a) 两流线间的速度差；(b) 两流线间的压强差；(c) 两流线间的能量差；(d) 两流线间通过的单宽流量。

计算题

5.5 下列不可压缩流体、平面流动的速度场分别为：

(1) $u_x=y$，$u_y=-x$；

(2) $u_x=x-y$，$u_y=x+y$；

(3) $u_x=x^2-y^2+x$，$u_y=-(2xy+y)$

试判断是否满足流函数 ψ 和速度势 φ 的存在条件，并求 ψ、φ。

5.6 已知平面流动的速度为直线分布（图 5-31），若 $y_0=4\text{m}$，$u_0=80\text{m/s}$，试求：(1) 流函数 ψ；(2) 流动是否为有势流动。

5.7 已知平面无旋流动的速度势 $\varphi=\frac{2x}{x^2-y^2}$，求流函数和速度场。

5.8 已知平面无旋流动的流函数 $\psi=xy+2x-3y+10$，求速度势和速度场。

5.9 已知平面无旋流动的速度势 $\varphi=\arctan\left(\frac{y}{x}\right)$，求速度场。

5.10 已知平面流动的流函数 $\psi=ax^2-ay^2$，其中 a 为常数，求 (1) 流动是否无旋，如无旋求速度势函数；(2) 过坐标点 ($x=1$，$y=2$) 的流线方程；(3) 通过坐标点 A (1，2) 和 B (2，5) 连线的单宽流量。

5.11 已知平面无旋流动的势函数式 $d\varphi(x,y)=u_x dx+u_y dy$，由坐标变换（图 5-11）导出极坐标式 $d\varphi(r,\theta)=u_r dr+u_\theta r d\theta$。

5.12 河边转弯段如图 5-32 所示，水流近似圆周运动 $u_r=0$，$u_\theta=u_\theta(r)$，由环流假设证明：岸边流速凸岸大于凹岸；岸边水位凸岸低于凹岸。

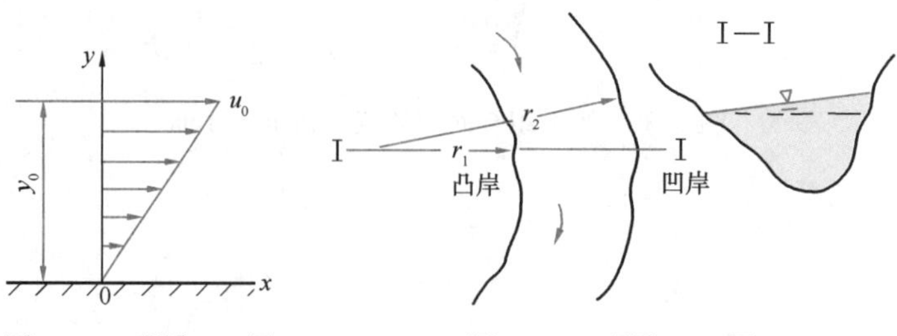

图 5-31 习题 5.6 图　　图 5-32 习题 5.12 图

5.13　无穷远处有一速度为 U_0 的均匀直线来流，坐标原点处有一强度为 $-q$ 的汇流，试求两个流动叠加后的流函数，驻点位置以及流体流入和流过汇流的分界线方程。

5.14　半圆柱形大棚（图5-33），门开在地面，为防止大棚被正向大风（顶门风）掀起，可关闭门户，打开风孔，使大棚内、外表面上的竖向压力平衡，将气流视为不可压缩流体无旋流动，求风孔的仰角 α 应为多少度?

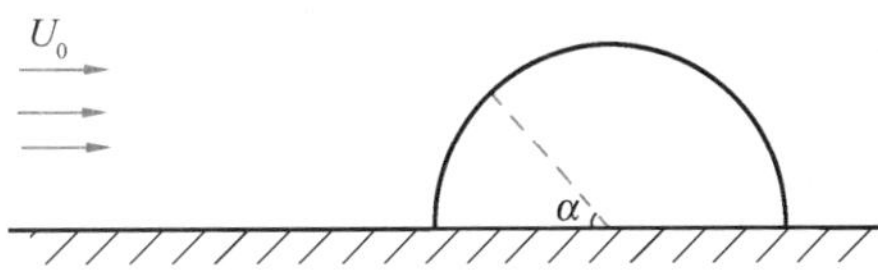

图5-33　习题5-14图

5.15　圆柱形容器（图5-34）的半径 $R=15$cm，高 $H=50$cm，盛水深 $h=30$cm，若容器以等角速度 ω 绕 z 轴旋转，试求 ω 最大为多少时水不致从容器中溢出。

5.16　图5-35所示装满油的圆柱形容器，直径 $D=80$cm，油的密度 $\rho=801\text{kg/m}^3$，顶盖中心点装有真空表，表的读值为4900Pa，试求：(1) 容器静止时，作用于顶盖上总压力的大小和方向；(2) 容器以等角速度 $\omega=20\text{rad/s}$ 旋转时，真空表的读值不变，作用于顶盖上总压力的大小和方向。

5.17　将图5-23所示圆柱形容器水平放置，容器绕其水平中心轴以角速度 ω 旋转。求其等压面方程。

5.18　已知组合涡流的涡核区（强制涡流）半径 r_0 为0.2m，其外侧为环流区（自由涡流）。涡心处的液面比无穷远处的液面低0.5m（图5-36），求涡核区的旋转角速度。

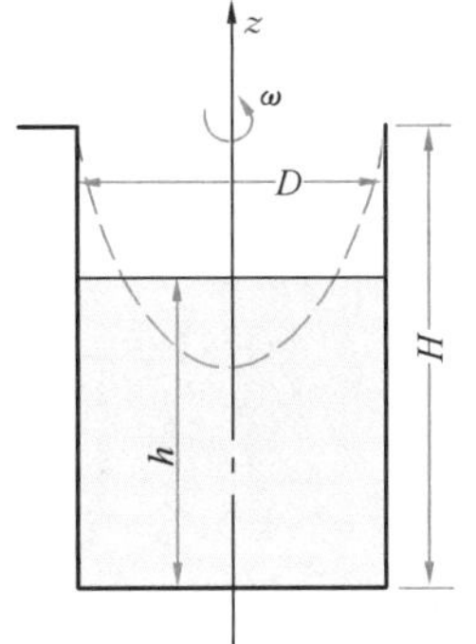

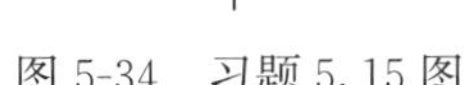
图5-34　习题5.15图

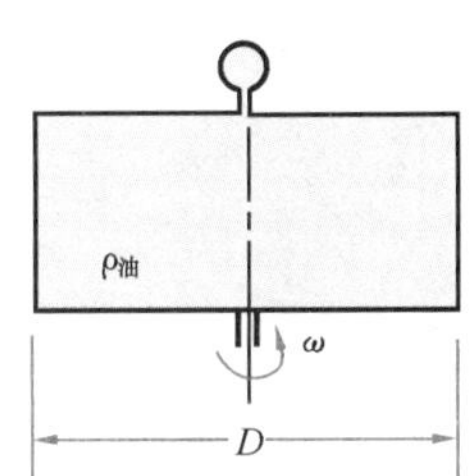

图5-35　习题5.16图

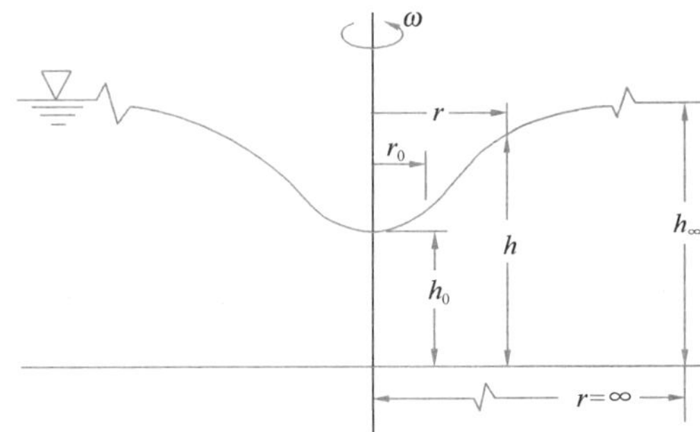

图5-36　习题5-18图

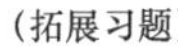
(拓展习题)

(拓展习题答案)

第6章 量纲分析和相似原理

前面几章阐述了流体力学的基础理论，建立了控制流体运动的基本方程。应用基本方程求解，是解决流体力学问题的基本途径。但是，对于许多复杂的工程问题，由于求解基本方程在数学上存在困难，需要应用定性的理论分析方法和实验方法进行研究。

量纲分析和相似原理，为科学地组织实验及整理实验成果提供理论指导。对于复杂的流动问题，还可借助量纲分析和相似原理来建立物理量之间的联系。因此，量纲分析与相似原理是发展流体力学理论，解决实际工程问题的有力工具。

6.1 量纲分析的意义和量纲和谐原理

6.1.1 量纲的概念

1. 量纲

在流体力学中涉及各种不同的物理量，如长度、时间、质量、力、速度、加速度、黏度等，所有这些物理量都是由自身的物理属性（或称类别）和为度量物理属性而规定的量度标准（或称量度单位）两个因素构成的。例如长度，它的物理属性是线性几何量，量度单位则规定有米、厘米、英尺、光年等不同的标准。物理量的一般构成因素为

$$物理量\ q\begin{cases}属性\ \mathrm{dim}q\\ 量度单位\end{cases}$$

我们把物理量的属性（类别）称为量纲或因次。显然，量纲是物理量的实质，不含有人为的影响。通常以 L 代表长度量纲，M 代表质量量纲，T 代表时间量纲。采用 $\mathrm{dim}q$ 代表物理量 q 的量纲，则面积 A 的量纲可表示为

$$\mathrm{dim}A=L^2$$

同样，密度的量纲表示为

$$\mathrm{dim}\rho=ML^{-3}$$

不具量纲的量称为无量纲量，就是纯数，如圆周率 $\pi=$（圆周长/直径）$=3.14159\cdots\cdots$，角度 $\alpha=$（弧长/曲率半径），都是无量纲量。

单位是人为规定的量度标准，例如现行的长度单位米，最初是 1791 年法国国民会议通过的，经过巴黎地球子午线长的 4000 万分之一，1960 年第 11 届国际计量大会重新规定为氪同位素（K_r^{86}）原子辐射波的 1650763.73 个波长的长度，1983 年第 17 届国际计量大会通过了最新的定义为光在真空中 299792458 分之一秒的时间间隔内行进的距离。因为有量纲量是由量纲和单位两个因素决定的，因此含有人的意志影响。

2. 基本量纲与导出量纲

一个力学过程所涉及的各物理量的量纲之间是有联系的，例如速度的量纲 $\dim v=LT^{-1}$ 就是与长度和时间的量纲相联系的。根据物理量量纲之间的关系，把无任何联系且相互独立的量纲作为基本量纲，可以由基本量纲导出的量纲就是导出量纲。

为了应用方便，并同国际单位制相一致，普遍采用 M—L—T—Θ 基本量纲系，即选取质量 M、长度 L、时间 T、温度 Θ 为基本量纲。对于不可压缩流体运动，则选取 M、L、T 三个基本量纲，其他物理量量纲均为导出量纲。例如：

速度 $\quad\dim v=LT^{-1}$

加速度 $\quad\dim a=LT^{-2}$

力 $\quad\dim F=MLT^{-2}$

［动力］黏度 $\quad\dim\mu=ML^{-1}T^{-1}$

综合以上各量纲式，不难得出，某一物理量 q 的量纲 $\dim q$ 都可用 3 个基本量纲的指数乘积形式表示

$$\dim q=M^{\alpha}L^{\beta}T^{\gamma} \tag{6-1}$$

式（6-1）称为量纲公式。物理量 q 的性质由量纲指数 α、β、γ 决定：当$\alpha=0,\beta\neq0,\gamma=0$，$q$ 为几何量；$\alpha=0$，$\beta\neq0$，$\gamma\neq0$，q 为运动学量；$\alpha\neq0$，$\beta\neq0$，$\gamma\neq0$，q 为动力学量。

6.1.2 无量纲量

当量纲公式（式 6-1）中各量纲指数均为零，即 $\alpha=\beta=\gamma=0$，则 $\dim q=M^0L^0T^0=1$，该物理量是无量纲量，也就是纯数。无量纲量可由两个具有相同量纲的物理量相比得到，如线应变 $\varepsilon=\Delta l/l$，$\dim\varepsilon=L/L=1$。也可由几个有量纲物理量乘除组合，使组合量的量纲指数为零得到，例如有压管流，由断面平均流速 v、管道直径 d，流体运动黏度 ν 组合为

$$\dim Re=\dim\left(\frac{vd}{\nu}\right)=\frac{(LT^{-1})\ L}{L^2T^{-1}}=1$$

Re 是由 3 个有量纲量乘除组合得到的无量纲量，称为雷诺数（Reynolds number），关于雷诺数的意义，后面还要详细讨论。

依据无量纲数的定义和构成，可归纳出无量纲量具有以下特点：

1. 客观性

正如前面指出，凡有量纲的物理量，都有单位。同一物理量，因选取的度量单位不同，数值也不同。如果用有量纲量作过程的自变量，计算出的因变量数值，将随自变量选取单位的不同而不同。因此，要使运动方程式的计算结果不受人主观选取单位的影响，就需要把方程中各项物理量组合成无量纲项。从这个意义上说，真正客观的方程式应是由无量纲项组成的方程式。

2. 不受运动规模的影响

既然无量纲量是纯数，数值大小与度量单位无关，也不受运动规模的影响。规模大小不同的流动，如两者是相似的流动，则相应的无量纲数相同。在模型实验中，常用同一个无量纲数（如雷诺数 Re）作为模型和原型流动相似的判据。

3. 可进行超越函数运算

由于有量纲量只能作简单的代数运算，作对数、指数、三角函数运算是没有意义的。只有无量纲化才能进行超越函数运算，如公式（7-32），方程等号右端 y/γ_0 组成无量纲项，才能进行指数运算。

6.1.3 量纲和谐原理

量纲和谐原理是量纲分析的基础。量纲和谐原理的简单表述是：凡正确反映客观规律的物理方程，其各项的量纲一定是一致的，这是被无数事实证实了的客观原理。例如第 4 章黏性流体运动微分方程式（4-29），x 方向的公式

$$X-\frac{1}{\rho}\frac{\partial p}{\partial x}+\nu\nabla^2 u_x=\frac{\partial u_x}{\partial t}+u_x\frac{\partial u_x}{\partial x}+u_y\frac{\partial u_x}{\partial y}+u_z\frac{\partial u_x}{\partial z}$$

式中各项的量纲一致，都是 LT^{-2}。又如第 4 章中导出的黏性流体总流的伯努利方程式（4-13）

$$z_1+\frac{p_1}{\rho g}+\frac{\alpha_1 v_1^2}{2g}=z_2+\frac{p_2}{\rho g}+\frac{\alpha_2 v_2^2}{2g}+h_w$$

式中各项的量纲均为 L。其他凡正确反映客观规律的物理方程，量纲之间的关系莫不如此。在工程界至今还有一些由实验和观测资料整理成的经验公式，不满足量纲和谐。这种情况表明，人们对这一部分流动的认识尚不充分，这样的公式将逐渐被修正或被正确完整的公式所代替。

由量纲和谐原理可引申出以下两点：

（1）凡正确反映客观规律的物理方程，一定能表示成由无量纲项组成的无量纲方程。因为方程中各项的量纲相同，只需用其中一项遍除各项，便得到一个由无量纲项组成的无量纲式，仍保持原方程的性质。

（2）量纲和谐原理规定了一个物理过程中有关物理量之间的关系。因为一个正确完整的物理方程中，各物理量量纲之间的关系是确定的，按物理量量纲之间的这一确定性，就可建立该物理过程各物理量的关系式。量纲分析法就是根据这一原理发展起来的，它是20世纪初在力学上的重要发现之一。

6.2 量纲分析法

在量纲和谐原理基础上发展起来的量纲分析法有两种：一种称瑞利(Rayleigh)法，适用于比较简单的问题；另一种称 π 定理，是一种具有普遍性的方法。

6.2.1 瑞利法

瑞利法的基本原理是某一物理过程同几个物理量有关

$$f(q_1, q_2, q_3, \cdots, q_n)=0$$

其中的某一个物理量 q_i 可表示为其他物理量的指数乘积

$$q_i=Kq_1^a q_2^b \cdots q_{n-1}^p \tag{6-2}$$

写出量纲式

$$\dim q_i=\dim(q_1^a q_2^b \cdots q_{n-1}^p)$$

将量纲式中各物理量的量纲按式（6-1）表示为基本量纲的指数乘积形式，并根据量纲和谐原理，确定指数 a、b、…、p，就可得出表达该物理过程的方程式。

下面通过例题说明瑞利法的应用步骤。

【例 6-1】 求水泵输出功率的表达式。

【解】 水泵输出功率是指单位时间水泵输出的能量。

（1）找出同水泵输出功率 N 有关的物理量，包括单位体积水的重力 $\gamma=\rho g$、流量 Q、扬程 H，即

$$f(N, \gamma, Q, H)=0$$

（2）写出指数乘积关系式

$$N=K\gamma^a Q^b H^c$$

（3）写出量纲式

$$\dim N=\dim(\gamma^a Q^b H^c)$$

（4）按式（6-1），以基本量纲（M，L，T）表示各物理量量纲

$$ML^2T^{-3}=(ML^{-2}T^{-2})^a(L^3T^{-1})^b(L)^c$$

（5）根据量纲和谐原理求量纲指数

$$M：1=a$$
$$L：2=-2a+3b+c$$
$$T：-3=-2a-b$$

得　$a=1$，$b=1$，$c=1$

（6）整理方程式

$$N=K\gamma QH$$

K 为由实验确定的系数。

【例 6-2】 求圆管层流的流量关系式。

【解】 圆管层流运动将在下一章详述，这里仅作为量纲分析的方法来讨论。

（1）找出影响圆管层流流量的物理量，包括管段两端的压强差 Δp、管段长 l、半径 r_0、流体的黏度 μ。根据经验和已有实验资料的分析，得知流量 Q 与压强差 Δp 成正比，与管段长 l 成反比。因此，可将 Δp、l 归并为一项 $\Delta p/l$，得到

$$f(Q,\Delta p/l,r_0,\mu)=0$$

（2）写出指数乘积关系式

$$Q=K\left(\frac{\Delta p}{l}\right)^a r_0{}^b\mu^c$$

（3）写出量纲式

$$\dim Q=\dim\left[\left(\frac{\Delta p}{l}\right)^a r_0^b\mu^c\right]$$

（4）按式（6-1），以基本量纲（M，L，T）表示各物理量量纲

$$L^3T^{-1}=(ML^{-2}T^{-2})^a(L)^b(ML^{-1}T^{-1})^c$$

（5）根据量纲和谐原理求量纲指数

$$M：0=a+c$$
$$L：3=-2a+b-c$$
$$T：-1=-2a-c$$

得　$a=1$，$b=4$，$c=-1$

（6）整理方程式

$$Q=K\left(\frac{\Delta p}{l}\right)r_0^4\mu^{-1}=K\frac{\Delta p r_0^4}{l\mu}$$

系数 K 由实验确定，$K=\frac{\pi}{8}$

则
$$Q=\frac{\pi}{8}\ \frac{\Delta p\ r_0^4}{l\mu}=\frac{\rho g J}{8\mu}\pi r_0^4$$

其中
$$J=\frac{\Delta p/\rho g}{l}$$

由以上例题可以看出，用瑞利法求力学方程，在有关物理量不超过 4 个，待求的量纲指数不超过 3 个时，可直接根据量纲和谐条件，求出各量纲指数，建立方程，如【例 6-1】。当有关物理量超过 4 个时，则需要归并有关物理量或选待定系数，以求得量纲指数，如【例 6-2】。

6.2.2 π 定理

π 定理是量纲分析更为普遍的原理，由美国物理学家布金汉（Buckingham，E. 1867 年～1940 年）提出，又称为布金汉定理。π 定理指出，若某一物理过程包含 n 个物理量，即

$$f(q_1,q_2,\cdots,q_n)=0$$

其中有 m 个基本量（量纲独立，不能相互导出的物理量），则该物理过程可由 n 个物理量构成的（$n-m$）个无量纲项所表达的关系式来描述。即

$$F(\pi_1,\pi_2,\cdots,\pi_{n-m})=0 \tag{6-3}$$

由于无量纲项用 π 表示，π 定理由此得名。π 定理可用数学方法证明，这里从略。

π 定理的应用步骤如下：

（1）找出物理过程有关的物理量

$$f(q_1,q_2,\cdots,q_n)=0$$

（2）从 n 个物理量中选取 m 个基本量，不可压缩流体运动，一般取 $m=3$。设 q_1、q_2、q_3 为所选基本量，由量纲公式（6-1）

$$\dim q_1=M^{\alpha_1}L^{\beta_1}T^{\gamma_1}$$
$$\dim q_2=M^{\alpha_2}L^{\beta_2}T^{\gamma_2}$$
$$\dim q_3=M^{\alpha_3}L^{\beta_3}T^{\gamma_3}$$

满足基本量量纲独立的条件是量纲式中的指数行列式不等于零，即

$$\begin{vmatrix}\alpha_1 & \beta_1 & \gamma_1\\ \alpha_2 & \beta_2 & \gamma_2\\ \alpha_3 & \beta_3 & \gamma_3\end{vmatrix}\neq 0$$

对于不可压缩流体运动，通常选取速度 v（q_1）、密度 ρ（q_2）、特征长度 l（q_3）为基本量。

（3）基本量依次与其余物理量组成 π 项

$$\pi_1=\frac{q_4}{q_1^{a_1}q_2^{b_1}q_3^{c_1}}$$

$$\pi_2=\frac{q_5}{q_1^{a_2}q_2^{b_2}q_3^{c_2}}$$

……

$$\pi_{n-3}=\frac{q_n}{q_1^{a_{n-3}}q_2^{b_{n-3}}q_3^{c_{n-3}}}$$

（4）满足 π 为无量纲项，定出各 π 项基本量的指数 a、b、c。

（5）整理方程式。

【例 6-3】 求有压管流压强损失表达式。

【解】

（1）找出有关物理量。由经验和对已有资料的分析可知，管流的压强损失 Δp 与流体的性质（密度 ρ、运动黏度 ν）、管道条件（管长 l、直径 d、壁面粗糙度 k_s）以及流动情况（速度 v）有关，有关量数 $n=7$。

$$f(\Delta p,\rho,\nu,l,d,k_s,v)=0$$

（2）选基本量。在有关量中选 v、d、ρ 为基本量，基本量数 $m=3$。

（3）组成 π 项，π 数为 $n-m=4$。

$$\pi_1=\frac{\Delta p}{v^{a_1}d^{b_1}\rho^{c_1}}$$

$$\pi_2=\frac{\nu}{v^{a_2}d^{b_2}\rho^{c_2}}$$

$$\pi_3=\frac{l}{v^{a_3}d^{b_3}\rho^{c_3}}$$

$$\pi_4=\frac{k_s}{v^{a_4}d^{b_4}\rho^{c_4}}$$

（4）决定各 π 项基本量指数。

π_1：$\dim\Delta p=\dim(v^{a_1}d^{b_1}\rho^{c_1})$

$ML^{-1}T^{-2}=(LT^{-1})^{a_1}(L)^{b_1}(ML^{-3})^{c_1}$

M：$1=c_1$

L：$-1=a_1+b_1-3c_1$

T：$-2=-a_1$

得　$a_1=2$，$b_1=0$，$c_1=1$，$\pi_1=\dfrac{\Delta p}{v^2\rho}$

π_2：$\dim\nu=\dim(v^{a_2}d^{b_2}\rho^{c_2})$

$L^2T^{-1}=(LT^{-1})^{a_2}(L)^{b_2}(ML^{-3})^{c_2}$

M：$0=c_2$

L：$2=a_2+b_2-3c_2$

T：$-1=-a_2$

得　$a_2=1$，$b_2=1$，$c_2=0$，$\pi_2=\dfrac{\nu}{vd}$

π_3：不需对量纲逐个分析，直接由无量纲条件得出　$a_3=0$，$b_3=1, c_3=0, \pi_3=\frac{l}{d}$

π_4：由无量纲条件直接得出 $a_4=0$，$b_4=1$，$c_4=0, \pi_4=\frac{k_s}{d}$

（5）整理方程式

$$f\left(\frac{\Delta p}{v^2\rho}, \frac{\nu}{vd}, \frac{l}{d}, \frac{k_s}{d}\right)=0$$

$$f_1\left(\frac{\Delta p}{v^2\rho}, \frac{vd}{\nu}, \frac{l}{d}, \frac{k_s}{d}\right)=0$$

对$\frac{\Delta p}{v^2\rho}$求解

$$\frac{\Delta p}{v^2\rho}=f_2\left(\frac{vd}{\nu}, \frac{l}{d}, \frac{k_s}{d}\right)$$

Δp 与管长 l 成比例，将 l/d 移至函数式外面

$$\frac{\Delta p}{v^2\rho}=f_3\left(\frac{vd}{\nu}, \ \frac{k_s}{d}\right)\frac{l}{d}$$

$$\frac{\Delta p}{\rho g}=f_4\left(Re, \ \frac{k_s}{d}\right)\frac{l}{d}\ \frac{v^2}{2g}=\lambda\ \frac{l}{d}\ \frac{v^2}{2g}$$

$$\lambda=f_4\left(Re, \ \frac{k_s}{d}\right)$$

上式就是有压管道压强损失的计算公式，又称为达西-魏斯巴赫（Darcy-Weisbach）公式，其中 λ 称为沿程摩阻系数，一般情况下是雷诺数 Re 和壁面相对粗糙 k_s/d 的函数。

【例 6-4】为了实验研究水流对光滑球形潜体的作用力，要求预先做出实验的方案。

【解】　水流对光滑球形潜体的作用力 D 与水流速度 v、潜体直径 d、水的密度 ρ、水的黏度 μ 诸物理量有关。即

$$D=f\ (v, \ d, \ \rho, \ \mu)$$

怎样进行实验来求得作用力 D 与各量的关系呢？不熟悉量纲分析方法的初学者会认为既然作用力 D 与 4 个因素（v，d，ρ，μ）有关，要找出全部函数关系，就要分别对每个变量（保持其余 3 个因素不变）做实验，再根据各量的实验结果整理成方程式。这样组织实验研究虽然也可行，但所用方法是原始的和费力的，用于实验的时间至少要数倍于真正需要的时间。

应用量纲分析方法组织实验，首先找出有关量 $f\ (D, \ v, \ d, \ \rho, \ \mu)=0$。由 π 定理，选 v，d，ρ 为基本量，组成各 π 项

$$\pi_1=\frac{D}{v^{a_1}d^{b_1}\rho^{c_1}}$$

$$\pi_2=\frac{\mu}{v^{a_2}d^{b_2}\rho^{c_2}}$$

按 π 项无量纲，决定基本量指数

$$a_1=2,\ b_1=2,\ c_1=1$$
$$a_2=1,\ b_2=1,\ c_2=1$$

整理方程式

$$f\left(\frac{D}{v^2 d^2 \rho},\ \frac{\mu}{v d \rho}\right)=0$$

$$\frac{D}{v^2 d^2 \rho}=f_1\left(\frac{\mu}{v d \rho}\right)$$

$$D=f_2\left(\frac{v d \rho}{\mu}\right)\rho v^2 d^2=f_2\ (Re)\ \frac{8}{\pi}\ \frac{\pi d^2}{4}\ \frac{\rho v^2}{2}=C_d A \frac{\rho v^2}{2} \tag{6-4}$$

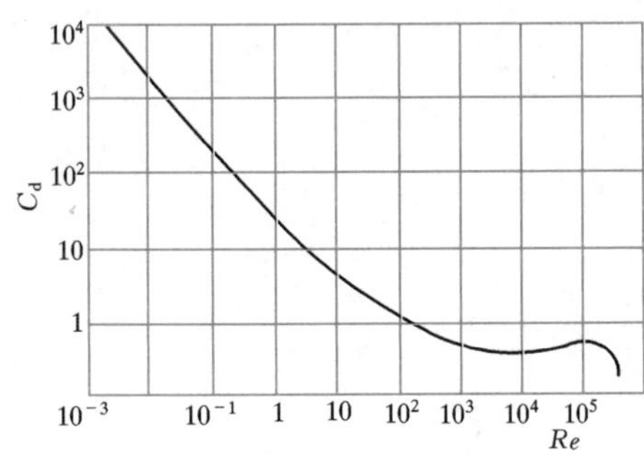

图 6-1　圆球阻力系数

式中无量纲项 $C_d=f_2(Re)\dfrac{8}{\pi}=F(Re)$ 为阻力系数；$Re=\dfrac{v d \rho}{\mu}=\dfrac{v d}{\nu}$ 为雷诺数。

由上面分析可知，实验研究水流对光滑球形潜体的作用力，归结为实验测定阻力系数 C_d 与雷诺数 Re 的关系。这样一来，实施这项实验研究只需用一个球，在特定温度的水流中实验，通过改变水流速度，整理成不同 Re 和 C_d 的实验曲线，如图 6-1 所示。各种情况下，流体对球形潜体的作用力，只需计算出 $Re=\dfrac{v d}{\nu}$，由图6-1（可参考后文图 7-38）查得 C_d 值，按式（6-4）计算。

6.2.3　量纲分析方法的讨论

以上简要介绍了量纲分析方法，下面再做几点讨论。

（1）量纲分析方法的理论基础是量纲和谐原理，即凡正确反映客观规律的物理方程，量纲一定是和谐的。本书限于篇幅对量纲公式（6-1）及式（6-2）、式(6-3)未作证明。

（2）量纲和谐原理是判别经验公式是否完善的基础。20 世纪，量纲分析原理未发现之前，流体力学中积累了不少纯经验公式，每一个经验公式都有一定的实验根据，都可用于一定条件下流动现象的描述，这些公式孰是孰非，无所适从。量纲分析方法可以从量纲理论作出判别和权衡，使其中的一些公式从纯经验的范围内脱离出来。

（3）应用量纲分析方法得到的物理方程式是否符合客观规律，和所选入的物理量是否正确有关。而量纲分析方法本身对有关物理量的选取却不能提供任何指导和启示，可能由于遗漏某一个具有决定性意义的物理量，导致建立的方程式失误。也可能因选取了没有决定性意义的物理量，造成方程中出现累赘的量纲量。这种局限性是方法本身决定的。研究量纲分析方法的前驱者之一瑞利，在分析流体通过恒温固体的热传导问题时，就曾遗漏了流体黏度 μ 的影响，而导出一个不全面的物理方程式。弥补量纲分析方法的局限性，需要已有的理论分析和实验成果，要依靠研究者的经验和对流动现象的观察认识能力。

（4）由例 6-4 可以看出，量纲分析为组织实施实验研究，以及整理实验数据提供了科学依据，可以说量纲分析方法是沟通流体力学理论和实验之间的桥梁。

6.3 相似理论基础

前面讨论了量纲理论及其应用，后两节将讨论模型实验的基本原理。现代许多工程问题，由于流动情况十分复杂，无法直接应用基本方程式求解，而有赖于实验研究。大多数工程实验是在模型上进行的。所谓模型通常是指与原型（工程实物）有同样的运动规律，各运动参数存在固定比例关系的缩小物。通过模型实验，把研究结果换算为原型流动，进而预测在原型流动中将要发生的现象。怎样才能保证模型和原型有同样的流动规律呢？关键要使模型和原型是相似的流动，只有这样的模型才是有效的模型，实验研究才有意义。相似理论就是研究相似现象之间的联系的理论，是模型试验的理论基础。

6.3.1 相似概念

流动相似概念是几何相似概念的扩展。两个几何图形，如果对应边成比例、对应角相等，两者就是几何相似的图形。对于两个几何相似图形，把其中一个图形的某一几何长度，乘以比例常数，就得到另一图形的相应长度。同流体运动有关的物理量，除了几何量（长度、面积、体积）之外，还有运动量（速度、加速度）和力，由此，流体力学相似扩展为以下四方面内容。

1. 几何相似

几何相似指两个流动（原型和模型）流场的几何形状相似，即相应的线段长度成比例、夹角相等。如原型和模型流动如图 6-2 所示，以角标 p 表示原型（prototype），m 表示模型（model），则有

$$\left.\begin{aligned}\frac{l_{p1}}{l_{m1}}=\frac{l_{p2}}{l_{m2}}=\cdots=\frac{l_p}{l_m}=\lambda_l\\ \theta_{p1}=\theta_{m1}，\ \theta_{p2}=\theta_{m2}\end{aligned}\right\}\tag{6-5}$$

λ_l 称为长度比尺。由长度比尺可推得相应的面积比尺和体积比尺。

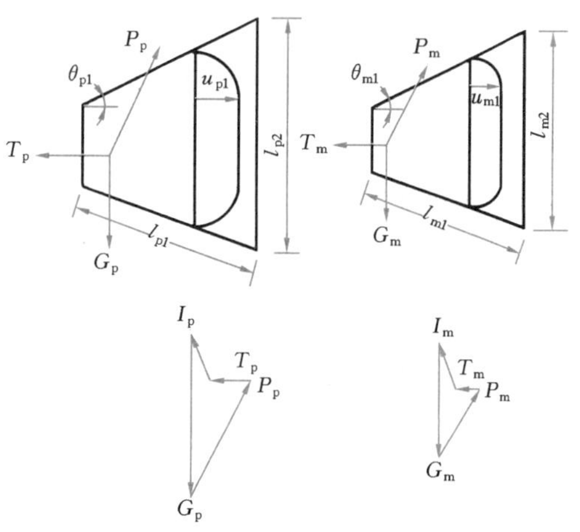

图 6-2　原型和模型流动

面积比尺 $$\lambda_A=\frac{A_p}{A_m}=\frac{l_p^2}{l_m^2}=\lambda_l^2$$

体积比尺 $$\lambda_V=\frac{V_p}{V_m}=\frac{l_p^3}{l_m^3}=\lambda_l^3$$

可见几何相似是通过长度比尺 λ_l 来表征的，只要各相应长度都保持固定的比尺关系 λ_l，便保证了两个流动几何相似。

2. 运动相似

运动相似指两个流动相应点速度方向相同，大小成比例。即

$$\lambda_u=\frac{u_p}{u_m}$$

λ_u 称为速度比尺。由于各相应点速度成比例，所以相应断面的平均速度必然有同样比尺

$$\lambda_u=\frac{u_p}{u_m}=\frac{v_p}{v_m}=\lambda_v \tag{6-6}$$

将 $v=\frac{l}{t}$ 关系代入上式

$$\lambda_v=\frac{l_p/t_p}{l_m/t_m}=\frac{l_p}{l_m}\frac{t_m}{t_p}=\frac{\lambda_l}{\lambda_t}$$

$\lambda_t=\frac{t_p}{t_m}$ 称为时间比尺，满足运动相似应有固定的长度比尺和时间比尺。

速度相似也意味着各相应点的加速度相似，加速度比尺为

$$\lambda_a=\frac{a_p}{a_m}=\frac{u_p/t_p}{u_m/t_m}=\frac{u_p}{u_m}\frac{t_m}{t_p}=\frac{\lambda_l}{\lambda_t^2}$$

3. 动力相似

动力相似指两个流动相应点处质点受同名力作用，力的方向相同、大小成比例。根据达朗贝尔原理，对于运动的质点，设想加上该质点的惯性力，则惯性力与质点所受作用力的合力平衡，形式上构成封闭力多边形（图 6-2）。从这个意义上说，动力相似又可表述为相应点上的力多边形相似，相应边（即同名力）成比例，如图 6-2 所示。

影响流体运动的作用力主要是黏滞力、重力、压力，有时还考虑其他的力。如分别以符号 T、G、P 和 I 代表黏滞力、重力、压力和惯性力，则有

$$\vec{T}+\vec{G}+\vec{P}+\cdots+\vec{I}=0$$

$$\frac{T_p}{T_m}=\frac{G_p}{G_m}=\frac{P_p}{P_m}=\cdots=\frac{I_p}{I_m} \tag{6-7}$$

比尺 $$\lambda_T=\lambda_G=\lambda_p=\cdots=\lambda_I$$

4. 边界条件和初始条件相似

边界条件相似指两个流动相应边界性质相同，如原型中的固体壁面，模型中相应部分也

是固体壁面；原型中的自由液面，模型相应部分也是自由液面。对于非恒定流动，还要满足初始条件相似。边界条件和初始条件相似是保证流动相似的充分条件。

在有的书籍中，将边界条件相似归于几何相似，对于恒定流动又无需初始条件相似，这样流体力学相似的含义就简述为几何相似、运动相似、动力相似三方面。

以上就是力学相似的含义，表明凡力学相似的运动，必是几何相似、运动相似、动力相似的运动。

6.3.2 相似准则

以上说明了相似的含义，它实际上是力学相似的结果，重要的问题是怎样来实现原型和模型流动的力学相似呢?

首先要满足几何相似，否则两个流动不存在相应点，当然也就无相似可言，可以说几何相似是力学相似的前提条件。

其次是实现动力相似。要使两个流动动力相似，前面定义的各项比尺须符合一定的约束关系，这种约束关系称为相似准则。

根据动力相似的流动，相应点上的力多边形相似，相应边（即同名力）成比例，推导各单项力的相似准则。

1. 雷诺准则

由式（6-7）

$$\frac{I_p}{T_p}=\frac{I_m}{T_m}$$

鉴于上式表示两个流动相应点上惯性力与单项作用力（如黏滞力）的对比关系，而不是计算力的绝对量，所以式中的力可用运动的特征量表示，则：

黏滞力

$$T=\mu A\frac{\mathrm{d}u}{\mathrm{d}y}=\mu lv$$

惯性力

$$I=ma=\rho l^3\frac{l}{t^2}=\rho l^2v^2$$

代入上式整理，得

$$\frac{v_p l_p}{\nu_p}=\frac{v_m l_m}{\nu_m} \tag{6-8}$$

$$(Re)_p=(Re)_m$$

无量纲数 $Re=\dfrac{vl}{\nu}$ 称雷诺数（Reynolds number）。雷诺数表征惯性力与黏滞力之比。两流动相应的雷诺数相等，黏滞力相似。

2. 弗劳德准则

由式（6-7）

$$\frac{I_p}{G_p}=\frac{I_m}{G_m}$$

式中重力 $G=\rho gl^3$，惯性力 $I=\rho l^2v^2$。代入上式整理，得

$$\frac{v_p^2}{g_p l_p}=\frac{v_m^2}{g_m l_m}$$

开方
$$\frac{v_p}{\sqrt{g_p l_p}}=\frac{v_m}{\sqrt{g_m l_m}} \tag{6-9}$$
$$(Fr)_p=(Fr)_m$$

无量纲数 $Fr=\frac{v}{\sqrt{gl}}$，称弗劳德数（Froude number）。弗劳德数表征惯性力与重力之比。两流动相应的弗劳德数相等，重力相似。

3. 欧拉准则

由式（6-7）
$$\frac{P_p}{I_p}=\frac{P_m}{I_m}$$
式中压力 $P=pl^2$，惯性力 $I=\rho l^2 v^2$。代入上式整理，得
$$\frac{p_p}{\rho_p v_p^2}=\frac{p_m}{\rho_m v_m^2} \tag{6-10}$$
$$(Eu)_p=(Eu)_m$$

无量纲数 $Eu=\frac{p}{\rho v^2}$称欧拉数（Euler number）。欧拉数表征压力与惯性力之比。两流动相应的欧拉数相等，压力相似。

在不可压缩流体中，对流动起作用的是压强差 Δp，而不是压强的绝对值，欧拉数中常以相应点的压强差 Δp 代替压强，得
$$Eu=\frac{\Delta p}{\rho v^2}$$

4. 柯西准则

当流动受弹性力作用时，由式（6-7）
$$\frac{I_p}{E_p}=\frac{I_m}{E_m}$$
式中弹性力 $E=Kl^2$，K 为流体的体积弹性模量；惯性力 $I=\rho l^2 v^2$。代入上式整理，得
$$\frac{\rho_p v_p^2}{K_p}=\frac{\rho_m v_m^2}{K_m} \tag{6-11}$$
$$(Ca)_p=(Ca)_m$$

无量纲数 $Ca=\frac{\rho v^2}{K}$，称为柯西数（Cauchy number）。柯西数表征惯性力与弹性力之比。两流动相应的柯西数相等，弹性力相似。柯西准则用于水击现象的研究。

声音在流体中传播的速度（声速）$a=\sqrt{\frac{K}{\rho}}$，代入式（6-11）开方，得
$$\frac{v_p}{a_p}=\frac{v_m}{a_m} \tag{6-12}$$
$$(Ma)_p=(Ma)_m$$

无量纲数 $Ma=\frac{v}{a}$称马赫数（Mach number），可压缩气流流速接近或超过声速时，弹性

力成为影响流动的主要因素，实现流动相似需相应的马赫数相等。

如图6-2所示，两个相似流动相应点上的封闭力多边形是相似形。若决定流动的作用力是黏滞力、重力和压力，则只要其中两个同名作用力和惯性力成比例，另一个对应的同名力也将成比例。由于压力通常是待求量，这样只要黏滞力、重力相似，压力将自行相似。换言之，当雷诺准则、弗劳德准则成立，欧拉准则可自行成立。所以又将雷诺准则、弗劳德准则称为定性准则，欧拉准则称为导出准则。

流体的运动是边界条件和作用力决定的，当两个流动一旦实现了几何相似和动力相似，就必然以相同的规律运动。由此得出结论，几何相似与定性准则成立是实现流体力学相似的充分和必要条件。

6.4 模型实验

模型实验是根据相似原理，制成和原型相似的小尺度模型进行实验研究，并以实验的结果预测出原型将会发生的流动现象。进行模型实验需要解决下面两个问题。

6.4.1 模型律的选择

为了使模型和原型流动完全相似，除要几何相似外，各独立的相似准则应同时满足。但实际上要同时满足各准则很困难，甚至是不可能的，譬如按雷诺准则

$$(Re)_p = (Re)_m$$

原型与模型的速度比

$$\frac{v_p}{v_m} = \frac{\nu_p}{\nu_m}\frac{l_m}{l_p} \tag{6-13}$$

按弗劳德准则

$$(Fr)_p = (Fr)_m，且\ g_p = g_m$$

原型与模型的速度比

$$\frac{v_p}{v_m} = \sqrt{\frac{l_p}{l_m}} \tag{6-14}$$

要同时满足雷诺准则和弗劳德准则，就要同时满足式（6-13）和式（6-14）

$$\frac{\nu_p l_m}{\nu_m l_p} = \sqrt{\frac{l_p}{l_m}} \tag{6-15}$$

当原型和模型为同种流体，$\nu_p = \nu_m$，得

$$\frac{l_m}{l_p}=\sqrt{\frac{l_p}{l_m}}$$

可见只有 $l_p=l_m$，即 $\lambda_l=1$ 时，上式才能成立。这在大多数情况下，已失去模型实验的意义。

当原型和模型为不同种流体，$\nu_p\neq\nu_m$，由式（6-15）得

$$\frac{\nu_p}{\nu_m}=\left(\frac{l_p}{l_m}\right)^{3/2}$$

$$\nu_m=\frac{\nu_p}{\lambda_l^{3/2}}$$

如长度比尺 $\lambda_l=10$，$\nu_m=\dfrac{\nu_p}{31.62}$。若原型是水，模型就需选用运动黏度是水的1/31.62的实验流体，这样的流体是很难找到的。

由以上分析可见，模型实验做到完全相似是比较困难的，一般只能达到近似相似。就是保证对流动起主要作用的力相似，这就是模型律的选择问题。如有压管流、潜体绕流，黏滞力起主要作用，应按雷诺准则设计模型；堰顶溢流、闸孔出流、明渠流动等，重力起主要作用，应按弗劳德准则设计模型。

在 7.6 节阐述的流动阻力实验中将指出，当雷诺数 Re 超过某一数值后，阻力系数不随 Re 变化，此时流动阻力的大小与 Re 无关，这个流动范围称为自动模型区。若原型和模型流动都处于自动模型区，只需几何相似，不需 Re 相等，就自动实现阻力相似。工程上许多明渠水流处于自模区，按弗劳德准则设计的模型，只要模型中的流动也进入自模区，便同时满足阻力相似。

6.4.2 模型设计

进行模型设计，通常是先根据实验场地，模型制作和量测条件，定出长度比尺 λ_l；再以选定的比尺 λ_l 缩小原型的几何尺寸，得出模型区的几何边界；根据对流动受力情况的分析，满足对流动起主要作用的力相似，选择模型律；最后按所选用的相似准则，确定流速比尺及模型的流量。例如：

雷诺准则 $$\frac{v_p l_p}{\nu_p}=\frac{v_m l_m}{\nu_m}，\text{如 } \nu_p=\nu_m$$

$$\frac{v_p}{v_m}=\frac{l_m}{l_p}=\lambda_l^{-1} \tag{6-16}$$

弗劳德准则 $$\frac{v_p}{\sqrt{g_p l_p}}=\frac{v_m}{\sqrt{g_m l_m}}，\text{如 } g_p=g_m$$

$$\frac{v_p}{v_m}=\left(\frac{l_p}{l_m}\right)^{1/2}=\lambda_l^{1/2} \tag{6-17}$$

流量比

$$\frac{Q_p}{Q_m}=\frac{v_p A_p}{v_m A_m}=\lambda_v \lambda_l^2$$

$$Q_m=\frac{Q_p}{\lambda_v \lambda_l^2}$$

将速度比尺关系式（6-16）、式（6-17）分别代入上式，得模型流量

雷诺准则模型

$$Q_m=\frac{Q_p}{\lambda_l^{-1}\lambda_l^2}=\frac{Q_p}{\lambda_l}$$

弗劳德准则模型

$$Q_m=\frac{Q_p}{\lambda_l^{1/2}\lambda_l^2}=\frac{Q_p}{\lambda_l^{2.5}}$$

按雷诺准则和弗劳德准则导出各物理量比尺见表 6-1。

模　型　比　尺　　　表 6-1

名　称	比　尺			名　称	比　尺		
	雷诺准则		弗劳德准则		雷诺准则		弗劳德准则
	$\lambda_\nu=1$	$\lambda_\nu\neq1$			$\lambda_\nu=1$	$\lambda_\nu\neq1$	
长度比尺 λ_l	λ_l	λ_l	λ_l	力的比尺 λ_F	λ_ρ	$\lambda_\nu^2\lambda_\rho$	$\lambda_l^3\lambda_\rho$
流速比尺 λ_v	λ_l^{-1}	$\lambda_\nu\lambda_l^{-1}$	$\lambda_l^{1/2}$	压强比尺 λ_p	$\lambda_l^{-2}\lambda_\rho$	$\lambda_\nu^2\lambda_l^{-2}\lambda_\rho$	$\lambda_l\lambda_\rho$
加速度比尺 λ_a	λ_l^{-3}	$\lambda_\nu^2\lambda_l^{-3}$	λ_l^0	功能比尺	$\lambda_l\lambda_\rho$	$\lambda_\nu^2\lambda_l\lambda_\rho$	$\lambda_l^4\lambda_\rho$
流量比尺 λ_Q	λ_l	$\lambda_\nu\lambda_l$	$\lambda_l^{5/2}$	功率比尺	$\lambda_l^{-1}\lambda_\rho$	$\lambda_\nu^3\lambda_l^{-1}\lambda_\rho$	$\lambda_l^{7/2}\lambda_\rho$
时间比尺 λ_t	λ_l^2	$\lambda_\nu^{-1}\lambda_l^2$	$\lambda_l^{1/2}$				

【例 6-5】 为研究热风炉中烟气的流动特性，采用长度比尺为 10 的水流做模型实验。已知热风炉内烟气流速为 8m/s，烟气温度为 600℃，密度为0.4kg/m^3，运动黏度为 0.9cm^2/s。模型中水温 10℃，密度为 1000kg/m^3，运动黏度 0.0131cm^2/s。试问：(1) 为保证流动相似，模型中水的流速是多少？(2) 实测模型的压降为6307.5N/m^2，原型热风炉运行时，烟气的压降是多少？

【解】

(1) 对流动起主要作用的力是黏滞力，应满足雷诺准则

$$(Re)_p=(Re)_m$$

$$v_m=v_p\frac{\nu_m}{\nu_p}\frac{l_p}{l_m}=8\times\frac{0.0131}{0.9}\times10=1.16\text{m/s}$$

(2) 流动的压降满足欧拉准则

$$(Eu)_{\mathrm{p}}=(Eu)_{\mathrm{m}}$$

$$\Delta p_{\mathrm{p}}=\Delta p_{\mathrm{m}}\times\frac{\rho_{\mathrm{p}}v_{\mathrm{p}}^{2}}{\rho_{\mathrm{m}}v_{\mathrm{m}}^{2}}=6307.5\times\frac{0.4\times8^{2}}{1000\times1.16^{2}}=120\mathrm{N/m^{2}}$$

【例 6-6】 桥孔过流模型实验（图 6-3），已知桥墩长 24m，墩宽 4.3m，水深 8.2m，平均流速为 2.3m/s，两桥台的距离为 90m。现以长度比尺为 50 的模型实验，要求设计模型。

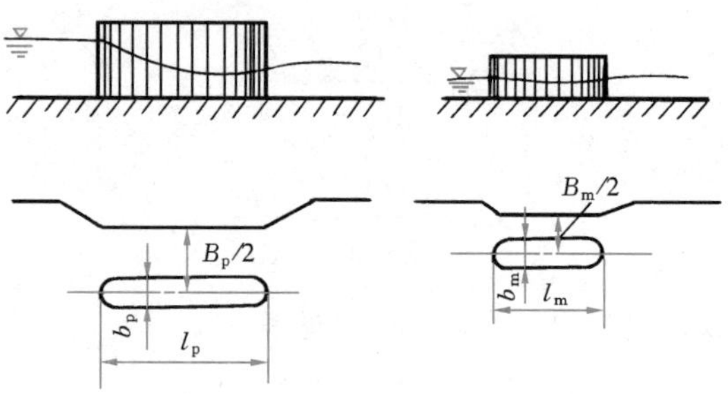

图 6-3　桥孔过流模型

【解】

（1）由给定的比尺 $\lambda_l=50$，设计模型各几何尺寸：

桥墩长　$$l_{\mathrm{m}}=\frac{l_{\mathrm{p}}}{\lambda_l}=\frac{24}{50}=0.48\mathrm{m}$$

桥墩宽　$$b_{\mathrm{m}}=\frac{b_{\mathrm{p}}}{\lambda_l}=\frac{4.3}{50}=0.086\mathrm{m}$$

墩台距　$$B_{\mathrm{m}}=\frac{B_{\mathrm{p}}}{\lambda_l}=\frac{90}{50}=1.8\mathrm{m}$$

水深　$$h_{\mathrm{m}}=\frac{h_{\mathrm{p}}}{\lambda_l}=\frac{8.2}{50}=0.164\mathrm{m}$$

（2）对流动起主要作用的力是重力，按弗劳德准则确定模型流速及流量

$$(Fr)_{\mathrm{p}}=(Fr)_{\mathrm{m}},\quad g_{\mathrm{p}}=g_{\mathrm{m}}$$

流速　$$v_{\mathrm{m}}=\frac{v_{\mathrm{p}}}{\lambda_l^{0.5}}=\frac{2.3}{\sqrt{50}}=0.325\mathrm{m/s}$$

流量　$$Q_{\mathrm{p}}=v_{\mathrm{p}}(B_{\mathrm{p}}-b_{\mathrm{p}})h_{\mathrm{p}}=2.3\times(90-4.3)\times8.2=1616.3\mathrm{m^{3}/s}$$

$$Q_{\mathrm{m}}=\frac{Q_{\mathrm{p}}}{\lambda_l^{2.5}}=\frac{1616.3}{50^{2.5}}=0.0914\mathrm{m^{3}/s}$$

习题

选择题

6.1 速度 v、长度 l、重力加速度 g 的无量纲集合是：(a) $\frac{lv}{g}$；(b) $\frac{v}{gl}$；(c) $\frac{l}{gv}$；(d) $\frac{v^2}{gl}$。

6.2 速度 v、密度 ρ、压强 p 的无量纲集合是：(a) $\frac{\rho p}{v}$；(b) $\frac{\rho v}{p}$；(c) $\frac{pv^2}{\rho}$；(d) $\frac{p}{\rho v^2}$。

6.3 速度 v、长度 l、时间 t 的无量纲集合是：(a) $\frac{v}{lt}$；(b) $\frac{t}{vl}$；(c) $\frac{l}{vt^2}$；(d) $\frac{l}{vt}$。

6.4 压强差 Δp、密度 ρ、长度 l、流量 Q 的无量纲集合是：(a) $\frac{\rho Q}{\Delta p l^2}$；(b) $\frac{\rho l}{\Delta p Q^2}$；(c) $\frac{\Delta p l Q}{\rho}$；(d) $\sqrt{\frac{\rho}{\Delta p}}\frac{Q}{l^2}$。

6.5 进行水力模型实验，要实现明渠水流的动力相似，应选的相似准则是：(a) 雷诺准则；(b) 弗劳德准则；(c) 欧拉准则；(d) 其他。

6.6 进行水力模型实验，要实现有压管流的动力相似，应选的相似准则是：(a) 雷诺准则；(b) 弗劳德准则；(c) 欧拉准则；(d) 其他。

6.7 雷诺数的物理意义表示：(a) 黏滞力与重力之比；(b) 重力与惯性力之比；(c) 惯性力与黏滞力之比；(d) 压力与黏滞力之比。

6.8 明渠水流模型实验，长度比尺为 4，模型流量应为原型流量的：(a) 1/2;(b) 1/4；(c) 1/8；(d) 1/32。

6.9 压力输水管模型实验，长度比尺为 8，模型水管的流量应为原型输水管流量的：(a) 1/2；(b) 1/4；(c) 1/8；(d) 1/16。

计算题

6.10 假设自由落体的下落距离 s 与落体的质量 m、重力加速度 g 及下落时间 t 有关，试用瑞利法导出自由落体下落距离的关系式。

6.11 水泵的轴功率 N 与泵轴的转矩 M、角速度 ω 有关，试用瑞利法导出轴功率表达式。

6.12 水中的声速 a 与体积弹性模量 K 和密度 ρ 有关，试用瑞利法导出声速的表达式。

6.13 受均布载荷的简支梁，最大挠度 y_{max} 与梁的长度 l，均布载荷的集度 q 和梁的刚度 EI 有关，与刚度成反比，试用瑞利法导出最大挠度的关系式。

6.14 薄壁堰溢流如图 6-4 所示，假设单宽流量 q 与堰上水头 H、水的密度 ρ 及重力加速度 g 有关，试用瑞利法求流量 q 的关系式。

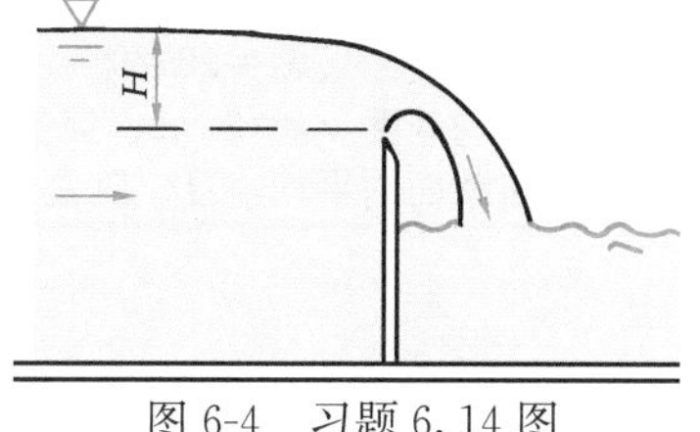

图 6-4 习题 6.14 图

6.15 已知文丘里流量计喉管流速 v 与流量计压强差 Δp、主管直径 d_1、喉管直径 d_2 以及流体的密度 ρ 和运动黏度 ν 有关，试用 π 定理证明流速关系式为

$$v=\sqrt{\frac{\Delta p}{\rho}}\varphi\left(Re,\ \frac{d_2}{d_1}\right)$$

6.16 球形固体颗粒在流体中的自由沉降速度 u_f 与颗粒的直径 d、密度 ρ_s 以及流体的密度 ρ、动力黏度 μ、重力加速度 g 有关，试用 π 定理证明自由沉降速度关系式

$$u_f=f\left(\frac{\rho_s}{\rho},\ \frac{\rho u_f d}{\mu}\right)\sqrt{gd}$$

6.17 圆形孔口出流（图 6-5）的流速 v 与作用水头 H、孔口直径 d、水的密度 ρ 和动力黏度 μ、重力加速度 g 有关，试用 π 定理推导孔口流量公式。

6.18 用水管模拟输油管道。已知输油管直径 500mm，管长 100m，输油量 0.1m³/s，油的运动黏度为 150×10^{-6}m²/s。水管直径 25mm，水的运动黏度为 1.01×10^{-6}m²/s。试求：(1) 模型管道的长度和模型的流量；（2）如模型上测得的压强差$(\Delta p/\rho g)_m$=2.35cm水柱，输油管上的压强差$(\Delta p/\rho g)_p$是多少？

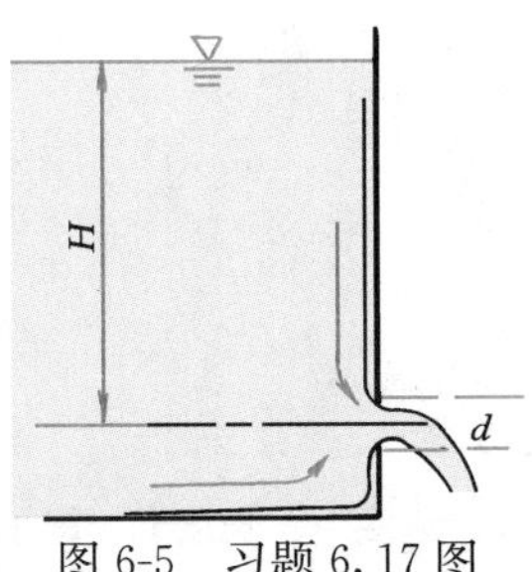

图 6-5　习题 6.17 图

6.19　为研究输水管道上直径600mm阀门的阻力特性，采用直径300mm，几何相似的阀门用气流做模型实验。已知输水管道的流量为0.283m³/s，水的运动黏度$v=1\times10^{-6}m^2/s$，空气的运动黏度$v_a=1.6\times10^{-5}m^2/s$，试求模型的气流量。

6.20　为研究汽车的空气动力特性，在风洞中进行模型实验，如图6-6所示。已知汽车高$h_p=1.5m$，行车速度$v_p=108km/h$，风洞风速$v_m=45m/s$，测得模型车的阻力$P_m=1.4kN$，试求模型车的高度h_m及汽车受到的阻力。

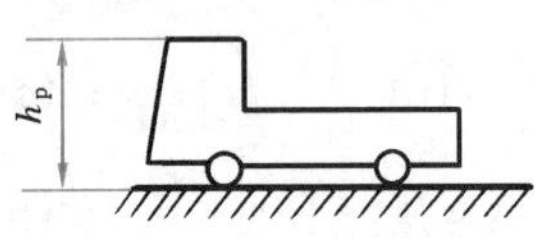

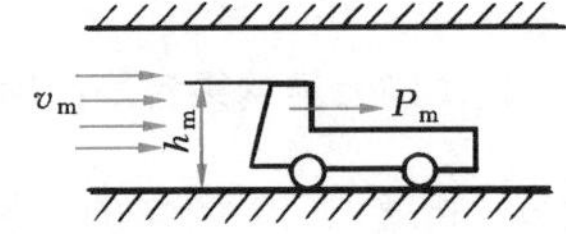

图 6-6　习题 6.20 图

6.21　为研究风对高层建筑物的影响，在风洞中进行模型实验，当风速为9m/s时，测得迎风面压强为42N/m²，背风面压强为−20N/m²，试求温度不变，风速增至12m/s时，迎风面和背风面的压强。

6.22　一个潮汐模型，按弗劳德准则设计，长度比尺$\lambda_l=2000$，问原型中的一天，相当于模型时间是多少？

6.23　防浪堤模型实验，长度比尺为40，测得浪压力为130N，试求作用在原型防浪堤上的浪压力。

6.24　溢流坝泄流实验（图6-7），原型坝的泄流量为120m³/s，实验室可供实验用的最大流量为0.75m³/s，试求允许的最大长度比尺；如在这样的模型上测得某一作用力为2.8N，原型相应的作用力是多少？

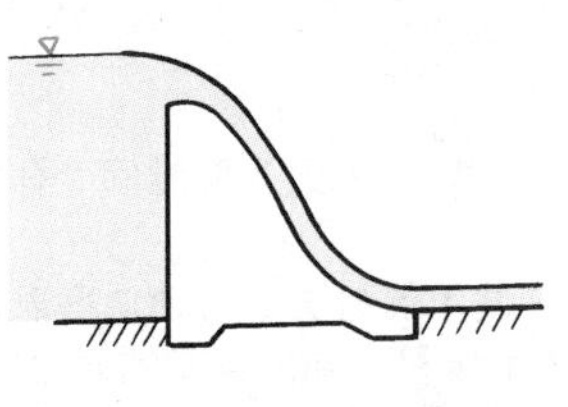
图 6-7　习题 6.24 图

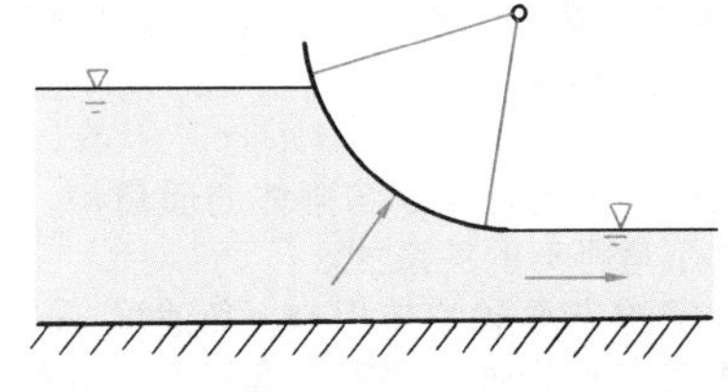
图 6-8　习题 6.25 图

6.25　采用长度比尺$\lambda_l=20$的模型，做弧形闸门闸下泄流实验（图6-8），由模型测得：下游收缩断面的平均速度$v_m=2m/s$，流量$Q_m=35L/s$，水流作用在闸门上的总压力$P_m=40N$，试求：原型收缩断面的平均速度、流量和闸门上的总压力。

（拓展习题）

（拓展习题答案）

第7章 流动阻力和水头损失

(思维导图)

本章主要叙述流体在通道(管道、渠道)内流动的阻力和水头损失规律。

实际流体具有黏性,在通道内流动时,流体内部流层之间存在相对运动和流动阻力。流动阻力做功,使流体的一部分机械能不可逆地转化为热能而散发,从流体具有的机械能来看是一种损失。总流受单位重力作用的流体的平均机械能损失称为水头损失,只有解决了水头损失的计算问题,第 4 章得到的伯努利方程式(4-13)才能用于解决实际工程问题。

7.1 流动阻力和水头损失的分类

流动阻力和水头损失的规律,因流体的流动型态和流动的边界条件而异。为便于分析计算,按流动边界情况的不同,对流动阻力和水头损失分类研究。

7.1.1 水头损失的分类

在边壁沿程无变化(边壁形状、尺寸、过流方向均无变化)的均匀流流段上,产生的流动阻力称为沿程阻力或摩擦阻力。由于沿程阻力做功而引起的水头损失称为沿程水头损失。沿程水头损失均匀分布在整个流段上,与流段的长度成比例。流体在等直径的直管中流动的水头损失就是沿程水头损失,以 h_f 表示。

在边壁沿程急剧变化,流速分布发生变化的局部区段上,集中产生的流动阻力称为局部阻力。由局部阻力引起的水头损失,称为局部水头损失。发生在管道入口、异径管、弯管、三通、阀门等各种管件处的水头损失,都是局部水头损失,以 h_j 表示。

如图 7-1 所示的管道流动,ab、bc、cd 各段只有沿程阻力,h_{fab}、h_{fbc}、h_{fcd} 是各段的沿程水头损失;管道入口、管径突然缩小及阀门处产生局部阻力,h_{ja}、h_{jb}、h_{jc} 是各处的局部水头损失。整个管道的水头损失 h_w 等于各管段的沿程水头损失和所有局部水头损失的总和。

$$h_w=\sum h_f+\sum h_j=h_{fab}+h_{fbc}+h_{fcd}+h_{ja}+h_{jb}+h_{jc}$$

气体管流的机械能损失用压强损失计算,

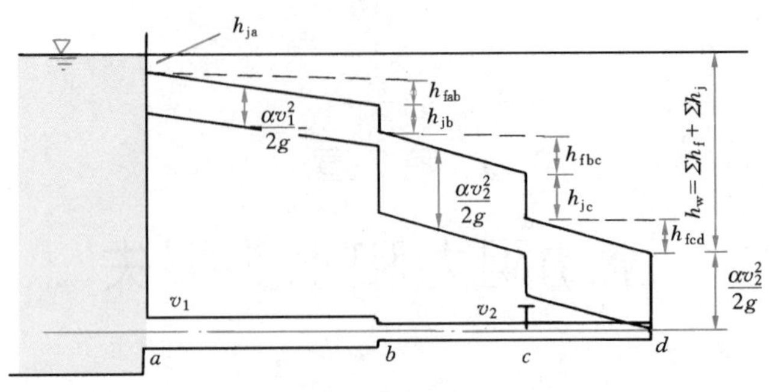

图 7-1　水头损失

即
$$p_w = \Sigma p_f + \Sigma p_j$$

压强损失同水头损失的关系为：

$$p_w = \rho g h_w;\ p_f = \rho g h_f;\ p_j = \rho g h_j$$

7.1.2　水头损失的计算公式

水头损失计算公式的建立，经历了从经验到理论的发展过程。历史上为了满足给水工程的需要，自 18 世纪 30 年代起，Couplet（1732 年）、Bossut（1772 年）、Dubuat（1779 年）等人相继进行了水头损失的实验。至 19 世纪中叶法国工程师达西（Darcy，H. 1803 年～1858 年）和德国水力学家魏斯巴赫（Weisbach，J. L. 1806 年～1871 年）在归纳总结前人实验的基础上，提出圆管沿程水头损失计算公式：

$$h_f = \lambda \frac{l}{d} \frac{v^2}{2g} \tag{7-1}$$

式中　l——管长；

d——管径；

v——断面平均流速；

g——重力加速度；

λ——沿程摩阻系数（沿程阻力系数）。

式（7-1）称为达西-魏斯巴赫公式。式中的沿程摩阻系数 λ 并不是一个确定的常数，一般由实验确定。由此，可以认为达西公式实际上是把沿程水头损失的计算，转化为确定沿程摩阻系数 λ。20 世纪初量纲分析原理发现以后，可以用量纲分析的方法直接导出式（7-1）（见第 6 章 6.2 节【例 6-3】），进一步从理论上证明了该式是一个正确、完整地表达圆管沿程水头损失的公式，使它从最初的纯经验公式中分离出来。经过一个多世纪以来的理论发展和实践检验证明，达西公式在结构上是合理的，使用上是方便的。

在实验的基础上，局部水头损失按下式计算：

$$h_{j}=\zeta \frac{v^{2}}{2g} \tag{7-2}$$

式中　ζ——局部水头损失系数（局部阻力系数），由实验确定；

v——ζ对应的断面平均流速。

（先贤小传——雷诺）

7.2　黏性流体的两种流态

早在19世纪30年代，就已经发现了沿程水头损失和流速有一定关系。在流速很小时，水头损失和流速的一次方成比例；在流速较大时，水头损失几乎和流速的平方成比例。直到1880年～1883年，英国物理学家雷诺（Reynolds，O. 1842年～1912年）经过实验研究发现，水头损失规律之所以不同，是因为黏性流体存在着两种不同的流动型态（flow regimes）。

7.2.1　两种流态

雷诺实验的装置如图7-2所示。由水箱引出玻璃管A，末端装有阀门B，在水箱上部的容器C中装有密度和水接近的颜色水，打开阀门D，颜色水就可经针管E注入A管中。

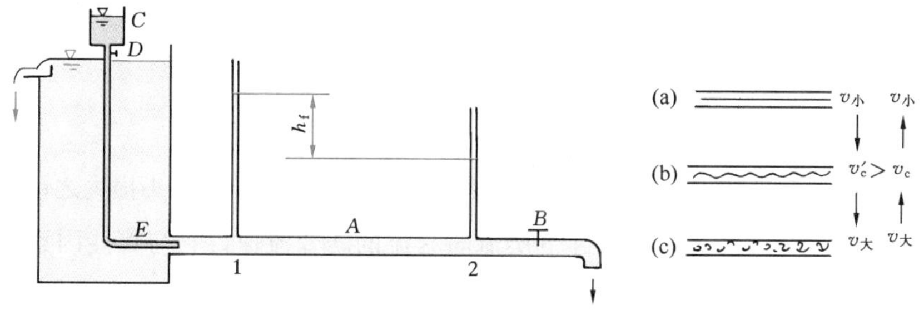

图7-2　雷诺实验

实验时保持水箱内水位恒定，稍许开启阀门B，使玻璃管内保持较低流速。再打开阀门D，颜色水经针管E流出。这时可见玻璃管内的颜色水成一条界线分明的纤流，与周围清水不相混合（图7-2a）。表明玻璃管中的水，一层套着一层呈层状流动，各层质点互不掺混，这种流动型态称为层流。逐渐开大阀门B，玻璃管内流速增大到某一临界值v'_c时，颜色水纤流出现抖动（图7-2b）。再开大阀门B，颜色水纤流破散并与周围清水混合，使玻璃管的整个断面都带颜色（图7-2c）。表明此时质点的运动轨迹极不规则，各层质点相互掺混，这种流动型态称为紊流或湍流。

将以上实验按相反的顺序进行。先开大阀门B，使玻璃管内为紊流，然后逐渐关小阀门

B，则按相反的顺序重演前面实验中发生的现象。只是由紊流转变为层流的流速 v_c 小于由层流转变为紊流的流速 v'_c。

流态转变的流速 v'_c 和 v_c 分别称为上临界流速和下临界流速。实验发现，上临界流速 v'_c 是不稳定的，受起始扰动的影响很大。在水箱水位恒定、管道入口平顺、管壁光滑、阀门开启轻缓的条件下，v'_c 可比 v_c 大许多。下临界流速 v_c 是稳定的，不受起始扰动的影响，对任何起始紊流，当流速 v 小于 v_c 值，只要管道足够长，流动终将发展为层流。实际流动中，扰动难以避免，实用上把下临界流速 v_c 作为流态转变的临界流速：$v<v_c$ 流动是层流；$v>v_c$ 流动是紊流。

为研究不同流态沿程水头损失的规律，在图 7-2 所示的实验管道中，选取断面 1、2，并安装测压管，列 1、2 断面的伯努利方程，得：

$$h_f=\left(z_1+\frac{p_1}{\rho g}\right)-\left(z_2+\frac{p_2}{\rho g}\right)$$

改变阀门 B 开度，对照观察管中流态，量测沿程水头损失 h_f（测压管水头差）和相应的断面平均流速 v。经整理即可得出不同流态，沿程水头损失 h_f 和流速 v 的关系：

层流沿程水头损失与流速的 1 次方成比例，$h_f \propto v^{1.0}$；

紊流沿程水头损失与流速的 1.75～2.0 次方成比例，$h_f \propto v^{1.75\sim 2.0}$。证明流动型态不同，沿程阻力的变化规律不同，沿程水头损失的规律不同。

7.2.2 雷诺数

1. 圆管流雷诺数

因为流态不同，沿程阻力和水头损失的规律不同。所以，计算水头损失之前，需对流态作出判断。临界流速 v_c 是该流动条件下层流与紊流的转变流速，它与哪些因素有关呢？雷诺实验发现，临界流速 v_c 与流体的黏度 μ 成正比，与流体的密度 ρ 和管径 d 成反比，即

$$v_c \propto \frac{\mu}{\rho d}$$

写成等式

$$v_c = Re_c\frac{\mu}{\rho d}$$

式中 Re_c 为比例常数，是不随管径大小和流体物性（ρ、μ）变化的无量纲数，

$$Re_c=\frac{v_c \rho d}{\mu}=\frac{v_c d}{\nu} \tag{7-3}$$

称为下临界雷诺数，实用上称为临界雷诺数。雷诺及后来的实验都得出，临界雷诺数稳定在 2000 左右，其中以希勒（Schiller，1921 年）的实验值 $Re_c=2300$ 得到公认。

用临界雷诺数作为流态判别标准，应用起来十分简便。只需计算出管流的雷诺数

$$Re=\frac{vd}{\nu}$$

将 Re 值与 $Re_c=2300$ 比较，便可判别流态：

$Re<Re_c$ 则 $v<v_c$，流动是层流；

$Re>Re_c$ 则 $v>v_c$，流动是紊流；

$Re=Re_c$ 则 $v=v_c$，流动是临界流。

2. 非圆通道雷诺数

对于明渠水流和非圆断面管流，同样可以用雷诺数判别流态。这里要引用一个综合反映断面大小和几何形状对流动影响的特征长度，代替圆管雷诺数中的直径 d。这个特征长度是水力半径

$$R=\frac{A}{\chi} \tag{7-4}$$

式中 R——水力半径；

A——过流断面面积；

χ——过流断面上流体与固体壁面接触的周界，称为湿周。

如：开口矩形断面渠道（图 7-3a），$R=\dfrac{bh}{b+2h}$；

圆管流（图 7-3b），$R=\dfrac{\frac{1}{4}\pi d^2}{\pi d}=\dfrac{d}{4}$。

以水力半径 R 为特征长度，相应的临界雷诺数

$$Re_{c\cdot R}=\frac{vR}{\nu}=575$$

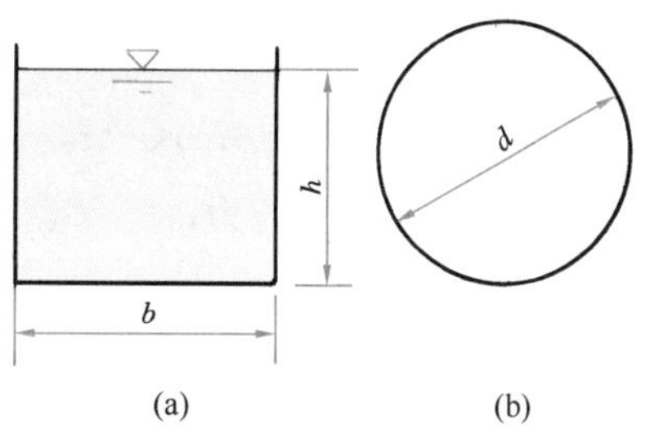

图 7-3　水力半径

3. 雷诺数的物理意义

关于雷诺数的物理意义，如第 6 章 6.3 节所述，是以宏观特征量表征的、质点所受惯性力与黏性力之比。当 $Re<Re_c$，流动受黏性作用控制，使流体因受扰动所引起的紊动衰减，流动保持为层流；随着 Re 增大，黏性作用减弱，惯性对紊动的促进作用增强，当 $Re>Re_c$ 时，流动受惯性作用控制，流动转变为紊流。正因为雷诺数表征了流态决定性因素的对比，具有普遍意义，所有牛顿流体（如水、汽油、所有的气体）圆管流的临界雷诺数 $Re_c=2300$。

【例 7-1】有一直径 $d=25\text{mm}$ 的水管，流速 $v=1.0\text{m/s}$，水温为 10℃，试判别流态。

【解】由表 1-4，查得 10℃水的运动黏度 $\nu=1.31\times10^{-6}\text{m}^2/\text{s}$。

雷诺数　$Re=\dfrac{vd}{\nu}=\dfrac{1.0\times0.025}{1.31\times10^{-6}}\approx19100>2300$

$Re>Re_c$，此管流是紊流。

【例 7-2】若使上题保持层流，最大流速是多少？

【解】保持层流的最大流速是临界流速，由式（7-3）

$$v_c = \frac{Re_c \nu}{d} = \frac{2300 \times 1.31 \times 10^{-6}}{0.025} = 0.12\text{m/s}$$

7.3 沿程水头损失与切应力的关系

前面已指出，沿程阻力（均匀流内部流层间的切应力）是造成沿程水头损失的直接原因。因此，建立沿程水头损失与切应力的关系式，再找出切应力的变化规律，就能解决沿程水头损失的计算问题。

7.3.1 均匀流动方程式

设圆管恒定均匀流段 1-2（图 7-4），作用于流段上的外力：压力、壁面切力、重力相平衡

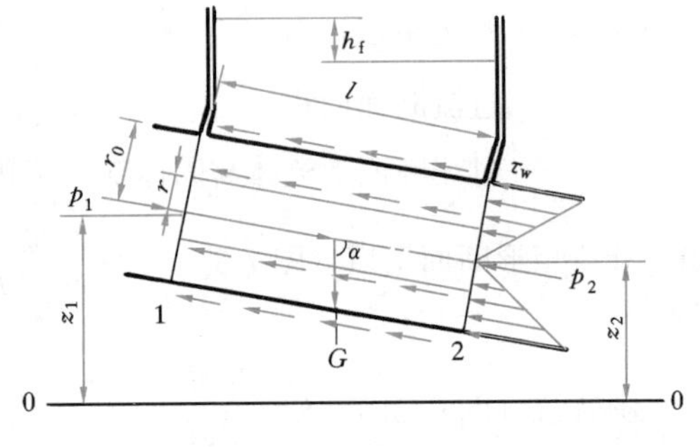

图 7-4 圆管均匀流动

$$p_1 A - p_2 A + \rho g A l \cos\alpha - \tau_w \chi l = 0$$

式中 τ_w——壁面切应力；

χ——湿周。

$$l\cos\alpha = z_1 - z_2$$

以 $\rho g A$ 除式中各项，整理得

$$\left(z_1 + \frac{p_1}{\rho g}\right) - \left(z_2 + \frac{p_2}{\rho g}\right) = \frac{\tau_w \chi l}{\rho g A}$$

又列 1-1、2-2 断面伯努利方程，得

$$\left(z_1 + \frac{p_1}{\rho g}\right) - \left(z_2 + \frac{p_2}{\rho g}\right) = h_f$$

故
$$h_f = \frac{\tau_w \chi l}{\rho g A} = \frac{\tau_w l}{\rho g R} \tag{7-5}$$

或
$$\tau_w = \rho g R \frac{h_f}{l} = \rho g R J \tag{7-6}$$

式中 R——水力半径，$R = \frac{A}{\chi}$；

J——水力坡度，$J = \frac{h_f}{l}$。

式（7-5）或式（7-6）给出了圆管均匀流沿程水头损失与切应力的关系，称为均匀流动

方程式。对于明渠均匀流（见9.2节），按上式步骤可得到与式（7-5）、式（7-6）相同的结果，只因为是非轴对称过流断面，边壁切应力分布不均匀，式中 τ_w 应为平均切应力。

由于均匀流动方程式是根据作用在恒定均匀流段上的外力相平衡而得到的平衡关系式，并没有反映流动过程中产生沿程水头损失的物理本质。公式推导未涉及流体质点的运动状况，因此该式对层流和紊流都适用。然而层流和紊流切应力的产生和变化有本质不同，最终决定两种流态水头损失的规律不同。

7.3.2 圆管过流断面上切应力分布

在图7-4所示圆管恒定均匀流中，取轴线与管轴重合，半径为 r 的流束，用推导式(7-6)的相同步骤，便可得出流束的均匀流动方程式

$$\tau=\rho g R' J' \tag{7-7}$$

式中　τ——所取流束表面的切应力；

R'——所取流束的水力半径；

J'——所取流束的水力坡度，与总流的水力坡度相等，$J'=J$。

将 $R=\frac{r_0}{2}$ 及 $R'=\frac{r}{2}$ 分别代入式（7-6）、式（7-7），得

$$\tau_w=\rho g \frac{r_0}{2} J \tag{7-8}$$

$$\tau=\rho g \frac{r}{2} J \tag{7-9}$$

上两式相比，得

$$\tau=\frac{r}{r_0}\tau_w \tag{7-10}$$

即圆管均匀流过流断面上切应力呈线性分布，管轴处 $\tau=0$，管壁处切应力达最大值 $\tau=\tau_w$（图7-4）。

7.3.3 壁剪切速度

下面在均匀流动方程式的基础上，推导沿程摩阻系数 λ 和壁面切应力 τ_w 的关系。

将 $J=\lambda \frac{1}{d}\frac{v^2}{2g}$ 代入均匀流动方程式（7-8），整理得

$$\sqrt{\frac{\tau_w}{\rho}}=v\sqrt{\frac{\lambda}{8}}$$

定义 $v_*=\sqrt{\frac{\tau_w}{\rho}}$，$v_*$ 有速度的量纲，称为壁剪切速度（摩擦速度）。则

$$v_*=v\sqrt{\frac{\lambda}{8}} \tag{7-11}$$

式（7-11）是沿程摩阻系数和壁面切应力的关系式，该式在紊流的研究中广为应用。

7.4 圆管中的层流运动

层流常见于很细的管道流动，或者低速、高黏流体的管道流动，如阻尼管、润滑油管、原油输油管道内的流动。研究层流不仅有工程实用意义，而且通过比较，还可加深对紊流的认识。

7.4.1 流动特征

如前述，层流各流层质点互不掺混，对于圆管来说，各层质点沿平行管轴线方向运动。与管壁接触的一层速度为零，管轴线上速度最大，整个管流如同无数薄壁圆筒一个套着一个滑动（图 7-5）。

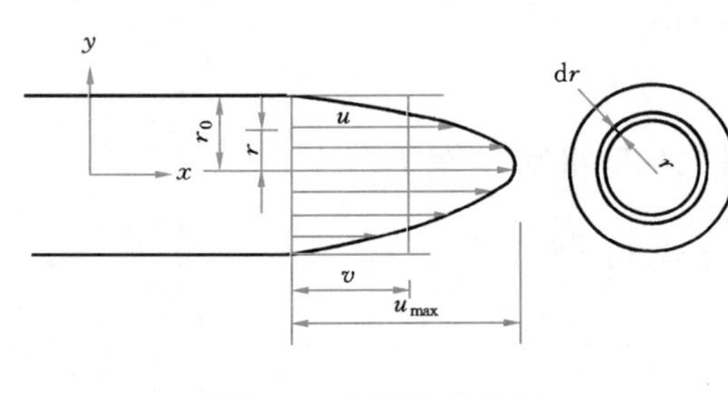

图 7-5　圆管中的层流

各流层间切应力服从牛顿内摩擦定律，即满足式（1-3）

$$\tau=\mu\frac{\mathrm{d}u}{\mathrm{d}y}$$

这里　$y=r_0-r$

则

$$\tau=-\mu\frac{\mathrm{d}u}{\mathrm{d}r} \tag{7-12}$$

7.4.2 流速分布

将式（7-12）代入均匀流动方程式（式 7-9）中

$$-\mu\frac{\mathrm{d}u}{\mathrm{d}r}=\rho g\frac{r}{2}J$$

分离变量

$$\mathrm{d}u=-\frac{\rho gJ}{2\mu}r\,\mathrm{d}r$$

其中 ρg 和 μ 都是常数，在均匀流过流断面上 J 也是常数，积分上式

$$u=-\frac{\rho gJ}{4\mu}r^2+c$$

积分常数 c 由边界条件确定，当 $r=r_0$，$u=0$ 时，$c=\frac{\rho gJ}{4\mu}r_0^2$。代回上式得

$$u=\frac{\rho gJ}{4\mu}(r_0^2-r^2) \tag{7-13}$$

上式是过流断面上流速分布的解析式，该式为抛物线方程。过流断面上流速呈抛物线分

布，是圆管层流的重要特征之一。

将 $r=0$ 代入上式，得管轴处最大流速为

$$u_{\max}=\frac{\rho gJ}{4\mu}r_0^2 \tag{7-14}$$

流量
$$Q=\int_A u\mathrm{d}A=\int_0^{r_0}\frac{\rho gJ}{4\mu}(r_0^2-r^2)2\pi r\mathrm{d}r=\frac{\rho gJ}{8\mu}\pi r_0^4 \tag{7-15}$$

平均流速
$$v=\frac{Q}{A}=\frac{\rho gJ}{8\mu}r_0^2 \tag{7-16}$$

比较式（7-13）、式（7-15）得

$$v=\frac{1}{2}u_{\max}$$

即圆管层流的断面平均流速为最大流速的一半。可见，层流的过流断面上流速分布不均，其动能修正系数为

$$\alpha=\frac{\int_A u^3\mathrm{d}A}{v^3A}=2$$

动量修正系数为

$$\beta=\frac{\int_A u^2\mathrm{d}A}{v^2A}=1.33$$

7.4.3 沿程水头损失的计算

以 $r_0=\dfrac{d}{2}$，$J=\dfrac{h_{\mathrm{f}}}{l}$ 代入式（7-15），整理得

$$h_{\mathrm{f}}=\frac{32\mu l}{\rho gd^2}v \tag{7-17}$$

改写为通用的达西-魏斯巴赫公式的形式

$$h_{\mathrm{f}}=\frac{64}{Re}\frac{l}{d}\frac{v^2}{2g}=\lambda\frac{l}{d}\frac{v^2}{2g}$$

沿程摩阻系数

$$\lambda=\frac{64}{Re} \tag{7-18}$$

式（7-17）表明，层流的沿程摩阻系数只是雷诺数的函数，与管壁粗糙度无关。

法国医生兼物理学家泊肃叶（Poiseuill，J. L. M. 1841 年）和德国水利工程师哈根（Hagen，G. H. L. 1839 年）首先进行了圆管层流的实验研究，式（7-14）又称为哈根-泊肃叶公式。该式与实验结果相符，在流体力学发展的历史上，为确认黏性流体沿固体壁面无滑

移（壁面吸附）条件：$r=r_0$，$u=0$ 的正确性，提供了佐证。

需要指出，与4.5.4节内容相对应，哈根-泊肃叶公式也可由黏性流体运动微分方程（N-S方程）导出，【例 7-3】也是N-S方程为数不多的精确解之一。

【例 7-3】用黏性流体运动微分方程（N-S方程）推导圆管中不可压缩流体恒定层流的压强及流速分布规律。

【解】为简化推导，设水平圆管，取直角坐标系，y 轴与管轴线重合（图 7-6）。

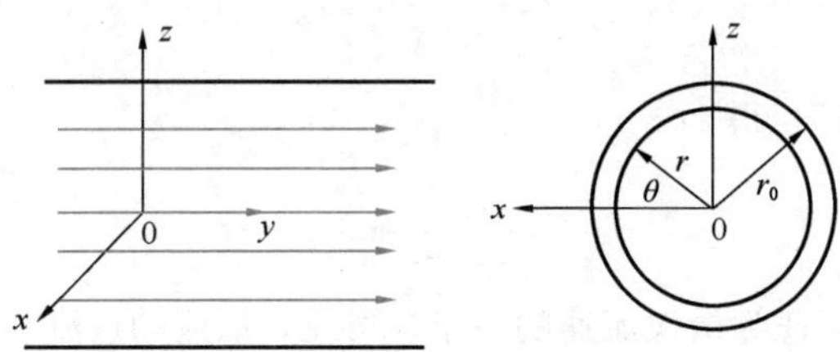

图 7-6　圆管均匀层流

引用N-S方程（式 4-29）：

$$X-\frac{1}{\rho}\frac{\partial p}{\partial x}+\nu\nabla^2 u_x=\frac{\partial u_x}{\partial t}+u_x\frac{\partial u_x}{\partial x}+u_y\frac{\partial u_x}{\partial y}+u_z\frac{\partial u_x}{\partial z}$$

$$Y-\frac{1}{\rho}\frac{\partial p}{\partial y}+\nu\nabla^2 u_y=\frac{\partial u_y}{\partial t}+u_x\frac{\partial u_y}{\partial x}+u_y\frac{\partial u_y}{\partial y}+u_z\frac{\partial u_y}{\partial z}$$

$$Z-\frac{1}{\rho}\frac{\partial p}{\partial z}+\nu\nabla^2 u_z=\frac{\partial u_z}{\partial t}+u_x\frac{\partial u_z}{\partial x}+u_y\frac{\partial u_z}{\partial y}+u_z\frac{\partial u_z}{\partial z}$$

由流动条件：

（1）圆管均匀层流，质点只有轴向运动，$u_y=u(x,z),u_x=u_z=0$，$\frac{\partial u_x}{\partial x}=\frac{\partial u_z}{\partial z}=0$，$\nabla^2 u_x=\nabla^2 u_z=0$；

（2）不可压缩流体，$\frac{\partial u_x}{\partial x}+\frac{\partial u_y}{\partial y}+\frac{\partial u_z}{\partial z}=0$，得 $\frac{\partial u_y}{\partial y}=0,\frac{\partial^2 u_y}{\partial y^2}=0$；

（3）恒定流，$\frac{\partial u_x}{\partial t}=\frac{\partial u_y}{\partial t}=\frac{\partial u_z}{\partial t}=0$；

（4）质量力只有重力，$X=Y=0$，$Z=-g$。

化简N-S方程：

$$\left.\begin{aligned}&\frac{\partial p}{\partial x}=0 &\text{(a)}\\&\frac{\partial p}{\partial y}=\mu\left(\frac{\partial^2 u}{\partial x^2}y+\frac{\partial^2 u}{\partial z^2}y\right) &\text{(b)}\\&\rho g+\frac{\partial p}{\partial z}=0 &\text{(c)}\end{aligned}\right\}$$

由式（a）$\frac{\partial p}{\partial x}=0$，$p$ 与 x 无关，$p=p(y,z)$，在同一过流断面上 y 是常数，$\frac{\partial p}{\partial z}=\frac{\mathrm{d}p}{\mathrm{d}z}$，代入式（c）得

$$\mathrm{d}z+\frac{\mathrm{d}p}{\rho g}=0$$

积分

$$z+\frac{p}{\rho g}=c$$

证明同一过流断面上，动压强与静压强分布规律相同（与 4-3 节证明的结论相同）。

由式（b）结合 $\frac{\partial u_y}{\partial y}=0$，可知 $\frac{\partial p}{\partial y}=c$，压强沿管轴线的变化率是常数，设管长 l，压降 $\Delta p=p_1-p_2$，则 $\frac{\partial p}{\partial y}=-\frac{\Delta p}{l}$。

变换式（b）：坐标变量 $r^2=x^2+z^2$，对 x 求导　$2r\frac{\partial r}{\partial x}=2x$，$\frac{\partial r}{\partial x}=\frac{x}{r}$

则

$$\frac{\partial u_y}{\partial x}=\frac{\partial u_y}{\partial r}\frac{\partial r}{\partial x}=\frac{x}{r}\frac{\partial u_y}{\partial r}$$

$$\frac{\partial^2 u_y}{\partial x^2}=\frac{x}{r}\frac{\partial^2 u_y}{\partial r^2}\frac{\partial r}{\partial x}+\frac{\partial u_y}{\partial r}\frac{r-x\frac{\partial r}{\partial x}}{r^2}=\frac{x^2}{r^2}\frac{\partial^2 u_y}{\partial r^2}+\frac{\partial u_y}{\partial r}\frac{z^2}{r^3}$$

同理

$$\frac{\partial^2 u_y}{\partial z^2}=\frac{z^2}{r^2}\frac{\partial^2 u_y}{\partial r^2}+\frac{\partial u_y}{\partial r}\frac{x^2}{r^3}$$

将以上结果代回式（b）化简得

$$\mu\left(\frac{\partial^2 u_y}{\partial r^2}+\frac{1}{r}\frac{\partial u_y}{\partial r}\right)=-\frac{\Delta p}{l}$$

圆管轴对称流动，速度 u_y 与极角 θ 无关，只是极径 r 的函数 $u_y=u_y(r)$，$\frac{\partial u_y}{\partial r}=\frac{\mathrm{d}u_y}{\mathrm{d}r}$。再用 u 代替 u_y，改写上式

$$r\frac{\mathrm{d}^2 u}{\mathrm{d}r^2}+\frac{\mathrm{d}u}{\mathrm{d}r}=-\frac{\Delta p}{\mu l}r$$

$$\frac{\mathrm{d}}{\mathrm{d}r}\left(r\frac{\mathrm{d}u}{\mathrm{d}r}\right)=-\frac{\Delta p}{\mu l}r$$

积分得

$$\frac{\mathrm{d}u}{\mathrm{d}r}=-\frac{\Delta p}{\mu l}\frac{r}{2}+\frac{c_1}{r}$$

$$u=-\frac{\Delta p}{4\mu l}r^2+c_1\ln r+c_2$$

积分常数 $r=0$，管轴 u 有界，式中 $\ln r|_{r=0}\to-\infty$ 是不可能的，取 $c_1=0$；

$$r=r_0,\text{管壁 } u=0, c_2=\frac{\Delta p}{4\mu l}r_0^2\text{。}$$

c_1、c_2代回前式得

$$u=\frac{\Delta p}{4\mu l}(r_0^2-r^2)$$

$$=\frac{\rho g h_f}{4\mu l}(r_0^2-r^2)=\frac{\rho g J}{4\mu}(r_0^2-r^2)$$

流量 $$Q=\int_0^{r_0}\frac{\rho g J}{4\mu}(r_0^2-r^2)2\pi r\mathrm{d}r=\frac{\rho g J}{8\mu}\pi r_0^4$$

以上是直角坐标 N-S 方程的精确解。

【例 7-4】 应用细管式黏度计测定油的黏度，已知细管直径 $d=6\text{mm}$，测量段长 $l=2\text{m}$（图 7-7）。实测油的流量 $Q=77\text{cm}^3/\text{s}$，水银压差计的读值 $h_p=30\text{cm}$，油的密度 $\rho=900\text{kg/m}^3$。试求油的运动黏度 ν 和动力黏度 μ。

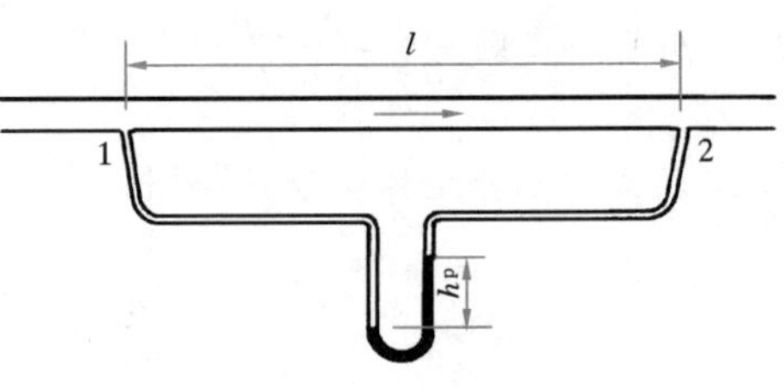

图 7-7　细管黏度计

【解】 列细管测量段前、后断面（1、2）伯努利方程，化简

$$h_f=\frac{p_1}{\rho g}-\frac{p_2}{\rho g}=\left(\frac{\rho_p}{\rho}-1\right)h_p=\left(\frac{13600}{900}-1\right)\times 0.3=4.23\text{m}$$

$$v=\frac{4Q}{\pi d^2}=2.73\text{m/s}$$

设为层流 $$h_f=\frac{64\nu}{vd}\frac{l}{d}\frac{v^2}{2g}$$

解得 $$\nu=h_f\frac{2gd^2}{64lv}=8.54\times 10^{-6}\text{m}^2/\text{s}$$

$$\mu=\rho\nu=7.69\times 10^{-3}\text{Pa}\cdot\text{s}$$

校核流态

$$Re=\frac{vd}{\nu}=\frac{2.73\times 0.006}{8.54\times 10^{-6}}=1918<2300\text{ 层流，计算成立。}$$

7.5　紊流运动

自然界和工程中的大多数流动都是紊流。工业生产中的许多工艺过程，如流体的管道输送、燃烧过程、掺混过程、传热和冷却等都涉及紊流问题，可见紊流更具有普遍性。

7.5.1 紊流的特征与时均化

1. 紊流的特征

紊流中流体质点的运动极不规则，质点的运动轨迹曲折无序，各层质点相互掺混。质点的掺混，使得流场中各点的速度随时间无规则地变化。与之相关联，压强、浓度等量也随时间无规则地变化，这种现象称为紊流脉动（紊流涨落）。质点掺混，紊流脉动，是从不同的角度表达紊流的不规则性，前者着眼于流体质点的运动状况，后者着眼于流场中各点流动参数的变化。

20世纪中叶以来，人类开发出粒子图像测速等流场可视化方法。测取的结果显示，通过流场内部不断的拉伸变形作用，形成紊流中各种不同大小的涡旋（图7-8）。在涡旋相互作用的过程中，大涡旋破裂为小涡旋。大涡旋由紊流核心区获得动能，并向小涡旋逐级传递。在黏性作用下，小涡旋不断消失，最后机械能转化为流体的热能。同时，在壁面等扰动、速度梯度作用下，新的大涡旋又不断产生。这样周而复始，构成了紊流运动。这种大小不等的涡旋运动及其间的能量传递可看作自由度非常大的非线性耗散力学系统，是紊流呈现出有结构、无规则的高度复杂特性的内在机制。要注意的是，即使是最小的涡旋尺度也要远大于分子平均自由程，故紊流运动依然可以按照连续介质假设为前提的基础方程来进行描述。

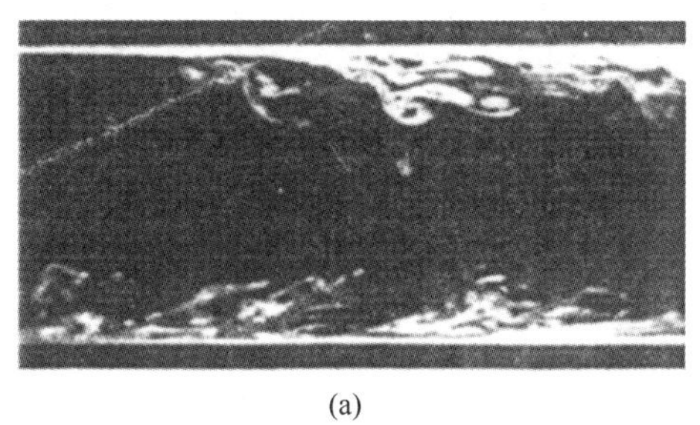

(a)

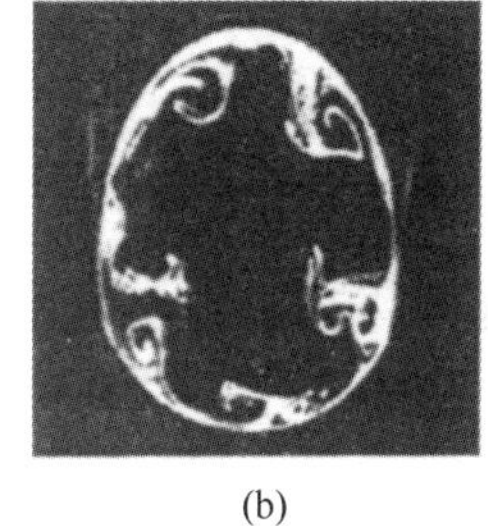

(b)

（实验演示——粒子图像测速实验）

图7-8　圆管紊流的显示[1]

（a）通过圆管轴线的纵截面；（b）垂直轴线的横截面

层流和紊流是不同的流动型态，两者的流动特征、物理现象、数学描述和力学规律不同，在速度和温度场分布、流动阻力、传热传质等诸方面都有显著区别。

2. 紊流运动的时均化

紊流流动参数的瞬时值带有偶然性，但不能就此得出紊流不存在规律性的结论。同许多物质运动一样，紊流运动的规律性同它的偶然性是相伴存在的。通过流动参数的时均化，来求得时间平均的规律性，是流体力学研究紊流的有效途径之一。

[1] 张兆顺，崔桂香，许春晓．走近湍流．力学与实践．2002，24.

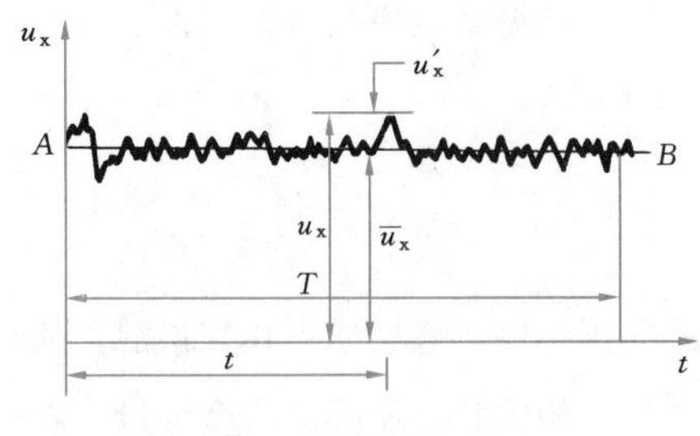

图 7-9　紊流瞬时流速

图 7-9 是实测平面流动一个空间点上沿流动方向（x 方向）瞬时流速 u_x 随时间的变化曲线。由图可见，u_x 随时间无规则地变化，并围绕某一平均值上下波动。将 u_x 对某一时段 T 平均，即

$$\overline{u_x} = \frac{1}{T}\int_0^T u_x \mathrm{d}t \tag{7-19}$$

只要所取时段 T 不是很短（比脉动周期长许多倍），$\overline{u_x}$ 值便与 T 的长短无关，$\overline{u_x}$ 就是该点 x 方向的时均速度。从图形上看，$\overline{u_x}$ 是 T 时段内与时间轴平行的直线 AB 的纵坐标，AB 线与时间轴所包围的面积等于 $u_x = f(t)$ 曲线与时间轴所包围的面积。

定义了时均速度，瞬时速度就等于时均速度与脉动速度的叠加。

$$u_x = \overline{u_x} + u'_x \tag{7-20}$$

式中 u'_x 为该点在 x 方向的脉动速度。脉动速度随时间变化，时大时小，时正时负，可证明在时段 T 内的时均值为零

$$\overline{u'_x} = \frac{1}{T}\int_0^T u'_x \mathrm{d}t = 0 \tag{7-21}$$

紊流速度不仅在流动方向上有脉动，同时存在横向脉动。横向脉动速度的时均值也为零，即 $\overline{u'_y} = 0$，$\overline{u'_z} = 0$，但脉动速度的均方值不等于零，其值为

$$\overline{u'^2_x} = \frac{1}{T}\int_0^T u'^2_x \mathrm{d}t$$

y、z 方向脉动速度的均方值表示为 $\overline{u'^2_y}$、$\overline{u'^2_z}$。

常用紊流度 N 来表示紊动的程度

$$N = \frac{\sqrt{\frac{1}{3}(\overline{u'^2_x} + \overline{u'^2_y} + \overline{u'^2_z})}}{\overline{u_x}} \tag{7-22}$$

至此，在流体力学中已提及三种流速概念，它们是：

（1）瞬时速度 u，为流体通过某空间点的实际速度，在紊流型态下随机脉动；

（2）时均速度 $\overline{u}$，为某一空间点的瞬时速度在时段 T 内的时间平均值；

$$\overline{u} = \frac{1}{T}\int_0^T u \mathrm{d}t$$

（3）断面平均速度 v，为过流断面上各点的速度（紊流是时均速度）的断面平均值。

$$v = \frac{1}{A}\int_A \overline{u} \mathrm{d}A$$

紊流中压强也可同样处理，即

$$p = \overline{p} + p'$$

$$\bar{p}=\frac{1}{T}\int_0^T p\mathrm{d}t$$

$$\overline{p'}=\frac{1}{T}\int_0^T p'\mathrm{d}t=0$$

式中 p——瞬时压强；

$\bar{p}$——时均压强；

p'——脉动压强。

在引入时均化概念的基础上，雷诺（1895年）把紊流分解为时均流动和脉动流动的叠加，而脉动量的时均值为零。这样一来，紊流便可根据时均流动参数是否随时间变化，分为恒定流和非恒定流。同时本书在第3章建立的流线、流管、元流和总流等欧拉法描述流动的基本概念，在“时均”的意义上继续成立。

7.5.2 紊流的切应力

按时均化方法，将紊流分解为时均流动和脉动流动的叠加，相应的切应力由两部分构成。现以平面恒定均匀紊流（图7-10），流动方向为 x 方向，$\bar{u}=\bar{u}(y)$，$\frac{\mathrm{d}\bar{u}}{\mathrm{d}y}>0$ 为例说明之。

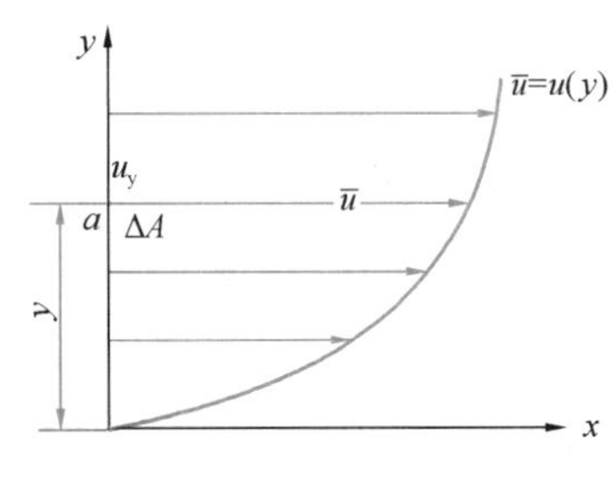

图7-10 平面紊流

因时均流层质点相对运动而产生的黏性切应力，符合牛顿内摩擦定律

$$\overline{\tau_1}=\mu\frac{\mathrm{d}\bar{u}}{\mathrm{d}y}$$

式中 $\frac{\mathrm{d}\bar{u}}{\mathrm{d}y}$——时均速度梯度。

下面分析因紊流脉动产生的紊动应力。设流层 y 上 a 点，瞬时速度 $u=\bar{u}+u'_x$，脉动速度 u'_x、u'_y，含 a 点取微小面积 ΔA，当横向脉动速度 $+u'_y$（正向），$\mathrm{d}t$ 时段携流体质量 $\rho u'_y\Delta A\mathrm{d}t$ 穿越 ΔA 自下层掺混到上层；$-u'_y$（负向）则携流体质量穿越 ΔA 自上层掺混到下层，如此质量传递，导致动量传递

$$\Delta K=\rho u'_y\Delta A\mathrm{d}t(\bar{u}+u'_x)$$

根据动量原理，沿流动方向（x 方向）动量的改变量，等于此时段作用于 ΔA 面上切力 ΔT 的冲量

$$\Delta T\mathrm{d}t=\rho u'_y\Delta A\mathrm{d}t(\bar{u}+u'_x)$$

切应力
$$\tau_2=\frac{\Delta T}{\Delta A}=\rho u'_y(\bar{u}+u'_x)$$

时均值
$$\overline{\tau_2}=\frac{1}{T}\int_0^T\rho u'_y(\bar{u}+u'_x)\mathrm{d}t$$

$$= \rho\left(\frac{1}{T}\int_0^T u'_y \bar{u} \mathrm{d}t + \frac{1}{T}\int_0^T u'_x u'_y \mathrm{d}t\right)$$

其中
$$\frac{1}{T}\int_0^T u'_y\ \bar{u}\mathrm{d}t = \frac{1}{T}\bar{u}\int_0^T u'_y \mathrm{d}t = 0$$

得
$$\overline{\tau_2} = \rho\frac{1}{T}\int_0^T u'_x u'_y \mathrm{d}t = \rho\overline{u'_x u'_y}$$

式中 $\overline{u'_x u'_y}$ 是脉动速度乘积的时均值。通过分析可知，当 $u'_y > 0$ 时，流体微团从流速偏低的下层向上层进行掺混，会造成上层的瞬时减速，即 $u'_x < 0$ 。反之当 $u'_y < 0$ 时，则有 $u'_x > 0$ 。为使该应力与黏滞切应力 $\overline{\tau_1}$ 的正负表达一致，在正剪切流动$\frac{\mathrm{d}\bar{u}}{\mathrm{d}y}>0$ 中取正值，式前加负号

$$\overline{\tau_2} = -\rho\overline{u'_x u'_y} \tag{7-23}$$

紊流切应力
$$\bar{\tau} = \overline{\tau_1} + \overline{\tau_2} = \mu\frac{\mathrm{d}\bar{u}}{\mathrm{d}y} - \rho\overline{u'_x u'_y} \tag{7-24}$$

如上述，紊流的切应力包括黏滞切应力及紊动产生的切应力，两者的产生有本质区别，前者是相邻流层质点相对运动产生的内摩擦作用，属于分子运动的微观尺度范畴；后者是紊动引起动量交换的结果，与黏性无关，主要由流体紊动程度决定，属于宏观尺度范畴。

两部分切应力在紊流阻力中的作用，随紊动程度而异，在雷诺数较小，紊流脉动较弱时，$\overline{\tau_1}$ 占主导地位；随着雷诺数增大，紊流脉动加剧，$\overline{\tau_2}$ 不断增大，当雷诺数很大，紊动充分发展，此时黏性切应力与紊动应力相比甚小，$\overline{\tau_1} \ll \overline{\tau_2}$ ，前者可忽略不计。

为纪念雷诺在紊流理论方面的开创性贡献，时均化理论又称雷诺平均，紊动产生的切应力又称雷诺应力。作为紊流理论的重要基础，雷诺应力还可以通过 4.5.3 节的 N-S 方程及其时均化形式从数学上导出，见 7.9 节。

7.5.3 紊流的半经验理论

在紊流理论中，有一定物理背景，引用部分得到实验证明的基本假设，用理论方法建立雷诺应力 $\overline{\tau_2} = -\rho\overline{u'_x u'_y}$ 与时均量之间的关系，以解决紊流基本方程的计算问题，称为紊流的半经验理论，其中普朗特（Prandtl，L. 1925 年）提出的混合长理论是影响最为深远、应用最广的一种。

（先贤小传——普朗特）

混合长理论的要点如下：

设平面恒定均匀紊流，时均速度$\bar{u}=\bar{u}$（y）（图 7-11）。混合长理论假设：

（1）紊流中流体质点紊动，有类比气体分子自由程的混合长 l'，在此行程内，不与其他质点相碰，保持原有的运动特性，直至经过 l'才与周围质点碰撞，发生动量交换，失去原有的运动特性。

根据这一假设，对某一给定点 y，来自上、下层$(y+l')$和$(y-l')$的质点，各以随机的时间间隔运动到该点。在到达之前保持原有的运动特性，所带来的时均速度 $\bar{u}(y+l')$和 $\bar{u}(y-\overline{l'})$

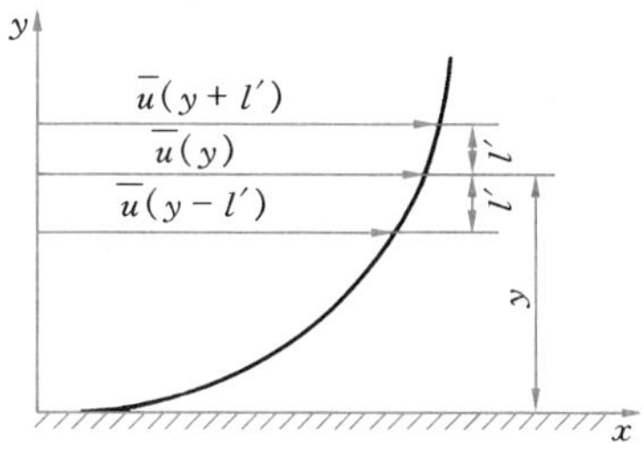

图 7-11　混合长的概念

与 y 点的时均速度 $\overline{u}(y)$ 的差异，引起该点的纵向脉动速度

$$|\overline{u}(y\pm l')-\overline{u}(y)|\approx l'\left|\frac{d\overline{u}}{dy}\right|$$

故
$$\overline{|u'_x|}=l'\left|\frac{d\overline{u}}{dy}\right|$$

(2) 横向脉动速度量与纵向脉动速度量是同一量级的小量 $\overline{|u'_y|}\sim\overline{|u'_x|}$，写作

$$\overline{|u'_y|}=c_1\overline{|u'_x|}=c_1 l'\left|\frac{d\overline{u}}{dy}\right|$$

雷诺应力式 (7-23) 中，$-\overline{u'_x u'_y}$ 不等于 $\overline{|u'_x|}\cdot\overline{|u'_y|}$，但二者存在比例关系

$$-\overline{u'_x u'_y}=c_2\overline{|u'_x|}\cdot\overline{|u'_y|}=c_1c_2 l'^2\left(\frac{d\overline{u}}{dy}\right)^2$$

式中 c_1，c_2 为比例常数，引用 $l^2=c_1c_2l'^2$，则 l 仍是长度量纲，也称为混合长，将其代入式 (7-23)，得到雷诺应力与时均速度的关系式

$$\overline{\tau_2}=-\rho\overline{u'_x u'_y}=\rho l^2\left(\frac{d\overline{u}}{dy}\right)^2 \tag{7-25}$$

(3) 混合长 l 不受黏性影响，只与质点到壁面的距离有关

$$l=\kappa y \tag{7-26}$$

式中　κ——待定的无量纲常数。

在充分发展的紊流中，$\overline{\tau_1}\ll\overline{\tau_2}$，切应力 $\overline{\tau}$ 只考虑雷诺应力，并认为壁面附近切应力一定 $\overline{\tau}=\tau_w$ (壁面切应力)，将式 (7-26) 代入式 (7-25) 中，略去表示时均量的横标线，得

$$\tau_w=\rho\kappa^2y^2\left(\frac{du}{dy}\right)^2$$

$$du=\frac{1}{\kappa}\sqrt{\frac{\tau_w}{\rho}}\frac{dy}{y}$$

积分上式，其中 τ_w 一定，壁剪切速度 $v_*=\sqrt{\frac{\tau_w}{\rho}}$ 是常数，得到

$$\frac{u}{v_*}=\frac{1}{\kappa}\ln y+c \tag{7-27}$$

式 (7-27) 是壁面附近紊流速度分布的一般式，将其推广用于除黏性底层 (见 7.5.4 节) 以外的整个过流断面，同实测速度分布仍相符，式 (7-27) 称为普朗特—卡门 (Prandtl-Karman) 对数分布律。

上面介绍了普朗特混合长理论的要点、雷诺应力与时均速度的关系式 (7-25) 和速度分布式 (7-27)。这一理论的基本假设是流体质点紊动有类比气体分子自由程的混合长 l'，在

此行程内不与其他质点相碰，直至经过 l' 才与周围质点碰撞，发生动量交换，失去原有运动特性。然而，流体质点不同于气体分子，按连续介质概念，质点是连续介质的组成微元，不是离散的颗粒，流体质点不可能直到穿过距离 l' 才与其他质点相碰撞。注意到混合长理论基本假设不严谨，还要看到这一理论重要的合理性，它是从紊流的特征出发，建立紊流雷诺应力与时均速度的联系，并在理论式中保留了一个待定参数（混合长 l）由实测资料确定，从而使理论公式尽可能地符合实际，而且理论推导简单实用。正因为如此，该理论至今仍是工程上得到广泛应用的紊流阻力理论。

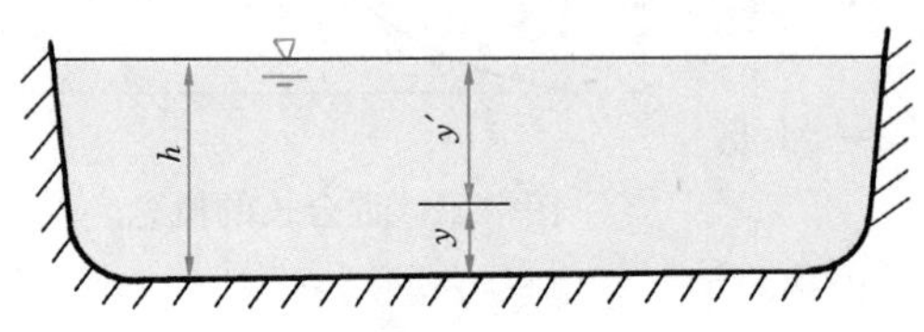

图 7-12　宽矩形河道

【例 7-5】证明在很宽的矩形断面河道中（图 7-12），水深 $y'=0.63h$ 处的流速，等于该断面的平均流速。

【解】由普朗特—卡门对数分布律（式 7-27）

$$u=\frac{v_*}{\kappa}\ln y+c$$

当 $y=h$(水面)，$u=u_{\max}$，则 $c=u_{\max}-\frac{v_*}{\kappa}\ln h$，代回前式，得

$$u=u_{\max}+\frac{v_*}{\kappa}\ln\frac{y}{h}$$

平均流速

$$v=\frac{1}{h}\int_0^h\left(u_{\max}+\frac{v_*}{\kappa}\ln\frac{y}{h}\right)\mathrm{d}y=u_{\max}-\frac{v_*}{\kappa}$$

由 $u=v$，得到

$$\ln\frac{y}{h}=-1$$

$$y=\frac{1}{e}h=0.368h$$

于是

$$y'=h-0.368h=0.632h$$

这是河道流量测量中，用一点法测量断面平均流速时，流速仪的置放深度。

7.5.4 黏性底层

固体通道内的紊流，以圆管为例（图 7-13），只要是黏性流体，不论黏性大小，都满足在壁面上无滑移（黏附）条件，使得在紧靠壁面很薄的流层内，速度由零很快增至一定值，在这一薄层内速度虽小，但速度梯度很大，因而黏性切应力不容忽视。另一方面，由于壁面限制质点的横向掺混，接近壁面，速度脉动和雷诺应力趋于消失。所以，管道内紧靠管壁存在黏性切应力起控制作用的薄层，称为黏性底

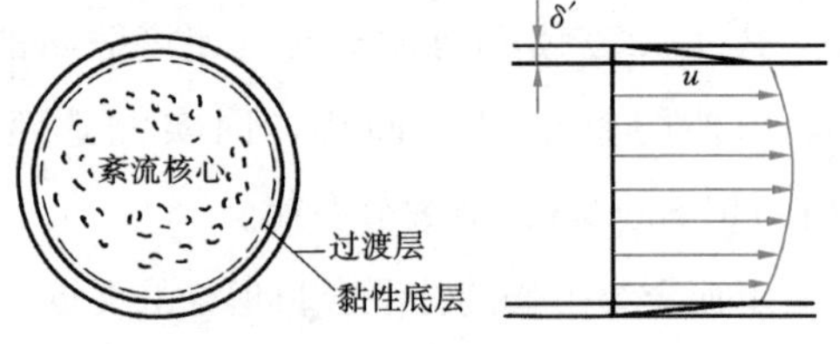

图 7-13　黏性底层

层。黏性底层的内侧是界限不明显的过渡层，向内是紊流核心。黏性底层的厚度δ'通常不到1mm，且随雷诺数Re增大而减小。

在黏性底层内，切应力取壁面切应力$\tau=\tau_w$，则$\tau_w=\mu\dfrac{du}{dy}$

积分上式

$$u=\frac{\tau_w}{\mu}y+c$$

由边界条件，壁面上$y=0$，$u=0$，积分常数$c=0$，

得

$$u=\frac{\tau_w}{\mu}y \tag{7-28}$$

或以$\mu=\rho\nu$，$v_*=\sqrt{\dfrac{\tau_w}{\rho}}$代入上式整理得

$$\frac{u}{v_*}=\frac{v_* y}{\nu} \tag{7-29}$$

式（7-28）或式（7-29）表明，在黏性底层中，速度按线性分布，在壁面上速度为零。

黏性底层虽然很薄，但它对紊流的流速分布和流动阻力却有重大影响，这一点将在下一节得到阐述。

7.6 紊流的沿程水头损失

前面已给出圆管沿程水头损失的计算公式

$$h_f=\lambda\frac{l}{d}\frac{v^2}{2g}$$

式中沿程摩阻系数λ，由于紊流的复杂性，至今未能像层流那样，严格地从理论上推导出来。工程上由两种途径确定λ值：一种是以紊流的半经验理论为基础，结合实验结果，整理成λ的半经验公式；另一种是直接根据实验结果，综合成λ的经验公式。前者具有更为普遍的意义。

7.6.1 尼古拉兹实验

1933年德国力学家和工程师尼古拉兹（Nikuradse，J.）进行了管流沿程摩阻系数和断面速度分布的实验测定。

1. 沿程摩阻系数λ的影响因素

进行沿程摩阻系数实验之前，要找出它的影响因素。圆管层流沿程摩阻系数只是雷诺数的函数，紊流中沿程摩阻系数除和流动型态（由雷诺数表征）有关外，由于壁面粗糙是对流动的一种扰动，因此壁面粗糙是影响沿程摩阻系数的另一个重要因素。

壁面粗糙一般包括粗糙突起的高度、形状，以及疏密和排列等许多因素。为便于分析粗

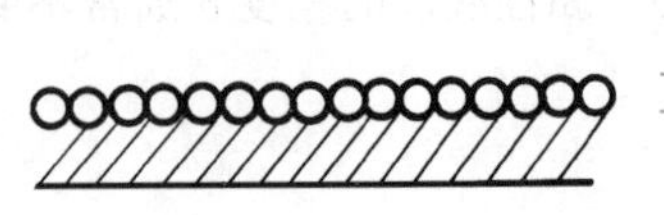

图 7-14　人工粗糙

糙的影响，尼古拉兹将经过筛选的均匀砂粒，紧密地贴在管壁表面，做成人工粗糙（图 7-14）。对于这种简化的粗糙形式，可用糙粒的突起高度 k_s（砂粒直径）一个因素来表示壁面的粗糙，k_s 称为绝对粗糙。k_s 与直径（或半径）之比 k_s/d(或 k_s/r_0) 称为相对粗糙。它是一个能在不同直径的管道中，反映壁面粗糙影响的量。由以上分析得出，雷诺数和相对粗糙是沿程摩阻系数的两个影响因素。即

$$\lambda=f\ (Re,\ k_s/d)$$

沿程摩阻系数是雷诺数和相对粗糙的函数，也可借助量纲分析的方法，应用 π 定理得到（见【例 6-3】）。

2. 沿程摩阻系数的测定和阻力分区图

（实验演示——沿程摩阻系数测定实验）

尼古拉兹应用类似图 7-2 的实验装置（拆除注颜色水的针管），采用人工粗糙管进行实验。实验管道相对粗糙的变化范围为 $\frac{k_s}{d}=\frac{1}{30}\sim\frac{1}{1014}$，对每根管道（对应一个确定的 k_s/d）实测不同流量的断面平均流速 v 和沿程水头损失 h_f。再由

$$Re=\frac{vd}{\nu}$$

$$\lambda=\frac{d}{l}\ \frac{2g}{v^2}h_f$$

两式算出 Re 和 λ 值，取对数点绘在坐标纸上，就得到 $\lambda=f(Re,\ k_s/d)$ 曲线，即尼古拉兹曲线图（图 7-15）。

根据 λ 的变化特性，尼古拉兹实验曲线分为五个阻力区。

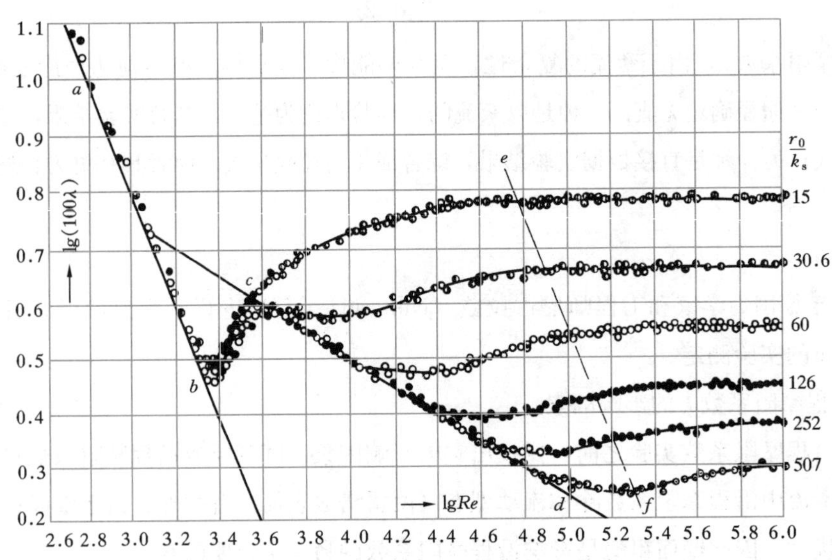

图 7-15　尼古拉兹曲线图

(1)（ab 线，$\lg Re<3.36$，$Re<2300$）该区是层流。不同的相对粗糙管的实验点在同一直线上。表明 λ 与相对粗糙 k_s/d 无关，只是 Re 的函数，并符合 $\lambda=64/Re$。由此也证明了在本章 7.4 节中推导的理论结果与实验相符。

(2)（bc 线，$\lg Re=3.36\sim3.6$，$Re=2300\sim4000$）不同的相对粗糙管的实验点在同一曲线上。表明 λ 与相对粗糙 k_s/d 无关，只是 Re 的函数。此区是层流向紊流过渡，这个区的范围很窄，实用意义不大，不予讨论。

(3)（cd 线，$\lg Re>3.6$，$Re>4000$）不同的相对粗糙管的实验点在同一直线上。表明 λ 与相对粗糙 k_s/d 无关，只是 Re 的函数。随着 Re 的增大，k_s/d 大的管道，实验点在 Re 较低时便离开此线，而 k_s/d 小的管道，在 Re 较大时才离开。该区称为紊流光滑区。

(4)（cd、ef 之间的曲线族）不同的相对粗糙管的实验点分别落在不同的波状曲线上。表明 λ 既与 Re 有关，又与 k_s/d 有关。该区称为紊流过渡区。

(5)（ef 右侧水平的直线族）不同的相对粗糙管的实验点分别落在不同的水平直线上。表明 λ 只与相对粗糙 k_s/d 有关，与 Re 无关。该区称为紊流粗糙区。在这个阻力区，对于一定的管道（k_s/d 一定），λ 是常数。由式 (7-1)，沿程水头损失与流速的平方成正比，故紊流粗糙区又称为阻力平方区。

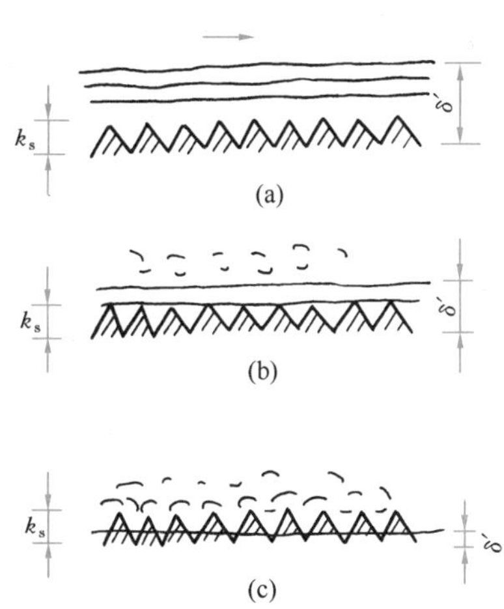

图 7-16　黏性底层的变化

如上述，紊流分为光滑区，过渡区及粗糙区三个阻力区，各区 λ 的变化规律不同，究其原因是存在黏性底层的缘故。在紊流光滑区，黏性底层的厚度 δ' 显著地大于粗糙突起的高度 k_s。粗糙突起完全被掩盖在黏性底层内，对紊流核心的流动几乎没有影响。因而 λ 只与 Re 有关，与 k_s/d 无关（图 7-16a）；在紊流过渡区，由于黏性底层的厚度变薄，接近粗糙突起的高度，粗糙影响到紊流核心的紊动程度。因而 λ 与 Re 和 k_s/d 两个因素有关（图 7-16b）；在紊流粗糙区，黏性底层的厚度远小于粗糙突起的高度，粗糙突起几乎完全突入紊流核心内。此时 Re 的变化对黏性底层，以及对流动的紊动程度影响已微不足道，所以 λ 只与 k_s/d 有关，与 Re 无关（图7-16c）。这里所谓“光滑”或“粗糙”都是阻力分区的概念。

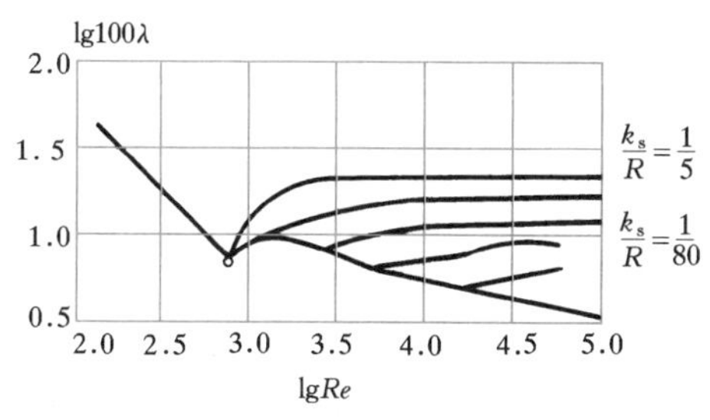

图 7-17　蔡克士大实验

1938 年，苏联水力学家蔡克士大（Зегжда. А. П.）仿照尼古拉兹实验，在人工粗糙的矩形明槽中进行了沿程摩阻系数实验研究，得到与尼古拉兹实验性质上相似的结果（图 7-17）。

7.6.2 速度分布

尼古拉兹通过实测速度分布，完善了由混合长理论得到的速度分布一般公式（式 7-27），使之具有实用意义。

1. 紊流光滑区

紊流光滑区的速度分布，分为黏性底层和紊流核心两部分。在黏性底层，速度按线性分布式（7-28）

$$u=\frac{\tau_{\mathrm{w}}}{\mu}y \qquad (y<\delta')$$

在紊流核心，速度按对数律分布式（7-27）

$$\frac{u}{v_*}=\frac{1}{\kappa}\ \ln y+c$$

由边界条件 $y=\delta'$，$u=u_{\delta'}$，得

$$c=\frac{u_{\delta'}}{v_*}-\frac{1}{\kappa}\ln\delta'$$

又由式（7-28）

$$\delta'=\frac{u_{\delta'}}{\tau_{\mathrm{w}}}\ \mu=\frac{u_{\delta'}}{v_*^2}\nu$$

将 c、δ'代回（式 7-27），整理得无量纲的速度分布式

$$\frac{u}{v_*}=\frac{1}{\kappa}\ln\frac{yv_*}{\nu}+\frac{u_{\delta'}}{v_*}-\frac{1}{\kappa}\ln\frac{u_{\delta'}}{v_*}$$

常数

$$c_1=\frac{u_{\delta'}}{v_*}-\frac{1}{\kappa}\ln\frac{u_{\delta'}}{v_*}$$

得

$$\frac{u}{v_*}=\frac{1}{\kappa}\ln\frac{yv_*}{\nu}+c_1$$

根据尼古拉兹实验，取 $\kappa=0.4$，$c_1=5.5$ 代入上式，便得到光滑管紊流核心速度分布半经验公式

$$\frac{u}{v_*}=2.5\ln\frac{yv_*}{\nu}+5.5 \tag{7-30}$$

2. 紊流粗糙区

此时黏性底层的厚度远小于粗糙突起的高度，黏性底层已被破坏，整个断面按紊流核心处理。由于式（7-27）已忽略黏性切应力，因而在确定积分常数时，不能使用壁面上流速为零的边界条件。采用边界条件 $y=k_{\mathrm{s}}$（粗糙突起高度），$u=u_{\mathrm{s}}$，代入式（7-27），得

$$c=\frac{u_{\mathrm{s}}}{v_*}-\frac{1}{\kappa}\ln k_{\mathrm{s}}$$

将 c 代回式（7-27），整理得

$$\frac{u}{v_*}=\frac{1}{\kappa}\ln\frac{y}{k_s}+\frac{u_s}{v_*}$$

或

$$\frac{u}{v_*}=\frac{1}{\kappa}\ln\frac{y}{k_s}+c_2$$

根据尼古拉兹实验，取 $\kappa=0.4$，$c_2=8.48$，代入上式，便得到粗糙区速度分布半经验公式

$$\frac{u}{v_*}=2.5\ln\frac{y}{k_s}+8.48 \tag{7-31}$$

紊流的速度分布除上述半经验公式外，1932 年尼古拉兹根据实验结果，提出幂函数公式

$$\frac{u}{u_{\max}}=\left(\frac{y}{r_0}\right)^n \tag{7-32}$$

式中　$u_{\max}$——管轴处最大速度；

r_0——圆管的半径；

n——指数，随雷诺数 Re 而变化，见表 7-1。

紊流速度分布指数　　表 7-1

Re	4×10^3	2.3×10^4	1.1×10^5	1.1×10^6	2.0×10^6	3.2×10^6
n	1/6.0	1/6.6	1/7.0	1/8.8	1/10	1/10
$v/u_{\max}$	0.791	0.808	0.817	0.849	0.865	0.865

速度分布的幂函数公式完全是经验性的，因公式形式简单，被广泛应用。表7-1中，同时列出平均速度 v 与最大速度 $u_{\max}$的比值，据此只需测量管轴心的最大速度，便可求出断面平均速度，进而求得流量。

式（7-27）也可以改写为相对简单的幂函数形式，其代表是以 1/7.0 为指数的公式

$$\frac{u}{v_*}=8.74\left(\frac{v_* y}{\nu}\right)^{1/7} \tag{7-33}$$

上式又被称为 1/7 幂函数速度分布律，在紊流光滑区成立。

7.6.3 λ 的半经验公式

由流速分布及壁剪切速度式（7-11）推导沿程摩阻系数 λ 的半经验公式。

1. 光滑区沿程摩阻系数

光滑区黏性底层很薄，将紊流核心速度分布式（7-30）沿圆管断面从 $y=\varepsilon$ 积分到管心 $y=r_0$，然后再取 $\varepsilon\to0$ 的极限，求断面平均速度。

$$v=\frac{1}{\pi r_0^2}\lim_{\varepsilon\to0}\int_{\varepsilon}^{r_0}v_*\left(2.5\ln\frac{v_* y}{\nu}+5.5\right)2\pi(r_0-y)\mathrm{d}y$$

得 $$\frac{v}{v_*}=2.5\ln\frac{v_* r_0}{\nu}+1.75$$

将剪切速度式 $v_*=v\sqrt{\frac{\lambda}{8}}$，代入上式

式中 $$\frac{v_* r_0}{\nu}=\frac{1}{2}\frac{vd}{\nu}\frac{v_*}{v}=Re\frac{\sqrt{\lambda}}{2\sqrt{8}}$$

得 $$\frac{\sqrt{8}}{\sqrt{\lambda}}=2.5\ln(Re\sqrt{\lambda})-2.58$$

用常用对数替换自然对数，整理

$$\frac{1}{\sqrt{\lambda}}=2.03\lg(Re\sqrt{\lambda})-0.91$$

由实验数据调整常数，得到紊流光滑区摩阻系数半经验公式

$$\frac{1}{\sqrt{\lambda}}=2\lg Re\sqrt{\lambda}-0.8=2\lg\frac{Re\sqrt{\lambda}}{2.51} \tag{7-34}$$

以上是历史上第一次用理论方法，通过速度分布得到的紊流沿程摩阻系数公式，又称为尼古拉兹光滑管公式。

2. 粗糙区沿程摩阻系数

按推导光滑管 λ 半经验公式的相同步骤，可得到紊流粗糙区平均速度和沿程摩阻系数 λ 的半经验公式，也称为尼古拉兹粗糙管公式

$$\frac{v}{v_*}=2.5\ln\frac{r_0}{k_s}+4.73$$

$$\frac{1}{\sqrt{\lambda}}=2\lg\frac{3.7d}{k_s} \tag{7-35}$$

7.6.4 阻力区的判别

紊流不同阻力区沿程摩阻系数 λ 的计算公式不同，只有对阻力区做出判别，才能选用相应的公式。前面已经说明，不同的阻力区是由黏性底层的厚度 δ' 和壁面粗糙突起高度 k_s 的相互关系决定的。黏性底层的厚度（名义厚度）由边界 $y=\delta'$ 处速度同时满足式（7-29）和式（7-30），得出

$$\delta'=11.6\frac{\nu}{v_*} \tag{7-36}$$

相比 $$\frac{k_s}{\delta'}=\frac{1}{11.6}\frac{v_* k_s}{\nu}=\frac{1}{11.6}Re_* \tag{7-37}$$

式中 $Re_*=\frac{v_* k_s}{\nu}$ 称为粗糙雷诺数，Re_* 可作为阻力分区的标准，尼古拉兹由实验得出判别

人工粗糙管阻力分区的标准：

$$\left.\begin{array}{lll}\text{紊流光滑区：} 0<Re_*\leqslant 5, & \delta'\geqslant 2.3k_s, & \lambda=\lambda(Re) \\ \text{紊流过渡区：} 5<Re_*\leqslant 70, & 0.17k_s\leqslant\delta'<2.3k_s, & \lambda=\lambda(Re, k_s/d) \\ \text{紊流粗糙区：} Re_*>70, & k_s>6\delta', & \lambda=\lambda(k_s/d)\end{array}\right\} \tag{7-38}$$

7.6.5 工业管道和科尔布鲁克（Colebrook）公式

由混合长理论结合尼古拉兹实验，得到了紊流光滑区和粗糙区沿程摩阻系数的半经验公式（7-34）、式（7-35），但紊流过渡区的公式未能得出。同时，上述半经验公式都是在人工粗糙管的基础上得到的，而人工粗糙管和工业管道的粗糙有很大差异，怎样把这两种不同的粗糙形式联系起来，使尼古拉兹半经验公式能用于工业管道是一个实际问题。

（1）在紊流光滑区，工业管道和人工粗糙管道虽然粗糙不同，但都为黏性底层掩盖，对紊流核心无影响。实验证明，式（7-34）也适用于工业管道。

（2）在紊流粗糙区，工业管道和人工粗糙管道的粗糙突起，都几乎完全突入紊流核心，λ 有相同的变化规律，因此式（7-35）有可能适用于工业管道。问题是如何确定式中的 k_s 值。为解决此问题，以尼古拉兹实验采用的人工粗糙为度量标准，把工业管道的粗糙折算成人工粗糙，这样便提出了当量粗糙的概念。把直径相同、紊流粗糙区 λ 值相等的人工粗糙管的粗糙突起高度 k_s 定义为该管材工业管道的当量粗糙。就是以工业管道紊流粗糙区实测的 λ 值，代入尼古拉兹粗糙管公式（7-35），反算得到的 k_s 值。可见工业管道的当量粗糙是按沿程水头损失的效果相同，得出的折算高度，它反映了糙粒各种因素对 λ 的综合影响。常用工业管道的当量粗糙见表7-2。有了当量粗糙，式（7-35）就可用于工业管道。

（3）在紊流过渡区，工业管道的不均匀粗糙突破黏性底层进入紊流核心是一个逐渐过程，不同于粒径均匀的人工粗糙，两者 λ 的变化规律相差很大。科尔布鲁克和怀特（Colebrook，F. & White，M. 英 1937 年）给出适用于工业管道紊流过渡区的 λ 计算公式

$$\frac{1}{\sqrt{\lambda}}=-2\lg\left(\frac{k_s}{3.7d}+\frac{2.51}{Re\sqrt{\lambda}}\right) \tag{7-39}$$

式中　k_s——工业管道的当量粗糙。

科尔布鲁克公式（7-39）实际上是尼古拉兹光滑管公式和粗糙管公式的结合。当低 Re 时，公式右边括号内第一项相对第二项很小，该式接近尼古拉兹光滑管公式；当 Re 很大时，公式右边括号内第二项很小，该式接近尼古拉兹粗糙管公式。这样，科尔布鲁克公式不仅适用于工业管道紊流过渡区，而且可用于紊流的全部三个阻力区，故称为紊流 λ 的综合公式。由于公式适用范围广，与工业管道实验结果符合良好，在国内外得到了广泛应用。

常用工业管道的当量粗糙　　表 7-2

输水管道	k_s（mm）	通风管道❷	k_s（mm）
聚乙烯管、聚氯乙烯管、玻璃钢管❶	0.01～0.03	塑料板制风管	0.01～0.05
铅管、铜管、玻璃管	0.01	薄钢板或镀锌薄钢板制风管	0.15～0.18
钢管	0.046	矿渣石膏板风管	1.0
涂沥青铸铁管	0.12	胶合板风道	1.0
新铸铁管	0.15～0.5	矿渣混凝土板风道	1.5
旧铸铁管	1～1.5	砖砌体风道	3～6

为了简化计算，1944 年美国工程师穆迪（Moody，L.F.）以科尔布鲁克公式为基础，以相对粗糙为参数，把 λ 作为 Re 的函数，绘制出工业管道沿程摩阻系数曲线图，即穆迪图（图 7-18）。在图上按 k_s/d 和 Re 可直接查出 λ 值。

7.6.6 沿程摩阻系数的经验公式

除了以上的半经验公式外，还有许多根据实验资料整理而成的经验公式，这里只介绍几个应用最广的公式。

1. 布拉休斯公式

1913 年德国水力学家布拉休斯（Blasius，H.）在总结前人实验资料的基础上，提出紊流光滑区经验公式

$$\lambda=\frac{0.3164}{Re^{0.25}} \tag{7-40}$$

该式形式简单，计算方便。在 $Re<10^5$ 范围内，有很高的精度，得到广泛应用。

2. 谢才公式

将达西—魏斯巴赫公式（7-1）变换形式

$$v^2=\frac{2g}{\lambda}d\,\frac{h_f}{l}$$

以 $d=4R$，$\frac{h_f}{l}=J$，代入上式，整理得

$$v=\sqrt{\frac{8g}{\lambda}}\sqrt{RJ}=C\sqrt{RJ} \tag{7-41}$$

---

❶ 《室外给水设计标准》GB 50013—2018。

❷ 孙一坚，沈恒根主编．工业通风（第四版）．中国建筑工业出版社。

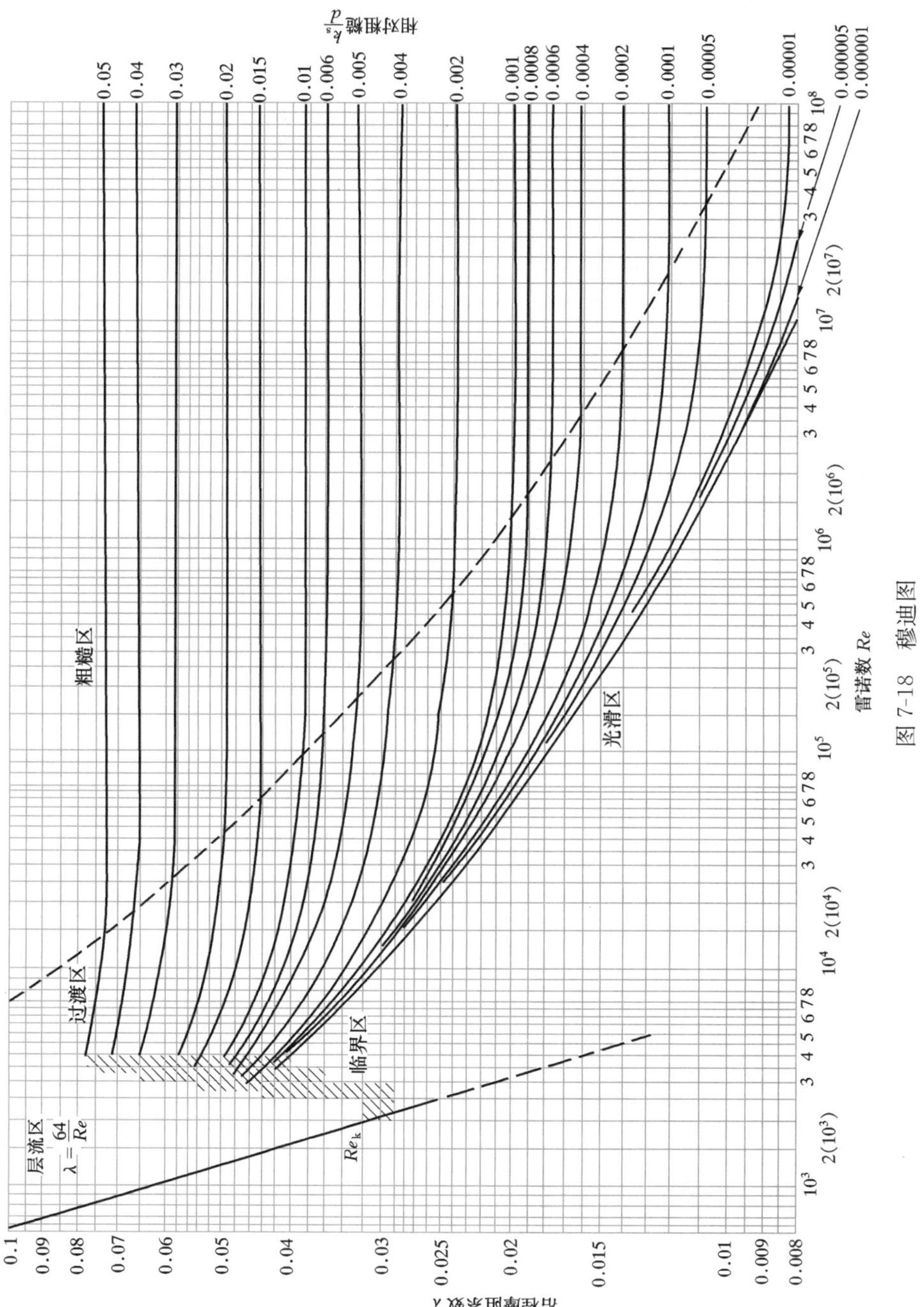

相对粗糙 $\frac{k_s}{d}$
0.05
0.04
0.03
0.02
0.015
0.01
0.006
0.005
0.004
0.002
0.001
0.0008
0.0006
0.0004
0.0002
0.0001
0.00005
0.00001
0.000005
0.000001
粗糙区
过渡区
临界区
层流区
$\lambda=\frac{64}{Re}$
Re_k
光滑区
沿程摩阻系数 λ
0.1
0.09
0.08
0.07
0.06
0.05
0.04
0.03
0.025
0.02
0.015
0.01
0.009
0.008
雷诺数 Re
10^3
$2(10^3)$
10^4
$2(10^4)$
10^5
$2(10^5)$
10^6
$2(10^6)$
10^7
$2(10^7)$
10^8

图 7-18　穆迪图

式中　v——断面平均流速；

R——水力半径；

J——水力坡度；

C——反映沿程摩阻的系数，称谢才系数。

$$C = \sqrt{\frac{8g}{\lambda}} \tag{7-42}$$

谢才系数 C 在实用上另由经验公式计算，其中最常用的是曼宁（Manning，R. 爱尔兰，1889 年）公式

$$C = \frac{1}{n} R^{1/6} \tag{7-43}$$

式中　R——水力半径，以“m”计；

n——表示壁面粗糙的系数，称曼宁粗糙系数（表 7-3，表 7-4）。

人工管渠粗糙系数和海曾-威廉系数　　表 7-3

人工管渠			粗糙系数 n	海曾-威廉系数 C_h
输配水管道❶	钢管、铸铁管	水泥砂浆内衬	0.011～0.012	120～130
		涂料内衬	0.0105～0.0115	130～140
		旧钢管、旧铸铁管（未做内衬）	0.014～0.018	90～100
	混凝土管	预应力混凝土管（PCP）	0.012～0.013	110～130
		预应力钢筒混凝土管（PCCP）	0.011～0.0125	120～140
	矩形混凝土管道		0.012～0.014	—
	塑料管	聚乙烯管、聚氯乙烯管、玻璃钢管内衬与内涂塑料的钢管	—	140～150
排水渠道❷		水泥砂浆抹面	0.013～0.014	—
		浆砌砖	0.015	
		浆砌块石	0.017	
		干砌块石	0.020～0.025	
		土明渠（包括带草皮）	0.025～0.03	

❶《室外给水设计标准》GB 50013—2018。

❷《室外排水设计标准》GB 50014—2021。

天然河床的粗糙系数[1] 表 7-4

壁面性质	壁面状况			
	好	良好	普通	不好
没有崩塌和深洼穴的清洁笔直的河床	0.025	0.0275	0.030	0.033
同上，但有石子，并生长一些杂草者	0.030	0.033	0.035	0.040
有一些洼穴，浅滩及弯曲的河床	0.033	0.035	0.040	0.045
同上，但生长一些杂草并有石子者	0.035	0.040	0.045	0.050
同上，但其下游坡度小，有效断面较小者	0.040	0.045	0.050	0.055
有些洼穴，浅滩，稍长杂草并有石子及弯曲的河床，以及有石子的河段	0.045	0.050	0.055	0.060
有大量杂草、深穴，水流很缓慢的河段	0.050	0.060	0.070	0.080
杂草极多的河段	0.075	0.100	0.125	0.150

将曼宁公式（7-43）代入式（7-41），得到谢才公式的常用式

$$v=\frac{1}{n}R^{1/6}\sqrt{RJ}=\frac{1}{n}R^{2/3}J^{1/2} \tag{7-44}$$

将水力坡度 $J=\frac{h_f}{l}=\lambda\frac{1}{d}\frac{v^2}{2g}$，$R=\frac{d}{4}$ 代入上式整理，得

$$\lambda=\frac{2gn^2 4^{4/3}}{d^{1/3}}=\frac{124.45n^2}{d^{1/3}} \tag{7-45}$$

沿程摩阻系数 λ 只和壁面粗糙系数 n 有关，与雷诺数 Re 无关，表明谢才公式的常用式(7-44)理论上适用于紊流粗糙区。

公式 $v=C\sqrt{RJ}$ 最初是 1768 年法国工程师谢才（Chezy，A. 1718 年～1798 年）根据土渠和塞纳（Seine）河的实测资料，早于式（7-1）提出的水力学公式，故称为谢才公式。由于公式形式简单，粗糙系数可由长期积累的丰富资料确定，计算结果与实际相符，至今仍为各国工程界采用。

3. 海曾-威廉（Hazen，A. & Williams，G. S. 美，1905 年）公式

$$v=0.355C_h d^{0.63}J^{0.54} \tag{7-46}$$

式中 v——断面平均速度，以 m/s 计；

d——圆管直径，以 m 计；

J——水力坡度；

C_h——表征壁面粗糙的系数，称海曾-威廉（H-W）系数（表 7-3）。

将水力坡度 $J=\frac{h_f}{l}=\lambda\frac{1}{d}\frac{v^2}{2g}$ 代入式（7-46）整理，得

---

[1] 给水排水设计手册（第一册）. 中国建筑工业出版社，2000。

$$\lambda = \frac{133.42}{C_h^{1.852} d^{0.167} v^{0.148}} \tag{7-47}$$

式中 $d^{0.167} v^{0.148} = \left(\frac{vd}{\nu}\right)^{0.148} d^{0.019} \nu^{0.148}$

常用输水管 $d=0.05\sim2\text{m}$，$d^{0.019}\approx1$，由以上数值进一步简化式（7-47），得

$$\lambda = \frac{133.42}{\nu^{0.15} C_h^{1.85} Re^{0.15}} \tag{7-48}$$

式中 ν——水的运动黏度；

Re——雷诺数，$Re=\frac{vd}{\nu}$。

沿程摩阻系数 λ 和海曾-威廉系数 C_h 及雷诺数 Re 有关，表明式（7-46）更适用于紊流过渡区，多用于输配水管网水力计算。

7.6.7 非圆管的沿程水头损失

前面研究了圆管沿程水头损失的计算。除圆管之外，工程上还应用非圆管，如通风系统中的风管，许多是矩形管道。怎样把已有圆管的研究成果用于非圆管沿程水头损失的计算呢？这要通过在阻力相当的条件下，把非圆管折算成圆管的几何特征量来实现。

在本章 7.2 节中，已经引用了一个综合反映断面大小和几何形状对流动影响的特征长度即水力半径 R。把水力半径相等的圆管直径定义为非圆管的当量直径 d_e，即

圆管 $$d=4R_{圆}$$

非圆管 $$4R_{圆}=4R=d_e$$

当量直径为水力半径的 4 倍。

边长为 a、b 的矩形管，其当量直径为

$$d_e=4R=4\times\frac{ab}{2(a+b)}=\frac{2ab}{a+b}$$

边长为 a 的方形管

$$d_e=4R=a$$

有了当量直径，用 d_e 代替 d，仍可用达西-魏斯巴赫公式（7-1）计算非圆管的沿程水头损失

$$h_f=\lambda\frac{l}{d_e}\frac{v^2}{2g} \tag{7-49}$$

$$v=\frac{Q}{A}$$

式中 v——非圆管断面平均流速；

A——非圆管实际断面积；

λ——非圆管沿程摩阻系数，以当量直径计算雷诺数 $Re=vd_e/\nu$ 和相对粗糙 k_s/d_e，仍可用科尔布鲁克公式（7-39）或穆迪图（图 7-18）计算。

以当量直径计算的雷诺数 $Re=vd_e/\nu$，也可用于判别流动型态，其临界值仍是 2300。

必须指出，应用当量直径计算非圆管的沿程水头损失是近似的方法。并不适用于所有情况，这表现在两方面：

（1）实验表明，形状同圆管差异很大的非圆管，如长缝形（$b/a>8$）、狭环形（$d_2<3d_1$），应用 d_e 计算存在较大误差；

（2）由于层流的流速分布不同于紊流，流动阻力不像紊流那样集中在管壁附近，这样单纯用湿周大小作为影响能量损失的主要外部条件是不充分的，因此在层流中应用当量直径计算，将会造成较大误差。

【例 7-6】 给水管长 30m，直径 $d=75$mm，新铸铁管，流量 $Q=7.25$L/s，水温 $t=10$℃，试求该管段的沿程水头损失。

【解】 本题用穆迪图计算。

（1）计算 Re，k_s/d

$$A=\frac{\pi d^2}{4}=44.1\text{cm}^2$$

$$v=\frac{Q}{A}=164.3\text{cm/s}$$

查表 1-4，$t=10$℃，水的运动黏度 $\nu=1.31\times10^{-6}\text{m}^2/\text{s}$

$$Re=\frac{vd}{\nu}=94100$$

查表 7-2，取 $k_s=0.25$mm

$$\frac{k_s}{d}=\frac{0.25}{75}=0.003$$

（2）由 Re、k_s/d 查穆迪图（图 7-18），得 $\lambda=0.028$

（3）计算 h_f

$$h_f=\lambda\frac{l}{d}\frac{v^2}{2g}=1.54\text{m}$$

【例 7-7】 修建长 300m 的钢筋混凝土输水管，直径 $d=250$mm，通过流量 $200\text{m}^3/\text{h}$。试求沿程水头损失。

【解】 本题用谢才公式计算。

（1）计算谢才系数 C

选粗糙系数，查表 7-3，取 $n=0.013$

$$R=\frac{d}{4}=0.0625\text{m}$$

$$C=\frac{1}{n}R^{1/6}=48.45\text{m}^{0.5}/\text{s}$$

（2）计算 h_f

$$A=\frac{\pi d^2}{4}=0.0491\text{m}^2$$

$$v=\frac{Q}{A}=1.13\text{m/s}$$

$$h_{\text{f}}=l\,\frac{v^2}{C^2R}=2.61\text{m}$$

【例 7-8】薄钢板制矩形风管，断面尺寸 350mm×200mm，长 60m，设计风量4500m^3/h，送风温度 t=20℃，试求该段风管的压强损失。

【解】本题是非圆管，用当量直径计算。

（1）计算当量直径

$$d_{\text{e}}\cong 4R=2\,\frac{0.35\times 0.2}{0.35+0.2}=0.255\text{m}$$

（2）计算 Re，$k_{\text{s}}/d_{\text{e}}$

$$v=\frac{Q}{A}=\frac{4500/3600}{0.35\times 0.2}=17.857\text{m/s}$$

查表 1-5，t= 20℃，空气的运动黏度 ν= 1.5×$10^{-5}$$\text{m}^2$/s，$Re=\frac{vd_{\text{e}}}{\nu}=3.03\times 10^5$

查表 7-2，普通钢板 k_{s}= 0.15mm，$k_{\text{s}}/d_{\text{e}}$= 0.0006

（3）由 Re、$k_{\text{s}}/d_{\text{e}}$，查穆迪图（图 7-18），得 λ= 0.019

（4）计算 p_{f}

查表 1-2，t= 20℃，空气的密度 ρ= 1.2kg/m^3

$$p_{\text{f}}=\lambda\,\frac{l}{d_{\text{e}}}\,\frac{\rho v^2}{2}=855.3\text{Pa}$$

7.7 局部水头损失

在工业管道或渠道中，往往设有转弯、变径、分岔管、量水表、控制闸门、拦污格栅等部件和设备。流体流经这些部件时，均匀流动受到破坏，流速的大小、方向或分布发生变化。由此集中产生的流动阻力是局部阻力，所引起的能量损失称为局部水头损失，造成局部水头损失的部件和设备称为局部阻碍。工程中有许多管道系统如水泵吸水管等，局部损失占有很大比例。因此，了解局部损失的分析方法和计算方法有着重要意义。

局部水头损失和沿程水头损失一样，不同的流态有不同的规律。由于局部阻碍的强烈扰动作用，使流动在较小的雷诺数时，就达到充分紊动，这一节只讨论充分紊动条件下的局部水头损失。

7.7.1 局部水头损失的一般分析

1. 局部水头损失产生的原因

下面通过对典型局部阻碍（图 7-19）处的流动分析，说明局部水头损失产生的原因。

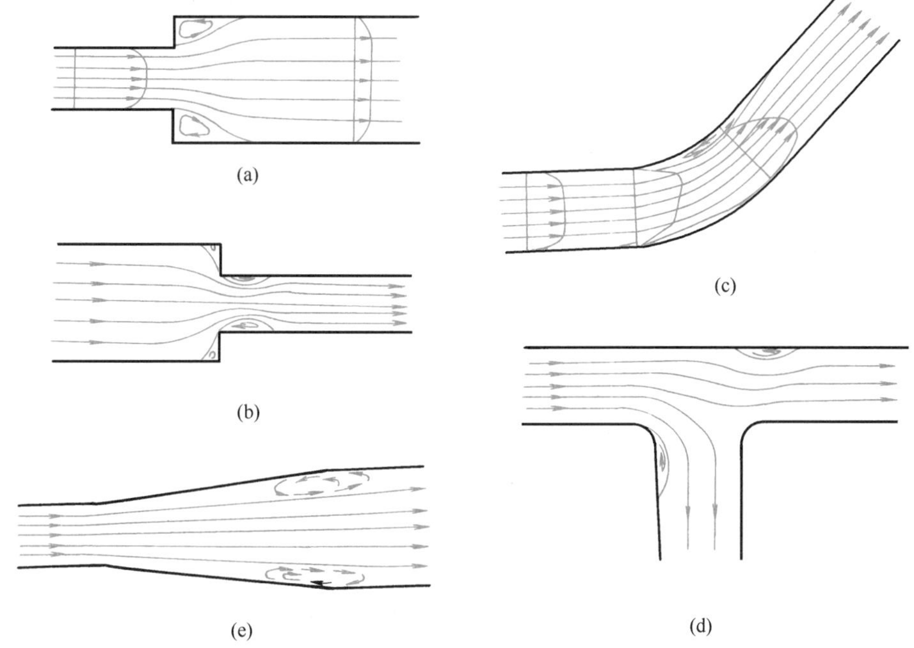

图 7-19 几种典型的局部阻碍

（a）突扩管；（b）突缩管；（c）圆弯管；（d）圆角分流三通；（e）渐扩管

流体流经突然扩大、突然缩小、转向、分岔等局部阻碍时，因惯性作用，主流与壁面脱离，其间形成旋涡区（图 7-19a～图 7-19d）。在渐扩管内沿程减速增压，紧靠壁面的低速质点，因受反向压差作用，速度不断减小至零，主流遂与边壁脱离，并形成旋涡区（图 7-19e）。局部水头损失同旋涡区的形成有关，这是因为在旋涡区内，质点旋涡运动集中耗能，同时旋涡运动的质点不断被主流带向下游，加剧下游一定范围内主流的紊动强度，从而加大能量损失。除此之外，局部阻碍附近，流速分布不断改组，也将造成能量损失。

综上所述，主流脱离边壁，旋涡区的形成是造成局部水头损失的主要原因。实验结果表明，局部阻碍处旋涡区越大，旋涡强度越大，局部水头损失越大。

2. 局部水头损失系数的影响因素

前面已给出局部水头损失计算公式（7-2）

$$h_{\mathrm{j}}=\zeta\frac{v^2}{2g}$$

式中 ζ——局部水头损失系数；

v——ζ对应的断面平均流速。

局部水头损失系数 ζ，理论上应与局部阻碍处的雷诺数 Re 和边界情况有关。但是，因受局部阻碍的强烈扰动，流动在较小的雷诺数时，就已充分紊动，雷诺数的变化对紊动程度的实际影响很小。故一般情况下，ζ 只决定于局部阻碍的形状，与 Re 无关。

$$\zeta=\zeta\text{（局部阻碍的形状）}$$

因局部阻碍的形式繁多，流动现象极其复杂，局部水头损失系数多由实验确定。

7.7.2 几种典型的局部水头损失系数

1. 突然扩大管

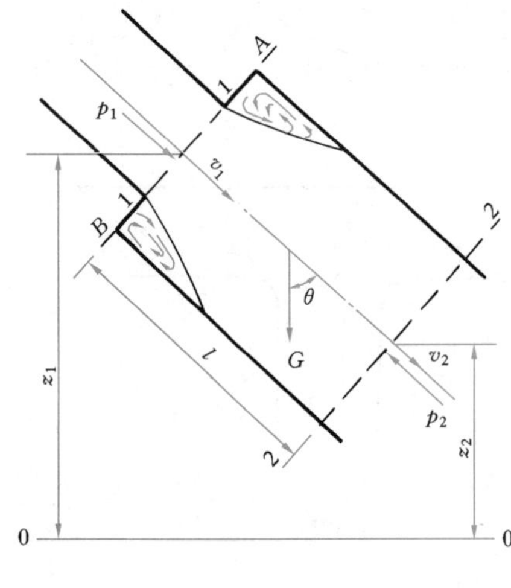

图 7-20　突然扩大管

设突然扩大管（图 7-20），列扩前断面 1-1 和扩后流速分布与紊流脉动已接近均匀流正常状态的断面 2-2 的伯努利方程，忽略两断面间的沿程水头损失，得

$$h_j=\left(z_1+\frac{p_1}{\rho g}\right)-\left(z_2+\frac{p_2}{\rho g}\right)+\frac{\alpha_1 v_1^2-\alpha_2 v_2^2}{2g} \tag{7-50}$$

式中符号的意义如图 7-20 所示。

对 AB、2-2 断面及侧壁所构成的控制体，列流动方向的动量方程

$$\sum F=\rho Q\ (\beta_2 v_2-\beta_1 v_1)$$

式中$\sum F$ 包括：作用在 AB 面上的压力 P_{AB}，这里 AB 面虽不是渐变流断面，但近似认为该断面上压强符合静压强分布规律，故 $P_{AB}=p_1 A_2$；作用在2-2面上的压力 $P_2=p_2 A_2$；重力的分力 $G\cos\theta=\rho g A_2(z_1-z_2)$；管壁上的摩擦阻力忽略不计。将各项力代入动量方程

$$p_1 A_2-p_2 A_2+\rho g A_2(z_1-z_2)=\rho Q(\beta_2 v_2-\beta_1 v_1)$$

以 $\rho g A_2$ 除各项，整理得

$$\left(z_1+\frac{p_1}{\rho g}\right)-\left(z_2+\frac{p_2}{\rho g}\right)=\frac{v_2}{g}\ (\beta_2 v_2-\beta_1 v_1)$$

将上式代入式（7-50），取 $\alpha_1=\alpha_2=\beta_1=\beta_2=1$，整理得

$$h_j=\frac{(v_1-v_2)^2}{2g} \tag{7-51}$$

即：突然扩大的局部水头损失，等于以平均速度差计算的流速水头。式（7-51）又称包达（de Borda，J-C. 法国数学家、航海家，1733 年～1799 年）公式。经实验验证，该式有足够

的准确性。

为把式（7-51）变为局部水头损失的一般表达式，只需将 $v_2=v_1\dfrac{A_1}{A_2}$ 或 $v_1=v_2\dfrac{A_2}{A_1}$ 代入，可得

$$h_j=\left(1-\frac{A_1}{A_2}\right)^2\frac{v_1^2}{2g}=\zeta_1\frac{v_1^2}{2g}$$

或

$$h_j=\left(\frac{A_2}{A_1}-1\right)^2\frac{v_2^2}{2g}=\zeta_2\frac{v_2^2}{2g}$$

突然扩大的局部水头损失系数为

$$\zeta_1=\left(1-\frac{A_1}{A_2}\right)^2 \tag{7-52}$$

$$\zeta_2=\left(\frac{A_2}{A_1}-1\right)^2 \tag{7-53}$$

以上两个局部水头损失系数，分别与突然扩大前、后两个断面的平均速度对应。

当流体在淹没情况下，流入断面很大的容器时（图 7-21），作为突然扩大的特例，$\dfrac{A_1}{A_2}\approx0$，由式（7-52）$\zeta=1$，称为管道出口损失系数。

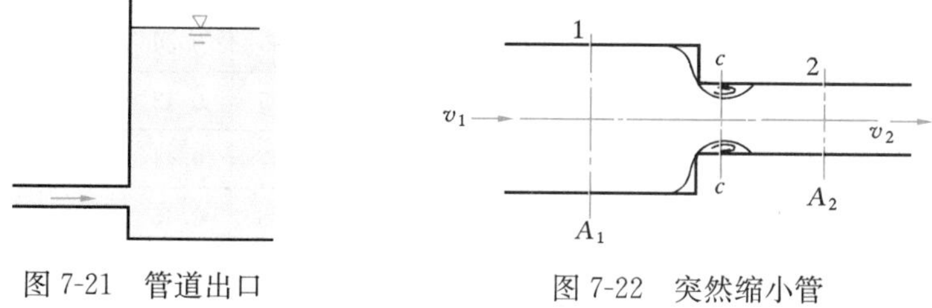

图 7-21　管道出口　　图 7-22　突然缩小管

2. 突然缩小管

突然缩小管（图 7-22）的水头损失，主要发生在细管内收缩断面 c-c 扩大到 2-2 断面间的旋涡区，局部水头损失系数决定于收缩面积比，魏斯巴赫（Weisbach，J. L.）给出实验值（表 7-5）与细管断面平均速度 v_2 对应。

突然缩小管的局部水头损失系数　　表 7-5

d_2/d_1	0	0.1	0.2	0.3	0.4	0.5	0.6	0.7	0.8	0.9	1.0
ζ	0.50	0.50	0.49	0.49	0.46	0.43	0.38	0.29	0.18	0.07	(0)

$$h_j=\zeta\frac{v_2^2}{2g}$$

当流体由断面很大的容器流入管道时（图 7-23），作为突然缩小的特例，$A_2/A_1\approx0$，

$\zeta=0.5$，称为管道入口损失系数。

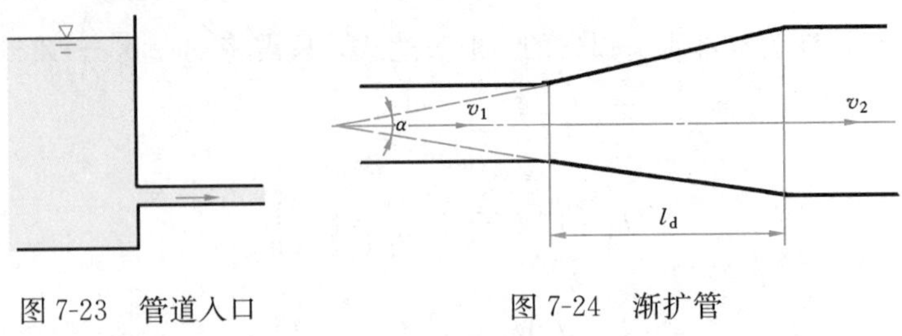

图 7-23　管道入口　　　　图 7-24　渐扩管

3. 渐扩管

圆锥形渐扩管（图 7-24）的局部水头损失系数决定于扩大面积比和扩张角。流体受逆压梯度作用，当扩张角超过 10°，主流脱离边壁，形成旋涡区，水头损失系数迅速增大。水头损失系数实验值（表 7-6）与细管断面平均速度 v_1 对应。

渐扩管的局部水头损失系数　　表 7-6

d_2/d_1	扩张角 α										
	≤4°	6°	8°	10°	15°	20°	25°	30°	40°	50°	60°
1.1	0.01	0.01	0.02	0.03	0.05	0.10	0.13	0.16	0.19	0.21	0.23
1.2	0.02	0.02	0.03	0.04	0.06	0.16	0.21	0.25	0.31	0.35	0.37
1.4	0.03	0.03	0.04	0.06	0.12	0.23	0.30	0.36	0.44	0.50	0.53
1.6	0.03	0.04	0.05	0.07	0.14	0.26	0.35	0.42	0.51	0.57	0.61
1.8	0.04	0.04	0.05	0.07	0.15	0.28	0.37	0.44	0.54	0.61	0.65
2.0	0.04	0.04	0.05	0.07	0.16	0.29	0.38	0.45	0.56	0.63	0.68
3.0	0.04	0.04	0.05	0.08	0.16	0.31	0.40	0.48	0.59	0.66	0.71

$$h_j = \zeta \frac{v_1^2}{2g}$$

4. 渐缩管

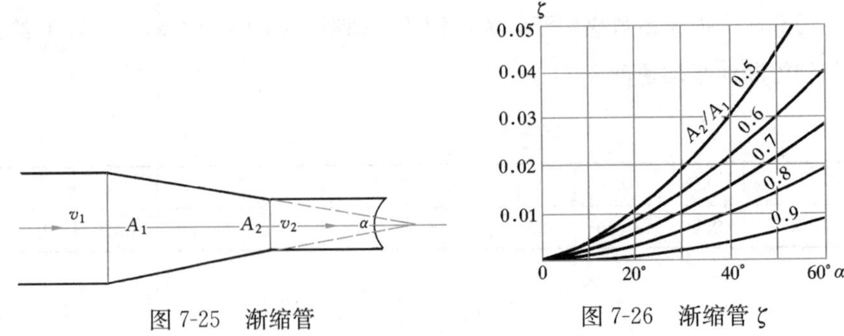

图 7-25　渐缩管　　　　图 7-26　渐缩管 ζ

圆锥形渐缩管（图 7-25）的局部水头损失系数决定于缩小面积比和收缩角，见加德尔

(Gardel) 实验曲线 (图 7-26)，与细管断面平均速度 v_2 对应。

$$h_j = \zeta \frac{v_2^2}{2g}$$

渐缩管流体受顺压梯度作用，不发生主流脱离边壁形成旋涡区，水头损失系数很小，一般计算可忽略不计。

5. 弯管

弯管是另一类典型的局部阻碍 (图 7-27)，它只改变流动方向，不改变平均流速的大小。

流体流经弯管，在弯管的内、外侧产生两个旋涡区，同时产生二次流现象。二次流的产生，是因为流体进入弯管后，因为离心力的作用，使弯管外侧 (E 处) 的压强增大，内侧 (H 处) 的压强减小，而两侧 (F、G 处) 壁面附近压强变化不大，于是在压强差的作用下，外侧流体沿壁面流向内侧。与此同时，由于连续性，内侧流体沿 HE 向外侧回流，这样在弯管内，形成一对旋转流，就是二次流。二次流与主流叠加，使流过弯管的流体质点作螺旋流动，从而加大了水头损失。在弯管内形成的二次流，要经过一段距离之后才能消失，影响长度最大可超过 50 倍管径。

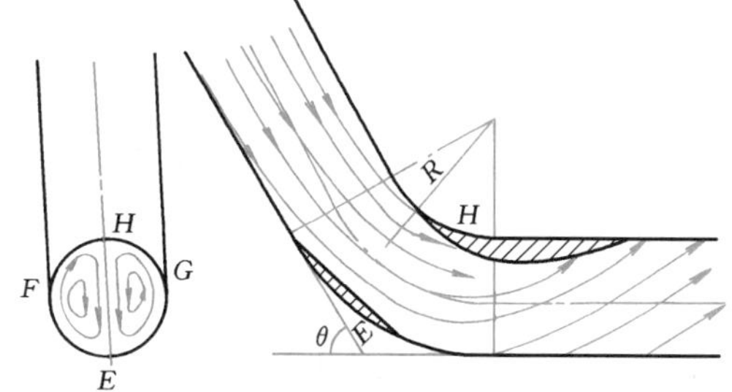

图 7-27　弯管二次流

弯管的局部水头损失，包括旋涡损失和二次流损失两部分。局部水头损失系数决定于弯管的转角 θ 和曲率半径与管径之比 R/d，见表 7-7。

弯管的局部水头损失系数　　表 7-7

断面形状	R/d 或 R/b	30°	45°	60°	90°
圆　形	0.5	0.120	0.270	0.480	1.000
	1.0	0.058	0.100	0.150	0.246
	2.0	0.066	0.089	0.112	0.159
方　形 $h/b=1.0$	0.5	0.120	0.270	0.480	1.060
	1.0	0.054	0.079	0.130	0.241
	2.0	0.051	0.078	0.102	0.142
矩　形 $h/b=0.5$	0.5	0.120	0.270	0.480	1.000
	1.0	0.058	0.087	0.135	0.220
	2.0	0.062	0.088	0.112	0.155
矩　形 $h/b=2.0$	0.5	0.120	0.280	0.480	1.080
	1.0	0.042	0.081	0.140	0.227
	2.0	0.042	0.063	0.083	0.113

6. 折管

折管也是改变流动方向的局部阻碍，但与弯管相比，其转角部位是折线形（图 7-28），其流动特征和水头损失情况与弯管类似，折管的局部水头损失系数见表 7-8。

折管的局部水头损失系数 表 7-8

折角 θ	30°	40°	50°	60°	70°	80°	90°
圆形	0.20	0.30	0.40	0.55	0.70	0.90	1.10

折角 θ	15°	30°	45°	60°	90°
矩形	0.025	0.11	0.26	0.49	1.20

7. 阀门

阀门是在管道中间或端部进行流量、压力控制调节的元件。使用时，流体通路变窄，流速加快。通过阀门后断面又急剧扩大，从而产生局部水头损失。图 7-29给出了常见的几种主要阀门及其局部水头损失系数。阀门开度越小，局部水头损失系数越大。开度相同时，管径越小，局部水头损失系数越大。

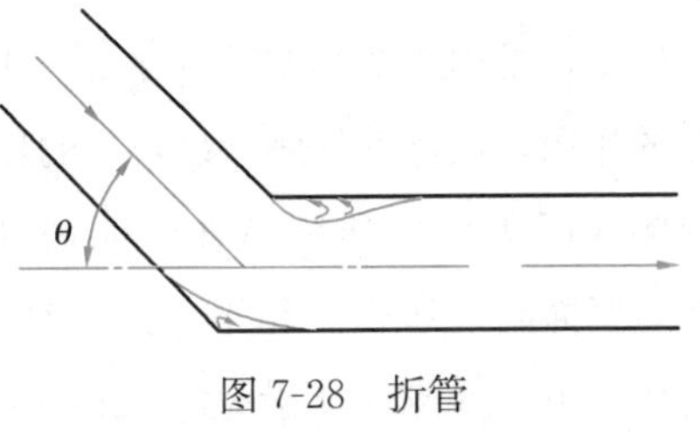

图 7-28 折管

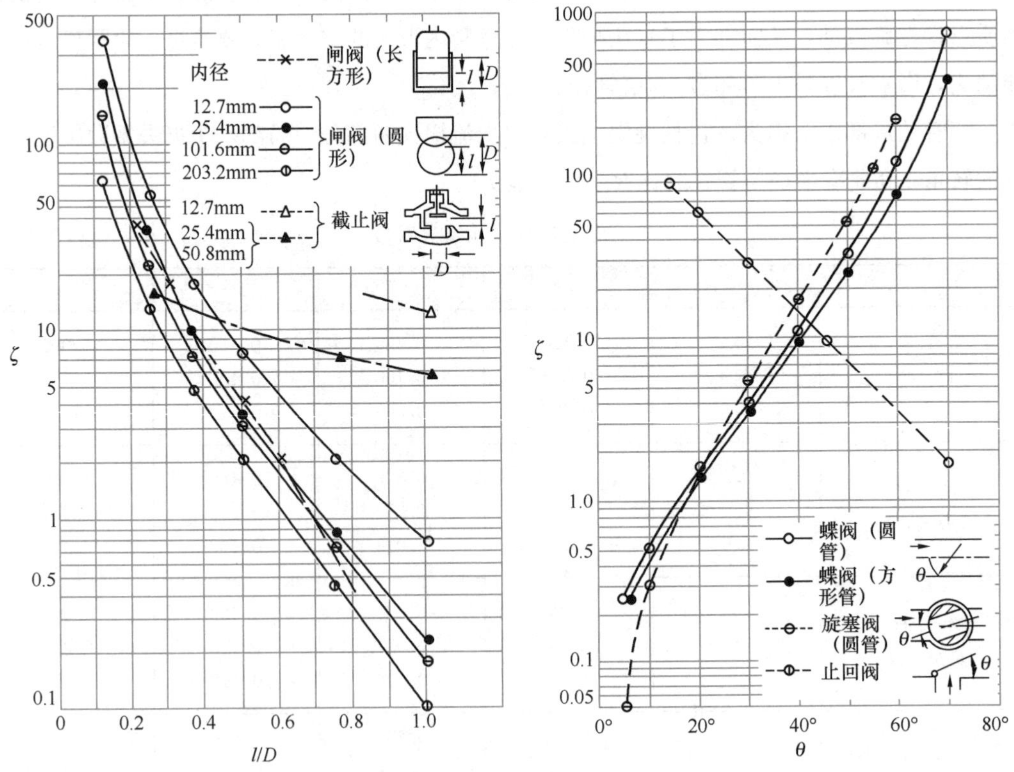

图 7-29 不同类型阀门的局部水头损失系数

7.7.3 局部阻碍之间的相互干扰

以上给出的局部水头损失系数ζ值，是在局部阻碍前后都有足够长的均匀流段的条件下，由实验得到的。测得的水头损失也不仅仅是局部阻碍范围内的损失，还包括下游一段长度上因紊动加剧而引起的损失。若局部阻碍之间相距很近，流体流出前一个局部阻碍，在速度分布和紊流脉动还未达到正常均匀流之前，又流入后一个局部阻碍，这相连的两个局部阻碍，存在相互干扰，其水头损失系数不等于正常条件下，两个局部阻碍的水头损失系数之和。实验研究表明，局部阻碍直接连接，相互干扰的结果，局部水头损失可能有较大的增大或减小，变化幅度约为单个正常局部水头损失总和的0.5～3倍。

【例7-9】 由高位水箱向低位水箱输水（图7-30），已知两水箱水面的高差$H=3\text{m}$，输水管段的直径和长度分别为$d_1=40\text{mm}$，$l_1=25\text{m}$；$d_2=70\text{mm}$，$l_2=15\text{m}$，沿程摩阻系数$\lambda_1=0.025$，$\lambda_2=0.02$，阀门的局部水头损失系数$\zeta_v=3.5$。试求：(1) 输水流量；(2) 绘总水头线和测压管水头线。

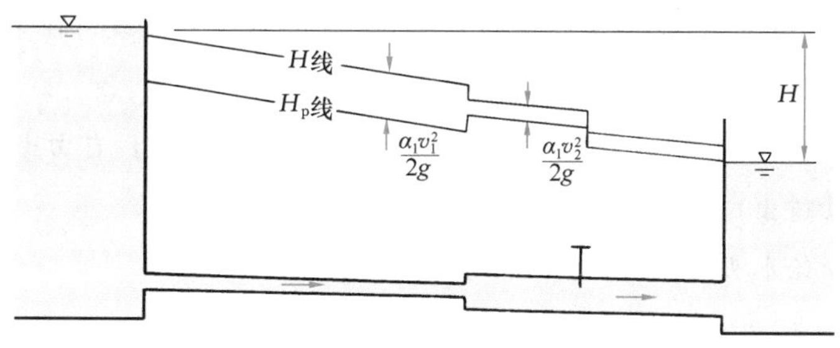

图7-30 管流·水头线

【解】 (1) 输水流量

选两水箱水面为1-1、2-2断面，列伯努利方程，式中：$p_1=p_2=0$，$v_1\approx v_2\approx 0$，水头损失包括沿程水头损失及管道入口、突然扩大、阀门、管道出口各项局部水头损失。得到

$$H=h_w$$

$$=\left(\lambda_1\frac{l_1}{d_1}+\zeta_e\right)\frac{v_1^2}{2g}+\left(\lambda_2\frac{l_2}{d_2}+\zeta_{se}+\zeta_v+\zeta_o\right)\frac{v_2^2}{2g}$$

式中 沿程摩阻系数：$\lambda_1=0.025$，$\lambda_2=0.02$

局部水头损失系数：

管道入口$\zeta_e=0.5$；

突然扩大，由式(7-53) $\zeta_{se}=\left(\frac{A_2}{A_1}-1\right)^2=\left(\frac{d_2^2}{d_1^2}-1\right)^2=4.25$；

阀门$\zeta_v=3.5$；

管道出口 $\zeta_0=1.0$。

由连续性方程 $v_2=\frac{A_1}{A_2}v_1=\left(\frac{d_1}{d_2}\right)^2 v_1$

将各项数值代入上式，整理得

$$H=17.515\frac{v_1^2}{2g}$$

$$v_1=\sqrt{\frac{2gH}{17.515}}=1.83\text{m/s}$$

$$Q=v_1A_1=2.23\text{L/s}$$

（2）绘总水头线和测压管水头线

1）先绘总水头线，按 1-1 断面的总水头 H_1 定出总水头线的起始高度，本题总水头线的起始高度与高位水箱的水面齐平；

2）计算各管段的沿程水头损失和局部水头损失，自 1-1 断面的总水头起，沿程依次减去各项水头损失，便得到总水头线；

3）由总水头线向下减去各管段的速度水头，可得测压管水头线。在等直径管段，速度水头沿程不变，测压管水头线与总水头线平行；

4）管道淹没出流，测压管水头线落在下游开口容器的水面上，自由出流（图7-1),测压管水头线应止于管道出口断面的形心。

按上述步骤所绘水头线如图 7-30 所示。

7.8 边界层概念与绕流阻力

前面各节讨论了流体在通道内的运动，即内流问题。本节将简要介绍流体绕物体的运动，即外流问题。如河水绕过桥墩、风吹过建筑物、船舶在水中航行、飞机在大气中飞行以及粉尘或泥砂在空气或水中沉降等都是绕流运动。上述各绕流运动，既有流体绕过静止物体的运动，也有物体在静止流体中作等速运动。对后一种情况，如把坐标系固定在运动物体上，则成为流体相对于动坐标系的运动。由于坐标系作匀速直线运动，仍为惯性坐标系，所以流体与物体之间的相互作用，和流体绕静止物体运动的情况是等价的。

流体作用在绕流物体上表面力的合力，可分解为平行于来流方向的分力，称为绕流阻力；垂直于来流方向的分力，称为升力。下面主要讨论绕流阻力，由于绕流阻力与边界层有密切关系，故首先介绍边界层的概念。

7.8.1 边界层概念

1. 平板上的边界层

以等速均匀流绕顺流置放的薄平板流动为例说明边界层的形成和特征(图 7-31)。

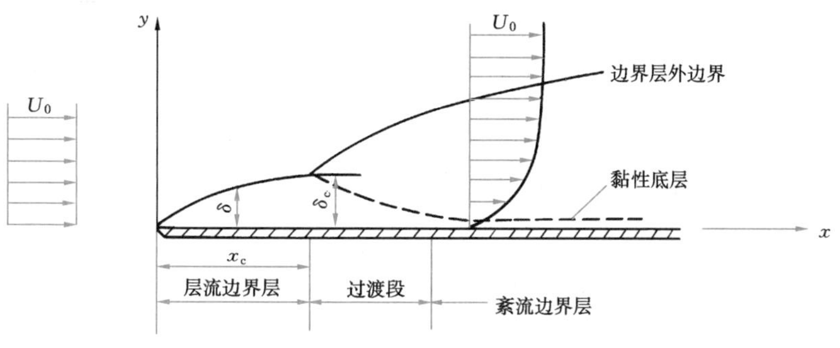

图 7-31　平板边界层

当速度很大的黏性流体流经平板时，紧贴壁面的一层流体在壁面上无滑移（壁面粘附），速度 $u_x=0$。而沿壁面法线方向速度很快增大到来流速度 $u_x \approx U_0$。由此可见，平板上部流场，存在两个性质不同的流动区域：贴近壁面很薄的流层内，速度梯度 du_x/dy 很大，黏性影响不能忽略，称为边界层（图 7-31 中放大了 y 方向的比尺）；边界层以外，速度梯度 $dy \approx 0$，黏性影响可以忽略，相当于无黏性流体运动。这样一来，只有边界层内的流动按黏性流体求解，边界层以外可按无黏性流体求解。由于边界层很薄，在这个条件下，黏性流体运动微分方程（N-S 方程）可大大简化，使求解成为可能。

边界层概念是德国力学家普朗特在 1904 年根据直观和从物理的角度首先提出的。为解决黏性流体绕流问题开辟了新途径，并使流体绕流运动中一些复杂现象得到解释。边界层理论在流体力学发展史上具有划时代意义。

如图 7-31 所示，在平板前缘，边界层的厚度为零，随着流体沿平板流动距离的增加，黏性的影响向来流内部扩展，边界层随之逐渐增厚。由壁面沿法线方向到速度 $u_x=0.99U_0$ 处的距离定义为边界层的名义厚度，以 δ 表示。显然，δ 是由平板前缘算起的距离 x 的函数，$\delta=\delta(x)$。例如 20℃空气以均匀流速 $U_0=10\text{m/s}$ 绕过平板，测得 $x=1\text{m}$，$\delta=1.8\text{mm}$；$x=2\text{m}$，$\delta=2.5\text{mm}$。

边界层内既然是黏性流动，必然也存在层流和紊流两种流型。在边界层的前部，由于厚度很薄，速度梯度很大，流动受黏滞力控制，边界层内是层流。随着流动距离的增长，边界层的厚度增大，速度梯度逐渐减小，黏滞力的影响减弱，最终在某一断面（$\delta=\delta_c$）处转变为紊流。该断面对应的位置点被称为层流边界层向紊流边界层的转捩（音 liè）点。实验得出，转捩点所对应的临界雷诺数 $Re_{\delta c}=\dfrac{U_0\delta_c}{\nu}=2700\sim8500$。

因为边界层厚度 δ 是距离 x 的函数，边界层雷诺数中的特征长度 δ 也可用距离 x 表示

$$Re_{\mathrm{x}}=\frac{U_0 x}{\nu} \tag{7-54}$$

以 x 为特征长度的临界雷诺数 $Re_{\mathrm{xc}}=\frac{U_0 x_{\mathrm{c}}}{\nu}$ 也存在一个范围，具体值和来流的紊动强度及壁面的粗糙有关。来流的紊动强度越大，壁面越粗糙，$Re_{\delta\mathrm{c}}$ 和 Re_{xc} 越小。如绕流平板长为 L，当 $Re_{\mathrm{x}}=\frac{U_0 L}{\nu}<Re_{\mathrm{xc}}$，该平板上是层流边界层；当 $Re_{\mathrm{x}}=\frac{U_0 L}{\nu}>Re_{\mathrm{xc}}$，则该平板上 x_{c} 以前是层流边界层，x_{c} 以后（$L-x_{\mathrm{c}}$）是紊流边界层。

在紊流边界层内，紧靠壁面也有一层极薄的黏性底层。

2. 管道进口段的边界层

不仅绕流中存在边界层，内流也存在边界层，如图 7-32 所示。

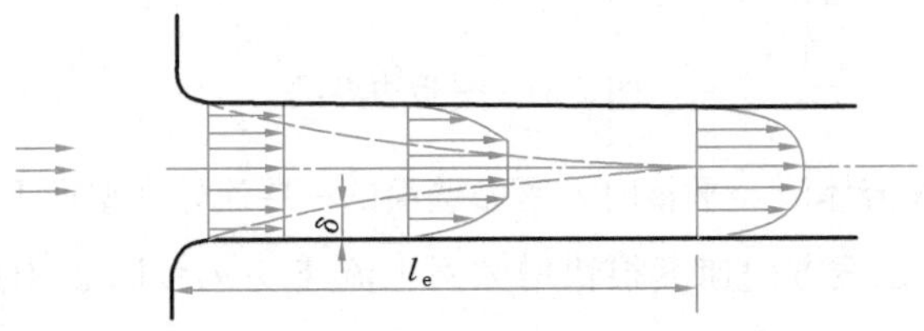

图 7-32　管道的进口段边界层

在管道进口断面上，速度接近均匀分布，进入管道后，因流体具有黏性，受壁面阻滞，和前面绕平板流动一样，也产生边界层。随着沿程边界层厚度的发展，沿程各断面的速度分布不断变化，直到边界层厚度发展到圆管中心，即 $\delta(x)=r_0$，管中的流动全部成为边界层流动，断面的速度分布不再变化。自进口断面至 $\delta=r_0$ 断面，这一段管道称为管道的进口段或过渡段。

圆管层流：布率涅斯克（Boussinesq，J.）对 N-S 方程提出一种近似，取断面最大速度为平均速度 2 倍的 99%，作为进口段终了的标准，解得进口段长度

$$l_{\mathrm{e}}=0.0656dRe \tag{7-55}$$

圆管紊流：因紊流边界层内质点强烈掺混，边界层迅速增厚，进口管流很快过渡到完全发展的紊流，进口段长度缩短，柯尔斯顿（Kirsten，H. 1927 年）由实验得出

$$l_{\mathrm{e}}=(50\sim100)d \tag{7-56}$$

另有尼古拉兹（Nikuradse，J. 1932 年）提出

$$l_{\mathrm{e}}=(25\sim40)d \tag{7-57}$$

来流紊动强度和入口形状不同，进口段长度有所不同。

进口段中速度分布的不断改组引起附加水头损失，但在大多数的工程计算中，这部分损失一并考虑在管道进口的局部水头损失之中。因此，仍把整个管道看成是单一的均匀流。

7.8.2 边界层微分方程

以图 7-31 所示二维平板边界层流动为例，忽略质量力作用，根据 N-S 方程

$$\left.\begin{aligned}-\frac{1}{\rho}\frac{\partial p}{\partial x}+\nu\left(\frac{\partial^2 u_x}{\partial x^2}+\frac{\partial^2 u_x}{\partial y^2}\right)=\frac{\partial u_x}{\partial t}+u_x\frac{\partial u_x}{\partial x}+u_y\frac{\partial u_x}{\partial y}\\-\frac{1}{\rho}\frac{\partial p}{\partial y}+\nu\left(\frac{\partial^2 u_y}{\partial x^2}+\frac{\partial^2 u_y}{\partial y^2}\right)=\frac{\partial u_y}{\partial t}+u_x\frac{\partial u_y}{\partial x}+u_y\frac{\partial u_y}{\partial y}\end{aligned}\right\} \tag{7-58}$$

根据不可压缩流体连续性微分方程

$$\frac{\partial u_x}{\partial x}+\frac{\partial u_y}{\partial y}=0 \tag{7-59}$$

壁面处 $y=0$，$u_x=u_y=0$。在厚度为 δ 的边界层内速度 u_x 从 0 增加到接近 U_0。以平板长度 L 的大小为基准，则 δ 可认为是很小的量。量级分析，式（7-58）关于 u_x 的偏微分方程可简化为

$$-\frac{1}{\rho}\frac{\partial p}{\partial x}+\nu\frac{\partial^2 u_x}{\partial y^2}=\frac{\partial u_x}{\partial t}+u_x\frac{\partial u_x}{\partial x}+u_y\frac{\partial u_x}{\partial y} \tag{7-60}$$

假设黏性项和惯性项具有相同的量级，经推导后得到

$$\delta\sim\nu^{1/2} \tag{7-61}$$

同理，对式（7-58）关于 u_y 的偏微分方程各项进行量级推定，再和式（7-61）结合，可得

$$-\frac{1}{\rho}\frac{\partial p}{\partial y}\sim\delta \tag{7-62}$$

对上式积分可知，从壁面到边界层边缘的法线方向压强差的量级是 δ^2，可以忽略，可认为边界层内压强不随 y 方向变化。式（7-59）、式（7-60）和式（7-62）被称为不可压缩流体二维平板边界层微分方程，由普朗特于 1904 年得到。这样，针对绕流问题，可以先利用边界层微分方程求解得到物体周边边界层厚度，然后对物体形状尺寸进行修正，再利用第 5 章的速度势函数和流函数方便地求出主流区流场。

如果物体不是平板而是曲面，只要曲率半径大于物体的特征长度，将 x 坐标沿曲面边界，y 坐标沿曲面外法线方向，可证明式（7-59）、式（7-60）依然成立，式（7-62）根据曲率大小进行修正，具体计算方法从略。

在紧挨边界层外边缘部分，如果忽略黏性作用，有下式

$$\frac{\partial U_0}{\partial t}+U_0\frac{\partial U_0}{\partial x}=-\frac{1}{\rho}\frac{\partial p}{\partial x} \tag{7-63}$$

对于恒定流，可简化为如下常微分方程形式

$$\frac{\mathrm{d}p}{\mathrm{d}x}=-\rho U_0\frac{\mathrm{d}U_0}{\mathrm{d}x} \tag{7-64}$$

将上式代入式（7-60），最终可得恒定流边界层微分方程

$$U_0 \frac{dU_0}{dx} + \nu \frac{\partial^2 u_x}{\partial y^2} = u_x \frac{\partial u_x}{\partial x} + u_y \frac{\partial u_x}{\partial y} \tag{7-65}$$

7.8.3 平板层流边界层的计算

虽然边界层微分方程比 N-S 方程有所简化，但要注意由于式（7-60）中保留了非线性的惯性力项，边界层微分方程的数学求解依然是困难的。目前仅有类似平板层流边界层这样简单的流动情况才能得到精确解。

同样以图 7-31 为例，由于边界层外部流速到处相等，且都等于U_0，则有 $\frac{dU_0}{dx} = 0$ 。代入式（7-65），进一步简化为

$$\nu \frac{\partial^2 u_x}{\partial y^2} = u_x \frac{\partial u_x}{\partial x} + u_y \frac{\partial u_x}{\partial y} \tag{7-66}$$

针对上式的求解基于以下的思路：1）假设边界层内存在流速分布的相似性，从而将独立变量 x，y 统合为一个变量 $\eta = y/\delta(x)$ ；2）引入流函数 ψ，从而将从属变量 u_x 和 u_y 统合为一个从属变量 ψ，最终将偏微分方程转化为常微分方程。

对于层流边界层区域，经系统的测试总结，可知边界层厚度与流体的黏度以及距平板前缘的距离平方根成正比，与主流速度U_0的平方根成反比，即 $\delta \sim \sqrt{\nu x/U_0}$ 。进而总结得到如下经验式

$$\frac{u_x}{U_0} = f\left(\frac{y}{\sqrt{\nu x/U_0}}\right) = f(\eta) \tag{7-67}$$

其中 $$\eta = \frac{y}{\delta(x)} = \frac{y}{\sqrt{\nu x/U_0}} = \frac{y}{x} Re_x^{1/2} 。$$

对式（5-10）进行积分可得

$$\psi = \int u_x dy + c(x) = U_0 \sqrt{\nu x/U_0} f(\eta) d\eta + c(x)$$

$$= \sqrt{\nu U_0 x} f(\eta) d\eta + c(x) \tag{7-68}$$

再根据 $u_y = -\partial\psi/\partial x$ ，以及 $y=0$ 时，$u_y=0$ 的边界条件，可得 $c(x)=0$。最终流函数 ψ 的表达式

$$\psi(x, y) = \sqrt{\nu U_0 x} f(\eta) d\eta \tag{7-69}$$

再根据流函数定义，可推导得到

$$\left.\begin{aligned} u_x &= \partial\psi/\partial y = U_0 f'(\eta) \\ u_y &= -\partial\psi/\partial x = \frac{1}{2}\sqrt{\nu U_0/x}\left[\eta f'(\eta) - f(\eta)\right] \end{aligned}\right\} \tag{7-70}$$

代入式（7-66），方程变换为

$$2f'''(\eta)+f(\eta)f''(\eta)=0 \tag{7-71}$$

边界条件为：$\eta=0$ 时，$u_x=u_y=0$，$f(\eta)=f'(\eta)=0$；$\eta=\infty$时，$u_x=U_0$，$f'(\eta)=1$。

利用级数展开法对以上非线性常微分方程进行求解，最终可得下式，推导从略

$$f(\eta)=\sum_{n=0}^{\infty}\left(\frac{1}{2}\right)^n\frac{\alpha^{n+1}C_n}{(3n+2)!}\eta^{3n+2} \tag{7-72}$$

式中 $\alpha=0.332$，$C_n=1$，1，11，375，…（$n=0$，1，2，3，…）。

代入不同的 η 值，可得层流边界层内速度分布 $u_x/U_0[=f'(\eta)]$。上述理论求解工作由布拉休斯完成，与实验结果非常吻合（图 7-33）。

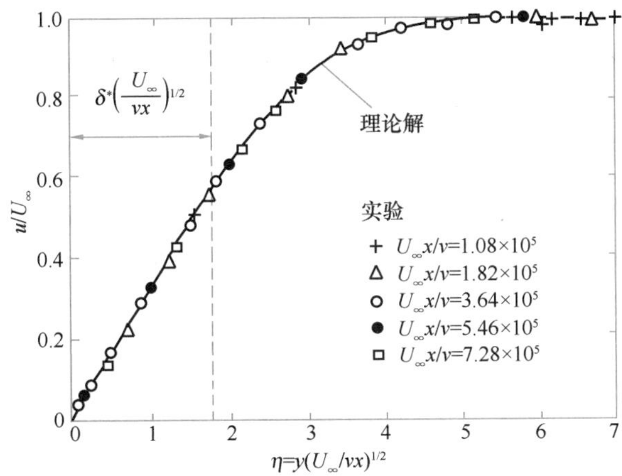

图 7-33　平板层流边界层内速度分布

由式（7-70）、式（7-72），作用于平板表面的壁面切应力 τ_w 为

$$\tau_w=\mu\left(\frac{\partial u_x}{\partial y}\right)_{y=0}=\mu U_0\left(\frac{U_0}{\nu x}\right)^{1/2}f''(0)=0.332\mu U_0\left(\frac{U_0}{\nu x}\right)^{1/2} \tag{7-73}$$

根据局部水头损失的计算式，引入边界层外部的主流区动能 $\rho U_0^2/2$，再结合式（7-54），可得平板层流状态下的局部水头损失系数

$$c_{f,x}=\frac{\tau_w}{\rho U_0^2/2}=0.664\left(\frac{\nu}{U_0 x}\right)^{1/2}=0.664\,Re_x^{-1/2} \tag{7-74}$$

对于长度 L、宽度 b 的平板，摩擦阻力 D 可由上式积分得到

$$D=b\int_0^L\tau_w\mathrm{d}x=0.664b\sqrt{\mu\rho L}U_0^{3/2}=0.664b\mu U_0\left(\frac{U_0L}{\nu}\right)^{1/2}=0.664b\mu U_0\,Re_L^{1/2} \tag{7-75}$$

式中　$Re_L=U_0L/\nu$。可见平板摩擦阻力与 U_0 的 3/2 方成比例，与板长的 1/2 方成比例。

根据上式可得平板总局部水头损失系数 c_f 为

$$c_f=\frac{D}{\rho U_0^2 bL/2}=\frac{1.328}{Re_L^{1/2}} \tag{7-76}$$

式（7-74）、式（7-76）成立的条件是 $Re_L=10^3\sim3\times10^5$。若 Re_L 大于该范围，需要按紊流边界层的计算方法求解。若 Re_L 小于该范围，则属于小雷诺数流动，可按后叙的类似斯托克斯关于圆球绕流阻力的计算方法近似求解（式 7-101）。

另外，根据边界层名义厚度的定义，结合图 7-33 可知，在 $u_x=0.99U_0$ 处，$\eta\approx5.0$，则根据 η 的计算式，有

$$\delta\approx5.0\left(\frac{\nu x}{U_0}\right)^{1/2}=5.0xRe_x^{-1/2} \tag{7-77}$$

可见边界层厚度和距平板前缘的距离 x 的 1/2 次方成正比，和 U_0 的 1/2 次方成反比，流速越大边界层越薄。

除上述边界层名义厚度外，为了更好地体现边界层在流动过程中的物理意义，还常用以下两个物理量

1. 边界层排挤厚度 δ^*

由于边界层的存在，其内部流速降低，一部分流体沿壁面外法线方向被排挤至边界层外，相当于在边界层外增加了一层速度为 U_0、厚度为 δ^* 的流体。定义式如下

$$\rho U_0\delta^*=\rho\int_0^\infty(U_0-u_x)\mathrm{d}y \tag{7-78}$$

对方程变换

$$\delta^*=\int_0^\infty\left(1-\frac{u_x}{U_0}\right)\mathrm{d}y \tag{7-79}$$

由图 7-33 可得

$$\delta^*=1.73xRe_x^{-1/2} \tag{7-80}$$

与式（7-77）相比，边界层排挤厚度大约相当于边界层名义厚度的 0.35 倍。

2. 边界层动量损失厚度 δ'

由于边界层的存在，其内部动量的损失量，折算成速度为 U_0、厚度为 δ' 且具有相同动量的流体。定义式如下

$$\rho U_0^2\delta'=\rho\int_0^\infty u_x(U_0-u_x)\mathrm{d}y \tag{7-81}$$

对方程变换

$$\delta'=\int_0^\infty\frac{u_x}{U_0}\left(1-\frac{u_x}{U_0}\right)\mathrm{d}y \tag{7-82}$$

积分并处理后可得

$$\delta'=0.66xRe_x^{-1/2} \tag{7-83}$$

边界层动量损失厚度大约相当于边界层排挤厚度的 0.38 倍。

7.8.4 平板紊流边界层的计算

1. 光滑平板紊流边界层

虽然平板边界层实际上从层流状态开始发展，但从平板前缘到转捩点的距离不长，从讨论方便出发，可认为整个边界层都是紊流边界层。设距离平板前缘距离 x，与平板垂直的断面上减少的流体动量为

$$D(x)=\rho\int_0^\delta u_{\mathrm{x}}(U_0-u_{\mathrm{x}})\mathrm{d}y \tag{7-84}$$

而流体动量的减少可认为是平板表面摩擦阻力所造成，因此壁面切应力 τ_{w} 可表示为

$$D(x)=\int_0^x \tau_{\mathrm{w}}(x)\mathrm{d}x \tag{7-85}$$

将以上两式联立可得壁面切应力和边界层内速度分布之间的关联式

$$\rho\frac{\mathrm{d}}{\mathrm{d}x}\int_0^\delta u_{\mathrm{x}}(U_0-u_{\mathrm{x}})\mathrm{d}y=\tau_{\mathrm{w}} \tag{7-86}$$

假设圆管内紊流速度的幂函数分布规律同样适用于平板的紊流边界层，$u_{\max}$ 取 U_0、r_0 取 δ、指数 n 取 1/7，则边界层内速度分布近似为

$$u_{\mathrm{x}}=U_0\left(\frac{y}{\delta}\right)^{1/7} \tag{7-87}$$

结合式（7-87）和紊流光滑区 1/7 幂函数速度分布律（式 7-33），同时引入摩擦速度，可得

$$\frac{\tau_{\mathrm{w}}}{\rho U_0^2}=0.0225\,Re_\delta^{-1/4}=0.0225\left(\frac{U_0\delta(x)}{\nu}\right)^{-1/4} \tag{7-88}$$

再将式（7-87）、式（7-88）代入式（7-86），整理后可得 δ（x）的微分方程

$$\frac{7}{72}\frac{\mathrm{d}\delta}{\mathrm{d}x}=0.0225\left(\frac{\nu}{U_0\delta}\right)^{1/4} \tag{7-89}$$

对上式积分，设 $x=0$ 时，$\delta=0$。则有

$$\delta(x)=0.37\,Re_{\mathrm{x}}^{-1/5}x=0.37\left(\frac{\nu}{U_0}\right)x^{4/5} \tag{7-90}$$

与式（7-77）相比，紊流边界层由于紊动带来的上下掺混效果，边界层内动量输送更多，同样的距离 x，其对应的厚度也就远大于层流边界层。

对于长度 L、宽度 b 的平板，摩擦阻力 D 可由式（7-84）、式（7-90）积分得到

$$D=\frac{7}{72}\rho U_0^2 b\delta=0.036\rho U_0^2 bL\left(\frac{\nu}{U_0 L}\right)^{1/5}=0.036\rho U_0^2 bL\,Re_L^{-1/5} \tag{7-91}$$

进而可得平板总局部水头损失系数

$$C_{\mathrm{f}}=\frac{D}{\rho U_0^2 bL/2}=0.074\,Re_L^{-1/5} \tag{7-92}$$

平板紊流状态下的局部水头损失系数

$$C_{\mathrm{f,x}}=\frac{\tau_{\mathrm{w}}}{\rho U_0^2/2}=0.059\left(\frac{\nu}{U_0 x}\right)^{-1/5}=\frac{0.059}{Re_{\mathrm{x}}^{1/5}} \tag{7-93}$$

上述各式成立的条件是 $Re_L = 3\times10^5 \sim 10^7$ 。

2. 平板前缘附近存在层流边界层的情况

以上讨论的是从平板前缘开始就是紊流边界层的情况。但实际上，平板前缘开始的一小段距离内存在层流边界层，通过转捩点后才发展为紊流边界层。此时式（7-92）可进行如下修正

$$C_f = \frac{0.074}{Re_L^{1/5}} - \frac{A}{Re_L} \tag{7-94}$$

式中 A 为常数，与转捩点对应的 Re_{xc} 的大小有关，可查表 7-9 确定。

A 的取值 表 7-9

Re_{xc}	3×10^5	5×10^5	10^6	3×10^6
A	1050	1700	3300	8700

【例 7-10】一光滑平板宽 b=4m，长 L=1m 淹没于水中。水以 0.5m/s 速度流经该平板。设水温为 15℃。求：(1) 平板中间和尾部的边界层厚度和壁面切应力；(2) 若平板上全部为紊流边界层，求平板上的阻力。

【解】

(1) 根据水温，查表 1-4 和表 1-1，$\nu=1.139\times10^{-6}\text{m}^2/\text{s}$，$\rho=999.0\text{kg/m}^3$。

判别平板中间和尾部边界层流态

$$Re_{L/2} = \frac{U_0(L/2)}{\nu} = \frac{0.5\times(1/2)}{1.139\times10^{-6}} = 2.185\times10^5 < 3\times10^5 \text{，层流}$$

$$Re_L = \frac{U_0 L}{\nu} = \frac{0.5\times1}{1.139\times10^{-6}} = 4.39\times10^5 > 3\times10^5 \text{，紊流}$$

计算平板中间边界层厚度和壁面切应力。分别由式（7-77）、式（7-74），$\delta_{L/2} = \dfrac{5.0\times L/2}{Re_{L/2}^{1/2}} = 5.36\text{mm}$，$C_{f,L/2} = \dfrac{0.664}{Re_{L/2}^{1/2}} = 1.42\times10^{-3}$，从而 $\tau_{w,L/2} = \dfrac{1}{2}\rho U_0^2 C_{f,L/2} = \dfrac{1}{2}\times 999.0\times0.5^2\times1.42\times10^{-3} = 0.177\text{N/m}^2$ 。

计算平板尾部边界层厚度和壁面切应力。参考图 7-31 可知，由于层流边界层的存在，L 处边界层厚度不能直接利用式（7-90）得到，而可以改写为如下形式，其中 x_c 和 δ_c 分别为转捩点至平板边缘的距离以及该处边界层厚度：

$$\delta_L = \delta_c + 0.37\left(\frac{L}{Re_L^{1/5}} - \frac{x_c}{Re_{xc}^{1/5}}\right)$$

设转捩点处 $Re_{xc}=3\times10^5$，可以得到 $x_c = \dfrac{Re_{xc}\nu}{U_0} = 0.683\text{m}$ 。则 δ_c 可按式（7-77）计算，有 $\delta_c = \dfrac{5.0x_c}{Re_{xc}^{1/2}} = 6.23\text{mm}$ 。

代入式（7-95）并整理计算，最终可得 $\delta_L = 13.52\text{mm}$。

（2）由式（7-91），

$$D = 0.036\rho U_0^2 bL\, Re_L^{-1/5} = 0.036 \times 999.0 \times 0.5^2 \times 1 \times (4.39 \times 10^5)^{-1/5} = 0.668\text{N}$$

7.8.5 曲面边界层及其分离现象

上面讨论了流体绕平面壁的流动，现以绕无限长圆柱体为例，说明绕曲面壁的流动（图7-34）。

1. 曲面边界层的分离

当流体沿曲面壁（定为 x 方向）流动时，在 DE 段由于流动受壁面挤压，边界层外边界上的流速沿程增加 $\frac{\partial u_e}{\partial x}>0$，压强沿程减小 $\frac{\partial p}{\partial x}<0$。因为边界层厚度很小，可以认为边界层内法线上各点压强相等，等于外边界上的压强，所以边界层内压强沿程减小 $\frac{\partial p}{\partial x}<0$。因流动受顺压梯度作用，紧靠壁面的流体克服近壁处摩擦阻力后，所余动能使其得以继续流动。当流体流过 E 点后，因壁面的走向变化，使流动区域扩大，边界层外边界上的流速沿程减小 $\frac{\partial u_e}{\partial x}<0$，边界层内压强沿程增大 $\frac{\partial p}{\partial x}>0$。流动受逆压梯度作用，紧靠壁面的流体要克服近壁处摩擦阻力和逆压梯度作用，流速沿程迅速减缓，在 S 点流速梯度为零 $\left(\frac{\partial u}{\partial y}\right)_{y=0}=0$，$S$ 点的下游靠近壁面的流体，在逆压梯度作用下反向回流，使主流脱离壁面，在壁面与主流间形成旋涡区，这就是曲面边界层的分离。S 点称为边界层的分离点。

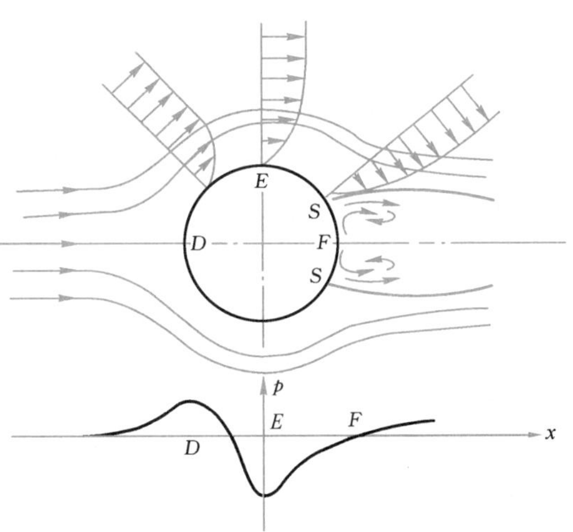

图7-34 曲面边界层的分离

2. 压差阻力

在绕流物体边界层分离点下游形成的旋涡区通称为尾流。物体绕流，除了沿物体表面的摩擦阻力耗能，还有尾流旋涡耗能，使得尾流区物体表面的压强低于来流的压强，而迎流面的压强大于来流的压强，这两部分的压强差，造成作用于物体上的压差阻力。压差阻力的大小，决定于尾流区的大

（实验演示——绕流实验）

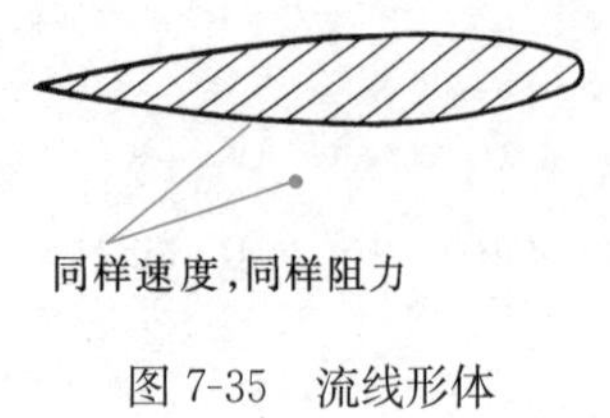

图 7-35　流线形体

小，也就是决定于边界层分离点的位置，分离点沿绕流物体表面后移，尾流区减小，则压差阻力减小，摩擦阻力增加。但是，在较高雷诺数时，摩擦阻力较压差阻力小得多。因此，减小压差阻力便减小了绕流阻力。工程中为减小绕流阻力，特设计成流线型形状。图 7-35 是以同一比尺绘出的流线形体和圆柱体（图中的小圆点），两种形体的表面积和体积相差悬殊，但实测得出以同样速度前进的绕流阻力相等。

3. 卡门涡街

圆柱绕流中尾流形态的变化，主要取决于雷诺数的大小（图 7-36）。当雷诺数 $Re=\frac{U_0 d}{\nu}<0.5$ 时，流体平顺地绕过圆柱，并在下游重新汇合（图 7-36a）。当 $Re=20\sim30$，边界层出现分离，圆柱后部形成两个位置固定、旋转方向相反的旋涡，受到排挤的主流在下游不远处重新汇合，尾流区不长（图 7-36b）。Re 继续增大，尾流呈现周期性摆动，当 $Re\approx90$ 时，旋涡从圆柱后部两侧交替脱落，被带向下游，排成两列（图 7-36c）。1911 年卡门（von Karman, T.）研究了这一特殊的流动现象，并从理论上发现，只有满足如下图所示空间位置关系及以下关系式时，所形成的涡街才是稳定的。人们将其称为卡门涡街。

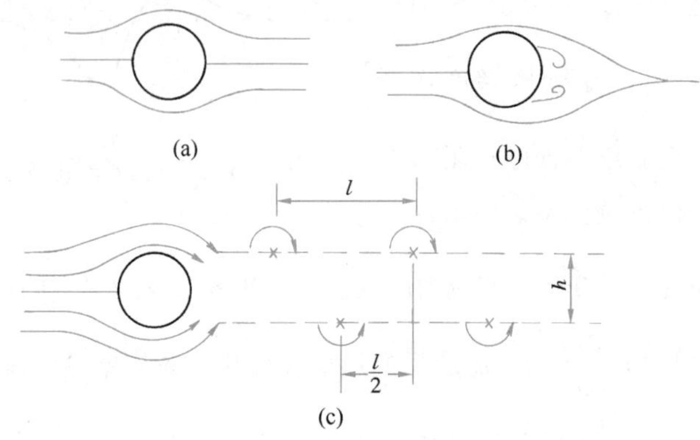

图 7-36　圆柱绕流图形

(a) $Re<0.5$；(b) $Re=20\sim30$；(c) $Re\approx90$

$$\frac{h}{l}=\frac{1}{\pi}\sinh^{-1}1\approx0.281 \tag{7-95}$$

式中　l——同一涡列中相邻两个涡旋之间的距离；

h——两排涡列之间的距离。

卡门涡街不仅在圆柱后形成，也可在其他形状物体后形成，如高层建筑物、烟囱、铁塔等。由于旋涡交替发放，在绕流物体上产生垂直于流动方向的交变侧向力，由此引起物体振动，一旦旋涡发放频率与物体的自振频率相耦合时，就会发生共振，对物体造成危害。1940 年 11 月 7 日美国著名的塔科马（Tacoma）悬索桥在 8 级风中遭破坏，就是风致振动造成的。

此外，旋涡交替发放造成的声响效应，是输电线在大风中啸叫，锅炉内烟气流过管束时发出噪声的原因。

雷诺数更大，当 $Re>300$ 以后，圆柱后方的涡街排列逐渐失去其规则性和周期性，涡街随之消失。

7.8.6　绕流阻力

流体作用在绕流物体上的力分解为绕流阻力和升力（图 7-37）。

绕流阻力包括摩擦阻力和压差阻力两部分

$$D=D_f+D_p \tag{7-96}$$

其中摩擦阻力

$$D_f=\int_s \tau_0 \sin\theta \mathrm{d}s \tag{7-97}$$

压差阻力

$$D_p=-\int_s p\cos\theta \mathrm{d}s \tag{7-98}$$

图 7-37　作用在绕流物体上的力

式中 s 为绕流物体壁面的总表面积；θ 为物体壁面上微元面积的法线与速度方向的夹角。

牛顿于 1726 年提出绕流阻力的计算公式

$$D=C_D\frac{\rho U_0^2}{2}A \tag{7-99}$$

式中　ρ——流体的密度；

U_0——受绕流物体扰动前来流的速度，$\frac{\rho U_0^2}{2}$ 为单位体积流体的动能；

A——绕流物体与来流速度垂直方向的迎流投影面积；

C_D——绕流阻力系数。

对于小雷诺数圆球绕流阻力，因雷诺数很小 $\left(Re=\frac{U_0 d}{\nu}\ll 1\right)$，运动受黏性力控制，斯托克斯（Stokes，G. 1851 年）略去 N-S 方程（式 4-29）的质量力和迁移惯性力项，恒定流动则时变惯性力项也不存在，解得球周围的速度和压强分布，进而求得圆球的绕流阻力

$$D=3\pi\mu dU_0 \tag{7-100}$$

用牛顿的阻力公式表示

$$\begin{aligned}D&=3\pi\mu dU_0\\&=\frac{24}{Re}\frac{\rho U_0^2}{2}\frac{\pi d^2}{4}=C_D\frac{\rho U_0^2}{2}A\end{aligned}$$

得到

$$C_D=\frac{24}{Re} \tag{7-101}$$

式（7-100）或式（7-101）是在 $Re\ll 1$ 的前提下得到的理论近似解，称斯托克斯解，经实测在 $Re\leqslant 1$ 范围内与实验相符。这样的流动常见于空气中尘埃或细小雾滴的降落，微粒泥砂（$d<0.05$mm）在静水中沉降。

一般情况下，绕流阻力系数 C_D 主要取决于雷诺数，并和物体的形状、表面的粗糙情况，以及来流的紊动强度有关，由实验确定。图 7-38 为圆球、圆盘及无限长圆柱的阻力系数的实验曲线。

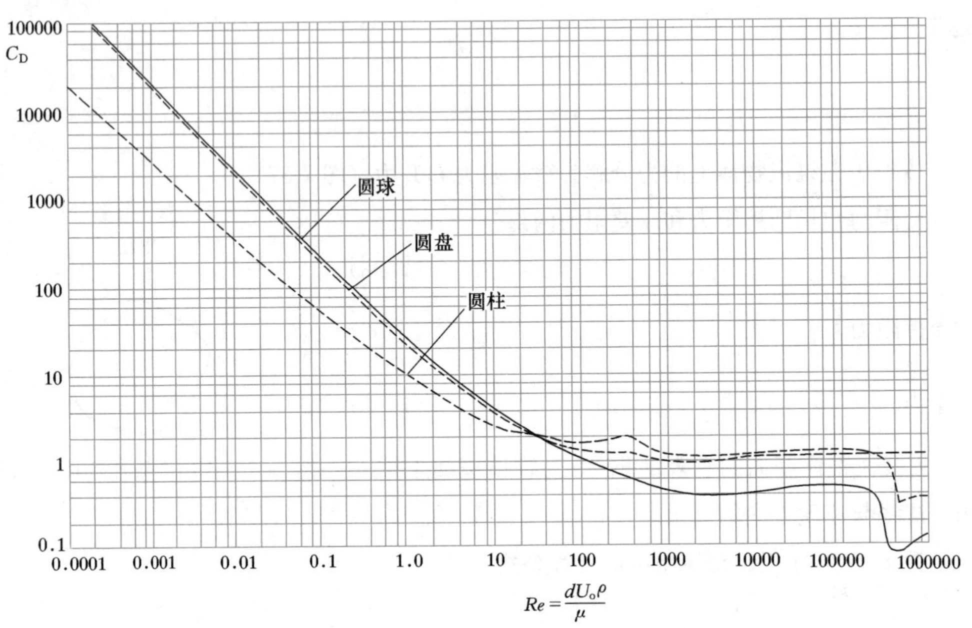

图 7-38　圆球、圆盘、圆柱的绕流阻力系数曲线并图

分析圆球绕流阻力系数 C_D 随雷诺数 Re 的变化（图 7-38）。雷诺数很小（$Re<1$）时，流体平顺地绕过球体，尾部不出现旋涡，符合 $C_D=24/Re$。当 $Re>1$，球表面出现层流边界层分离，分离点随 Re 增大而前移，随之摩擦阻力所占比例减少，压差阻力增加，$C_D=f(Re)$ 曲线下降的坡度逐渐变缓。至 $Re=10^3 \sim 2.5\times10^5$，边界层分离点稳定在自上游驻点算起 80°附近。这时摩擦阻力占总阻力的比例已很小，C_D 值介于 0.4～0.5，几乎不随 Re 变化。当雷诺数增至 $Re=3\times10^5$ 附近时，C_D 值急剧下降至 0.2 左右，这一现象称为“失阻”。这是因为分离点上游的边界层由层流变为紊流。紊流的掺混作用，使边界层内紧靠壁面的流体质点得到较多的动能补充，分离点后移，旋涡区显著减小，从而大大降低了压差阻力。出现“失阻”的雷诺数随来流的紊动强度和物体表面粗糙程度的不同而异，来流紊动强度越大，壁面越粗糙，出现“失阻”的雷诺数越小。

垂直于来流的圆盘，其阻力系数 C_D 在 $Re>10^3$ 以后为一常数。这是因为边界层分离点固定在圆盘边缘上，旋涡区不随 Re 变化的缘故。圆柱体绕流阻力系数的变化规律与圆球绕流相似。

表 7-10 列出了几种典型物体的绕流阻力系数，供比较和计算采用。

几种典型物体的绕流阻力系数　　表 7-10

物体形状	特征长度	雷诺数范围	C_D	特征面积 A
平　板	d	$>10^3$	$\frac{L}{d}=5$　1.2 10　1.3 20　1.5 30　1.6 ∞　1.95	$d \cdot L$
圆　盘	d	$>10^3$	1.17	$\frac{1}{4}\pi d^2$
圆　球	d	<1 $10^3 \sim 3\times10^5$ $>3\times10^5$	$24/Re$ 0.47 0.2	$\frac{1}{4}\pi d^2$
翼　型	c	$>10^6$	0.007	$c \cdot L$
实心半球	d	$10^4 \sim 10^6$ $10^4 \sim 10^6$	0.42（上） 1.17（下）	$\frac{1}{4}\pi d^2$
空心半球	d	$10^4 \sim 10^6$ $10^4 \sim 10^6$	0.38（上） 1.42（下）	$\frac{1}{4}\pi d^2$
半圆管	d	$10^4 \sim 10^6$ $10^4 \sim 10^6$	2（上） 2.3（下）	$d \cdot L$
圆　柱	d	$10^3 \sim 10^5$	$\frac{L}{d}=5$　0.8 10　0.83 20　0.93 30　1.0 ∞　1.2	$d \cdot L$

【例 7-11】 按 500m 间距配置输电塔，两塔间架设 20 根直径 2cm 的电缆线，若风速

为 80km/h，横向吹过电缆，求电塔承受的力。已知空气的密度为1.2kg/m^3，空气的动力黏度为 1.7×10^{-5}Pa·s，假定电缆之间无干扰。

【解】

(1) 计算 Re，确定 C_D 值

$$Re = \frac{\rho U_0 d}{\mu} = \frac{1.2 \times 80000 \times 0.02}{3600 \times 1.7 \times 10^{-5}} = 3.13 \times 10^4$$

按 Re，由图 7-38 查得 C_D 约为 1.2。

(2) 计算输电塔受力

单根电缆迎流投影面积

$$A = dl = 0.02 \times 500 = 10\text{m}^2$$

单根电缆上阻力

$$D = C_D \frac{\rho U_0^2}{2} A = 1.2 \times 1.2 \times \frac{1}{2}\left(\frac{80000}{3600}\right)^2 \times 10 = 3556\text{N}$$

每座电塔承受的力

$$F = nD = 20 \times 3556 = 71.12\text{kN}$$

7.9* 紊流模型及计算流体力学

7.9.1 计算流体力学 CFD 的发展背景

如前文所述，对于高度复杂的紊流现象，传统的理论研究及实验研究都是极为困难的。相比之下，伴随着计算机技术的飞速发展，利用数值模拟进行紊流研究的方法越来越受到重视，由此产生了利用数值计算方法通过计算机求解描述流体运动的数理方程，揭示流体运动内在规律的一门新兴学科，即计算流体力学（Computational Fluid Dynamics，简称 CFD)。CFD 是多领域的交叉学科，除流体力学外，还涉及偏微分方程的数学理论、数值方法和计算机科学等。CFD 目前在所有与流体相关的学科，如物理学、天文学、气象学、海洋学、宇宙机械、机械、土木与建筑、环境生态、生物学等领域内得到了广泛的应用，并在诸多与流体相关的工业界产品开发、性能评估等方面作出了巨大的贡献，成为当今最活跃的科研手段之一。

不同于理论分析与实验研究，CFD 的所有计算条件都由数值形式给出，可以严格控制并任意改变边界、初值以及其他条件，不像实验条件经常受到外部波动的干扰；同时通过适

当的数值计算手段可以较方便地求解流体力学的偏微分方程组，从而捕捉到复杂的流动现象；同时结合 CFD 商用软件的开发，能够呈现出非常好的可视化效果。这对于更为深刻地认识复杂工程中的流体流动规律和特征，从而更好地对流动进行控制调节具有重要的意义（如图 7-39 所示案例）。但另一方面，由于当前计算机能力的局限，CFD 对流体运动只能得到近似解，关于其计算精度、误差分析、稳定性分析、收敛性证明等研究还不是非常完备，所采用的各种紊流模型在某种程度上还属于不得已的简化手段。

综上，CFD 为流体相关的各学科领域发展提供了新的途径和广阔前景，同时它也有自身的局限，必须与理论分析和实验研究有机结合，才能达到应用的目的。

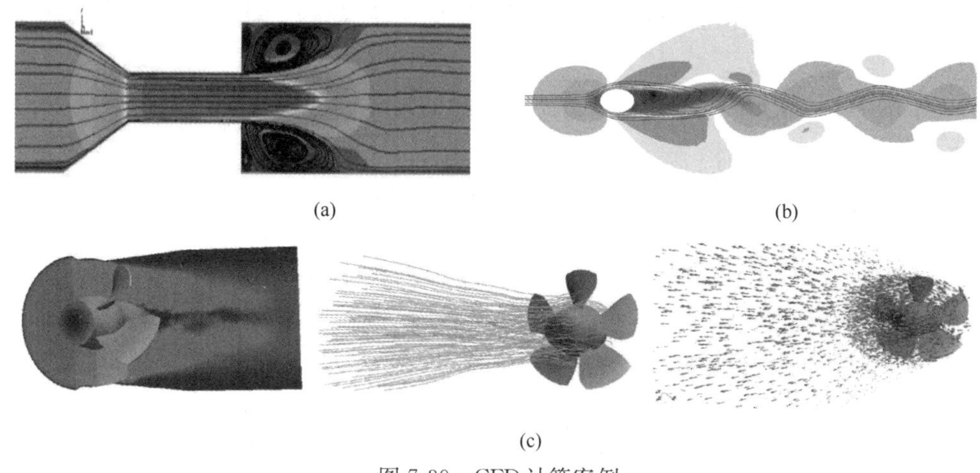

图 7-39 CFD 计算案例

(a) 基于动态混合 RANS/LES 的复杂变径微通道内流动；❶

(b) 分层圆柱绕流的流线分布❷ ($Re=200$, $1/Fr=2.25$)

(c) 旋转流动机械的流场云图、流线图和矢量图❸

7.9.2 紊流模型的理论基础

对 4.5.4 节所述的 N-S 方程和连续性微分方程通过离散化处理后进行直接的数值求解，然后分析紊流特性的方法被称为直接数值模拟（Direct Numerical Simulation，简称 DNS）。DNS 没有对紊动流场做简化和近似处理，如果能够获得解的话应该是最理想不过的计算方法。但是利用 DNS 时，为了分辨紊流中详细的空间结构和细微波动的时间特性——主要指

❶ D. K. Walters, S. Bhushan, M. F. Alam, et al. Investigation of a dynamic hybrid RANS/LES modelling methodology for finite-volume CFD Simulations. Flow Turbulence Combust, 91: 643-667, 2013.

❷ F. Cocetta, M. Gillard, J. Szmelter, et al. Stratified flow past a sphere at moderate Reynolds numbers. Computers and Fluids, 226, 104998, 2021.

❸ K. Yang, P. T. Sun, L. Wang, et al. Modeling and simulations for fluid and rotating structure interactions. Computer Methods in Applied Mechanics and Engineering, 311: 788-814, 2016.

从大涡旋到最小涡旋之间的能量耗散现象，就必须对高度复杂的紊流流场使用极小的时间和空间步长进行计算。这对计算机的运算能力和内存空间要求太高，因此目前尚只能应用于极少数简单流动现象。

在实际的工程流体计算中，往往不需要了解流场中的所有细节，如果能够在保证相应精度的条件下，掌握平均流场的状况，或者比某一特定尺度大的涡旋的运动规律，我们就可以认为达到了数值模拟的目的。根据以上观点，出现了对紊流流动进行某些适当的简化和近似处理，使流场的复杂变化得到一定程度的缓和，从而在现有计算资源条件下也能大致上表征出流场特征的模型体系，被统称为紊流模型。这些模型虽然在理论上都还存在着有待完善和改进之处，但其精度和可行性已通过大量的验证，可以满足实际工程计算的需要。

1. 雷诺平均方程（Reynolds Average Navier-Stokes Equations，简称 RANS）

考虑均质不可压缩流体，设流场瞬时速度 u_x、u_y、u_z，根据式（7-20），可分别展开成时均值和脉动值相加的形式，代入到式（3-24）中，展开后可得：

$$\frac{\partial(\overline{u_x}+u'_x)}{\partial x}+\frac{\partial(\overline{u_y}+u'_y)}{\partial y}+\frac{\partial(\overline{u_z}+u'_z)}{\partial z}=0$$

对上式再进行时均化处理

$$\frac{\partial(\overline{\overline{u_x}+u'_x})}{\partial x}+\frac{\partial(\overline{\overline{u_y}+u'_y})}{\partial y}+\frac{\partial(\overline{\overline{u_z}+u'_z})}{\partial z}=0$$

显然，二次时均值 $\overline{\overline{u_x}}$、$\overline{\overline{u_y}}$、$\overline{\overline{u_z}}$ 和 $\overline{u_x}$、$\overline{u_y}$、$\overline{u_z}$ 分别相同，而根据式（7-21），$\overline{u'_x}$、$\overline{u'_y}$、$\overline{u'_z}$ 均为零，最终可整理得到

$$\frac{\partial\overline{u_x}}{\partial x}+\frac{\partial\overline{u_y}}{\partial y}+\frac{\partial\overline{u_z}}{\partial z}=0 \tag{7-102}$$

可知，对连续性微分方程时均化处理后的方程形式与原方程完全一样，只是将瞬时值替换为时均值。

对 N-S 方程（4-29）采用同样方法，以 x 方向分式为例，注意等式右端第三项

$$(\overline{u_y}+u'_y)\frac{\partial(\overline{u_x}+u'_x)}{\partial x}=\frac{\partial(\overline{u_y}\,\overline{u_x}+\overline{u_y}u'_x+\overline{u_x}u'_y+u'_xu'_y)}{\partial x}$$

对上式左右两端再进行时均化处理，其中 $\overline{\overline{u_y}u'_x}$、$\overline{\overline{u_x}u'_y}$ 必为零，则有 $\overline{(\overline{u_y}+u'_y)\frac{\partial(\overline{\overline{u_x}+u'_x})}{\partial x}}=\frac{\partial(\overline{u_y}\,\overline{u_x}+\overline{u'_xu'_y})}{\partial x}$。

其他各项同理，最终得到 N-S 方程的时均化表达式：

$$\left.\begin{aligned}
&X-\frac{1}{\rho}\frac{\partial\overline{p}}{\partial x}+\frac{\partial}{\partial x}\left[\nu\left(\frac{\partial\overline{u_x}}{\partial x}\right)-\overline{u'_xu'_x}\right]+\frac{\partial}{\partial y}\left[\nu\left(\frac{\partial\overline{u_x}}{\partial y}\right)-\overline{u'_xu'_y}\right]+\frac{\partial}{\partial z}\left[\nu\left(\frac{\partial\overline{u_x}}{\partial z}\right)-\overline{u'_xu'_z}\right]\\
&\quad=\frac{\partial\overline{u_x}}{\partial t}+\overline{u_x}\frac{\partial\overline{u_x}}{\partial x}+\overline{u_y}\frac{\partial\overline{u_x}}{\partial y}+\overline{u_z}\frac{\partial\overline{u_x}}{\partial z}\\
&Y-\frac{1}{\rho}\frac{\partial\overline{p}}{\partial y}+\frac{\partial}{\partial x}\left[\nu\left(\frac{\partial\overline{u_y}}{\partial x}\right)-\overline{u'_yu'_x}\right]+\frac{\partial}{\partial y}\left[\nu\left(\frac{\partial\overline{u_y}}{\partial y}\right)-\overline{u'_yu'_y}\right]+\frac{\partial}{\partial z}\left[\nu\left(\frac{\partial\overline{u_y}}{\partial z}\right)-\overline{u'_yu'_z}\right]\\
&\quad=\frac{\partial\overline{u_y}}{\partial t}+\overline{u_x}\frac{\partial\overline{u_y}}{\partial x}+\overline{u_y}\frac{\partial\overline{u_y}}{\partial y}+\overline{u_z}\frac{\partial\overline{u_y}}{\partial z}\\
&Z-\frac{1}{\rho}\frac{\partial\overline{p}}{\partial z}+\frac{\partial}{\partial x}\left[\nu\left(\frac{\partial\overline{u_z}}{\partial x}\right)-\overline{u'_zu'_x}\right]+\frac{\partial}{\partial y}\left[\nu\left(\frac{\partial\overline{u_z}}{\partial y}\right)-\overline{u'_zu'_y}\right]+\frac{\partial}{\partial z}\left[\nu\left(\frac{\partial\overline{u_z}}{\partial z}\right)-\overline{u'_zu'_z}\right]\\
&\quad=\frac{\partial\overline{u_z}}{\partial t}+\overline{u_x}\frac{\partial\overline{u_z}}{\partial x}+\overline{u_y}\frac{\partial\overline{u_z}}{\partial y}+\overline{u_z}\frac{\partial\overline{u_z}}{\partial z}
\end{aligned}\right\}\tag{7-103}$$

上式又被称为雷诺方程。比较 N-S 方程与该方程可以发现，后者等式左端多出了 $-\overline{u'_xu'_x}$、$-\overline{u'_xu'_y}$、$-\overline{u'_xu'_z}$、$-\overline{u'_yu'_y}$、$-\overline{u'_yu'_z}$、$-\overline{u'_zu'_z}$ 等脉动速度分量的关联项，这些附加项即 7.5.2 节的雷诺应力各分量。由于雷诺应力未知，式（7-102）和式（7-103）组成的方程组未知变量个数大于方程数，方程组不再封闭，必须建立某种数学模型使其封闭，这就是所谓的方程组封闭问题，也是 RANS 模型计算紊流问题的核心内容。按照具体的建模方法又分为涡黏性模型、雷诺应力方程（DSM）模型等不同的模型体系。下面简要介绍目前在工程界应用最为广泛的标准 k-ε 二方程模型，该模型由英国帝国理工大学的力学家斯伯丁（Spalding，D. B. 1923 年～2016 年）、朗德（Launder，B. 1939 年—）等开发，它也是最有代表性的一种涡黏性模型。

2. 标准 k-ε 二方程模型

该模型基于以下的重要假设：雷诺应力应该与黏滞切应力具有比拟性。这样就可以参考黏性切应力的表达式（式 7-24），将雷诺应力用涡黏性系数 ν_t 和时均流速梯度来近似表述。

$$\left.\begin{aligned}
-\overline{u'_xu'_x}&=\nu_t\left(\frac{\partial\overline{u_x}}{\partial x}+\frac{\partial\overline{u_x}}{\partial x}\right)-\frac{2}{3}k\\
-\overline{u'_yu'_y}&=\nu_t\left(\frac{\partial\overline{u_y}}{\partial y}+\frac{\partial\overline{u_y}}{\partial y}\right)-\frac{2}{3}k\\
-\overline{u'_zu'_z}&=\nu_t\left(\frac{\partial\overline{u_z}}{\partial z}+\frac{\partial\overline{u_z}}{\partial z}\right)-\frac{2}{3}k\\
-\overline{u'_xu'_y}&=\nu_t\left(\frac{\partial\overline{u_x}}{\partial y}+\frac{\partial\overline{u_y}}{\partial x}\right)\\
-\overline{u'_yu'_z}&=\nu_t\left(\frac{\partial\overline{u_y}}{\partial z}+\frac{\partial\overline{u_z}}{\partial y}\right)\\
-\overline{u'_xu'_z}&=\nu_t\left(\frac{\partial\overline{u_x}}{\partial z}+\frac{\partial\overline{u_z}}{\partial x}\right)
\end{aligned}\right\}\tag{7-104}$$

式中　ν_t——涡黏性系数，在 k-ε 二方程模型中，通过下式计算

$$\nu_t = C_\mu \frac{k^2}{\varepsilon} \tag{7-105}$$

式中　k——紊动动能，是关于紊流的重要统计变量，定义式如下

$$k = \frac{1}{2}(\overline{u'^2_x} + \overline{u'^2_y} + \overline{u'^2_z}) \tag{7-106}$$

ε——紊动动能 k 的耗散率，表示由于流体黏性作用，单位时间内小尺度涡旋的机械能转化为热能，进而消散的速率。

在式（7-104），对于相同方向的脉动速度关联项（$-\overline{u'_x u'_x}$、$-\overline{u'_y u'_y}$、$-\overline{u'_z u'_z}$），需补充 k 的添加项，用于保证方程式两端的数学恒等。

这样求解涡黏性系数又转变为求解紊动动能 k 和耗散率 ε。k 和 ε 拥有各自的输送方程，具体推导过程在本书中省略，只给出最终结果

$$\frac{\partial k}{\partial t} + \overline{u_x}\frac{\partial k}{\partial x} + \overline{u_y}\frac{\partial k}{\partial y} + \overline{u_z}\frac{\partial k}{\partial z} = \frac{\partial}{\partial x}\left\{\frac{\nu_t}{\sigma_k}\left(\frac{\partial k}{\partial x}\right)\right\} + \frac{\partial}{\partial y}\left\{\frac{\nu_t}{\sigma_k}\left(\frac{\partial k}{\partial y}\right)\right\} + \frac{\partial}{\partial z}\left\{\frac{\nu_t}{\sigma_k}\left(\frac{\partial k}{\partial z}\right)\right\} + P_k - \varepsilon \tag{7-107}$$

$$\frac{\partial \varepsilon}{\partial t} + \overline{u_x}\frac{\partial \varepsilon}{\partial x} + \overline{u_y}\frac{\partial \varepsilon}{\partial y} + \overline{u_z}\frac{\partial \varepsilon}{\partial z} = \frac{\partial}{\partial x}\left\{\frac{\nu_t}{\sigma_\varepsilon}\left(\frac{\partial \varepsilon}{\partial x}\right)\right\} + \frac{\partial}{\partial y}\left\{\frac{\nu_t}{\sigma_\varepsilon}\left(\frac{\partial \varepsilon}{\partial y}\right)\right\} + \frac{\partial}{\partial z}\left\{\frac{\nu_t}{\sigma_\varepsilon}\left(\frac{\partial \varepsilon}{\partial z}\right)\right\} + \frac{\varepsilon}{k}(C_1 P_k - C_2 \varepsilon) \tag{7-108}$$

上式中的 P_k 为时均速度梯度引起的紊动动能 k 的产生项，定义式如下

$$P_k = \nu_t \left\{2\left(\frac{\partial \overline{u_x}}{\partial x}\right)^2 + 2\left(\frac{\partial \overline{u_y}}{\partial y}\right)^2 + 2\left(\frac{\partial \overline{u_z}}{\partial z}\right)^2 + \left(\frac{\partial \overline{u_y}}{\partial x} + \frac{\partial \overline{u_x}}{\partial y}\right)^2 + \left(\frac{\partial \overline{u_z}}{\partial x} + \frac{\partial \overline{u_x}}{\partial z}\right)^2 + \left(\frac{\partial \overline{u_z}}{\partial y} + \frac{\partial \overline{u_y}}{\partial z}\right)^2\right\} \tag{7-109}$$

式（7-105）、式（7-107）和式（7-108）中的 C_μ、C_1、C_2、σ_k、σ_ε 为经验常数，根据大量的实验和理论分析，它们的取值分别为 0.09、1.44、1.92、1.0 和 1.3。

方程（7-103）～方程（7-109）封闭，可以进行紊流流场的求解。

与其他紊流模型相比，标准 k-ε 二方程模型计算精度较高，通用性和计算稳定性都较强，同时在目前的计算机硬件条件下，计算量和计算时间比较适中，可以认为是将计算的准确性和经济性实现了比较好平衡的紊流模型，因此非常适合工程应用。

3. 大涡模拟（Large Eddy Simulation，LES）

这是除 RANS 模型以外的另一大类紊流模型。该模型的理论出发点是：认为紊流中的动量、质量、能量及其他物理量的输送，主要由大涡旋决定，大涡旋与所求解问题相关，由

几何和边界条件决定，各个大涡旋的结构是互不相同的；相反，小涡旋几乎不受几何和边界条件的影响，与大涡旋相比，更趋向于各向同性，其运动也具有共性。因此，可以向流场施加一种滤波函数，将流场内尺度比滤波函数尺度小的涡旋滤掉，从而分解出表述大涡旋流动的输送方程并对其进行精确的解析，而小涡旋则通过建立简化的统一模型来描述其作用。

由于LES对大涡旋的流动现象没有作任何简化处理，因此总的来说其精度比RANS模型要高，但同时计算量也要比RANS模型大得多。在现阶段LES还较难应用于大型工程实际问题。但是伴随着计算机运算能力的飞速发展，在不远的将来，LES有望成为复杂紊流预测的有力工具。

7.9.3 CFD商用软件的应用

过去CFD主要是由不同科研机关的科研人员根据自身需要自主编写源程序进行计算。因为这些程序一般不考虑对外公开，程序的可读性差，操作界面不友好，也缺乏足够有效的验证。自从最早的CFD商用软件PHOENICS于1981年问世以来，到目前为止已产生了CFX、STAR-CD、FLUENT、CRADLE等多个知名软件。商用软件的优点非常突出：

(1) 功能比较全面，适用性强，可以解决各种工程问题；

(2) 具有易于用户操作的前后处理系统，很多烦琐的工作，如网格划分，可以快速完成；

(3) 允许用户利用自定义系统实现互动式操作，灵活性强；

(4) 可与多种计算机、操作系统实现兼容。

正因为以上优点，CFD商用软件在工程界发挥着越来越大的作用，对于更好地利用CFD这个强有力的计算工具来研究流体的流动机理、更好地控制流体流动状态都有巨大的帮助。近年来，利用CFD商用软件进行科研活动的也日益增多。

在利用商用软件进行CFD计算时要注意以下几个问题：

(1) 认真阅读使用手册。事实上虽然有多种CFD商用软件，但最核心的紊流模型部分、离散求解部分等差异不大，独特的地方大都在前后处理部分，特别要对网格生成与处理、边界条件的定义、用户接口以及图形处理等方面仔细研究，否则由于认识理解上的偏差很容易造成计算错误；

(2) 掌握CFD基本原理和流动基本规律。现在的CFD商用软件由于界面设置越来越友好，输入文件中存在大量的缺省值设定，使得CFD计算变得很容易，即使是初学者也很容易操作。另外，为了让计算得以顺利进行，商用软件往往在收敛判断等方面进行了特殊处理，使得实际上明显矛盾的计算条件也被允许执行并产生貌似正确的“结果”。这种“傻瓜型”的CFD计算特别值得我们注意。解决的办法是，必须掌握一定的CFD原理，对输入文件中各项内容要有起码的了解。对采用何种紊流模型、离散格式，它们的优缺点是什么要有起码的认识。最重要的是，要结合流体力学的相关知识，对于计算结果从物理概念上认真分析，不能盲目相信，不能计算完就完事大吉。只有反复演练、不断学习，才能真正达到 CFD 计算的目的。

习题

选择题

7.1 水在垂直管内由上向下流动（图 7-40），相距 l 的两断面间，测压管水头差 h，两断面间沿程水头损失 h_f，则：
(a) $h_f=h$；
(b) $h_f=h+l$；
(c) $h_f=l-h$；
(d) $h_f=l$。

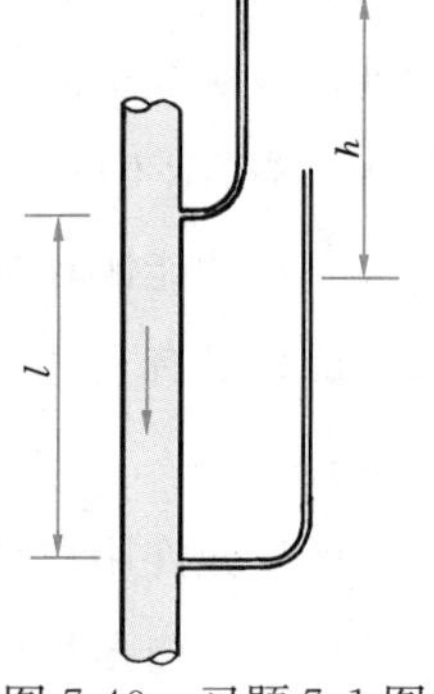

图 7-40　习题 7.1 图

7.2 圆管流动过流断面上的切应力分布如图 7-41 所示：(a) 在过流断面上是常数；(b) 管轴处是零，且与半径成正比；(c) 管壁处是零，向管轴线性增大；(d) 按抛物线分布。

7.3 圆管流的临界雷诺数（下临界雷诺数）：(a) 随管径变化；(b) 随流体的密度变化；(c) 随流体的黏度变化；(d) 不随以上各量变化。

7.4 在圆管流中，紊流的断面流速分布符合：(a) 均匀规律；(b) 直线变化规律；(c) 抛物线规律；(d) 对数曲线规律。

7.5 在圆管流中，层流的断面流速分布符合：(a) 均匀规律；(b) 直线变化规律；(c) 抛物线规律；(d) 对数曲线规律。

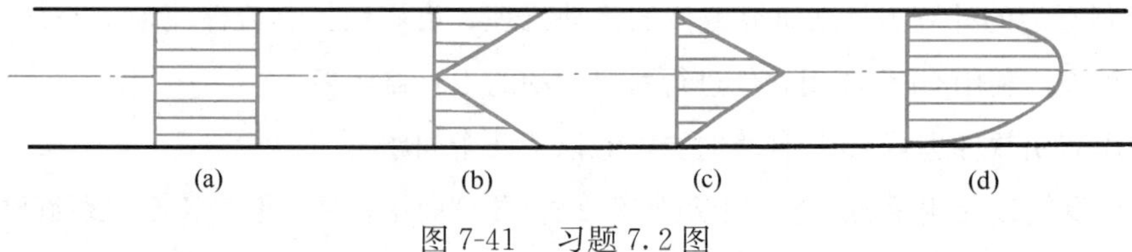

图 7-41　习题 7.2 图

7.6 半圆形明渠（图 7-42），半径 $r_0=4$m，水力半径为：(a) 4m；(b) 3m；(c) 2m；(d) 1m。

7.7 变直径管流，细管段直径 d_1，粗管段直径 $d_2=2d_1$，两断面雷诺数的关系是：(a) $Re_1=0.5Re_2$；(b) $Re_1=Re_2$；(c) $Re_1=1.5Re_2$；(d) $Re_1=2Re_2$。

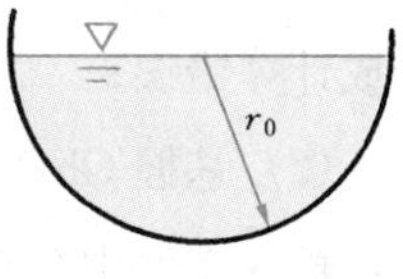

图 7-42　习题 7.6 图

7.8 圆管层流，实测管轴上流速为 0.4m/s，则断面平均流速为：(a) 0.4m/s；(b) 0.32m/s；(c) 0.2m/s；(d) 0.1m/s。

7.9 圆管紊流过渡区的沿程摩阻系数 λ：(a) 与雷诺数 Re 有关；(b) 与管壁相对粗糙 k_s/d 有关；(c) 与 Re 及 k_s/d 有关；(d) 与 Re 和管长 l 有关。

7.10 圆管紊流粗糙区的沿程摩阻系数 λ：(a) 与雷诺数 Re 有关；(b) 与管壁相对粗糙 k_s/d 有关；(c) 与 Re 及 k_s/d 有关；(d) 与 Re 和管长 l 有关。

7.11 工业管道的沿程摩阻系数 λ，在紊流过渡区随雷诺数的增加：(a) 增加；(b) 减小；(c) 不变；(d) 不定。

7.12[1] 水从水箱经水平圆管流出。在保持水箱水位不变的情况下，改变水的温度，并测量不同水温下从圆管流出的流量。当水温由低向高增加时，测得流量与水温的关系为：(a) 流量随水温的增加而增加；(b) 流量随水温的增加而减小；(c) 开始流量随水温增加而显著增加，当水温增加到某一值后，流量急剧减小，之后流量变化很小；(d) 开始流量随水温增加而显著减小，当水温增加到某一值后，流量急剧增加，之后流量变化很小。

计算题

7.13　水管直径 $d=10$cm，管中流速 $v=1$m/s，水温为 10℃，试判别流态；又流速为多少时，流态将发生变化?

7.14　通风管道直径为 250mm，输送的空气温度为 20℃，试求保持层流的最大流量；若输送空气的质量流量为 200kg/h，其流态是层流还是紊流?

7.15　有一矩形断面的小排水沟，水深 15cm，底宽 20cm，流速 0.15m/s，水温 10℃，试判别流态。

7.16　输油管的直径 $d=150$mm，流量 $Q=16.3\text{m}^3/\text{h}$，油的运动黏度 $\nu=0.2\text{cm}^2/\text{s}$，试求每公里长的沿程水头损失。

7.17　为了确定圆管内径，在管内通过 ν 为 $0.013\text{cm}^2/\text{s}$ 的水，实测流量为 $35\text{cm}^3/\text{s}$，长 15m 管段上的水头损失为 2cm 水柱。试求此圆管的内径。

7.18　油管（图 7-43）直径为 75mm，已知油的密度为 901kg/m^3，运动黏度为 $0.9\text{cm}^2/\text{s}$。在管轴位置安放连接水银压差计的皮托管，水银面高差 $h_p=20$mm，试求油的流量。

7.19　自来水管为长 600m、直径 300mm 的铸铁管，通过流量 $60\text{m}^3/\text{h}$，试用穆迪图计算沿程水头损失。

7.20　钢筋混凝土输水管（PCP）直径为 400mm，长度为 100m，输水流量 270L/s，试用谢才公式和海曾-威廉（H-W）公式计算沿程水头损失。

7.21　矩形风道的断面尺寸为 1200mm × 600mm，空气流量为 $42000\text{m}^3/\text{h}$，空气密度为 1.11kg/m^3，测得相距 12m 的两断面间的压强差为 31.6N/m^2，试求风道的沿程摩阻系数。

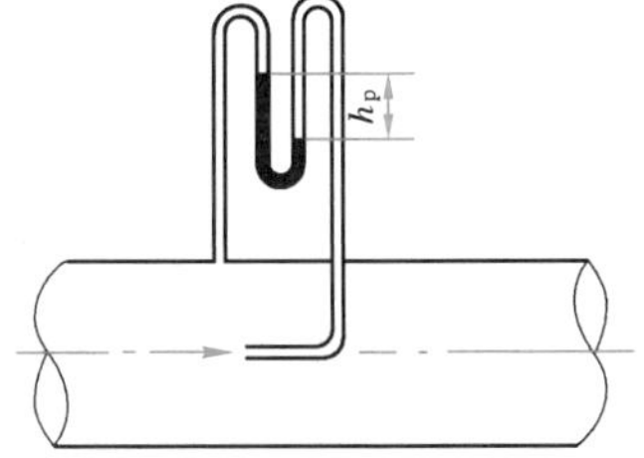

图 7-43　习题 7.18 图

7.22　圆管和正方形管道的断面面积、长度、相对粗糙都相等，且通过的流量相等，试求两种形状管道沿程水头损失之比：(1) 管流为层流；(2) 管流为紊流粗糙区。

7.23　输水管道（图 7-44）中设有阀门，已知管道直径为 50mm，通过流量为 3.34L/s，水银压差计读值 $\Delta h=150$mm，沿程水头损失不计，试求阀门的局部水头损失系数。

7.24　水箱中的水通过等直径的垂直管道向大气流出（图 7-45）。如水箱的水深 H，管道直径 d，管道长 l，沿程摩阻系数 λ，局部水头损失系数 ζ，试问在什么条件下，流量随管长的增加而减小?

7.25　用突然扩大使管道的平均流速 v_1 减到 v_2（图 7-46），若直径 d_1 及流速 v_1 一定，试求使测压管液面差 h 成为最大的 v_2 及 d_2 是多少?并求最大 h 值。

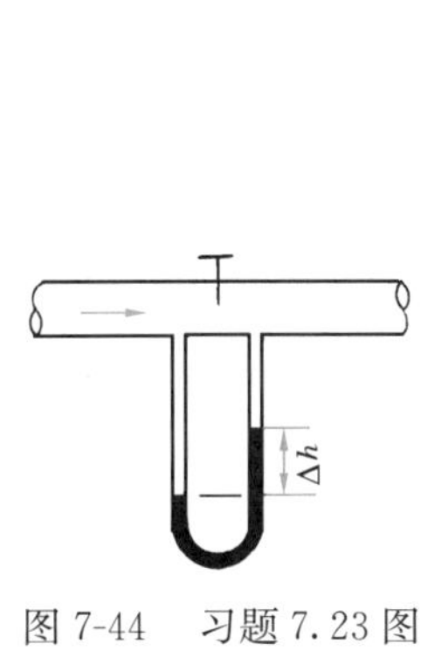

图 7-44　习题 7.23 图

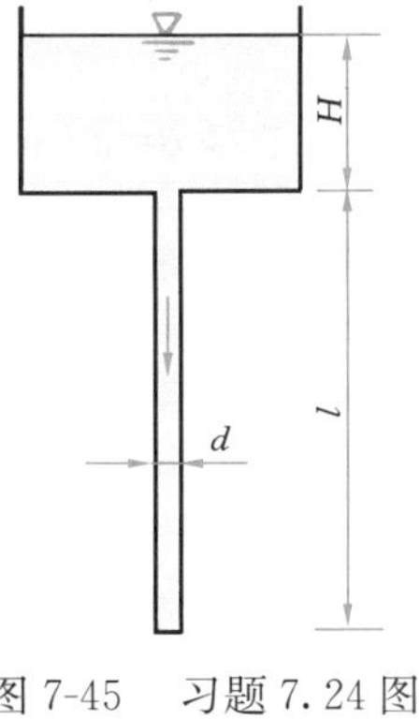

图 7-45　习题 7.24 图

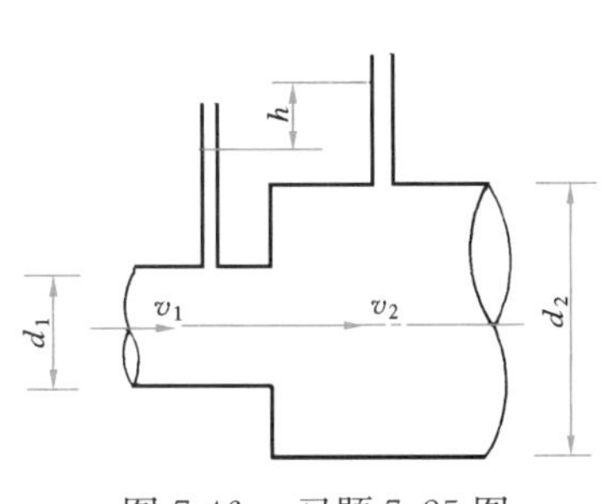

图 7-46　习题 7.25 图

[1] 1988 年全国青年力学竞赛试题。

7.26　水箱中的水经管道出流（图 7-47），已知管道直径为 25mm，长度为 6m，水位 $H=13$m，沿程摩阻系数 $\lambda=0.02$，试求流量及管壁切应力 τ_w。

7.27　图 7-48 所示水管直径为 50mm，1、2 两断面相距 15m，高差 3m，通过流量 $Q=6$ L/s，水银压差计读值为 250mm，试求管道的沿程摩阻系数。

7.28　两水池（图 7-49）水位恒定，已知管道直径 $d=10$cm，管长 $l=20$m，沿程摩阻系数 $\lambda=0.042$，局部水头损失系数 $\zeta_{弯}=0.8$，$\zeta_{阀}=0.26$，通过流量 $Q=65$L/s。试求水池水面高差 H。

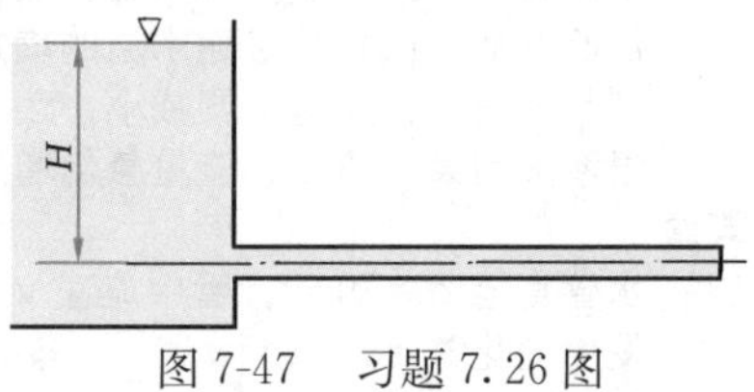

图 7-47　习题 7.26 图

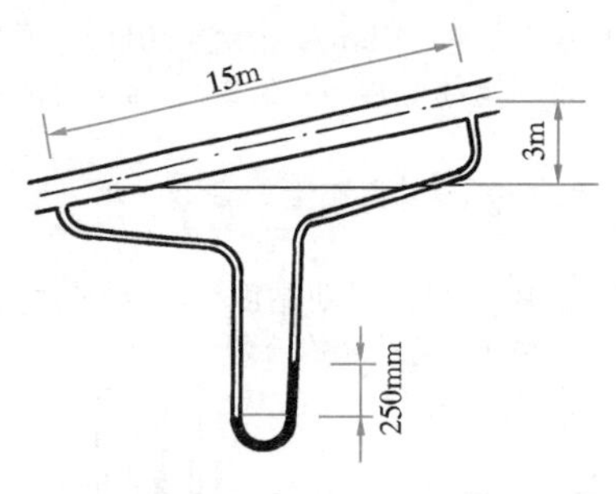

图 7-48　习题 7.27 图

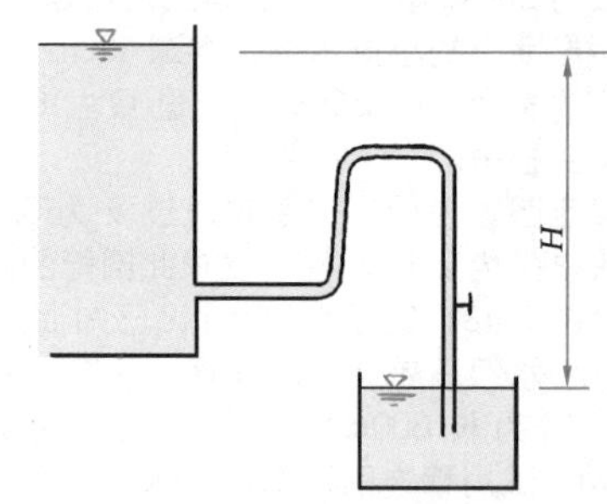

图 7-49　习题 7.28 图

7.29　水池中的水经弯管流入大气中（图 7-50），已知管道直径 $d=100$mm，水平段 AB 和倾斜段 BC 的长度均为 $l=50$m，高差 $h_1=2$m，$h_2=25$m，BC 段设有阀门，沿程摩阻系数 $\lambda=0.035$，管道入口及转弯局部阻力不计。试求：为使 AB 段末端 B 处的真空高度不超过 7m，阀门的局部水头损失系数 ζ 最小应是多少？此时的流量是多少？

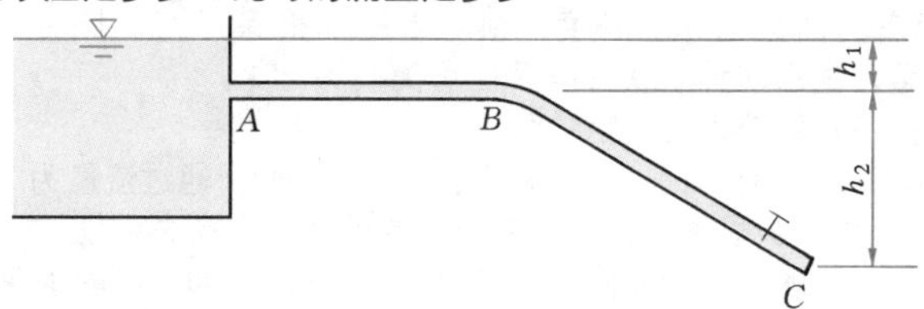

图 7-50　习题 7.29 图

7.30　有两块长、宽均相等的平板，分别放置于水流和气流中，温度均为 20℃，来流速度均相同，求这两板上的阻力之比。1）假设两板上均为层流边界层；2）假设两板上均为紊流边界层。

7.31　风速 20m/s 的均匀气流，横向吹过高 $H=40$m，直径 $d=0.6$m 的烟囱，空气的密度 $\rho=1.20$kg/m^3，温度为 20℃，求烟囱所受风力。

7.32　有两辆迎风面积相同，$A=2$m^2 的汽车，其一为 20 世纪 20 年代的老式车，绕流阻力系数 $C_D=0.8$，另一为 21 世纪有良好外形的新式车，阻力系数 $C_D=0.28$。若两车在气温 20℃，无风的条件下，均以 90km/h 的车速行驶，试求为克服空气阻力各需多大功率。

（拓展习题）

（拓展习题答案）

第8章 孔口、管嘴出流和有压管流

(思维导图)

本书前面几章阐述了流体动力学基本方程和水头损失计算方法。从这一章开始，在前述各章的理论基础上，对流动现象进行分类研究，孔口、管嘴出流和有压管流，就是工程中最常见的一类流动现象。

(工程简介——铜壶滴漏)

8.1 孔口出流

容器壁上开孔，流体经孔口流出的水力现象称为孔口出流。容器壁上开出的泄流孔、水利和市政工程中的取水、泄水闸孔，以及某些量测流量的设备均属孔口。由于孔口沿流动方向的边界长度很短，水头损失只有局部损失。

8.1.1 薄壁小孔口恒定出流

孔口出流时，水流与孔壁仅在一条周线上接触，壁厚对出流无影响，这样的孔口称为薄壁孔口。

孔口上、下缘在水面下的深度不同，其作用水头不同（图8-1）。在实际计算中，当孔口的直径（或高度）d 与孔口形心在水面下的深度 H 相比很小，如 $d \leqslant H/10$，便可认为孔口断面上各点的水头相等，这样的孔口是小孔口；当 $d > H/10$，应考虑不同高度上的水头不等，这样的孔口是大孔口。

1. 自由出流

水由孔口流入大气中称为自由出流，如图8-1所示。容器内水流的流线自上游各方向向孔口汇集，由于水的惯性作用，流线不能突然改变方向，要有一个连续的变化过程，因此，在孔口断面流线并不平行，流束继续收缩，直至距孔口约为 $d/2$

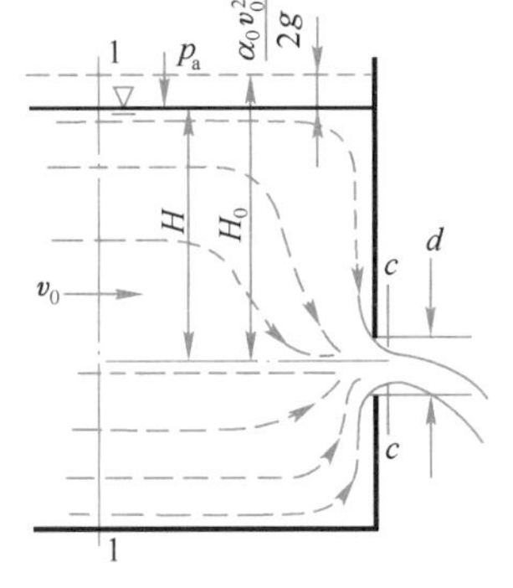

图8-1　孔口自由出流

处收缩完毕，流线趋于平行，该断面称为收缩断面，如图 8-1 中的 c-c 断面所示。设孔口断面面积为 A，收缩断面面积为 A_c，则

$$\varepsilon=\frac{A_c}{A} \tag{8-1}$$

式中 ε 称为收缩系数。

为推导孔口出流的基本公式，选通过孔口形心的水平面为基准面，取容器内符合渐变流条件的过流断面 1-1，收缩断面 c-c，列伯努利方程

$$H+\frac{p_0}{\rho g}+\frac{\alpha_0 v_0^2}{2g}=\frac{p_c}{\rho g}+\frac{\alpha_c v_c^2}{2g}+\zeta\frac{v_c^2}{2g}$$

式中 $p_0=p_c=p_a$，化简上式

$$H+\frac{\alpha_0 v_0^2}{2g}=(\alpha_c+\zeta)\frac{v_c^2}{2g}$$

令 $H_0=H+\dfrac{\alpha_0 v_0^2}{2g}$，代入上式，整理得

收缩断面流速
$$v_c=\frac{1}{\sqrt{\alpha_c+\zeta}}\sqrt{2gH_0}=\varphi\sqrt{2gH_0} \tag{8-2}$$

孔口的流量
$$Q=v_c A_c=\varphi\varepsilon A\sqrt{2gH_0}=\mu A\sqrt{2gH_0} \tag{8-3}$$

式中 H_0——作用水头，如 $v_0\approx 0$，则 $H_0=H$；

ζ——孔口的局部水头损失系数；

φ——孔口的流速系数，$\varphi=\dfrac{1}{\sqrt{\alpha_c+\zeta}}=\dfrac{1}{\sqrt{1+\zeta}}$；

μ——孔口的流量系数，$\mu=\varepsilon\varphi$。

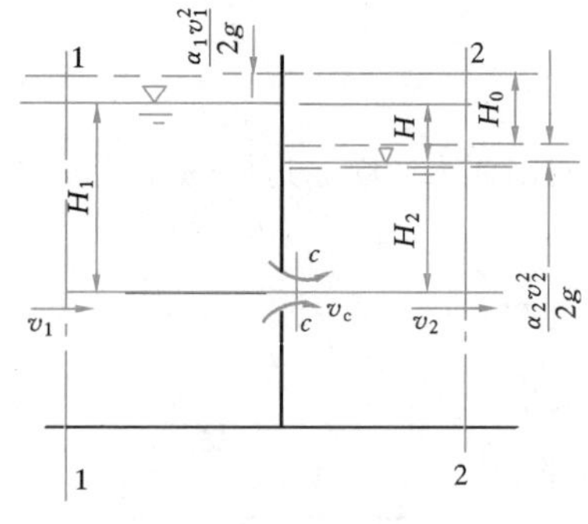

图 8-2　孔口淹没出流

2. 淹没出流

水由孔口直接流入另一部分水体中（图 8-2）称为淹没出流。

孔口淹没出流也和自由出流一样，由于惯性作用，水流经孔口流束形成收缩断面 c-c，然后扩大。选通过孔口形心的水平面为基准面，取上下游过流断面 1-1、2-2，列伯努利方程，式中水头损失项包括孔口的局部损失和收缩断面 c-c 至 2-2 断面流束突然扩大局部损失

$$H_1+\frac{\alpha_1 v_1^2}{2g}=H_2+\frac{\alpha_2 v_2^2}{2g}+\zeta\frac{v_c^2}{2g}+\zeta_{se}\frac{v_c^2}{2g}$$

令 $H_0=H_1-H_2+\dfrac{\alpha_1 v_1^2}{2g}$，又 v_2 忽略不计，代入上式，整理得

收缩断面流速
$$v_c=\frac{1}{\sqrt{\zeta+\zeta_{se}}}\sqrt{2gH_0}=\varphi\sqrt{2gH_0} \tag{8-4}$$

孔口的流量
$$Q=v_c A_c=\varphi\varepsilon A\sqrt{2gH_0}=\mu A\sqrt{2gH_0} \tag{8-5}$$

式中　H_0——作用水头，如 $v_1 \approx 0$，则 $H_0 = H_1 - H_2 = H$；

ζ——孔口的局部水头损失系数，与自由出流相同；

ζ_{se}——水流自收缩断面突然扩大的局部水头损失系数，根据式(7-51)计算，当 $A_2 \gg A_c$ 时，$\zeta_{se} \approx 1$；

φ——淹没孔口的流速系数，$\varphi = \dfrac{1}{\sqrt{\zeta + \zeta_{se}}} \approx \dfrac{1}{\sqrt{1+\zeta}}$；

μ——淹没孔口的流量系数，$\mu = \varepsilon\varphi$。

比较孔口出流的基本公式（8-3）、式（8-5），两式的形式相同，各项系数值也相同。但要注意，自由出流的水头 H 是水面至孔口形心的高度，而淹没出流的水头 H 乃是上下游水面高差。因为淹没出流孔口断面各点的水头相同，所以淹没出流无“大”、“小”孔口之分。

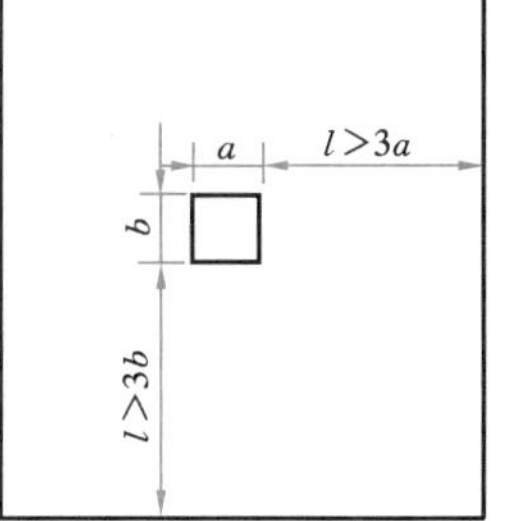

图 8-3　全部完善收缩孔口

3. 孔口出流的各项系数

孔口出流的流速系数 φ 和流量系数 μ 值，决定于孔口的局部水头损失系数 ζ 和收缩系数 ε。孔口周边距离邻近壁面较远（图 8-3），出流流束能各方向全部完善收缩的小孔口，实测各项系数数值列入表 8-1。

薄壁小孔口各项系数　　表 8-1

收缩系数 ε	损失系数 ζ	流速系数 φ	流量系数 μ
0.64	0.06	0.97	0.62

大孔口的流量系数❶　　表 8-2

收缩情况	流量系数 μ
全部不完善收缩	0.70
底部无收缩，侧向有适度收缩	0.65～0.70
底部无收缩，侧向很小收缩	0.70～0.75
底部无收缩，侧向极小收缩	0.80～0.90

附带指出，小孔口出流的基本公式（8-3）也适用于大孔口。由于大孔口的收缩系数 ε 值较大，因而流量系数 μ 也较大，见表 8-2。

8.1.2　孔口的变水头出流

孔口出流（或入流）过程中，容器内水位随时间变化（降低或升高），导致孔口的流量随时间变化的流动，称为孔口的变水头出流。变水头出流是非恒定流，但如容器中水位的变化缓慢，则可把整个出流过程划分为许多微小的时段，在每一微小时段内，认为水位不变，孔口出流的基本公式仍适用，这样就把非恒定流问题转化为恒定流问题处理。容器泄流时间、蓄水库的流量调节等问题，都可按变水头出流计算。

❶ А. И. БОГОМОЛОВ，К. А. МИХАЙЛОВ ГИДРАВЛИКА МОСКВА-1965

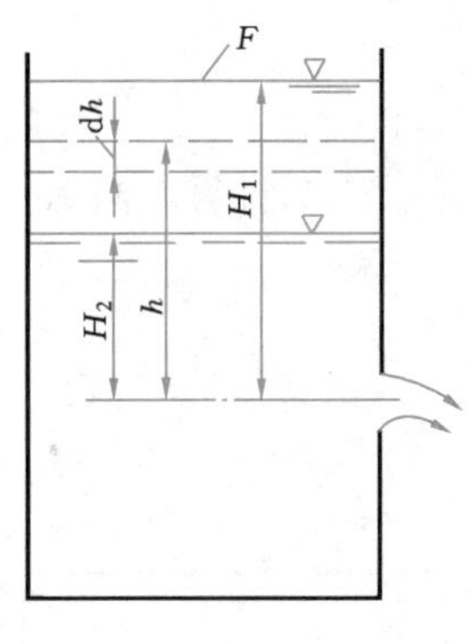

图 8-4　变水头出流

下面分析截面积为 F 的柱形容器，水经孔口变水头自由出流（图 8-4）。

设孔口出流过程，某时刻容器中水面高度为 h，在微小时段 $\mathrm{d}t$ 内，孔口流出体积

$$\mathrm{d}V = Q\mathrm{d}t = \mu A\sqrt{2gh}\,\mathrm{d}t$$

等于该时段，水面下降 $\mathrm{d}h$，容器内水减少的体积

$$\mathrm{d}V = -F\mathrm{d}h$$

由此得

$$\mu A\sqrt{2gh}\,\mathrm{d}t = -F\mathrm{d}h$$

$$\mathrm{d}t = -\frac{F}{\mu A\sqrt{2g}}\frac{\mathrm{d}h}{\sqrt{h}}$$

对上式积分，得到水位由 H_1 降至 H_2 所需时间

$$t = \int_{H_1}^{H_2} -\frac{F}{\mu A\sqrt{2g}}\frac{\mathrm{d}h}{\sqrt{h}} = \frac{2F}{\mu A\sqrt{2g}}(\sqrt{H_1} - \sqrt{H_2}) \tag{8-6}$$

令 $H_2=0$，即得容器放空时间

$$t = \frac{2F\sqrt{H_1}}{\mu A\sqrt{2g}} = \frac{2FH_1}{\mu A\sqrt{2gH_1}} = \frac{2V}{Q_{\max}} \tag{8-7}$$

式中　V——容器放空的体积；

$Q_{\max}$——开始出流时的最大流量。

式（8-7）表明，变水头出流容器的放空时间，等于在起始水头 H_1 作用下，流出同体积水所需时间的 2 倍。

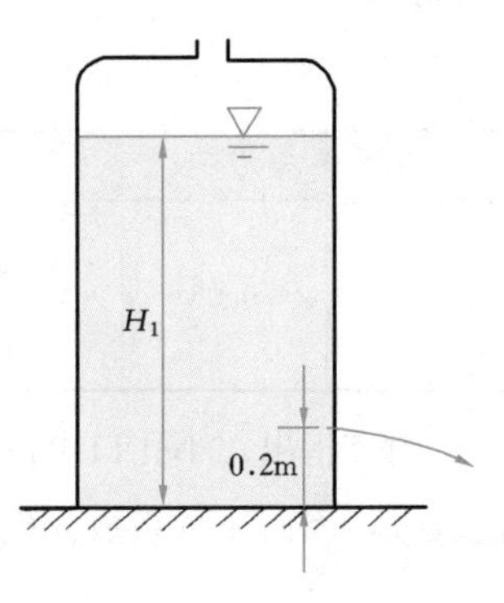

图 8-5　贮水罐漏水

【例 8-1】 贮水罐（图 8-5）底面积 3m×2m，贮水深 H_1=4m，由于锈蚀，距罐底 0.2m 处形成一个直径 d=5mm 的孔洞，试求：(1) 水位恒定，一昼夜的漏水量；(2) 因漏水水位下降，一昼夜的漏水量。

【解】 (1) 水位恒定，一昼夜的漏水量按薄壁小孔口恒定出流计算，由式（8-3）

$$Q = \mu A\sqrt{2gH}$$

其中　μ=0.62（表 8-1）

$$A = \frac{\pi d^2}{4} = 19.63\times 10^{-6}\mathrm{m}^2$$

$$H = H_1 - 0.2 = 3.8\mathrm{m}$$

代入上式得

$$Q = 105.03\times 10^{-6}\mathrm{m}^3/\mathrm{s}$$

一昼夜的漏水量

$$V = Qt = 9.07\mathrm{m}^3$$

(2) 水位下降，一昼夜的漏水量

按孔口变水头出流计算，由式（8-6）

$$t=\frac{2F}{\mu A\sqrt{2g}}(\sqrt{H_1}-\sqrt{H_2})$$

解得 $H_2=2.44\text{m}$

一昼夜的漏水量 $V=(H_1-H_2)F=8.16\text{m}^3$

8.2 管嘴出流

在孔口上对接长度为3～4倍孔径的短管，水通过短管并在出口断面满管流出的水力现象称为管嘴出流。水力机械化用水枪及消防水枪都是管嘴的应用。管嘴出流虽有沿程水头损失，但与局部水头损失相比甚小可忽略不计，水头损失仍只计局部水头损失。

8.2.1 圆柱形外管嘴恒定出流

在孔口上外接长度 $l=(3\sim4)\ d$ 的短管，就是圆柱形外管嘴。水流入管嘴在距进口不远处，形成收缩断面 c-c，在收缩断面处主流与壁面脱离，并形成旋涡区，其后主流逐渐扩大，在管嘴出口断面满管出流（图8-6）。

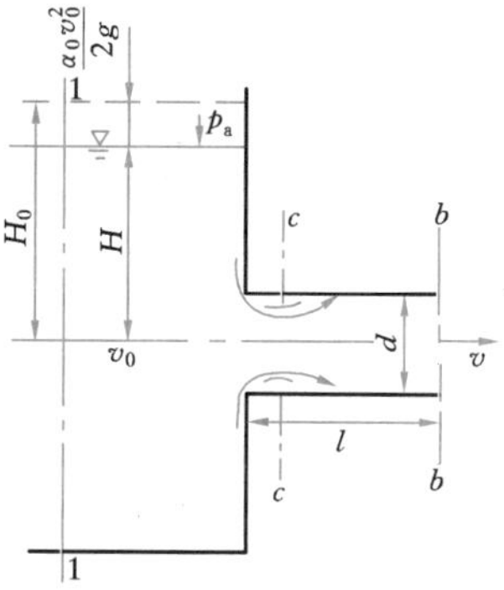

设开口容器，水由管嘴自由出流，取容器内过流断面1-1和管嘴出口断面 b-b 列伯努利方程

$$H+\frac{\alpha_0 v_0^2}{2g}=\frac{\alpha v^2}{2g}+\zeta_n\frac{v^2}{2g}$$

令 $H_0=H+\frac{\alpha_0 v_0^2}{2g}$，代入上式，整理得

管嘴出口流速

$$v=\frac{1}{\sqrt{\alpha+\zeta_n}}\sqrt{2gH_0}=\varphi_n\sqrt{2gH_0} \tag{8-8}$$

图8-6 管嘴出流

管嘴流量

$$Q=vA=\varphi_n A\sqrt{2gH_0}=\mu_n A\sqrt{2gH_0} \tag{8-9}$$

式中 H_0——作用水头，如 $v_0\approx0$，则 $H_0=H$；

ζ_n——管嘴的局部水头损失系数，相当于管道锐缘进口的损失系数，$\zeta_n=0.5$；

φ_n——管嘴的流速系数，$\varphi_n=\frac{1}{\sqrt{\alpha+\zeta_n}}=\frac{1}{\sqrt{1+0.5}}=0.82$；

μ_n——管嘴的流量系数，因出口断面无收缩，$\mu_n=\varphi_n=0.82$。

比较基本公式（8-9）和式（8-3），两式形式上完全相同，然而流量系数 $\mu_n=1.32\mu$，可见在相同的作用水头下，同样面积管嘴的过流能力是孔口过流能力的1.32倍。

8.2.2 收缩断面的真空

孔口外接短管成为管嘴，增加了阻力，但流量不减，反而增加，这是收缩断面处真空的作用。

对收缩断面（图 8-6）c-c 和出口断面 b-b 列伯努利方程

$$\frac{p_c}{\rho g}+\frac{\alpha_c v_c^2}{2g}=\frac{p_a}{\rho g}+\frac{\alpha v^2}{2g}+\zeta_{se}\frac{v^2}{2g}$$

则

$$\frac{p_a-p_c}{\rho g}=\frac{\alpha_c v_c^2}{2g}-\frac{\alpha v^2}{2g}-\zeta_{se}\frac{v^2}{2g}$$

其中 $v_c=\dfrac{A}{A_c}v=\dfrac{1}{\varepsilon}v$。

局部水头损失主要发生在主流扩大上，由式（7-53）

$$\zeta_{se}=\left(\frac{A}{A_c}-1\right)^2=\left(\frac{1}{\varepsilon}-1\right)^2$$

代入上式，得到

$$\frac{p_v}{\rho g}=\left[\frac{\alpha_c}{\varepsilon^2}-\alpha-\left(\frac{1}{\varepsilon}-1\right)^2\right]\frac{v^2}{2g}=\left[\frac{\alpha_c}{\varepsilon^2}-\alpha-\left(\frac{1}{\varepsilon}-1\right)^2\right]\varphi_n^2 H_0$$

将各项系数 $\alpha_c=\alpha=1$，$\varepsilon=0.64$，$\varphi_n=0.82$ 代入上式，得收缩断面的真空高度

$$\frac{p_v}{\rho g}=0.75H_0 \tag{8-10}$$

比较孔口自由出流和管嘴出流，前者收缩断面在大气中，而后者的收缩断面为真空区，真空高度达作用水头的 0.75 倍，相当于把孔口出流的作用水头增大 75%，这正是圆柱形外管嘴的流量比孔口流量大的原因。

8.2.3 圆柱形外管嘴的正常工作条件

由式（8-10）可知，作用水头 H_0 越大，管嘴内收缩断面的真空高度也越大。但实际上，当收缩断面的真空高度超过 7m 水柱，空气将会从管嘴出口断面“吸入”，使得收缩断面的真空被破坏，管嘴不能保持满管出流。为了限制收缩断面的真空高度 $\dfrac{p_v}{\rho g}\leqslant 7\text{m}$，规定管嘴作用水头的限值 $[H_0]=\dfrac{7}{0.75}=9\text{m}$。

其次，对管嘴的长度也有一定限制。长度过短，流束在管嘴内收缩后来不及扩大到整个出口断面，不能阻断空气进入，收缩断面不能形成真空，管嘴仍不能发挥作用；长度过长，沿程水头损失不容忽略，管嘴出流变为短管出流。

所以，圆柱形外管嘴的正常工作条件是：

（1）作用水头 $H_0\leqslant 9\text{m}$；

（2）管嘴长度 $l=(3-4)\,d$。

8.3 短管的水力计算

有压管流是输送液体和气体的主要方式。由于有压管流沿程具有一定的长度，其水头损失包括沿程水头损失和局部水头损失。工程上为了简化计算，按两类水头损失在全部损失中所占比例的不同，将管道分为短管和长管。所谓短管是指水头损失中，沿程水头损失和局部水头损失都占相当比例，两者都不可忽略的管道，如水泵吸水管、虹吸管、铁路涵管以及工业送风管等都是短管；长管是指水头损失以沿程水头损失为主，局部水头损失和流速水头的总和同沿程水头损失相比很小，忽略不计，或按沿程水头损失的某一百分数估算，仍能满足工程要求的管道，如城市室外给水管道、集中供热管道就属于长管。

8.3.1 基本公式

设自由出流短管（图8-7），水箱水位恒定。取水箱内过流断面1-1，管道出口断面2-2列伯努利方程，其中 $v_1 \approx 0$，

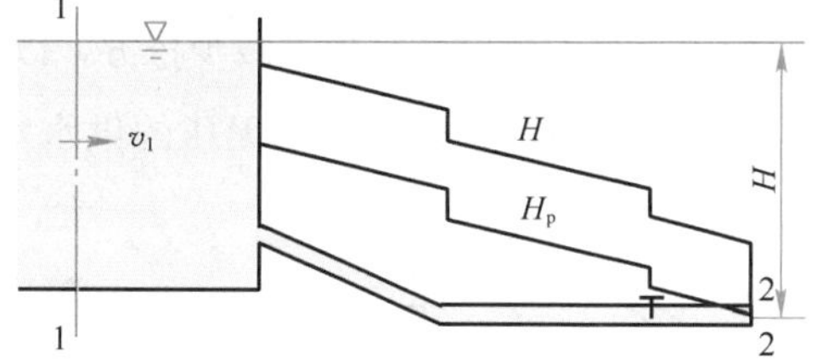

图8-7 短管自由出流

则有 $H = \dfrac{\alpha v^2}{2g} + h_w$

水头损失 $h_w = \left(\lambda \dfrac{l}{d} + \Sigma \zeta\right)\dfrac{v^2}{2g}$

代入上式，整理得

流速 $v = \dfrac{1}{\sqrt{\alpha + \lambda \dfrac{l}{d} + \Sigma \zeta}}\sqrt{2gH}$

流量
$$Q = vA = \mu A\sqrt{2gH} \tag{8-11}$$

上式是自由出流短管的基本公式。式中流量系数 $\mu = \dfrac{1}{\sqrt{\alpha + \lambda \dfrac{l}{d} + \Sigma \zeta}}$

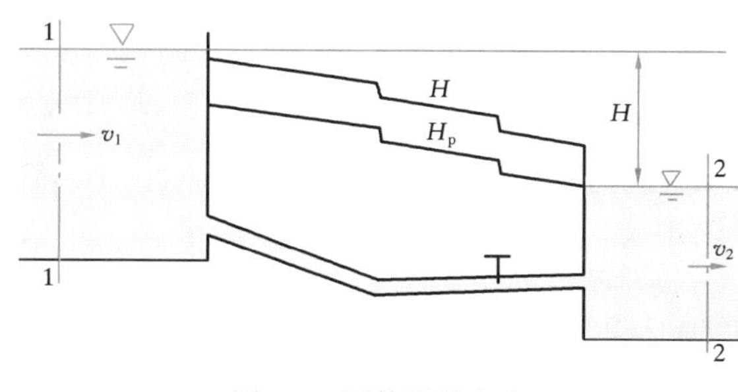

图8-8 短管淹没出流

若短管淹没出流（图8-8），取上、下游水箱内过流断面1-1、2-2，列伯努利方程，其中 $v_1 \approx v_2 \approx 0$，

则有 $H = h_w = \left(\lambda \dfrac{l}{d} + \Sigma \zeta\right)\dfrac{v^2}{2g}$

流速 $v = \dfrac{1}{\sqrt{\lambda \dfrac{l}{d} + \Sigma \zeta}}\sqrt{2gH}$

流量
$$Q = vA = \mu A\sqrt{2gH} \tag{8-12}$$

上式是淹没出流短管的基本公式，式中流量系数 $\mu=\dfrac{1}{\sqrt{\lambda\dfrac{l}{d}+\Sigma\zeta}}$

其中$\Sigma\zeta$含管道出口水头损失系数$\zeta=1$。

8.3.2 水力计算问题

短管水力计算包括三类基本问题。

第1类　已知作用水头、管道长度、直径、管材（管壁粗糙情况）、局部阻碍的组成，求流量。

第2类　已知流量、管道长度、直径、管材、局部阻碍的组成，求作用水头。

第3类　已知流量、作用水头、管道长度、管材、局部阻碍的组成，求直径。

以上各类问题都能通过建立伯努利方程求解，也可以直接用基本公式(8-11)或式(8-12)求解，下面结合实际问题作进一步说明。

1. 虹吸管的水力计算

管道轴线的一部分高出无压的上游供水水面，这样的管道称为虹吸管(图 8-9)。因为虹吸管输水，具有能跨越高地，减少挖方，以及便于自动操作等优点，在工程中广为应用。

由于虹吸管的一部分高出无压的供水水面，管内必存在真空区段。随着真空高度的增大，溶解在水中的空气分离出来，并在虹吸管顶部聚集，挤缩过流断面，阻碍水流运动，直至造成断流。为保证虹吸管正常过流，工程上限制管内最大真空高度不超过允许值 $[h_v]=7\sim8.5$m 水柱。可见，有真空区段是虹吸管的水力特点，其最大真空高度不超过允许值，则是虹吸管正常过流的工作条件。

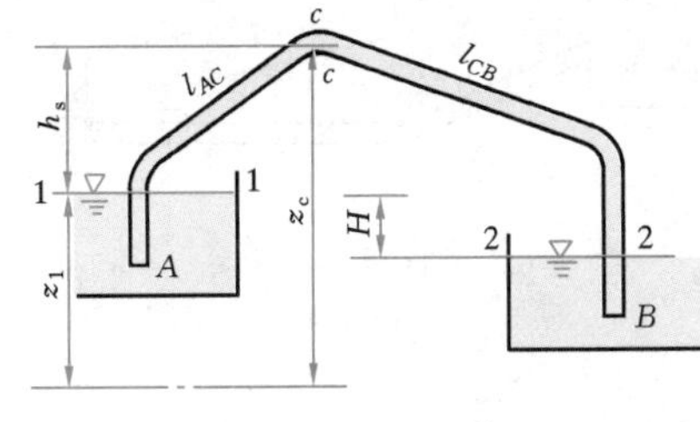

图 8-9　虹吸管

设虹吸管各部分尺寸及局部阻碍如图 8-9 所示。

虹吸管的流量

流速
$$v=\frac{1}{\sqrt{\lambda\dfrac{l_{AB}}{d}+\sum\limits_{1-2}\zeta}}\sqrt{2gH}$$

式中　$\sum\limits_{1-2}\zeta$表示 1-1、2-2 断面间各项局部水头损失系数:管道入口 ζ_e,转弯 ζ_{b1}、ζ_{b2}、ζ_{b3},管道出口 $\zeta_c=1$ 的和,即

$$\sum_{1-2}\zeta=\zeta_e+\zeta_{b1}+\zeta_{b2}+\zeta_{b3}+1$$

流量
$$Q=v\frac{\pi d^2}{4}$$

最大真空高度 h_{vmax}

取 1-1、c-c 断面，列伯努利方程，流速 $v_1 \approx 0$，得

$$\frac{p_a - p_c}{\rho g} = (z_c - z_1) + \left(\alpha + \lambda \frac{l_{AC}}{d} + \sum_{1-c} \zeta\right) \frac{v^2}{2g}$$

即

$$h_{vmax} = h_s + \left(\alpha + \lambda \frac{l_{AC}}{d} + \sum_{1-c} \zeta\right) \frac{v^2}{2g} < [h_v] \tag{8-13}$$

或

$$h_{vmax} = h_s + \frac{\alpha + \lambda \frac{l_{AC}}{d} + \sum_{1-c} \zeta}{\lambda \frac{l_{AB}}{d} + \sum_{1-2} \zeta} \times H < [h_v] \tag{8-14}$$

其中

$$\sum_{1-c} \zeta = \zeta_e + \zeta_{b1} + \zeta_{b2}$$

为保证虹吸管正常工作，必须满足 $h_{vmax} <$ [h_v]，由式（8-14）可知，虹吸管的最大超高 h_s 和作用水头 H 都受 [h_v] 的制约。

【例 8-2】 如图 8-9 所示虹吸管，上下游水池的水位差 H 为 2.5m，管长 l_{AC} 段为 15m，l_{CB} 段为 25m，管径 d 为 200mm，沿程摩阻系数 $\lambda = 0.025$，入口水头损失系数 $\zeta_e = 1.0$，各转弯的水头损失系数 $\zeta_b = 0.2$，管顶允许真空高度 [h_v] =7m。试求通过流量及最大允许超高。

【解】

流速

$$v = \frac{1}{\sqrt{\lambda \frac{l_{AB}}{d} + \zeta_e + 3\zeta_b + 1}} \sqrt{2gH} = 2.54\text{m/s}$$

流量

$$Q = v \frac{\pi d^2}{4} = 0.08\text{m}^3/\text{s}$$

最大允许超高，由式（8-13），式中 h_{vmax} 以 [h_v] =7m 代入，整理得

$$h_s = [h_v] - \left(\alpha + \lambda \frac{l_{AC}}{d} + \zeta_e + 2\zeta_b\right) \frac{v^2}{2g} = 5.59\text{m}$$

2. 水泵吸水管的水力计算

离心泵吸水管的水力计算，主要为确定泵的安装高度，即泵轴线在吸水池水面以上的高度 H_s（图8-10）。

取吸水池水面 1-1 和水泵进口断面 2-2 列伯努利方程，忽略吸水池水面流速，得

$$\frac{p_a}{\rho g} = H_s + \frac{p_2}{\rho g} + \frac{\alpha v^2}{2g} + h_w$$

$$\begin{aligned} H_s &= \frac{p_a - p_2}{\rho g} - \frac{\alpha v^2}{2g} - h_w \\ &= h_v - \left(\alpha + \lambda \frac{l}{d} + \Sigma \zeta\right) \frac{v^2}{2g} \end{aligned} \tag{8-15}$$

式中 H_s——水泵安装高度；

h_v——水泵进口断面真空高度，$h_v=\dfrac{p_a-p_2}{\rho g}$；

λ——吸水管沿程摩阻系数；

$\Sigma\zeta$——吸水管各项局部水头损失系数之和。

式（8-15）表明，水泵的安装高度与进口的真空高度有关。进口断面的真空高度是有限制的，当该断面绝对压强降至蒸汽压时，水气化生成大量气泡，气泡随水流进入泵内，受压而突然溃灭，引起周围的水以极大的速度向溃灭点冲击，在该点造成高达数百大气压以上的压强。这个过程发生在水泵部件的表面，就会使部件很快损坏，这种现象称为气蚀。为防止气蚀，通常水泵厂由实验给出允许吸水真空高度［h_v］，作为水泵的性能指标之一。

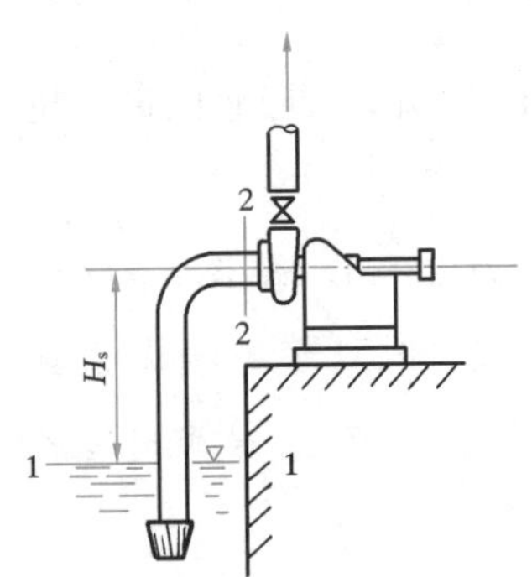

图 8-10　离心泵吸水管

【例 8-3】图 8-10 所示的离心泵，抽水流量 Q=8.11L/s，吸水管长度 l=9.0m，直径 d 为 100mm，沿程摩阻系数 λ=0.035，局部水头损失系数为：有滤网的底阀 ζ=7.0，90°弯管 ζ_b=0.3，泵的允许吸水真空高度［h_v］=5.7m，确定水泵的最大安装高度。

【解】由式（8-15）

$$H_s=h_v-\left(\alpha+\lambda\frac{l}{d}+\Sigma\zeta\right)\frac{v^2}{2g}$$

式中，流速 $v=\dfrac{4Q}{\pi d^2}=1.03\text{m/s}$，$h_v$ 以允许吸水真空高度［h_v］=5.7m 代入，得最大安装高度

$$H_s=5.7-\left(1+0.035\times\frac{9}{0.1}+7+0.3\right)\frac{1.03^2}{19.6}=5.08\text{m}$$

3. 短管直径计算

管道直径的计算，最后化简为解算高次代数方程，难以由方程直接求解，一般可采用试算法，更适于编程计算。

【例 8-4】圆形有压涵管（图8-11），管长 l=50m，上、下游水位差 H=2.5m，涵管为钢筋混凝土管，各局部阻碍的水头损失系数：进口 ζ_e=0.5，转弯 ζ_b=0.55，出口 ζ_o=1，通过流量 Q=2.9m³/s，计算所需管径。

【解】取上、下游过流断面1-1、2-2 列伯努利方程，忽略上、下游流速，得

$$H=h_w=\left(\lambda\frac{l}{d}+\zeta_e+2\zeta_b+\zeta_o\right)\frac{1}{2g}\left(\frac{4Q}{\pi d^2}\right)^2$$

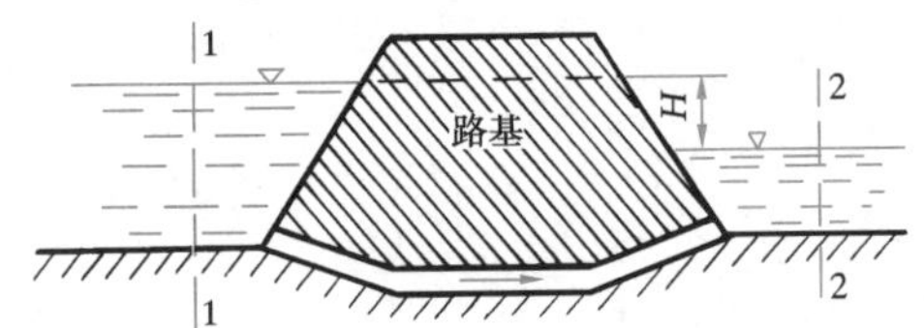

图 8-11　有压涵管

式中 λ 与直径 d 有关，为使求解简化，设 λ=0.02 代入上式，化简得

$$2.5d^5-1.81d-0.696=0$$

用试算法求 d，设 d=1.0m 代入上式

$$2.5\times1-1.81\times1-0.696\approx0$$

采用管径 d=1.0m。

验算计算结果:

按 d=1.0m，计算 $Re=\frac{vd}{\nu}=\frac{3.69\times1}{1.31\times10^{-6}}=2.82\times10^{6}$；

$\frac{k_s}{d}=\frac{1}{1000}=0.001$，由穆迪图 7-19，查得 $\lambda\approx0.02$ 与所设 λ 值相符，计算结果成立。

8.4 长管的水力计算

长管是有压管道的简化模型。由于长管不计流速水头和局部水头损失，使水力计算大为简化，并可利用专门编制的计算表进行辅助计算，将有压管道分为短管和长管的目的就在于此。

8.4.1 简单管道

沿程直径不变，流量也不变的管道称为简单管道。简单管道是一切复杂管道水力计算的基础。

如图 8-12 所示，由水箱引出简单管道，长度 l，直径 d，水箱水面距管道出口高度为 H，现分析其水力特点和计算方法。

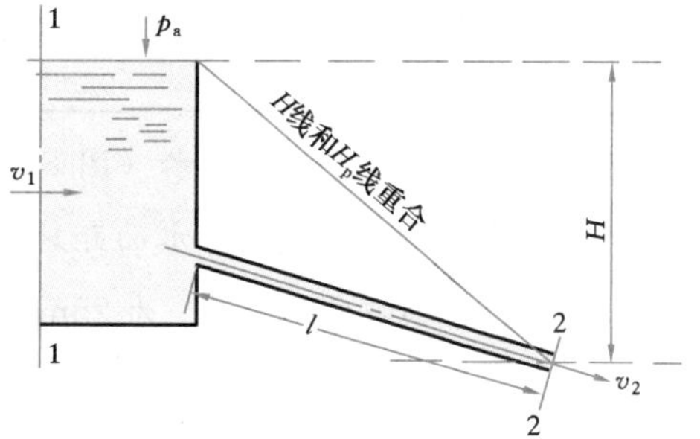

图 8-12　简单管道

取水箱内过流断面 1-1 和管道出口断面2-2，列伯努利方程

$$H=\frac{\alpha_2v_2^2}{2g}+h_f+h_j$$

因为长管 $\left(\frac{\alpha_2v_2^2}{2g}+h_j\right)\ll h_f$ 可以忽略不计，则

$$H=h_f \tag{8-16}$$

上式表明，长管的全部作用水头都消耗于沿程水头损失，总水头线是连续下降的直线，并与测压管水头线重合。

式中

$$h_f=\lambda\frac{l}{d}\frac{v^2}{2g}=\frac{8\lambda}{g\pi^2d^5}lQ^2$$

令

$$a=\frac{8\lambda}{g\pi^2d^5}\quad\text{称为比阻} \tag{8-17}$$

得

$$H=h_f=alQ^2 \tag{8-18}$$

式（8-18）是简单管道按比阻计算的基本公式。式中比阻 a 取决于沿程摩阻系数 λ 和管径 d，而 λ 的计算公式有多种，需按不同行业的设计规范选用。下面只引用土木工程中通用的一种。

将 λ 的计算公式（7-45）

$$\lambda=\frac{2gn^2 4^{4/3}}{d^{1/3}}$$

代入式（8-17），得

$$a=\frac{10.3n^2}{d^{5.33}} \tag{8-19}$$

按式（8-19）编制出水管通用比阻计算表（表 8-3）用于查表计算。表中粗糙系数，铸铁管 $n=0.013$，混凝土管和钢筋混凝土管 $n=0.013\sim0.014$。式（8-19）及表 8-3，理论上适用于紊流粗糙区。

水管通用比阻计算表　　表 8-3

水管直径 (mm)	比阻 a 值（s^2/m^6）			水管直径 (mm)	比阻 a 值（s^2/m^6）		
	$n=0.012$	$n=0.013$	$n=0.014$		$n=0.012$	$n=0.013$	$n=0.014$
75	1480	1740	2010	450	0.105	0.123	0.143
100	319	375	434	500	0.0598	0.0702	0.0815
150	36.7	43.0	49.9	600	0.0226	0.0265	0.0307
200	7.92	9.30	10.8	700	0.00993	0.0117	0.0135
250	2.41	2.83	3.28	800	0.00487	0.00573	0.00663
300	0.911	1.07	1.24	900	0.00260	0.00305	0.00354
350	0.401	0.471	0.545	1000	0.00148	0.00174	0.00201
400	0.196	0.230	0.267				

【例 8-5】由水塔向车间供水（图 8-13），采用铸铁管，管长 2500m，管径 350mm，水塔地面标高 $\nabla_1=61$m，水塔水面距地面的高度 H_1 为 18m，车间地面标高 $\nabla_2=45$m，供水点需要的最小服务水头 H_2 为 25m，求供水流量。

【解】由式（8-18）　$Q=\sqrt{\dfrac{H}{al}}$

式中，作用水头 $H=(\nabla_1+H_1)-(\nabla_2+H_2)=9$m；

比阻查表 8-3，350mm 铸铁管（$n=0.013$），$a=0.471s^2/m^6$，代入上式，得

$$Q=\sqrt{\frac{H}{al}}=\sqrt{\frac{9}{0.471\times2500}}=0.087m^3/s$$

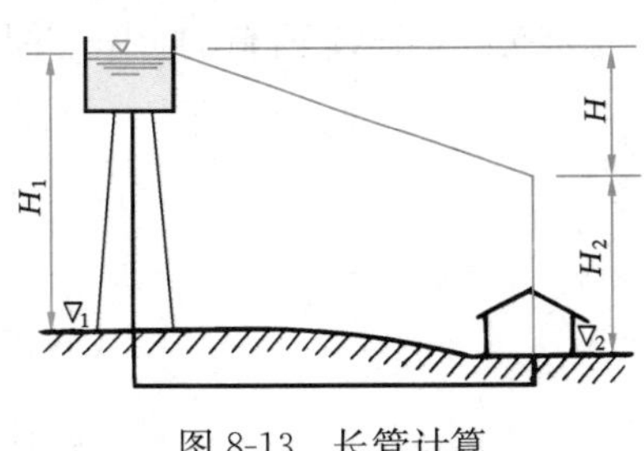

图 8-13　长管计算

【例 8-6】上题（图 8-13）中，管线布置、地面标高及供水点需要的最小服务水头都不变，供水流量增至 100L/s，试求管道直径。

【解】作用水头不变，$H=9$m

要求比阻　$a=\dfrac{H}{lQ^2}=\dfrac{9}{2500\times0.1^2}=0.36\text{s}^2/\text{m}^6$

由表 8-3 查得　$d_1=400\text{mm},a=0.230\text{s}^2/\text{m}^6$

$$d_2=350\text{mm},a=0.471\text{s}^2/\text{m}^6$$

可见所需管径在 d_1 和 d_2 之间，由于无此规格的产品，采用较大管径将浪费管材，合理的办法是用两段不同管径（400mm 和 350mm）的管段串联，见下面内容。

8.4.2 串联管道

由直径不同的管段顺序连接起来的管道，称为串联管道，如图 8-14 所示。串联管道常用于沿程向几处输水，经过一段距离便有流量分出，随着沿程流量减少，所采用的管径也相应减小的情况。

设串联管道（图 8-14），各管段的长度分别为 l_1，l_2……，直径为 d_1，d_2……，通过流量为 Q_1，Q_2……，节点分出流量为 q_1，q_2……。

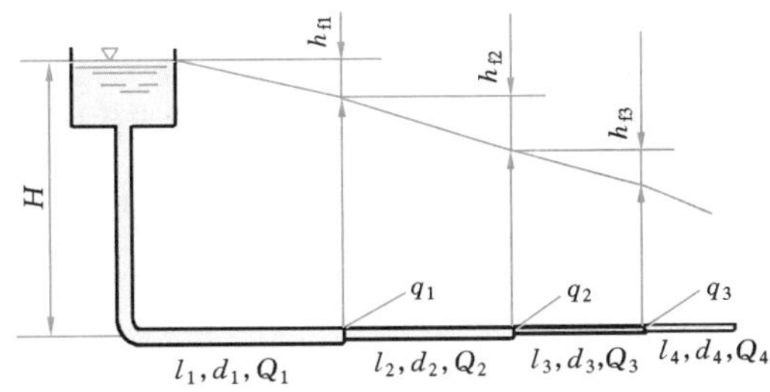

图 8-14　串联管道

串联管道中，两管段的连接点称为节点，流向节点的流量等于流出节点的流量，满足节点流量平衡

$$Q_1=q_1+Q_2$$
$$Q_2=q_2+Q_3$$

一般式
$$Q_i=q_i+Q_{i+1} \tag{8-20}$$

每一管段均为简单管道，水头损失按比阻计算

$$h_{fi}=a_il_iQ_i^2=S_iQ_i^2$$

式中　S_i——管段的阻抗，$S_i=a_il_i$。

串联管道的总水头损失等于各管段水头损失之和

$$H=\sum_{i=1}^{n}h_{fi}=\sum_{i=1}^{n}S_iQ_i^2 \tag{8-21}$$

当节点无流量分出，通过各管段的流量相等，即 $Q_1=Q_2=\cdots=Q$，式（8-21）化简为

$$H=Q^2\sum_{i=1}^{n}a_il_i \tag{8-22}$$

串联管道的水头线是一条折线，这是因为各管段的水力坡度不等之故。

【例 8-7】在例 8-6 中，为了充分利用水头和节省管材，采用 400mm 和 350mm 两种直径的管段串联，求每段的长度。

【解】设 $d_1=400\text{mm}$ 的管段长 l_1，$d_2=350\text{mm}$ 的管段长 l_2，由表 8-3 查得

$$d_1=400\text{mm},a_1=0.230\text{s}^2/\text{m}^6;$$
$$d_2=350\text{mm},a_2=0.471\text{s}^2/\text{m}^6$$

由式(8-22) $H=(a_1l_1+a_2l_2)Q^2=[a_1l_1+a_2(2500-l_1)]Q^2$

代入数值，解得 $l_1=1151.45\mathrm{m}, l_2=1348.55\mathrm{m}$

8.4.3 并联管道

在两节点之间，并接两根以上管段的管道称为并联管道。如图 8-15 中，节点 A、B 之间就是三根并接的并联管道。并联管道能提高输送流体的可靠性。

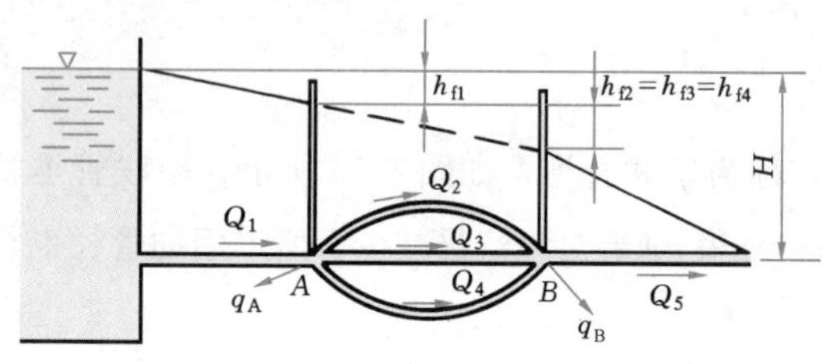

图 8-15 并联管道

设并联节点 A、B 间各管段分配流量为 Q_2、Q_3、Q_4（待求），节点分出流量为 q_A、q_B，由节点流量平衡条件

$$A: Q_1=q_A+Q_2+Q_3+Q_4$$

$$B: Q_2+Q_3+Q_4=q_B+Q_5$$

分析并联管段的水头损失，因各管段的首端 A 和末端 B 是共同的，则受单位重力作用的流体由断面 A 通过节点 A、B 间的任一根管段至断面 B 的水头损失，均等于 A、B 两断面的总水头差，故并联各管段的水头损失相等。

$$h_{f2}=h_{f3}=h_{f4} \tag{8-23}$$

以阻抗和流量表示

$$S_2Q_2^2=S_3Q_3^2=S_4Q_4^2 \tag{8-24}$$

由式（8-24）得出并联管段的流量之间的关系，将其代入节点流量平衡关系式，就可求得并联管段分配的流量。

【例 8-8】并联输水管道(图 8-16)，已知主干管流量 $Q=0.07\mathrm{m^3/s}$，并联管段均为铸铁管，直径 $d_1=d_3=100\mathrm{mm}$，$d_2=150\mathrm{mm}$，管长 $l_1=l_3=200\mathrm{m}$，$l_2=150\mathrm{m}$，试求各并联管段的流量及 AB 间的水头损失。

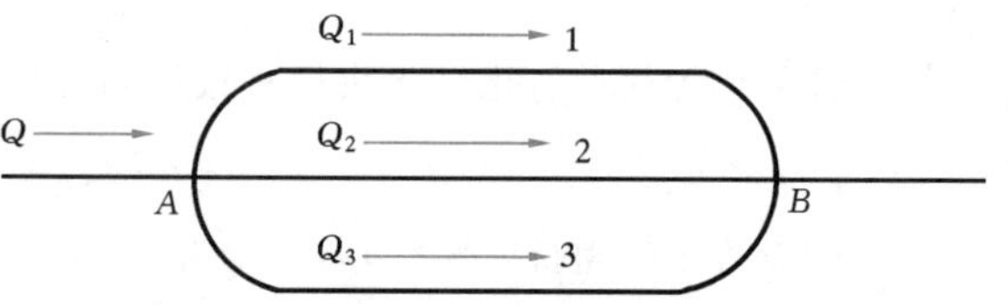

图 8-16 并联管道计算

【解】各并联管段的比阻，由表 8-3 查得

$$a_1=a_3=375\mathrm{s^2/m^6}$$

$$a_2=43.0\mathrm{s^2/m^6}$$

阻抗 $S_1=S_3=a_1l_1=75000\mathrm{s^2/m^5}$； $S_2=a_2l_2=6450\mathrm{s^2/m^5}$

由式(8-24) $S_1Q_1^2=S_2Q_2^2=S_3Q_3^2$

$$Q_2=\sqrt{\frac{S_1}{S_2}}Q_1=3.41Q_1；\quad Q_3=Q_1$$

节点流量平衡　$$Q = Q_1 + Q_2 + Q_3 = 5.41Q_1$$

得　$$Q_1 = Q_3 = \frac{Q}{5.41} = \frac{0.07}{5.41} = 0.013\text{m}^3/\text{s}$$

$$Q_2 = 3.41Q_1 = 0.044\text{m}^3/\text{s}$$

A、B 间的水头损失

$$h_{\text{fAB}} = S_1Q_1^2 = S_2Q_2^2 = S_3Q_3^2 = 12.6\text{m}$$

8.4.4 沿程均匀泄流管道

前面所述管道流动，在每根管段间通过的流量是不变的，称为通过流量（转输流量）。在工程中如灌溉用人工降雨管道，管道中除通过流量外，还有沿管长由开在管壁上的孔口泄出的流量，称为途泄流量（沿线流量），其中最简单的情况是单位长度上泄出相等的流量，这种管道称为沿程均匀泄流管道。

设沿程均匀泄流管段长度为 l，直径为 d，通过流量 Q_z，总途泄流量 Q_t，如图 8-17 所示。

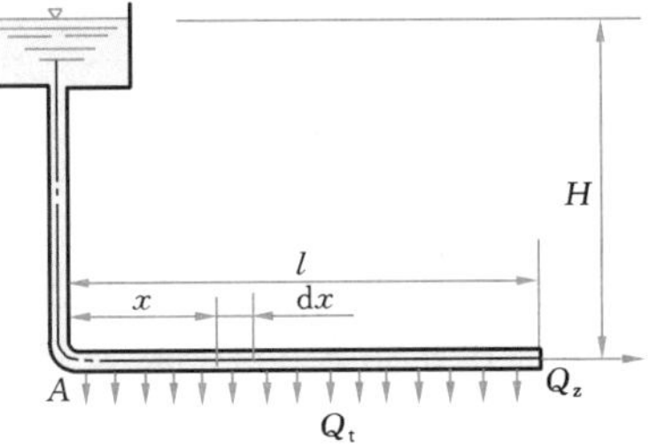

图 8-17　均匀泄流管道

距开始泄流断面 x 处，取长度 dx 的管段，认为通过该管段的流量 Q_x 不变，其水头损失按简单管道计算，即

$$Q_x = Q_z + Q_t - \frac{Q_t}{l}x$$

$$dh_f = aQ_x^2 dx = a\left(Q_z + Q_t - \frac{Q_t}{l}x\right)^2 dx$$

整个泄流管段的水头损失

$$h_f = \int_0^l dh_f = \int_0^l a\left(Q_z + Q_t - \frac{Q_t}{l}x\right)^2 dx$$

当管段直径和粗糙一定，且流动处于粗糙管区，比阻 a 是常量，上式积分得

$$h_f = al\left(Q_z^2 + Q_zQ_t + \frac{1}{3}Q_t^2\right) \tag{8-25}$$

上式可近似写为

$$h_f = al(Q_z + 0.55Q_t)^2 = alQ_c^2 \tag{8-26}$$

这里　$$Q_c = Q_z + 0.55Q_t$$

式（8-26）将途泄流量折算成通过流量来计算沿程均匀泄流管段的水头损失。

若管段无通过流量，只有途泄流量，即 $Q_z=0$，由式（8-25）得

$$h_f = \frac{1}{3}alQ_t^2 \tag{8-27}$$

式（8-27）表明，只有途泄流量的管道，水头损失是相同数值的通过流量所对应水头损失的三分之一。

【例 8-9】水塔供水的输水管道，由三段铸铁管串联而成，BC 为沿程均匀泄流管段

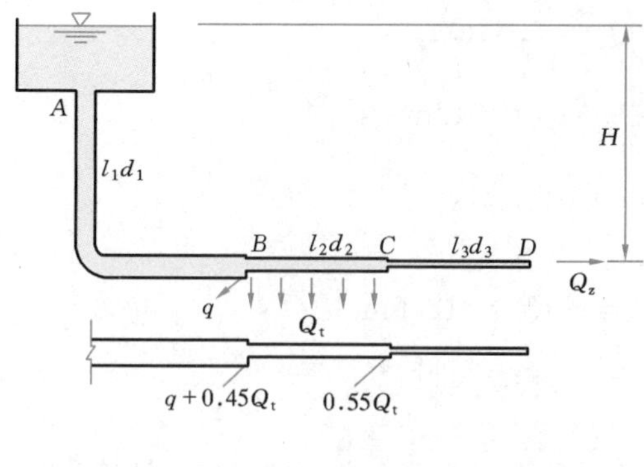

图 8-18　复杂管道计算

（图 8-18），其中 $l_1=300$m，$d_1=200$mm，$l_2=150$m，$d_2=150$mm，$l_3=200$m，$d_3=100$mm。节点 B 分出流量 $q=0.01\text{m}^3/\text{s}$，通过流量 $Q_z=0.02\text{m}^3/\text{s}$，途泄流量 $Q_t=0.015\text{m}^3/\text{s}$，试求需要的作用水头。

【解】 首先将 BC 段途泄流量折算成通过流量，按式（8-26），把 $0.55Q_t$ 加在节点 C，其余 $0.45Q_t$ 加在节点 B，则各管段流量为

$$Q_1=q+Q_t+Q_z=0.045\text{m}^3/\text{s}$$
$$Q_2=0.55Q_t+Q_z=0.028\text{m}^3/\text{s}$$
$$Q_3=Q_z=0.02\text{m}^3/\text{s}$$

整个管道由三段串联而成，作用水头等于各管段水头损失之和

$$H=\sum h_{fi}=a_1l_1Q_1^2+a_2l_2Q_2^2+a_3l_3Q_3^2$$

各管段的比阻由表 8-3 查得，代入上式

$$\begin{aligned}H&=9.30\times300\times0.045^2+43.0\times150\times0.028^2+375\times200\times0.02^2\\&=40.71\text{m}\end{aligned}$$

在实际工程中，为满足向更多用户供水、供热、供燃气，往往将简单管道串、并联组合成管网，如图 8-19 所示。管网的水力计算，以简单管道和串，并联管道为基础，在有关的专业教材中阐述。

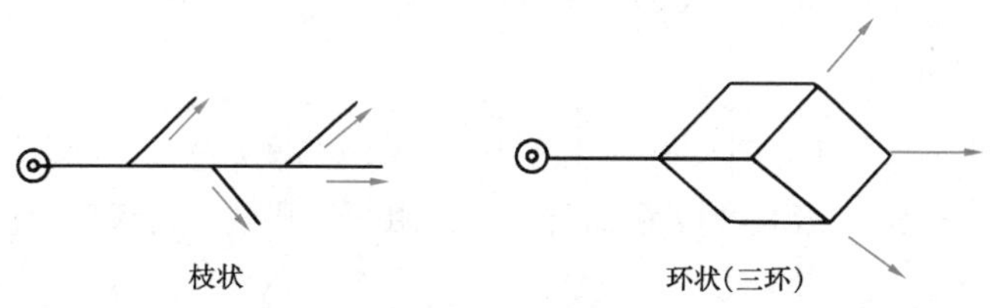

图 8-19　管网

8.5 有压管道中的水击

前面讨论了有压的恒定流动，这一节有压管道中的水击属于非恒定流动问题。

8.5.1 水击现象

在有压管道中，由于某种原因（如阀门突然启闭，换向阀突然变换工位，水泵机组突然停车等），使水流速度突然发生变化，引起压强大幅度波动的现象，称为水击，又称为水锤。

水击引起的压强升高，可达管道正常工作压强的几十倍至数百倍。压强大幅度波动，有很大的破坏性，可导致管道系统强烈振动、噪声，造成阀门破坏，管件接头断开，甚至管道爆裂等重大事故。

1. 水击发生的原因

现以水管末端阀门突然关闭为例，说明水击发生的原因。

设管道长 l，直径 d，末端阀门关闭前管流为恒定流动，流速 v_0，为便于分析水击现象，忽略速度水头和水头损失，则管道沿程各断面的压强相等，以 p_0 表示，各断面的压强水头均为$\frac{p_0}{\rho g}=H$（图 8-20）。阀门突然关闭，使紧靠阀门的水（mn 段）突然停止流动，流速由 v_0 变为零，根据质点系的动量定理，该段水动量的变化，等于外力的冲量，这个外力是阀门的作用力。因外力作用，水的应力（即压强）增至 $p_0+\Delta p$，增高的压强 Δp 称为水击压强。

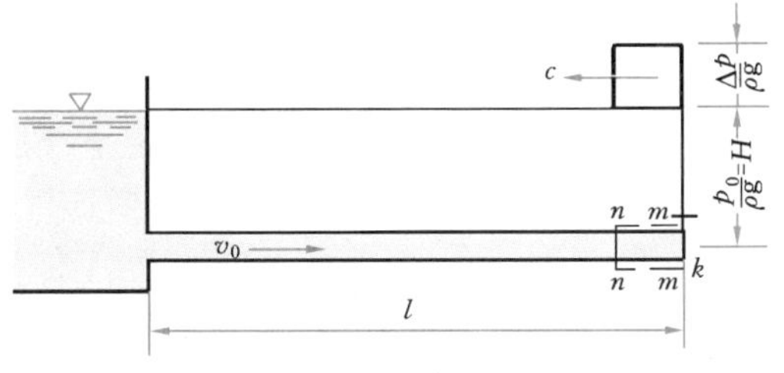

图 8-20 水击的发生

很大的水击压强，使停止流动的水层压缩，管壁膨胀。后面的水层要在进占前面一层因体积压缩、管壁膨胀而余出的空间后才停止流动，同时压强增高，体积压缩，管壁膨胀，如此接续向管道进口传播。由此可见，阀门瞬时关闭，管道中的水不是在同一时刻停止流动，压强也不是在同一时刻增高 Δp，而是以波的形式由阀门传向管道进口。从以上现象得出，管道内水流速度突然变化的因素（如阀门突然关闭）是引发水击的条件，水本身具有惯性和压缩性则是发生水击的内在原因。

2. 水击波的传播过程

水击以波的形式传播，称为水击波。典型传播过程如图 8-21 所示。

第一阶段　增压波从阀门向管道进口传播。设阀门在时间 $t=0$ 瞬时关闭，增压波从阀门向管道进口传播，波到之处水停止流动，压强增至 $p_0+\Delta p$；未传到之处，水仍以 v_0 流动，压强为 p_0。如以 c 表示水击波的传播速度，在 $t=l/c$，水击波传到管道进口，全管压强均为 $p_0+\Delta p$，处于增压状态。

第二阶段　减压波从管道进口向阀门传播。时间 $t=l/c$（第一阶段末，第二阶段开始），管内压强 $p_0+\Delta p$ 大于进口外侧静水压强 p_0，在压强差 Δp 作用下，管道内紧靠进口的水以流速 $-v_0$（负号表示与原流速 v_0 的方向相反）向水池倒流，同时压强恢复为 p_0，于是又同管内相邻的水体出现压强差，这样水自管道进口起逐层向水池倒流。这个过程相当于第一阶段的反射波，在 $t=2l/c$，减压波传至阀门断面，全管压强为 p_0，恢复原来状态。

第三阶段　减压波从阀门向管道进口传播。时间 $t=2l/c$，因惯性作用，水继续向水池

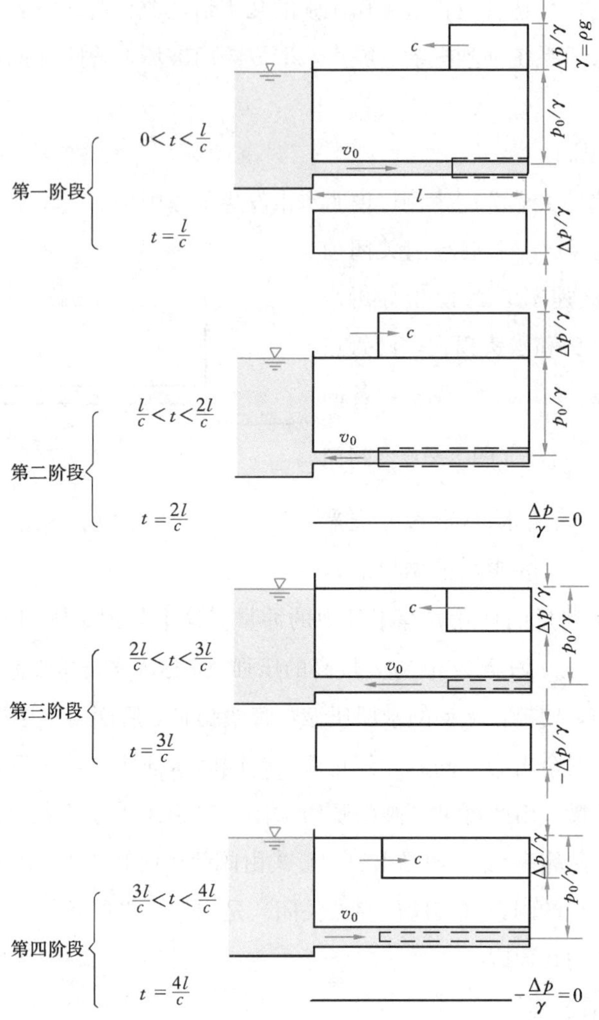

图 8-21 水击波传播过程

倒流，因阀门处无水补充，紧靠阀门处的水停止流动，流速 由$-v_0$ 变为零，同时压强降低 Δp，随之后续各层相继停止流动，流速由$-v_0$变为零，压强降低 Δp。在 $t=3l/c$，减压波传至管道进口，全管压强为 $p_0-\Delta p$，处于减压状态。

第四阶段 增压波从管道进口向阀门传播。时间 $t=3l/c$，管道进口外侧静水压强 p_0 大于管内压强 $p_0-\Delta p$，在压强差 Δp 作用下，水以速度 v_0 向管内流动，压强自进口起逐层恢复为 p_0。在 $t=4l/c$，增压波传至阀门断面，全管压强为 p_0，恢复为阀门关闭前的状态。此时因惯性作用，水继续以流速 v_0 流动，受到阀门阻止，于是和第一阶段开始时，阀门瞬时关闭的情况相同，发生增压波从阀门向管道进口传播，重复上述四个阶段。

至此，水击波的传播完成了一个周期。在一个周期内，水击波由阀门传到进口，再由进口传至阀门，共往返两次，往返一次所需时间 $t=2l/c$ 称为相或相长。实际上水击波传播速度很快，前述各阶段是在极短时间内连续进行的。

在水击波的传播过程中，管道各断面的流速和压强皆随时间变化，所以水击过程是非恒定流。图 8-22 是阀门断面压强随时间变化曲线，时间 $t=0$，阀门瞬时关闭，压强由 p_0 增至 $p_0+\Delta p$，一直保持到 $t=2l/c$，即水击波往返一次的时间；在 $t=2l/c$，压强由 $p_0+\Delta p$ 降至 $p_0-\Delta p$，直至 $t=4l/c$，压强由 $p_0-\Delta p$恢复到 p_0，然后周期性变化。

如果水击波传播过程中没有能量损失，它将一直周期性地传播下去，但实际水击波传播过程中，能量不断损失，水击压强迅速衰减，阀门断面实测的水击压强随时间的变化如图 8-23 所示。

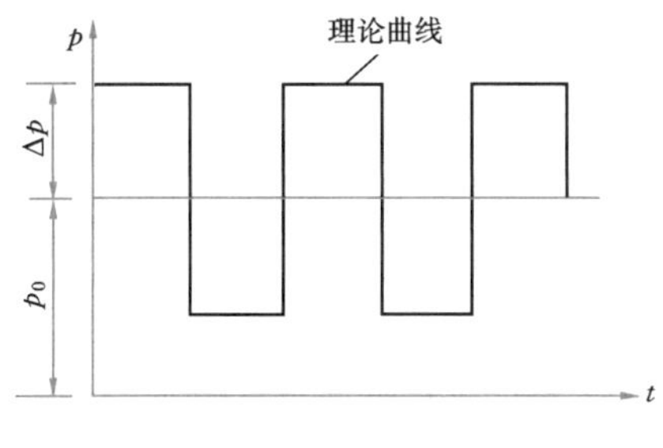

图 8-22　阀门断面压强变化

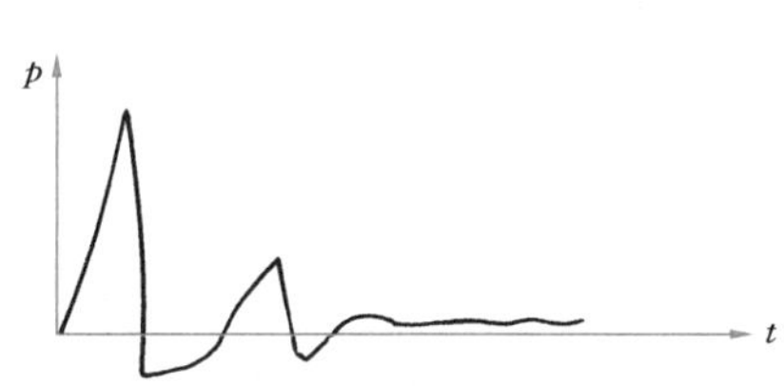

图 8-23　实测阀门断面水击压强变化

8.5.2　水击压强的计算

在认识水击发生的原因和传播过程的基础上，进行水击压强 Δp 的计算，为设计压力管道和控制运行提供依据。

1. 直接水击

在前面的讨论中，阀门是瞬时关闭的。实际上阀门关闭总有一个过程，如关闭时间小于一个相长（$T_z<2l/c$），那么最早发出的水击波的反射波回到阀门以前，阀门已全关闭，这时阀门处的水击压强和阀门瞬时关闭相同，这种水击称为直接水击。下面应用质点系动量原理推导直接水击压强的公式。

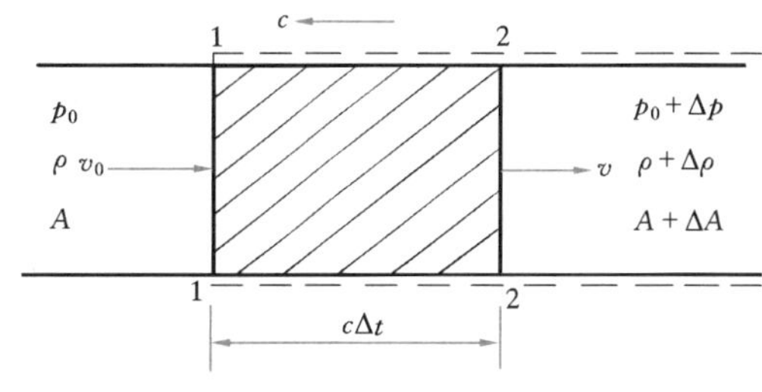

图 8-24　直接水击压强计算

设有压管流（图 8-24），因阀门突然关小，流速突然变化，发生水击，水击波的传播速度为 c，在微小时段 Δt，水击波由断面2-2传到 1-1。分析 1-2 段水体：水击波通过前，原流速 v_0，压强 p_0，密度 ρ，过流断面面积 A；水击波通过后，流速降至 v，压强、密度、过流断面面积分别增至 $p_0+\Delta p$，$\rho+\Delta\rho$，$A+\Delta A$。

根据质点系动量定理，得

$$[p_0A-(p_0+\Delta p)(A+\Delta A)]\Delta t=(\rho+\Delta\rho)(A+\Delta A)c\Delta v-\rho Ac\Delta v_0$$

考虑 $\Delta\rho\ll\rho$，$\Delta A\ll A$，化简上式，得直接水击压强计算公式

$$\Delta p=\rho c(v_0-v) \tag{8-28}$$

阀门瞬时完全关闭，$v=0$，得最大水击压强

$$\Delta p=\rho cv_0 \tag{8-29}$$

或以压强水头表示

$$\frac{\Delta p}{\rho g}=\frac{cv_0}{g} \tag{8-30}$$

直接水击压强的计算公式是由俄国流体力学家儒科夫斯基（Joukowski，N. E.）在 1898 年导出的，又称为儒科夫斯基公式。

2. 间接水击

如阀门关闭时间 $T_z>2l/c$，则开始关闭时发出的水击波的反射波，在阀门尚未完全关闭前，已返回阀门断面，随即变为负的水击波向管道进口传播，由于正、负水击波相叠加，使阀门处水击压强小于直接水击压强，这种情况的水击称为间接水击。

间接水击由于正、负水击相互作用，计算更为复杂。一般情况下，间接水击压强可用下式估算

$$\Delta p=\rho cv_0\frac{T}{T_z}$$

或

$$\frac{\Delta p}{\rho g}=\frac{cv_0}{g}\frac{T}{T_z}=\frac{v_0}{g}\frac{2l}{T_z} \tag{8-31}$$

式中 v_0——水击发生前断面平均流速；

T——水击波相长，$T=2l/c$；

T_z——阀门关闭时间。

8.5.3 水击波的传播速度

式（8-28）表明，直接水击压强与水击波的传播速度成正比，因此，计算水击压强，需要知道水击波的传播速度 c。考虑水的压缩性和管壁的弹性变形，可得水管中水击波的传播速度（推导过程从略）。

$$c=\frac{c_0}{\sqrt{1+\frac{K}{E}\frac{d}{\delta}}} \tag{8-32}$$

式中 c_0——水中声波的传播速度，水温 10℃左右，压强为 1～25 大气压时，$c_0=1435\text{m/s}$；

K——水的体积弹性模量，$K=2.1\times10^9\text{N/m}^2$；

E——管壁材料的弹性模量，见表 8-4；

d——管道直径；

δ——管壁厚度。

管壁材料的弹性模量 表 8-4

管　材	钢　管	铸铁管	钢筋混凝土管	硬聚氯乙烯管
E (Pa)	19.6×10^{10}	9.8×10^{10}	19.6×10^{9}	$3.2\times10^{9}\sim4\times10^{9}$

对于普通钢管$\dfrac{d}{\delta}\approx100$，$\dfrac{K}{E}\approx\dfrac{1}{100}$，代入式（8-32）得 $c\approx1000\text{m/s}$，如阀门关闭前流速 $v_0=1.0\text{m/s}$，阀门突然关闭引起的直接水击压强，由式（8-29）算得 $\Delta p=\rho c v_0\approx10^6\text{Pa}$，可见直接水击压强是很大的。

8.5.4 防止水击危害的措施

通过研究水击发生的原因及影响因素，可找到防止水击危害的措施。

（1）限制流速。式（8-29）、式（8-31）都表明，水击压强与管道中流速 v_0 成正比，减小流速便可减小水击压强 Δp，因此一般给水管网中，限制 $v_0<3\text{m/s}$。

（2）控制阀门关闭或开启时间。控制阀门关闭或开启时间，以避免直接水击，也可减小间接水击压强。

（3）缩短管道长度、采用弹性模量较小材质的管道。缩短管长，即缩短了水击波相长，可使直接水击变为间接水击，也可降低间接水击压强；采用弹性模量较小的管材，使水击波传播速度减缓，从而降低直接水击压强。

（4）设置安全阀，进行水击过载保护。

【例 8-10】铸铁压力输水管道，直径 $D=105\text{mm}$，壁厚 $\delta=4.5\text{mm}$，管壁的允许拉应力 $[\sigma]=46\times10^6\text{Pa}$，水的体积弹性模量 $K=2.1\times10^9\text{Pa}$，管壁材料的弹性模量 $E=9.8\times10^{10}\text{Pa}$。为防止水击损坏管道，试求管道的限制流速。

【解】按管壁允许拉应力，计算管道允许的水击压强

$$\Delta p D = 2[\sigma]\delta$$

$$\Delta p = \frac{2[\sigma]\delta}{D} = \frac{2\times46\times10^6\times4.5}{105} = 3.94\times10^6\text{Pa}$$

计算水击波传播速度，由式（8-32）

$$c = \frac{c_0}{\sqrt{1+\dfrac{K}{E}\dfrac{D}{\delta}}} = \frac{1435}{\sqrt{1+\dfrac{2.1\times10^9}{9.8\times10^{10}}\dfrac{105}{4.5}}} = 1171.67\text{m/s}$$

计算限制流速，由式（8-29）

$$\Delta p = \rho c v_0$$

$$v_0 = \frac{\Delta p}{\rho c} = \frac{3.94\times10^6}{10^3\times1171.67} = 3.36\text{m/s}$$

8.6* 离心泵的原理和选用

离心泵是一种最常用的抽水机械，本节仅从流体力学的角度，对离心泵的工作原理和选用做简单介绍。

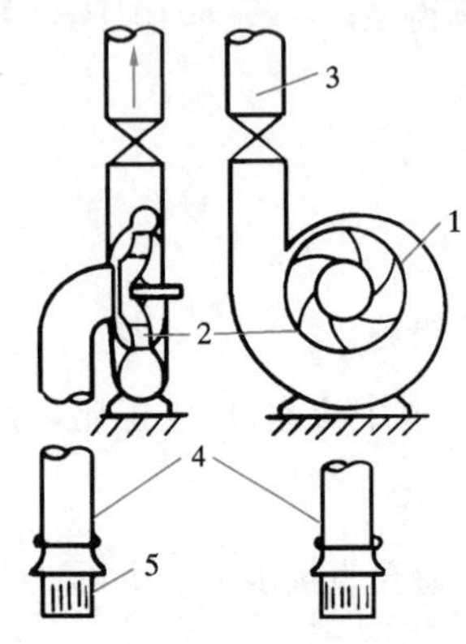

图 8-25 离心泵
1—蜗室；2—叶轮；3—压水管；4—吸水管；5—底阀

8.6.1 工作原理

离心泵由泵壳（又称蜗壳）、带叶片的叶轮（工作轮）以及泵轴等部件构成。泵壳与压水管相连，在叶轮入口处与吸水管连接，构成离心泵装置系统(图 8-25)。

离心泵启动前，使泵体和吸水管内充满水，启动后叶轮高速转动，叶轮内的水在叶轮带动下旋转，获得能量，同时沿离心方向流出叶轮，进入泵壳。在泵壳内，水的一部分动能转化为压能，经压水管送出。与此同时，叶轮入口处形成真空，在大气压作用下，吸水池中的水被“吸”入水泵，使压水、吸水过程得以连续进行。从能量观点看，水泵是一种转化能量的水力机械，它把原动机的机械能转化为被抽送液体的机械能。

8.6.2 工作性能曲线

泵的工作特性可由以下特性参数表示。

(1) 流量 Q。单位时间内输送水的体积，单位常用“L/s”、“m^3/s”或“m^3/h”表示。

(2) 扬程 H。水泵供给受单位重力作用的水的能量，或受单位重力作用的水通过水泵所得到的能量，即泵的出口总水头与入口总水头的差值，单位为“m 水柱”。

如图 8-26，A，B 断面分别为水泵入口和出口断面，扬程

$$H=\left(z_B+\frac{p_B}{\rho g}+\frac{v_B^2}{2g}\right)-\left(z_A+\frac{p_A}{\rho g}+\frac{v_A^2}{2g}\right)$$

式中 z_A、z_B——入口、出口断面形心位置高度；

p_A、p_B——入口、出口断面形心压强；

v_A、v_B——入口、出口断面平均速度。

当 $z_A=z_B$，$v_A=v_B$，p_B为压力表测值，p_A为真空表测值，则

$$H=\frac{p_B}{\rho g}+\frac{p_A}{\rho g}$$

分析水泵扬程在管道系统中的作用，如图 8-26 所示。取吸水池水面 1-1 和水塔水面 2-2，

列有能量输入的伯努利方程式（4-20）

$$z_1+\frac{p_1}{\rho g}+\frac{\alpha_1 v_1^2}{2g}+H=z_2+\frac{p_2}{\rho g}+\frac{\alpha_2 v_2^2}{2g}+h_w$$

当 $v_1\approx v_2\approx 0$，$p_1=p_2=p_a$，化简该式

$$H=z_2-z_1+h_w=H_g+h_w \tag{8-33}$$

式中 H_g 为水泵抽水的几何给水高度，$H_g=z_2-z_1$。

式（8-33）表明，水泵扬程的作用是使水提升几何给水高度及克服管路的水头损失。

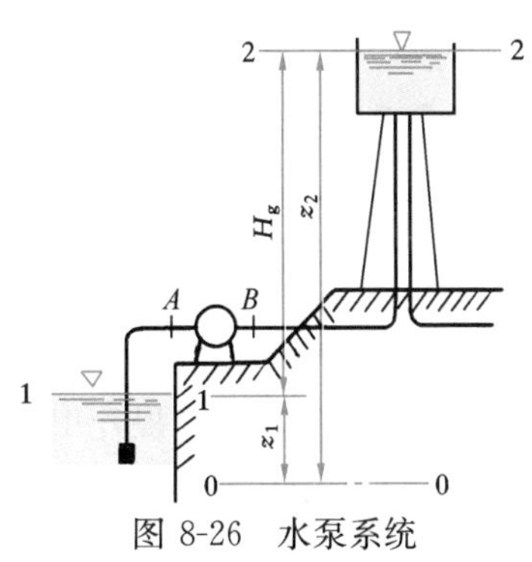

图 8-26　水泵系统

（3）功率。水泵的功率分为轴功率和有效功率。轴功率 N 是电动机传递给泵的功率，即输入功率，单位是“W”或“kW”；有效功率 N_e 是单位时间内水从泵实际获得的能量，单位也是“W”或“kW”。

$$N_e=\rho gQH \tag{8-34}$$

式中　Q——抽水流量；

H——泵的扬程。

（4）效率 η。有效功率与轴功率之比，即

$$\eta=\frac{N_e}{N} \tag{8-35}$$

小型泵的最高效率已接近 70%，大中型泵可达 80%～90%。

（5）转速 n。水泵叶轮每分钟的转数，单位是“rpm（r/min）”。一般情况下，泵的转速是固定的，如 970rpm、1450rpm、2900rpm。

（6）允许吸水真空高度［h_v］。见本章 8.3，不再重述。

以上各参数是从不同的角度，用不同的数值表示水泵的性能。然而各参数是相互联系、相互影响的。把在一定转速下，表示扬程、轴功率、效率以及允许吸水真空高度同流量的关系曲线称为水泵的性能曲线，在性能曲线上，每一流量对应一定的扬程、轴功率、效率。水泵的性能曲线是由实验得出的，图 8-27 就是 12Sh-19 型离心泵的性能曲线。

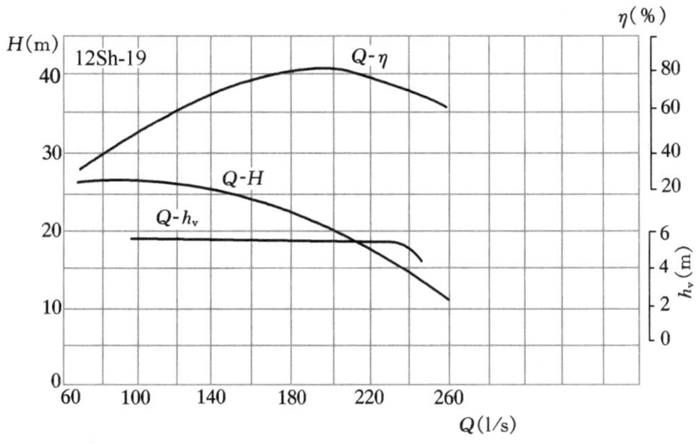

图 8-27　离心泵性能曲线

8.6.3 管道特性曲线

水泵是在管道系统中运行的，因此，泵的实际工作情况要由水泵的性能和管道的特性而定。

下面从水沿管道系统流动需要能量的角度，分析管道特性。把水由吸水池送至压水池（图 8-26），需要能量来提升几何给水高度 H_g 和克服管道（包括吸水管和压水管）的阻力。受单位重力作用的水所需的能量为

$$H = H_g + h_w = H_g + \left(\Sigma\lambda\frac{l}{d}\frac{1}{2gA^2} + \Sigma\zeta\frac{1}{2gA^2}\right)Q^2$$

令
$$S = \Sigma\lambda\frac{l}{d}\frac{1}{2gA^2} + \Sigma\zeta\frac{1}{2gA^2} \tag{8-36}$$

则
$$H = H_g + SQ^2 \tag{8-37}$$

式中 S 为管道系统的总阻抗，对于给定的管道，且流动处于紊流粗糙区，S 为定值。

由式（8-37），以 Q 为自变量，绘出 H-Q 关系曲线，即为管道特性曲线（图 8-28）。管道特性曲线表示该管道系统通过不同流量时，受单位重力作用的水所需要的能量。

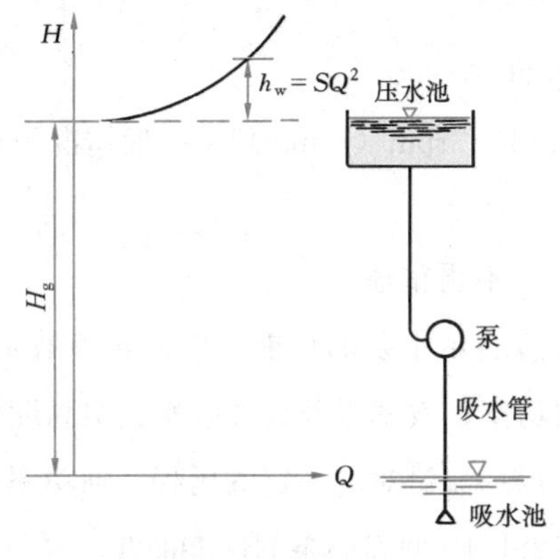

图 8-28 管道特性曲线

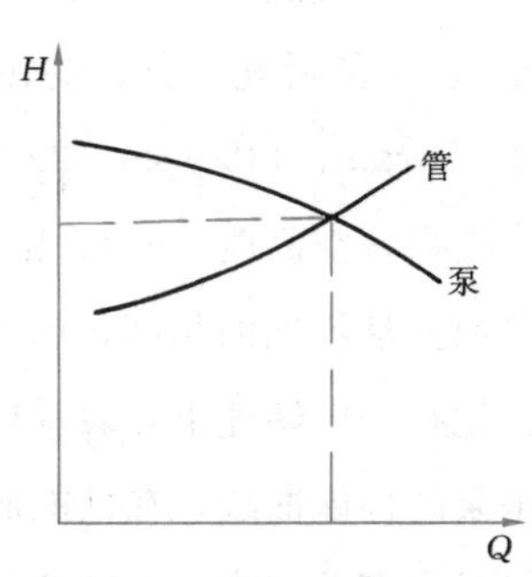

图 8-29 水泵的工作点

8.6.4 泵的选用及工作点的确定

前面已得出水泵性能曲线和管道特性曲线。泵的性能曲线 Q-H，表示抽水流量和水泵扬程的关系；管道特性曲线 Q-H，表示管道流量和受单位重力作用的水所需能量的关系。水泵在管道系统中工作，必是二者的统一，即泵的抽水流量是管道的流量，泵的扬程等于管道流动所需的能量，此种情况便是泵的工作点。

水泵的工作点可用图解法确定，为此，将水泵流量-扬程性能曲线和管道特性曲线绘于同一图上，两曲线的交点即是水泵的工作点（图 8-29）。

综上所述，选用水泵可根据所需要的流量和扬程（按式8-37计算）。查水泵产品目录，如所需Q、H在目录中某型水泵的Q、H范围内，则此泵初选合用。然后用该水泵Q-H性能曲线与管道特性曲线的交点确定水泵的工作点，如工作点对应的效率点在水泵最高效率点附近，说明所选泵是合理的。

【例8-11】 由吸水池向水塔供水（图8-26），已知水塔高度10m，水箱水深2.5m，水塔地面标高101m，吸水池水面标高94.5m，吸、压水管均为铸铁管，总长200m，直径100mm，要求流量6.95L/s，试选择水泵。

【解】（1）计算选型参数

流量
$$Q=6.95\text{L/s}$$

水头损失按长管计算，由式（8-18）

$$h_w=alQ^2=375\times200\times0.00695^2=3.62\text{m}$$

扬程
$$H=(101+10+2.5-94.5)+3.62=22.62\text{m}$$

（2）初选水泵型号

以Q=6.95L/s，H=22.62m为选型参数，查水泵产品目录，初选2BA-6型泵。

（3）校核工作点

在初选泵的性能曲线图上，按式(8-37)绘出管道特性曲线（图8-30），两曲线的交点即为泵的工作点：Q=8.2L/s；H=24.2m；η=64%，满足供水要求。

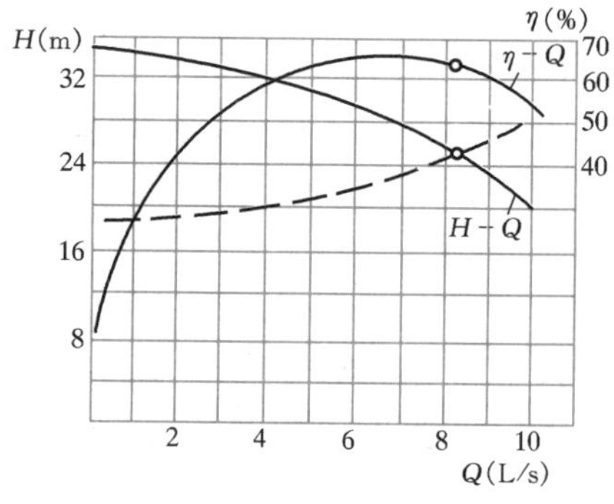

图8-30　校核工作点

（4）计算配套电机功率

由式（8-35）计算轴功率

$$N=\frac{N_e}{\eta}=\frac{\rho gQH}{\eta}$$
$$=\frac{9.8\times0.0082\times24.2}{0.64}=3.04\text{kW}$$

考虑电机的传动效率和超载系数，选定配套电机功率N_p=4.5kW。

习题

选择题

8.1 比较在正常工作条件下，作用水头 H，直径 d 相等时，小孔口的流量 Q 和圆柱形外管嘴的流量 Q_n：(a) $Q>Q_n$；(b) $Q<Q_n$；(c) $Q=Q_n$；(d) 不定。

8.2 圆柱形外管嘴的正常工作条件是：
(a) $l=(3\sim4)d$，$H_0>9$m；
(b) $l=(3\sim4)d$，$H_0<9$m；
(c) $l>(3\sim4)d$，$H_0>9$m；
(d) $l<(3\sim4)d$，$H_0<9$m。

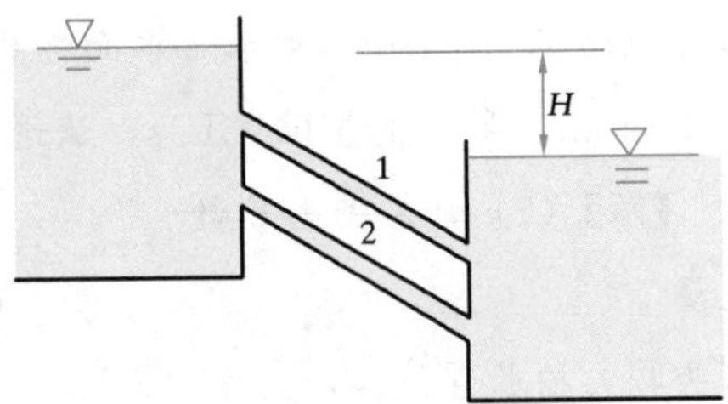

图 8-31　习题 8.3 图

8.3 图 8-31 所示两根完全相同的长管道，只是安装高度不同，两管的流量关系为：
(a) $Q_1<Q_2$；(b) $Q_1>Q_2$；(c) $Q_1=Q_2$；(d) 不定。

8.4 如图 8-32 所示，并联管道 1、2，两管的直径相同，沿程阻力系数相同，长度 $l_2=3l_1$，通过的流量为：(a) $Q_1=Q_2$；(b) $Q_1=1.5Q_2$；(c) $Q_1=1.73Q_2$；(d) $Q_1=3Q_2$。

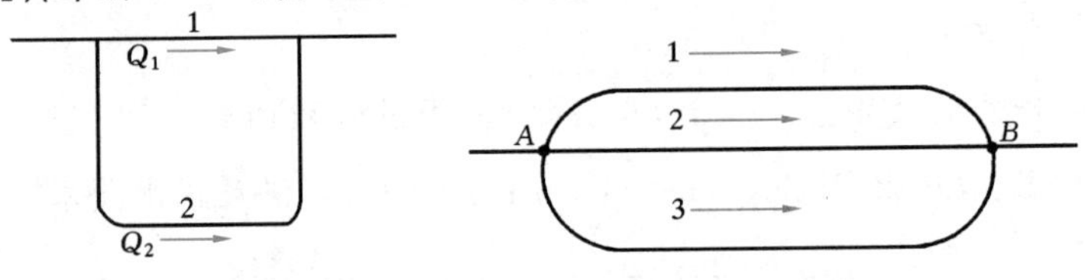

图 8-32　习题 8.4 图　　图 8-33　习题 8.5 图

8.5 如图 8-33 所示，并联管段 1、2、3，A、B 之间的水头损失是：
(a) $h_{fAB}=h_{f1}+h_{f2}+h_{f3}$；
(b) $h_{fAB}=h_{f1}+h_{f2}$；
(c) $h_{fAB}=h_{f2}+h_{f3}$；
(d) $h_{fAB}=h_{f1}=h_{f2}=h_{f3}$。

8.6 长管并联管道各并联管段的：(a) 水头损失相等；(b) 水力坡度相等；(c) 总能量损失相等；(d) 通过的流量相等。

8.7 并联管道阀门 K（图 8-34）全开时各段流量为 Q_1、Q_2、Q_3，现关小阀门 K，其他条件不变，流量的变化为：
(a) Q_1、Q_2、Q_3 都减小；
(b) Q_1 减小，Q_2 不变，Q_3 减小；
(c) Q_1 减小，Q_2 增加，Q_3 减小；
(d) Q_1 不变，Q_2 增加，Q_3 减小。

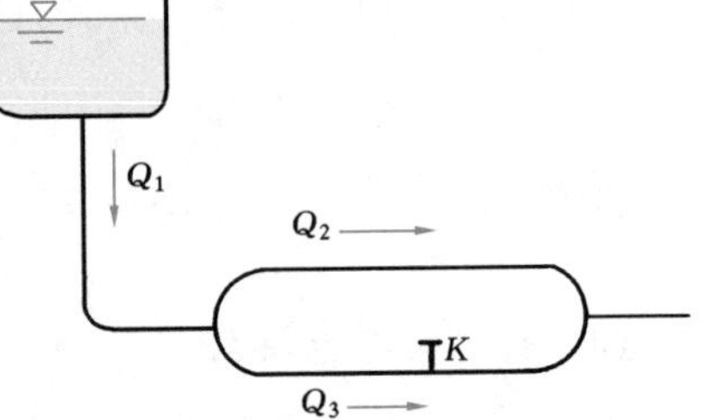

图 8-34　习题 8.7 图

计算题

8.8 有一薄壁圆形孔口，直径 d 为 10mm，水头 H 为 2m。现测得出流收缩断面的直径 d_c 为 8mm，在 32.8s 时间内，经孔口流出的水量为 0.01m³，试求该孔口的收缩系数 ε，流量系数 μ，流速系数 φ 及孔口局部损失系数 ζ。

8.9 薄壁孔口出流（图 8-35），直径 $d=2$cm，水箱水位恒定 $H=2$m，试求：(1)孔口流量 Q；(2) 此孔口外接圆柱形管嘴的流量 Q_n；(3) 管嘴收缩断面的真空高度。

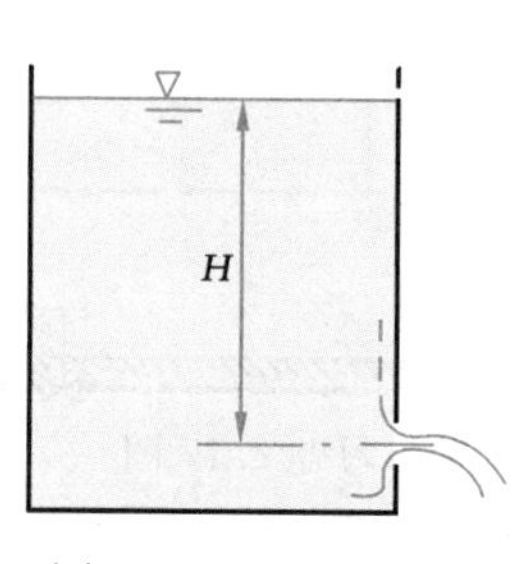

图 8-35　习题 8.9 图

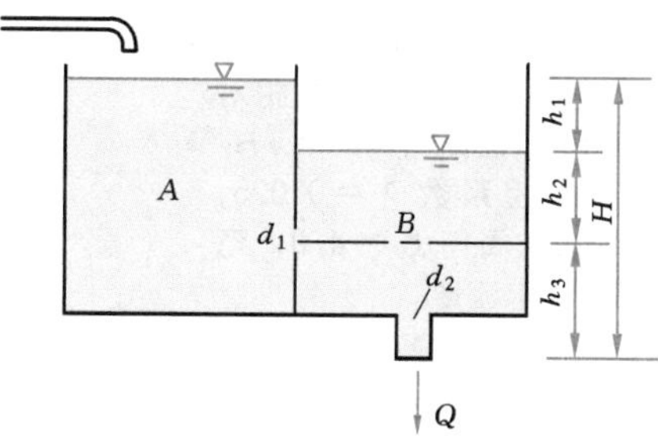

图 8-36　习题 8.10 图

8.10　水箱用隔板分为 A、B 两室，如图 8-36 所示，隔板上开一孔口，其直径 $d_1=4$cm，在 B 室底部装有圆柱形外管嘴，其直径 $d_2=3$cm。已知 $H=3$m，$h_3=0.5$m，试求：(1) h_1，h_2；(2) 流出水箱的流量 Q。

8.11　有一平底空船（图 8-37），其船底面积 Ω 为 8m^2，船舷高 h 为 0.5m，船自重 G 为 9.8kN。现船底破一直径 10cm 的圆孔，水自圆孔漏入船中，试问经过多少时间后船将沉没。

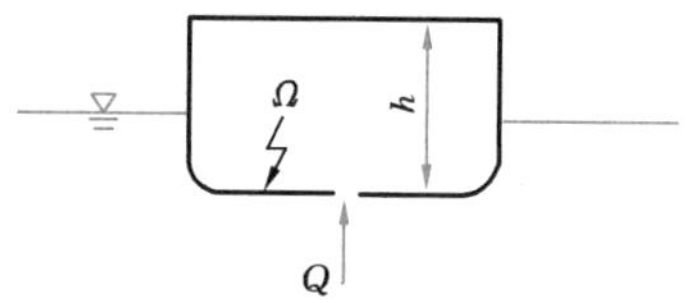

图 8-37　习题 8.11 图

8.12　游泳池长 25m，宽 10m，水深 1.5m，池底设有直径 10cm 的放水孔直通排水地沟，试求放净池水所需的时间。

8.13　油槽车（图 8-38）的油槽长度为 l，直径为 D，油槽底部设有卸油孔，孔口面积为 A，流量系数为 μ，试求该车充满油后所需卸空时间。

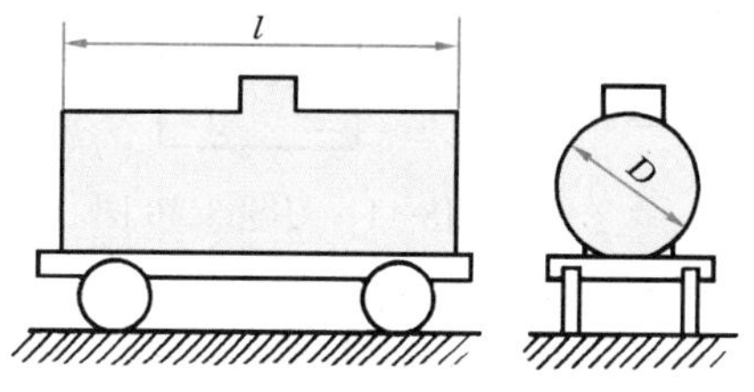

图 8-38　习题 8.13 图

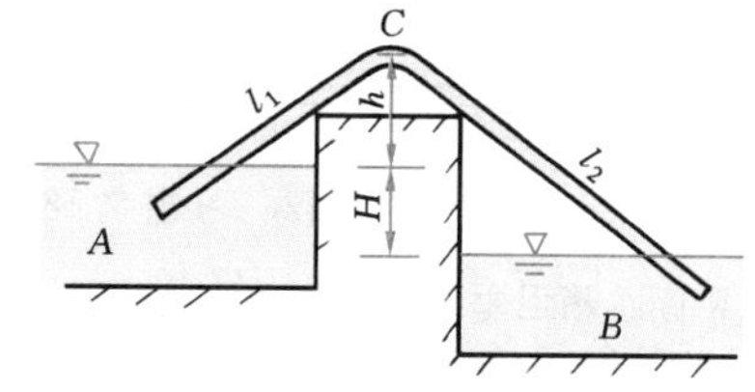

图 8-39　习题 8.14 图

8.14　虹吸管（图 8-39）将 A 池中的水输入 B 池，已知长度 $l_1=3$m，$l_2=5$m，直径 $d=75$mm，两池水面高差 $H=2$m，最大超高 $h=1.8$m，沿程摩阻系数 $\lambda=0.02$，局部损失系数：进口 $\zeta_a=0.5$，转弯 $\zeta_b=0.2$，出口 $\zeta_c=1$，试求流量及管道最大超高断面的真空度。

8.15　风动工具的送风系统（图 8-40）由空气压缩机、贮气筒、管道等组成，已知管道总长 $l=100$m，直径 $d=75$mm，沿程摩阻系数 $\lambda=0.045$，各项局部水头损失系数之和 $\sum\zeta=4.4$，压缩空气密度 $\rho=7.86$kg/m^3，风动工具要求风压 650kPa，风量 0.088m^3/s，试求贮气筒的工作压强。

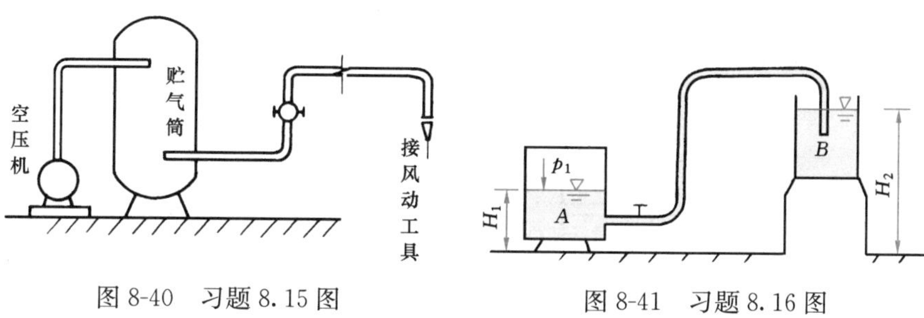

图 8-40　习题 8.15 图

图 8-41　习题 8.16 图

8.16 水从密闭容器 A（图 8-41），沿直径 $d=25$mm，长 $l=10$m 的管道流入容器 B，已知容器 A 水面的相对压强 $p_1=2$at，水面高 $H_1=1$m，$H_2=5$m，沿程摩阻系数 $\lambda=0.025$，局部损失系数：阀门 $\zeta_v=4.0$，弯头 $\zeta_b=0.3$，试求流量。

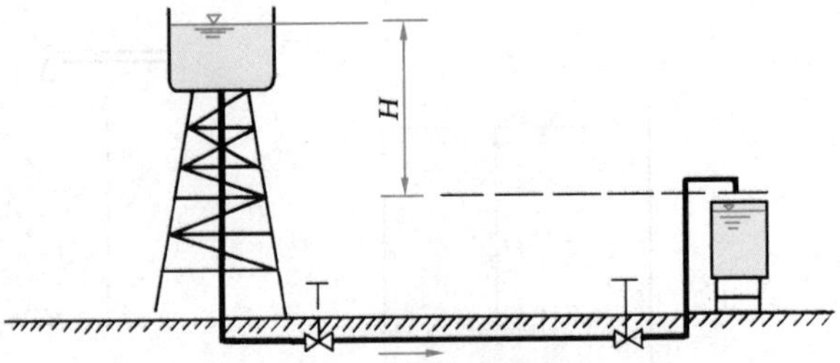

图 8-42　习题 8.17 图

8.17 水车(图 8-42)由一直径 $d=150$mm，长 $l=80$m 的管道供水，该管道中共有两个闸阀和 4 个 90°弯头($\lambda=0.03$，闸阀全开 $\zeta_a=0.12$，弯头 $\zeta_b=0.48$)。已知水车的有效容积 V 为 25m^3，水塔具有水头 $H=18$m，试求水车充满水所需的最短时间。

8.18 自密闭容器（图 8-43）经两段串联管道输水，已知压力表读值 $p_M=1$at，水头 $H=2$m，管长 $l_1=10$m，$l_2=20$m，直径 $d_1=100$mm，$d_2=200$mm，沿程摩阻系数 $\lambda_1=\lambda_2=0.03$，试求流量并绘总水头线和测压管水头线。

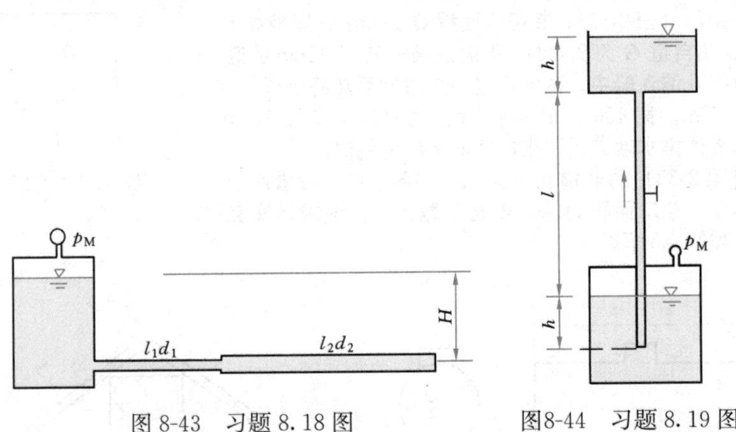

图 8-43　习题 8.18 图

图8-44　习题 8.19 图

8.19 水从密闭水箱沿垂直管道送入高位水池中，如图 8-44 所示，已知管道直径 $d=25$mm，管长 $l=3$m，水深 $h=0.5$m，流量 $Q=1.5$L/s，沿程摩阻系数 $\lambda=0.033$，局部损失系数：阀门 $\zeta_a=9.3$，入口 $\zeta_e=1$，试求密闭容器上压力表读值 p_M，并绘总水头线和测压管水头线。

8.20 工厂供水系统（图 8-45），由水塔向 A，B，C 三处供水，管道均为铸铁管，已知流量 $Q_c=10$L/s，$q_B=5$L/s，$q_A=10$L/s，各段管长 $l_1=350$m，$l_2=450$m，$l_3=100$m，各段直径 $d_1=200$mm，$d_2=150$mm，$d_3=100$mm，整个场地水平，试求所需水头。

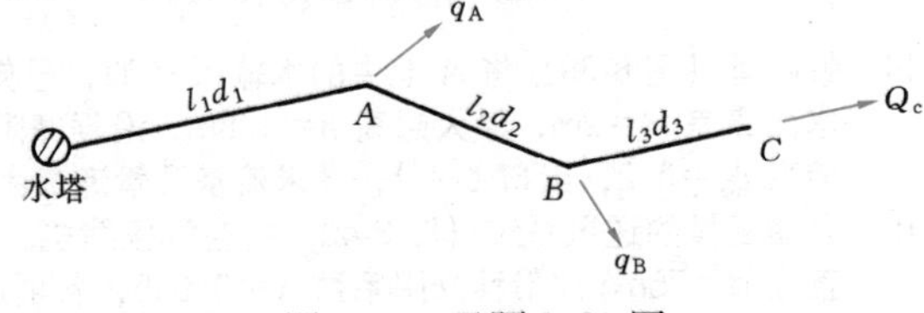

图 8-45　习题 8.20 图

8.21 在长为 $2l$，直径为 d 的管道上（图 8-46），并联一根直径相同，长为 l 的支管（图中虚线），若水头 H 不变，不计局部损失，试求并联支管前后的流量比。

8.22 有一泵循环管道（图 8-47），各支管阀门全开时，支管流量分别为 Q_1、Q_2，若将阀门 A 开度关小，其他条件不变，试论证主管流量 Q 怎样变化，支管流量 Q_1、Q_2 怎样变化。

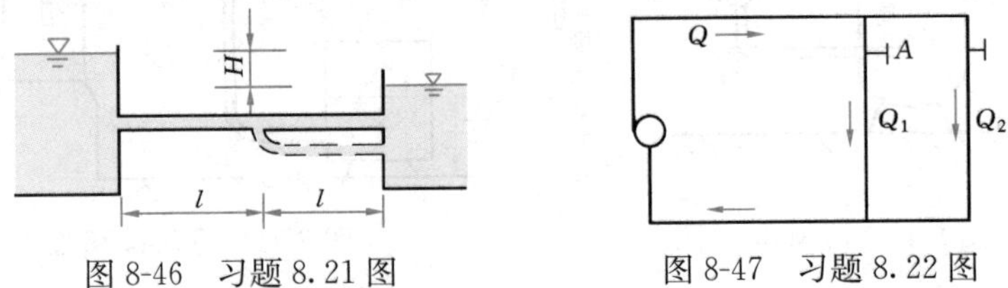

图 8-46　习题 8.21 图

图 8-47　习题 8.22 图

8.23　电厂引水钢管直径 $d=180\text{mm}$，壁厚 $\delta=10\text{mm}$，流速 $v=2\text{m/s}$，工作压强为 $1\times10^{6}\text{Pa}$，当阀门突然关闭时，管壁中的应力比原来增加多少倍?

8.24　输水钢管直径 $d=100\text{mm}$，壁厚 $\delta=7\text{mm}$，流速 $v=1.2\text{m/s}$，试求阀门突然关闭时的水击压强，又如该管道改为铸铁管水击压强有何变化?

8.25　水箱中的水由立管及水平支管流入大气，如图 8-48 所示，已知水箱水深 $H=1\text{m}$，各管段长 $l=5\text{m}$，直径 $d=25\text{mm}$，沿程摩阻系数 $\lambda=0.0237$，除阀门阻力（局部水头损失系数 ζ）外，其他局部阻力不计，试求：(1) 阀门关闭时，立管和水平支管的流量 Q_1、Q_2；(2) 阀门全开（$\zeta=0$）时，流量 Q_1、Q_2；(3) 使 $Q_1=Q_2$，ζ 应为多少?

8.26　离心泵装置系统，已知该泵的性能曲线（图 8-49），静扬程（几何给水高度）$H_g=19\text{m}$，管道总阻抗 $S=76000\text{s}^2/\text{m}^5$，试求：水泵的流量 Q、扬程 H、效率 η、轴功率。

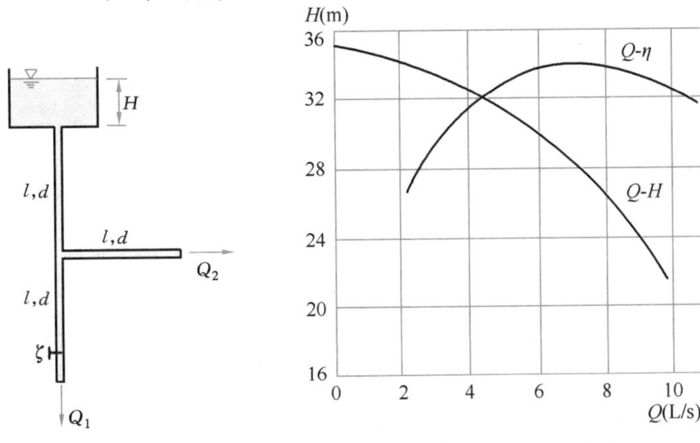

图 8-48　习题 8.25 图　　图 8-49　习题 8.26 图

8.27　如图 8-50 所示，由一台水泵把贮水池的水抽送到水塔中去，流量 $Q=70\text{L/s}$，管路总长（包括吸、压水管）为 1500m，管径为 $d=250\text{mm}$，沿程摩阻系数 $\lambda=0.025$，水池水面距水塔水面的高差 $H_g=20\text{m}$，试求水泵的扬程及电机功率（水泵的效率 $\eta=55\%$）。

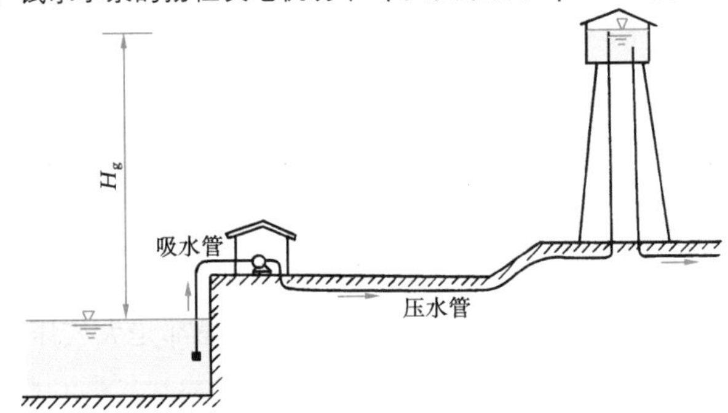

图 8-50　习题 8.27 图

(拓展习题)

(拓展习题答案)

(思维导图)

第9章 明 渠 流 动

(工程简介——红旗渠)

9.1 概述

上一章讨论了管道中的有压流动，这一章讨论另一类流动——明渠流动。明渠流动是水流的部分周界与大气接触，具有自由表面的流动。由于自由表面受大气压作用，相对压强为零，所以又称为无压流。水在渠道、无压管道以及江河中的流动都是明渠流动（图 9-1），明渠流动理论将为输水、排水、灌溉渠道的设计和运行控制提供科学的依据。

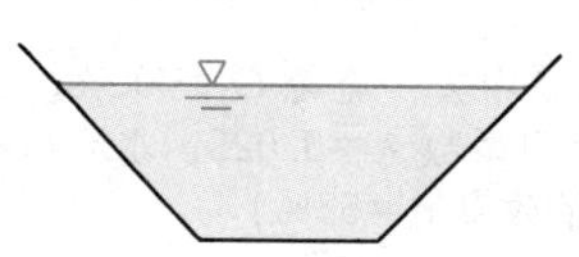
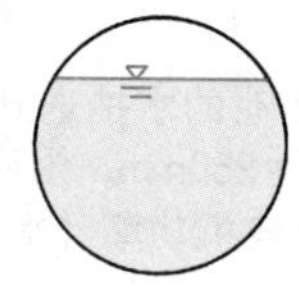
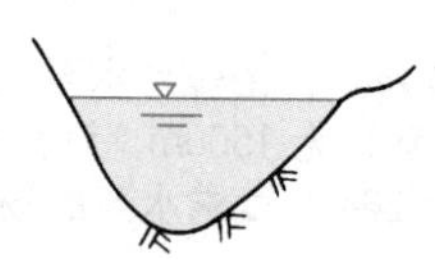

图 9-1 明渠流动

9.1.1 明渠流动的特点

同有压管流相比较，明渠流动有以下特点。

（1）明渠流动具有自由表面，沿程各断面的表面压强都是大气压，重力对流动起主导作用。

（2）明渠底坡的改变对流速和水深有直接影响，如图9-2所示。底坡 $i_1 \neq i_2$，则流速 $v_1 \neq v_2$，水深 $h_1 \neq h_2$。而有压管流，只要管道的形状、尺寸一定，管线坡度变化，对流速和过流断面面积无影响。

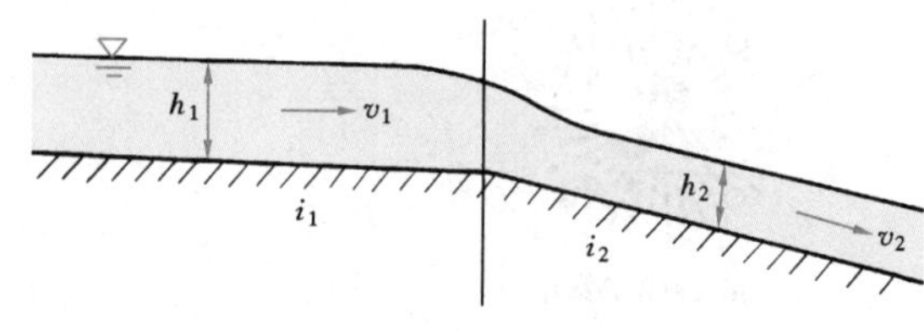

图 9-2 底坡影响

（3）明渠局部边界的变化，如设置控制设备、渠道形状和尺寸的变化、改变底坡等，都会造成水深在很长的流程上发生变化，因此，明渠流动存在均匀流和非均匀流（图 9-3）。而在有压管流中，局部边界变化影响的范围很短，只需计入局部水头损失，仍按均匀流计算（图 9-4）。

如上所述，重力作用、底坡影响、水深可变是明渠流动有别于有压管流的特点。

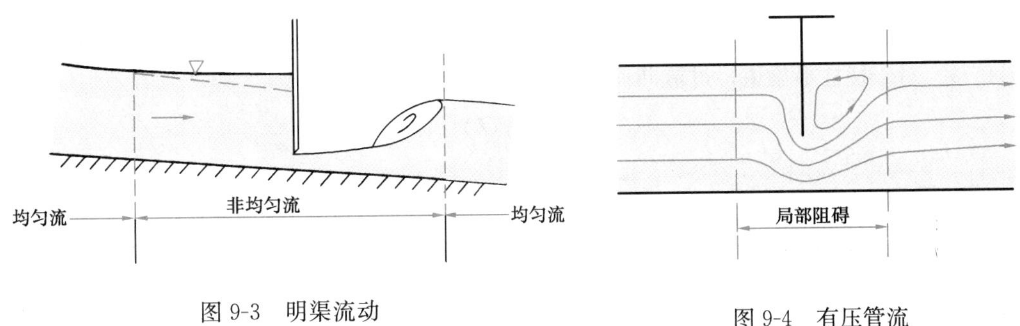

图 9-3　明渠流动　　图 9-4　有压管流

9.1.2 底坡

如图 9-5 所示。明渠渠底与纵剖面的交线称为底线。底线沿流程单位长度的降低值称为渠道纵坡或底坡。以符号 i 表示

$$i=\frac{\nabla_1-\nabla_2}{l}=\sin\theta \tag{9-1}$$

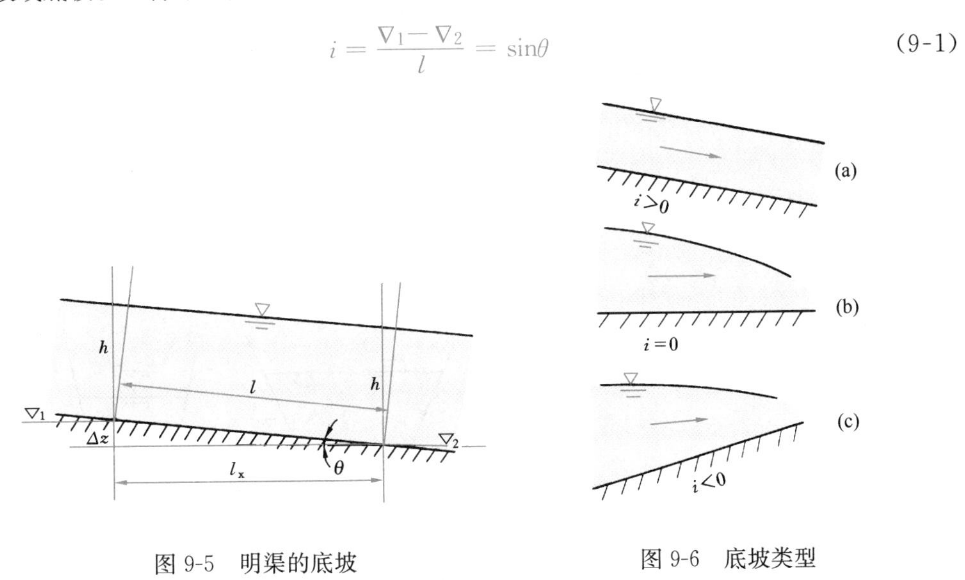

图 9-5　明渠的底坡　　图 9-6　底坡类型

通常渠道底坡 i 很小，为便于量测和计算，以水平距离 l_x 代替流程长度 l，同时以铅垂断面作为过流断面，以铅垂深度 h 作为过流断面的水深。于是

$$i=\frac{\nabla_1-\nabla_2}{l_x}=\tan\theta \tag{9-2}$$

底坡分为三种类型：底线高程沿程降低（$\nabla_1>\nabla_2$），$i>0$，称为正底坡或顺坡（图 9-6a）；底线高程沿程不变（$\nabla_1=\nabla_2$），$i=0$，称为平底坡（图 9-6b）；底线高程沿程抬

高（$\nabla_1 < \nabla_2$），$i<0$，称为反底坡或逆坡（图 9-6c）。

9.1.3 棱柱形渠道与非棱柱形渠道

根据渠道的几何特性，分为棱柱形渠道和非棱柱形渠道。断面形状、尺寸及底坡沿程不变的长直渠道是棱柱形渠道。例如棱柱形梯形渠道，其底宽 b、边坡 m、底坡 i 皆沿程不变（图 9-7）。对于棱柱形渠道，过流断面面积只随水深改变，即

$$A = f(h)$$

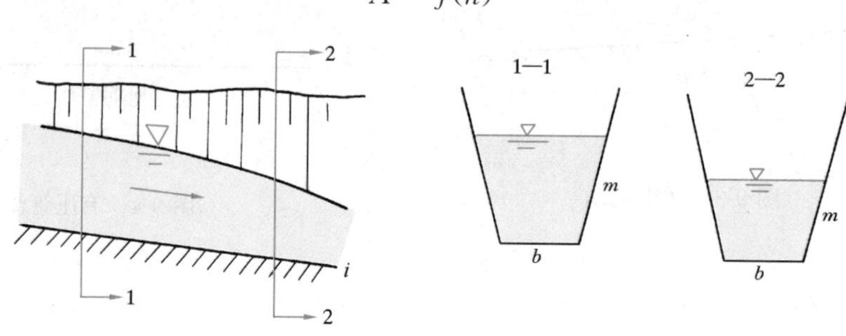

图 9-7　棱柱形渠道

断面的形状、尺寸或底坡沿程有变化的渠道是非棱柱形渠道。例如非棱柱形梯形渠道，其底宽 b、边坡 m 或底坡 i 沿程有变化（图 9-8）。对于非棱柱形渠道，过流断面面积既随水深改变，又随位置改变，即

$$A = f(h, S)$$

渠道的连接过渡段是典型的非棱柱形渠道，天然河道的断面不规则，都属于非棱柱形渠道。

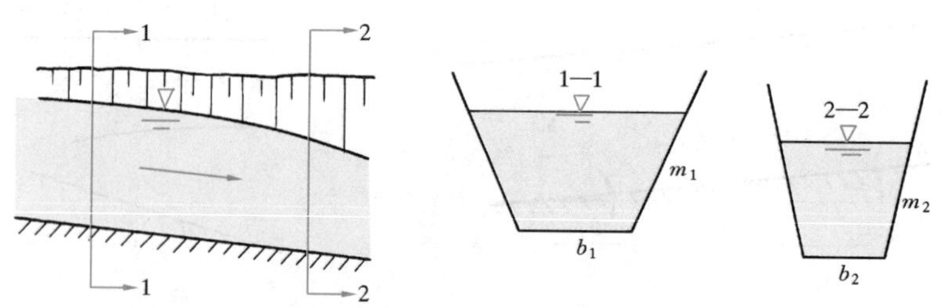

图 9-8　非棱柱形渠道

9.2 明渠均匀流

明渠均匀流是流线为平行直线的明渠水流，也就是具有自由表面的等深、等速流（图 9-9）。

明渠均匀流是明渠流动最简单的形式。

9.2.1 明渠均匀流形成的条件及特征

在明渠中实现等深、等速流动是有条件的。为了说明明渠均匀流形成的条件，在均匀流中（图 9-9）取过流断面 1-1、2-2 列伯努利方程

$$(h_1+\Delta z)+\frac{p_1}{\rho g}+\frac{\alpha_1 v_1^2}{2g}=h_2+\frac{p_2}{\rho g}+\frac{\alpha_2 v_2^2}{2g}+h_w$$

明渠均匀流：$p_1=p_2=0$，$h_1=h_2=h_0$

$v_1=v_2$，$\alpha_1=\alpha_2$，$h_w=h_f$

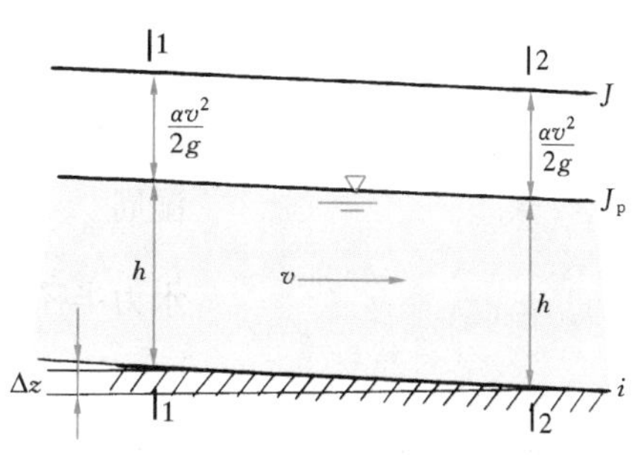

图 9-9 明渠均匀流

前式化为 $$\Delta z=h_f$$

除以流程 $$i=J$$

上式表明，明渠均匀流的条件是水流高程降低提供的重力势能与沿程水头损失相平衡，而水流的动能保持不变。按这个条件，明渠均匀流只能出现在底坡不变，断面形状、尺寸、粗糙系数都不变且内部无水工构筑物等障碍物局部干扰的顺坡（$i>0$）长直渠道中。在平坡、逆坡渠道，非棱柱形渠道以及天然河道中，都不能形成均匀流。

人工渠道一般都尽量使渠线顺直，并在长距离上保持断面形状、尺寸、底坡、壁面粗糙不变，这样的渠道基本上符合均匀流形成的条件，可按明渠均匀流计算。

因为明渠均匀流是等深流，水面线即测压管水头线与渠底线平行，坡度相等

$$J_p=i$$

明渠均匀流又是等速流，总水头线与测压管水头线平行，坡度相等

$$J=J_p$$

由以上分析得出明渠均匀流的特征是各项坡度皆相等

$$J=J_p=i \tag{9-3}$$

9.2.2 过流断面的几何要素

明渠断面以梯形最具代表性（图 9-10），其几何要素包括基本量：

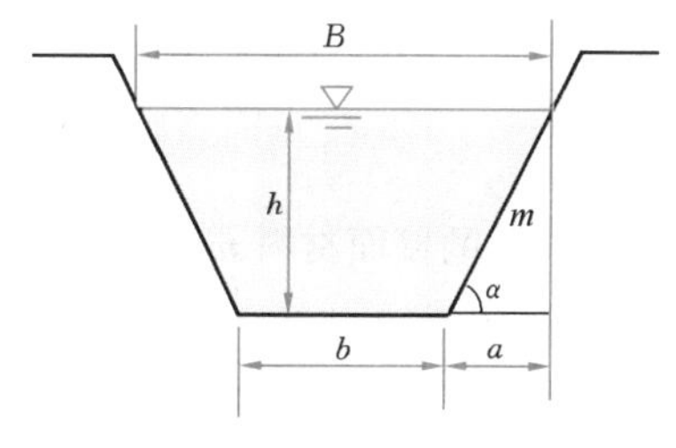

图 9-10 梯形断面

b——底宽；

h——水深，均匀流的水深沿程不变，称为正常水深，习惯上以 h_0 表示；

m——边坡系数，是表示边坡倾斜程度的系数

$$m=\frac{a}{h}=\cot\alpha \tag{9-4}$$

边坡系数的大小，决定于渠壁地质条件或护面的性

质，见表 9-1。导出量：

$$\left.\begin{array}{ll}\text{水面宽} & B=b+2mh \\ \text{过流断面面积} & A=(b+mh)h \\ \text{湿周} & \chi=b+2h\sqrt{1+m^2} \\ \text{水力半径} & R=\dfrac{A}{\chi}\end{array}\right\} \tag{9-5}$$

无铺砌的梯形明渠边坡❶　　表 9-1

地质	边坡系数 m	地质	边坡系数 m
粉砂	3.0～3.5	半岩性土	0.5～1.0
松散的细砂、中砂和粗砂	2.0～2.5	风化岩石	0.25～0.5
密实的细砂、中砂、粗砂或黏质粉土	1.5～2.0	岩石	0.1～0.25
粉质黏土或黏土砾石或卵石	1.25～1.5		

9.2.3 明渠均匀流的基本公式

在第 7 章 7.6 节已得到均匀流动水头损失的计算公式——谢才公式（见式 7-41）

$$v=C\sqrt{RJ}$$

这一公式是均匀流的通用公式，既适用于有压管道均匀流，也适用于明渠均匀流。由于明渠均匀流中，水力坡度 J 与渠道底坡 i 相等，$J=i$，故有：

$$v=C\sqrt{Ri} \tag{9-6}$$

流量

$$Q=Av=AC\sqrt{Ri}=K\sqrt{i} \tag{9-7}$$

式中 K——流量模数，$K=AC\sqrt{R}$；

C——谢才系数，按曼宁公式（7-43）计算，$C=\dfrac{1}{n}R^{1/6}$；

n——粗糙系数，见表 7-3、表 7-4。

式（9-6）、式（9-7）是明渠均匀流的基本公式。

9.2.4 明渠均匀流的水力计算

明渠均匀流的水力计算，可分为三类基本问题，以梯形断面渠道为例分述如下。

1. 验算渠道的输水能力

因为渠道已经建成，过流断面的形状、尺寸（b、h、m），渠道的壁面材料 n 及底坡 i 都已知，只需由式（9-5）和式（7-43）算出 A、R、C 值，代入明渠均匀流基本公式，便可算出通过的流量。

❶ 《室外排水设计标准》(GB 50014—2021)。

$$Q=AC\sqrt{Ri}$$

2. 决定渠道底坡

此时过流断面的形状、尺寸（b、h、m），渠道的壁面材料 n 以及输水流量 Q 都已知，只需算出流量模数 $K=AC\sqrt{R}$，代入明渠均匀流基本公式，便可决定渠道底坡。

$$i=\frac{Q^2}{K^2}$$

3. 设计渠道断面

设计渠道断面是在已知通过流量 Q、渠道底坡 i、边坡系数 m 及粗糙系数 n 的条件下，决定底宽 b 和水深 h。而用一个基本公式计算 b、h 两个未知量，将有多组解，为得到确定解，需要另外补充条件。

（1）水深 h 已定，确定相应的底宽 b。如水深 h 另由通航或施工条件限定，底宽 b 有确定解。为避免直接由式（9-7）求解的困难，给底宽 b 以不同值，计算相应的流量模数 $K=AC\sqrt{R}$，作 $K=f$（b）曲线（图 9-11）。再由已知 Q、i，算出应有的流量模数 $K_A=Q/\sqrt{i}$。并由图 9-11 找出 K_A 所对应的 b 值，即为所求。

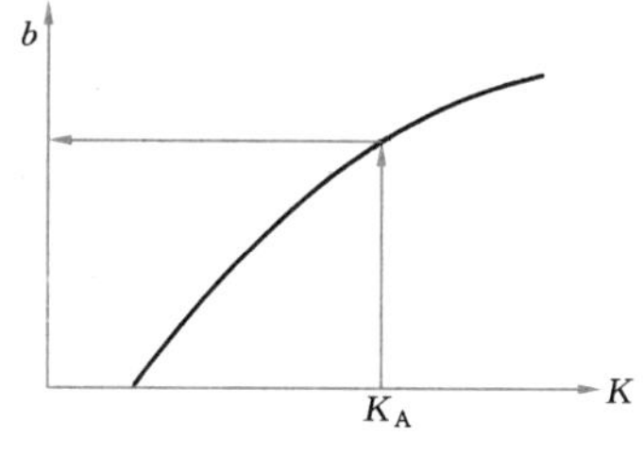

图 9-11　$K=f$（b）曲线

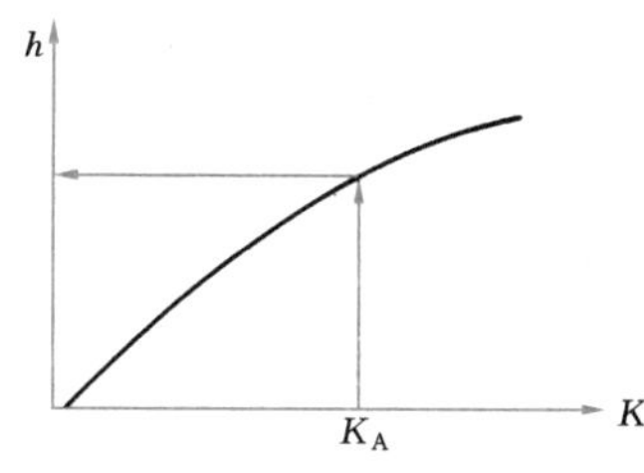

图 9-12　$K=f$（h）曲线

（2）底宽 b 已定，确定相应的水深 h。如底宽 b 另由施工机械的开挖作业宽度限定，用与上面相同的方法，作 $K=f$（h）曲线（图 9-12），然后找出 $K_A=Q/\sqrt{i}$所对应的 h 值，即为所求。

（3）宽深比 $\beta=\dfrac{b}{h}$已定，确定相应的 b、h。小型渠道的宽深比 β 可按水力最优条件 $\beta=\beta_h=2\left(\sqrt{1+m^2}-m\right)$ 给出，有关水力最优的概念将在后面说明。大型渠道的宽深比 β 由综合技术经济比较给出。

因宽深比 β 已定，b、h 只有一个独立未知量，用与上面相同的方法，作 $K=f$（b）或 $K=f$（h）曲线，找出 $K_A=Q/\sqrt{i}$对应的 b 或 h 值。

（4）限定最大允许流速 $[v]_{max}$，确定相应的 b、h。以渠道不发生冲刷的最大允许流速 $[v]_{max}$为控制条件，则渠道的过流断面面积和水力半径为定值

$$A=\frac{Q}{[v]_{max}}$$

$$R=\left[\frac{nv_{\max}}{i^{1/2}}\right]^{3/2}$$

再由几何关系

$$\left.\begin{aligned}A&=(b+mh)h\\R&=\frac{(b+mh)h}{b+2h\sqrt{1+m^2}}\end{aligned}\right\}$$

两式联立就可解得 b、h。

9.2.5 水力最优断面和允许流速

1. 水力最优断面

由明渠均匀流基本公式

$$Q=AC\sqrt{Ri}$$

式中谢才系数 $C=\frac{1}{n}R^{1/6}$，得

$$Q=\frac{1}{n}AR^{2/3}i^{1/2}=\frac{i^{1/2}}{n}\frac{A^{5/3}}{\chi^{2/3}}$$

上式指出明渠均匀流输水能力的影响因素，其中底坡 i 随地形条件而定，粗糙系数 n 决定于壁面材料，在这种情况下输水能力 Q 只决定于过流断面的大小和形状。当 i、n 和 A 一定，使所通过的流量 Q 最大的断面形状，或者使水力半径 R 最大，即湿周 χ 最小的断面形状定义为水力最优断面。

在土中开挖的渠道一般为梯形断面，边坡系数 m 决定于土体稳定和施工条件，于是渠道断面的形状只由宽深比 b/h 决定。下面讨论梯形渠道边坡系数 m 一定时的水力最优断面。

由梯形渠道断面的几何关系

$$A=(b+mh)h$$

$$\chi=b+2h\sqrt{1+m^2}$$

从中解得 $b=\frac{A}{h}-mh$，代入湿周的关系式中 $\chi=\frac{A}{h}-mh+2h\sqrt{1+m^2}$，水力最优断面是面积 A 一定时，湿周 χ 最小的断面，对上式求 $\chi=f(h)$ 的极小值，令

$$\frac{\mathrm{d}\chi}{\mathrm{d}h}=-\frac{A}{h^2}-m+2\sqrt{1+m^2}=0 \tag{9-8}$$

其二阶导数 $\frac{\mathrm{d}^2\chi}{\mathrm{d}h^2}=2\frac{A}{h^3}>0$

故有 $\chi_{\min}$ 存在。以 $A=(b+mh)h$ 代入式（9-8）求解，便得到水力最优梯形断面的宽深比

$$\beta_{\mathrm{h}}=\left(\frac{b}{h}\right)_{\mathrm{h}}=2(\sqrt{1+m^2}-m) \tag{9-9}$$

上式中取边坡系数 $m=0$，便得到水力最优矩形断面的宽深比

$$\beta_h = 2$$

即水力最优矩形断面的底宽为水深的两倍　$b=2h$。

梯形断面的水力半径

$$R = \frac{A}{\chi} = \frac{(b+mh)h}{b+2h\sqrt{1+m^2}}$$

将水力最优条件 $b = 2(\sqrt{1+m^2}-m)h$ 代入上式，得到

$$R_h = \frac{h}{2} \tag{9-10}$$

上式证明，在任何边坡系数 m 的情况下，水力最优梯形断面的水力半径 R_h 为水深 h 的一半。

以上有关水力最优断面的概念，只是按渠道边壁对流动的影响最小提出的，所以“水力最优”不同于“技术经济最优”。对于工程造价基本上由土方及衬砌量决定的小型渠道，水力最优断面接近于技术经济最优断面。大型渠道需由工程量、施工技术、运行管理等各方面因素综合比较，方能定出经济合理的断面。

2. 渠道的设计流速

为确保渠道能长期稳定地通水，设计流速应控制在不冲刷渠槽，也不使水中悬浮的泥砂沉降淤积的不冲不淤的范围之内，即

$$[v]_{max} > v > [v]_{min} \tag{9-11}$$

式中　$[v]_{max}$——渠道不被冲刷的最大设计流速，即最大设计流速；

$[v]_{min}$——渠道不被淤积的最小设计流速，即最小设计流速。

渠道的最大设计流速 $[v]_{max}$ 的大小取决于土质情况、砌护条件等因素，表 9-2 给出了水力半径 $R=1.0$m 的土壤及砂石明渠的最大设计流速。

明渠最大设计流速　表 9-2

土质或衬砌材料	种类	最大设计流速（m/s）
均质黏性土壤	轻壤土	0.60～0.80
	中壤土	0.65～0.85
	重壤土	0.70～1.00
	黏土	0.75～0.95
均质砂石	极细砂	0.35～0.45
	细砂和中砂	0.45～0.60
	粗砂	0.60～0.75
	细砾石	0.75～0.90
	中砾石	0.90～1.10
	粗砾石	1.10～1.30
	小卵石	1.30～1.80
	中卵石	1.80～2.20

对于水流不含泥沙或所含泥沙量较少的明渠，最小设计流速 $[v]_{min}$ 一般在 0.5～0.3m/s。对于水流中含有一定泥沙量的明渠，最小设计流速 $[v]_{min}$ 与水流中泥沙的性质和水力半径有关。

【例 9-1】灌溉渠道经过密实砂壤土地段，断面为梯形，边坡系数 $m=1.5$，粗糙系数 $n=0.025$，根据地形底坡采用 $i=0.0003$，设计流量 $Q=9.68\text{m}^3/\text{s}$，选定底宽 $b=7\text{m}$。试确定断面深度 h。

【解】断面深度等于正常水深加超高（图 9-13）。设不同的正常水深 h_0，计算相应的流量模数 $K=AC\sqrt{R}$，列入表 9-3 中，并作 $K=f(h)$ 曲线（图 9-14）。

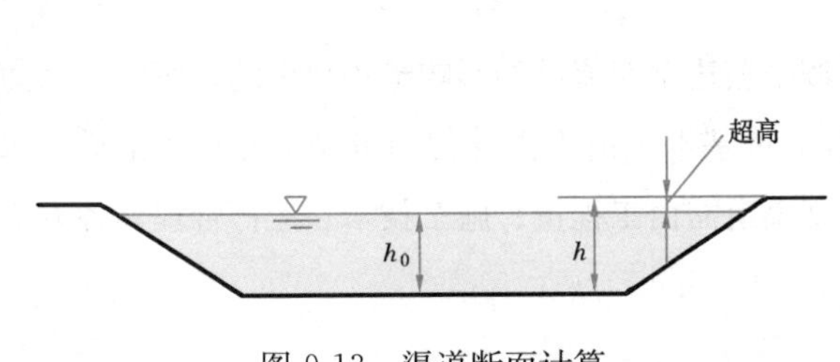

图 9-13　渠道断面计算

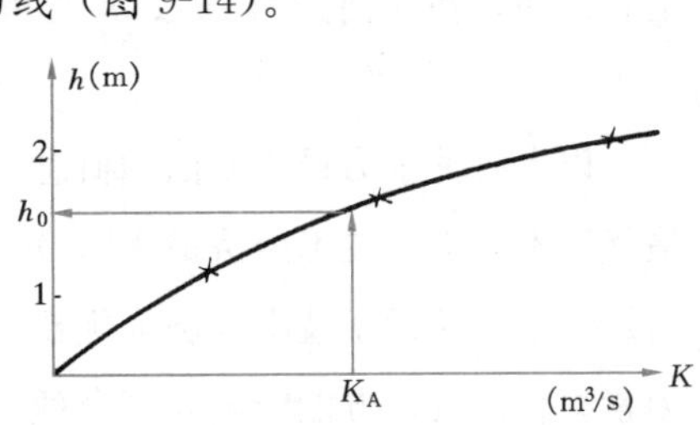

图 9-14　$K=f(h)$ 曲线

$K=AC\sqrt{R}$ 计算表　　表 9-3

h (m)	A (m²)	χ (m)	R (m)	C (m$^{0.5}$/s)	K (m³/s)
1.0	8.5	10.6	0.8	38.5	292.7
1.5	13.87	12.4	1.12	40.6	595.95
2.0	20.0	14.2	1.43	42.5	1016.45

根据已知 Q、i 计算所需流量模数

$$K_A=\frac{Q}{\sqrt{i}}=\frac{9.68}{\sqrt{0.0003}}=558.88\text{m}^3/\text{s}$$

由图 9-14 找出 K_A 对应的

$$h_0=1.45\text{m}$$

超高与渠道的级别和流量有关，本题取 0.25m，断面深度

$$h=h_0+0.25=1.70\text{m}$$

【例 9-2】有一梯形渠道，在土层中开挖，边坡系数 $m=1.5$，底坡 $i=0.0005$，粗糙系数 $n=0.025$，设计流量 $Q=1.5\text{m}^3/\text{s}$。按水力最优条件设计渠道断面尺寸。

【解】水力最优宽深比

$$\frac{b}{h}=2(\sqrt{1+m^2}-m)=2(\sqrt{1+1.5^2}-1.5)=0.606$$

则
$$b = 0.606h$$
$$A = (b + mh)h = (0.606h + 1.5h)h = 2.106h^2$$

水力最优断面的水力半径
$$R = 0.5h$$

将 A、R 代入基本公式
$$Q = AC\sqrt{Ri} = \frac{A}{n}R^{2/3}i^{1/2} = 1.188h^{8/3}$$

解得
$$h = \left(\frac{Q}{1.188}\right)^{3/8} = 1.09\text{m}$$
$$b = 0.606 \times 1.09 = 0.66\text{m}$$

9.3 无压圆管均匀流

继上一节讨论渠道中的均匀流动之后，本节补充说明无压圆管均匀流。无压圆管是指圆形断面不满流的长管道，主要用于排水管道中。因为排水流量时有变动，为避免在流量增大时管道承压，污水涌出排污口污染环境，以及为保持管道内通风，避免污水中溢出的有毒、可燃气体聚集，所以排水管道通常为非满管流，以一定的充满度流动。

9.3.1 无压圆管均匀流的特征

无压圆管均匀流只是明渠均匀流特定的断面形式，它的形成条件、水力特征以及基本公式都和前述明渠均匀流相同。
$$J = J_p = i$$
$$Q = AC\sqrt{Ri}$$

9.3.2 过流断面的几何要素

无压圆管过流断面的几何要素如图 9-15 所示。

基本量：

d——直径；

h——水深；

α——充满度，$\alpha = \dfrac{h}{d}$；

θ——充满角，水深 h 对应的圆心角。

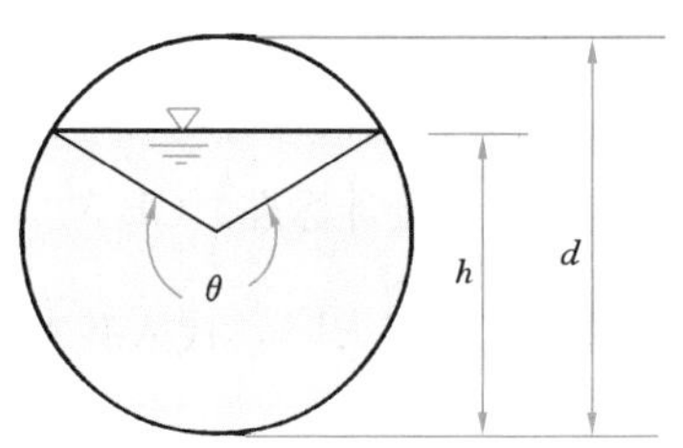

图 9-15　无压圆管过流断面

充满度与充满角的关系 $$\alpha=\sin^2\frac{\theta}{4} \tag{9-12}$$

导出量：

$$\left.\begin{aligned}&\text{过流断面面积} && A=\frac{d^2}{8}(\theta-\sin\theta)\\&\text{湿周} && \chi=\frac{d}{2}\theta\\&\text{水力半径} && R=\frac{d}{4}\left(1-\frac{\sin\theta}{\theta}\right)\end{aligned}\right\} \tag{9-13}$$

不同充满度的圆管过流断面的几何要素见表 9-4。

圆管过流断面的几何要素　　表 9-4

充满度 α	过流断面面积 A（m²）	水力半径 R（m）	充满度 α	过流断面面积 A（m²）	水力半径 R（m）
0.05	$0.0147d^2$	$0.0326d$	0.55	$0.4426d^2$	$0.2649d$
0.10	$0.0400d^2$	$0.0635d$	0.60	$0.4920d^2$	$0.2776d$
0.15	$0.0739d^2$	$0.0929d$	0.65	$0.05404d^2$	$0.2881d$
0.20	$0.1118d^2$	$0.1206d$	0.70	$0.5872d^2$	$0.2962d$
0.25	$0.1535d^2$	$0.1466d$	0.75	$0.6319d^2$	$0.3017d$
0.30	$0.1982d^2$	$0.1709d$	0.80	$0.6736d^2$	$0.3042d$
0.35	$0.2450d^2$	$0.1935d$	0.85	$0.7115d^2$	$0.3033d$
0.40	$0.2934d^2$	$0.2142d$	0.90	$0.7445d^2$	$0.2980d$
0.45	$0.3428d^2$	$0.2331d$	0.95	$0.7707d^2$	$0.2865d$
0.50	$0.3927d^2$	$0.2500d$	1.00	$0.7854d^2$	$0.2500d$

9.3.3 无压圆管的水力计算

无压圆管的水力计算也可以分为三类问题。

1. 验算输水能力

因为管道已经建成，管道直径 d、管壁粗糙系数 n 及管线坡度 i 都已知，充满度 α 由《室外排水设计标准》GB 50014—2021 确定。从而只需按已知 d、α，由表 9-4 查得 A、R，并算出 $C=\frac{1}{n}R^{1/6}$，代入基本公式便可算出通过流量

$$Q=AC\sqrt{Ri}$$

2. 决定管道坡度

此时管道直径 d、充满度 α、管壁粗糙系数 n 以及输水流量 Q 都已知。只需按已知 d、α，由表 9-4 查得 A、R，计算出 $C=\frac{1}{n}R^{1/6}$，以及流量模数 $K=AC\sqrt{R}$，代入基本公式便可决定管道坡度

$$i=\frac{Q^2}{K^2}$$

3. 计算管道直径

这是通过流量 Q、管道坡度 i、管壁粗糙系数 n 都已知，充满度 α 按有关规范预先设定的条件下，求管道直径 d。按所设定的充满度 α，由表 9-4 查得 A、R 与直径 d 的关系，代入基本公式

$$Q=AC\sqrt{Ri}=f(d)$$

便可解出管道直径 d。

9.3.4 输水性能最优充满度

对于一定的无压圆管（d、n、i 一定），流量 Q 随水深 h 变化，由基本公式

$$Q=AC\sqrt{Ri}$$

式中谢才系数 $C=\frac{1}{n}R^{1/6}$，水力半径 $R=\frac{A}{\chi}$，得

$$Q=A\frac{1}{n}R^{2/3}i^{1/2}=\frac{i^{1/2}}{n}\frac{A^{5/3}}{\chi^{2/3}}$$

分析过流断面积 A 和湿周 χ 随水深 h 的变化。在水深很小时，水深增加，水面增宽，过流断面积增加很快，接近管轴处增加最快。水深超过半管后，水深增加，水面宽减小，过流断面积增势减慢，在满流前增加最慢。湿周随水深的增加与过流断面面积不同，接近管轴处增加最慢，在满流前增加最快。由此可知，在满流前（$h<d$），输水能力达最大值，相应的充满度是最优充满度。

将几何关系 $A=\frac{d^2}{8}(\theta-\sin\theta)$，$\chi=\frac{d}{2}\theta$ 代入前式

$$Q=\frac{i^{1/2}}{n}\frac{\left[\frac{d^2}{8}(\theta-\sin\theta)\right]^{5/3}}{\left[\frac{d}{2}\theta\right]^{2/3}}$$

对上式求导，并令 $\frac{\mathrm{d}Q}{\mathrm{d}\theta}=0$，解得

水力最优充满角　　$\theta_{\mathrm{h}}=308°$

由式（9-12），得水力最优充满度

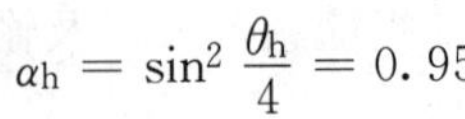

$$\alpha_h = \sin^2\frac{\theta_h}{4} = 0.95$$

用同样方法

$$v = \frac{1}{n}R^{2/3}i^{1/2} = \frac{i^{1/2}}{n}\left[\frac{d}{4}\left(1-\frac{\sin\theta}{\theta}\right)\right]^{2/3}$$

令$\frac{dv}{d\theta}=0$解得过流速度最大的充满角和充满度

$$\theta_h = 257.5^\circ \qquad \alpha_h = 0.81$$

由以上分析得出，无压圆管均匀流在水深$h=0.95d$，即充满度$\alpha_h=0.95$时，输水能力最优；在水深$h=0.81d$，即充满度$\alpha_h=0.81$时，过流速度最大。需要说明的是，水力最优充满度并不就是设计充满度，实际采用的设计充满度，尚需根据管道的工作条件以及直径的大小来确定。

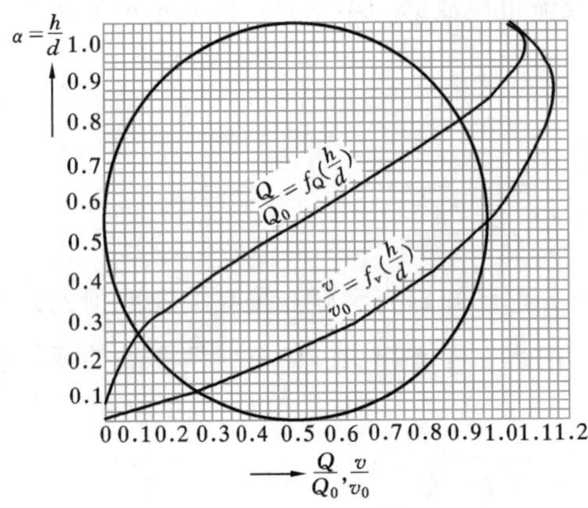

图 9-16 无量纲参数图

无压圆管均匀流的流量和流速随水深变化，可用无量纲参数图（图9-16)表示。

图中

$$\frac{Q}{Q_0} = \frac{AC\sqrt{Ri}}{A_0C_0\sqrt{R_0 i}} = \frac{A}{A_0}\left(\frac{R}{R_0}\right)^{2/3}$$

$$= f_Q\left(\frac{h}{d}\right)$$

$$\frac{v}{v_0} = \frac{C\sqrt{Ri}}{C_0\sqrt{R_0 i}} = \left(\frac{R}{R_0}\right)^{2/3}$$

$$= f_v\left(\frac{h}{d}\right)$$

式中Q_0、v_0为满流（$h=d$）时的流量和流速；Q、v为不满流（$h<d$）时的流量和流速。由图可见，当$\frac{h}{d}=0.95$时，$\frac{Q}{Q_0}$达最大值，$\left(\frac{Q}{Q_0}\right)_{max}=1.087$，此时管中通过的流量$Q_{max}$超过管内满管时流量的8.7%；当$\frac{h}{d}=0.81$时，$\frac{v}{v_0}$达最大值，$\left(\frac{v}{v_0}\right)_{max}=1.16$，此时管中流速超过满流时流速的16%。

9.3.5 最大充满度、设计流速

在工程上进行无压管道的水力计算，还需符合有关的规范规定。对于重力流污水管道，为避免因流量变动形成有压流，充满度不能过大，现行《室外排水标准》规定，污水管道最大充满度见表9-5。雨水管道和合流管道应按满流计算。

最大设计充满度[1] 表9-5

管径（d）或渠高（H）(mm)	最大设计充满度 $\left(\alpha=\frac{h}{d}\text{或}\frac{h}{H}\right)$
200～300	0.55
350～450	0.65
500～900	0.70
≥1000	0.75

为防止管道发生冲刷和淤积，最大设计流速：金属管宜为 10m/s，非金属管宜为 5m/s；最小设计流速，污水管在设计充满度下应为 0.6m/s。

此外，对最小管径和最小设计坡度均有规定。

【例 9-3】钢筋混凝土圆形污水管，管径 d 为 1000mm，管壁粗糙系数 n 为 0.014，管道坡度 i 为 0.002。求最大设计充满度时的流速和流量。

【解】由表 9-5 查得管径为 1000mm 的污水管最大设计充满度为 $\alpha=\frac{h}{d}=0.75$。再由表 9-4 查得 $\alpha=0.75$ 时过流断面的几何要素为

$$A=0.6319d^2=0.6319\text{m}^2$$

$$R=0.3017d=0.3017\text{m}$$

谢才系数 $$C=\frac{1}{n}R^{1/6}=\frac{1}{0.014}(0.3017)^{1/6}=58.5\text{m}^{0.5}/\text{s}$$

流速 $$v=C\sqrt{Ri}=58.5\sqrt{0.3042\times0.002}=1.44\text{m/s}$$

流量 $$Q=vA=1.44\times0.6319=0.91\text{m}^3/\text{s}$$

在实际工程中，还需验算流速 v 是否在设计流速范围之内。本题为钢筋混凝土管，最大设计流速 $[v]_{max}$ 为 5m/s，最小设计流速 $[v]_{min}$ 为 0.6m/s，管道流速 v 在允许范围之内，$[v]_{max}>v>[v]_{min}$。

9.4 明渠流动状态

前面所述明渠均匀流是等深、等速流动，无需研究沿程水深的变化。明渠非均匀流是不等深、不等速流动，水深的变化同明渠流动的状态有关。因此，在继续讨论明渠非均匀流之前，需进一步认识明渠流动状态。

观察发现，明渠水流有两种截然不同的流动状态。一种常见于底坡平缓的灌溉渠道、枯水季节的平原河道中，水流流态徐缓，遇到障碍物（如河道中的孤石）阻水，则障碍物前水面壅高，逆流动方向向上游传播(图 9-17a)。另一种多见于陡槽、瀑布、险滩中，水流流态湍

[1] 室外排水设计标准（GB 50014—2021）。

急，遇到障碍物阻水，则水面隆起、越过，上游水面不发生壅高，障碍物的干扰对上游来流无影响（图 9-17b）。以上两种明渠流动状态，前者是缓流，后者是急流。

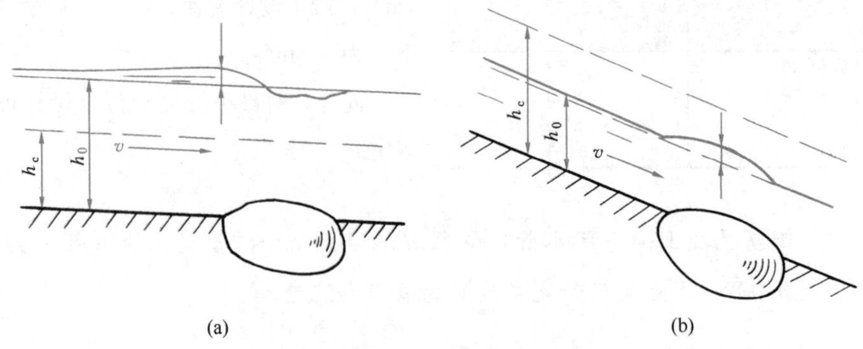

图 9-17　明渠流动状态

掌握不同流动状态的实质，对认识明渠流动现象，分析明渠流动的运动规律，有着重要意义。下面从运动学的角度和能量的角度分析明渠水流的流动状态。

9.4.1 微幅干扰波波速，弗劳德数

1. 微幅干扰波波速

缓流和急流遇障碍物干扰，流动现象不同。从运动学的角度看，缓流受干扰引起的水面波动，既向下游传播，也向上游传播；而急流受干扰引起的水面波动，只向下游传播，不能向上游传播。为说明这个问题，首先分析微幅干扰波（简称微波）的波速。

设平底坡的棱柱形渠道，渠内水静止，水深为 h，水面宽为 B，过水断面面积为 A。如用直立薄板 N-N 向左拨动一下，使水面产生一个波高为 Δh 的微幅干扰波，以速度 c 传播，波形所到之处，引起水体运动，渠内形成非恒定流（图 9-18a）。

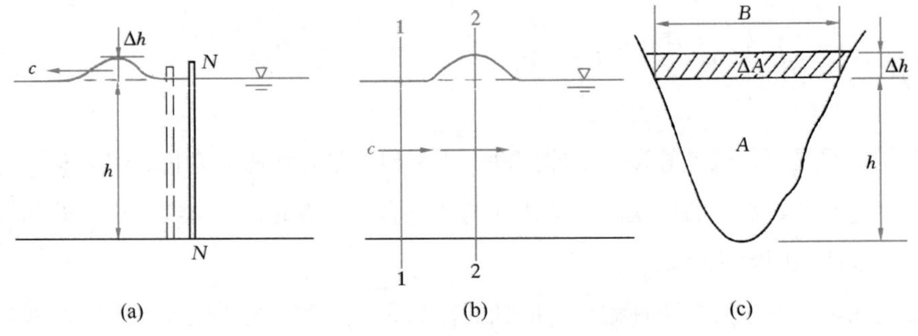

图 9-18　微幅干扰波的传播

取固结在波峰上的动坐标系，该坐标系随波峰做匀速直线运动，因而仍为惯性坐标系。对于这个动坐标系而言，水以波速 c 由左向右运动，渠内水流转化为恒定流（图 9-18b）。

以底线为基准面，取相距很近的1-1、2-2断面，列伯努利方程，其中 $v_1=c$，由连续性方程 $cA=v_2$ $(A+\Delta A)$，得 $v_2=\dfrac{cA}{A+\Delta A}$。

于是 $$h+\frac{c^2}{2g}=h+\Delta h+\frac{c^2}{2g}\left(\frac{A}{A+\Delta A}\right)^2$$

展开 $(A+\Delta A)^2$，忽略 ΔA^2，由图9-18（c）可知，$\Delta h\approx\Delta A/B$。代入上式，整理得

$$c=\pm\sqrt{g\frac{A}{B}\left(1+\frac{2\Delta A}{A}\right)}$$

微幅波 $\Delta h\ll h$，$\dfrac{\Delta A}{A}\ll1$，上式近似简化为

$$c=\pm\sqrt{g\frac{A}{B}} \tag{9-14}$$

矩形断面渠道 $A=Bh$，得

$$c=\pm\sqrt{gh} \tag{9-15}$$

在实际的明渠中，水总是流动的，若水流流速为 v，则微波的绝对速度 c' 为静水中的波速 c 与水流速度之和。

$$c'=v+c=v\pm\sqrt{g\frac{A}{B}} \tag{9-16}$$

式中微波顺水流方向传播取“+”号，逆水流方向传播取“－”号。

当明渠中流速小于微幅干扰波的传播速度（后面简称微波速度），$v<c$，c' 有正、负值，表明干扰波既能向下游传播，又能向上游传播（图9-17a），这种流态是缓流。

当明渠中流速大于微波速度，$v>c$，c' 只有正值，表明微干扰波只能向下游传播，不能向上游传播（图9-17b），这种流态是急流。

当明渠中流速等于微波速度，即 $v=c$，微干扰波向上游传播的速度为零，这种流动状态称为临界流，这时的明渠流速称为临界流速，以 v_c 表示。

因此，微波速度 c 可以判别明渠水流的三种流动状态，即

$v<c$，流动为缓流；

$v>c$，流动为急流；

$v=c$，流动为临界流。

2. 弗劳德数

根据上面以明渠流速 v 和微波速度相比较来判别流动状态的原理，取两者之比，正是以平均水深为特征长度的弗劳德数（见第6章6.3节）

$$\frac{v}{c}=\frac{v}{\sqrt{g\dfrac{A}{B}}}=\frac{v}{\sqrt{g\bar{h}}}=Fr \tag{9-17}$$

故弗劳德数可作为流动状态的判别数

$Fr<1$，$v<c$，流动为缓流；

$Fr>1$，$v>c$，流动为急流；

$Fr=1$，$v=c$，流动为临界流。

由式（9-17），得

$$Fr^2=\frac{v^2}{g\bar{h}}=\frac{\frac{v^2}{2g}}{\frac{\bar{h}}{2}}$$

可见，弗劳德数的平方值代表了受单位重力作用的液体的动能与平均势能之半的比值。当水流中的动能超过$\frac{1}{2}$平均势能时，$Fr>1$，则流动为急流；当水流中的动能小于$\frac{1}{2}$平均势能时，$Fr<1$，则流动为缓流。因此，缓流和急流从能量的角度分析，实际上是水流所蕴藏的能量不同的表现形式。

9.4.2 断面单位能量，临界水深

1. 断面单位能量

明渠水流沿程水深、流速的变化，是水流势能、动能沿程转换的表现，这样的认识，引导人们从能量的角度去研究明渠流动状态，由此引入断面单位能量。

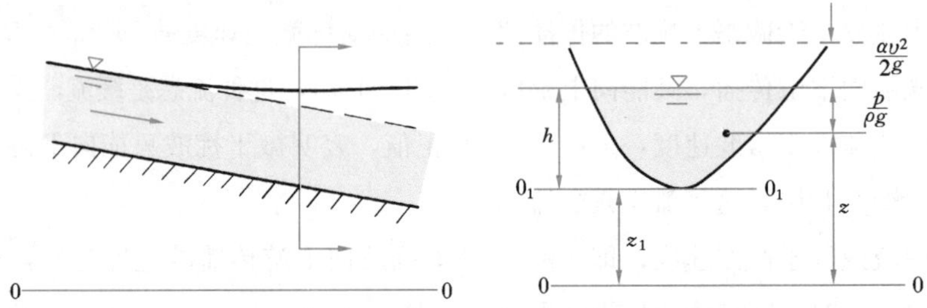

图 9-19 断面单位能量

设明渠非均匀渐变流，如图 9-19 所示。某断面受单位重力作用的液体的机械能

$$E=z+\frac{p}{\rho g}+\frac{\alpha v^2}{2g}$$

将基准面抬高 z_1，使其通过该断面的最低点，受单位重力作用的液体相对于新基准面 0_1-0_1的机械能

$$e=E-z_1=h+\frac{\alpha v^2}{2g} \tag{9-18}$$

式中 e 定义为断面单位能量，或断面比能，是受单位重力作用的液体相对于通过该断面最低

点的基准面的机械能。

断面单位能量 e 和以前定义的受单位重力作用的流体的机械能 E 是不同的能量概念。受单位重力作用的流体的机械能 E 是相对于沿程同一基准面的机械能，其值必沿程减少。而断面单位能量 e 是以通过各自断面最低点的基准面计算的，只和水深、流速有关，与该断面位置的高低无关，其值在顺坡渠道中沿程可能增加 $\left(\frac{\mathrm{d}e}{\mathrm{d}s}>0\right)$，可能减少 $\left(\frac{\mathrm{d}e}{\mathrm{d}s}<0\right)$，在均匀流（$h$、$v$ 沿程不变）中，沿程不变 $\left(\frac{\mathrm{d}e}{\mathrm{d}s}=0\right)$。

明渠流动水深是可变的，一定的流量 Q，可能以不同的水深 h 通过某一过水断面，因而有不同的断面单位能量。在断面形状、尺寸和流量一定时，断面单位能量只是水深 h 的函数

$$e=h+\frac{\alpha v^2}{2g}=h+\frac{\alpha Q^2}{2gA^2}=f(h) \tag{9-19}$$

以水深 h 为纵坐标，断面单位能量 e 为横坐标，作 $e=f(h)$ 曲线(图 9-20)。

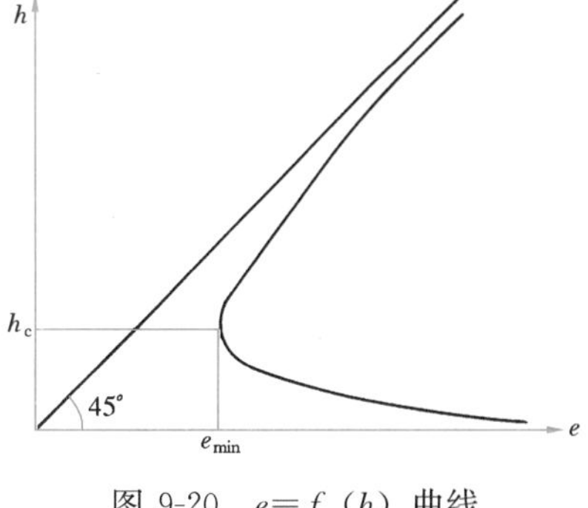

图 9-20　$e=f(h)$ 曲线

当 $h\rightarrow 0$ 时，$A\rightarrow 0$，则 $e\approx\frac{\alpha Q^2}{2gA^2}\rightarrow\infty$，曲线以横轴为渐近线；当 $h\rightarrow\infty$ 时，$A\rightarrow\infty$，则 $e\approx h\rightarrow\infty$，曲线以通过坐标原点与横轴成 45°角的直线为渐近线。其间有极小值 $e_{\min}$，该点将 $e=f(h)$ 曲线分为上下两支。

将式（9-19）对 h 求导

$$\begin{aligned}\frac{\mathrm{d}e}{\mathrm{d}h}&=1-\frac{\alpha Q^2}{gA^3}\frac{\mathrm{d}A}{\mathrm{d}h}=1-\frac{\alpha Q^2}{gA^3}B\\&=1-\frac{\alpha v^2}{g\frac{A}{B}}=1-Fr^2\end{aligned} \tag{9-20}$$

对照前面由弗劳德数 Fr 判别流动状态，可知

上支：$\frac{\mathrm{d}e}{\mathrm{d}h}>0$，$Fr<1$，流动为缓流；

下支：$\frac{\mathrm{d}e}{\mathrm{d}h}<0$，$Fr>1$，流动为急流；

极小点：$\frac{\mathrm{d}e}{\mathrm{d}h}=0$，$Fr=1$，流动为临界流。

2. 临界水深

上面由能量分析得出，断面单位能量最小，明渠水流是临界流，其水深是临界水深，以 h_c 表示。由式（9-20），临界水深时

$$\frac{\mathrm{d}e}{\mathrm{d}h}=1-\frac{\alpha Q^2}{gA^3}B=0$$

得

$$\frac{\alpha Q^2}{g}=\frac{A_c^3}{B_c} \tag{9-21}$$

式中 A_c、B_c 表示临界水深时的过流断面面积和水面宽度。式（9-21）是隐函数算式，左边是已知量，右边是临界水深 h_c 的函数，可解得 h_c。

对于矩形断面渠道，水面宽等于底宽 $B=b$，代入式（9-21）

$$\frac{\alpha Q^2}{g}=\frac{(bh_c)^3}{b}=b^2h_c^3$$

得

$$h_c=\sqrt[3]{\frac{\alpha Q^2}{gb^2}}=\sqrt[3]{\frac{\alpha q^2}{g}} \tag{9-22}$$

式中，$q=\dfrac{Q}{b}$称为单宽流量。

临界流（$h=h_c$）的流速是临界流速 v_c。由式(9-21)，得

$$v_c=\sqrt{g\frac{A_c}{B_c}}$$

上式与微波速度式（9-14）相同。

将渠道中的水深 h 与临界水深 h_c 相比较，同样可以判别明渠水流的流动状态，即

$h>h_c$，$v<v_c$，流动为缓流；

$h<h_c$，$v>v_c$，流动为急流；

$h=h_c$，$v=v_c$，流动为临界流。

9.4.3 临界底坡

前面已经说明正常水深 h_0 和临界水深 h_c，下面讨论与之相关的临界底坡概念。

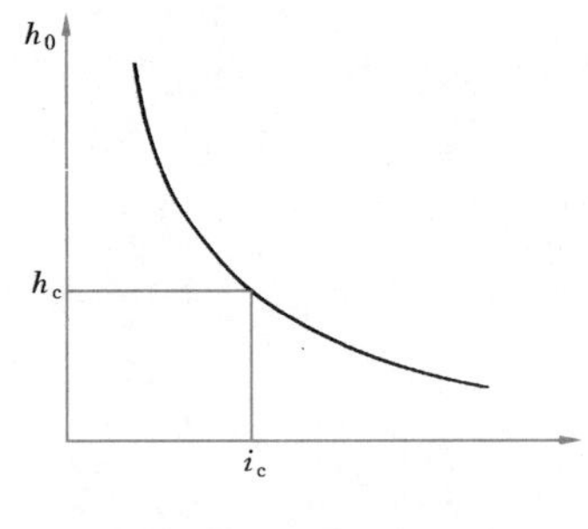

图 9-21 临界底坡

由明渠均匀流的基本公式 $Q=AC\sqrt{Ri}$ 可知，在断面形状、尺寸和壁面粗糙一定、流量也一定的棱柱形渠道中，均匀流的水深即正常水深 h_0 的大小只取决于渠道的底坡 i，不同的底坡 i 有相应的正常水深 h_0。i 越大，h_0 越小，如图9-21所示。

若正常水深恰好等于该流量下的临界水深，相应的渠道底坡称为临界底坡，以符号 i_c 表示，即 $h_0=h_c$，$i=i_c$。按以上定义，在临界底坡时，明渠中的水深同时满足均匀流基本公式和临界水深公式

$$\left.\begin{aligned}Q&=A_cC_c\sqrt{R_ci_c}\\ \frac{\alpha Q^2}{g}&=\frac{A_c^3}{B_c}\end{aligned}\right\}$$

联立解得

$$i_c = \frac{g}{\alpha C_c^2} \frac{\chi_c}{B_c} \tag{9-23}$$

宽浅渠道　　$\chi_c \approx B_c$，则

$$i_c = \frac{g}{\alpha C_c^2} \tag{9-24}$$

式中 C_c、χ_c、B_c 分别为临界水深 h_c 对应的谢才系数、湿周和水面宽度。

临界底坡是为便于分析明渠流动而引入的特定坡度。渠道的实际底坡 i 与临界底坡 i_c 相比较，有三种情况：$i<i_c$ 为缓坡；$i>i_c$ 为陡坡（或称急坡）；$i=i_c$ 为临界坡。三种底坡的渠道中，均匀流分别为三种流动状态：

$i<i_c$，$h_0>h_c$，均匀流是缓流；

$i>i_c$，$h_0<h_c$，均匀流是急流；

$i=i_c$，$h_0=h_c$，均匀流是临界流。

即缓坡渠道中的均匀流是缓流，急坡渠道中的均匀流是急流。

还需指出，因为在断面一定的棱柱形渠道中，临界水深 h_c 与流量有关，则相应的 C_c、χ_c、B_c 各量同流量有关，由式（9-23）临界底坡 i_c 的大小也同流量有关。因此，底坡 i 一定的渠道，是缓坡或是陡坡，会因流量的变动而改变，如流量小时是缓坡渠道，随着流量增大，i_c 减小而变为陡坡。在工程上，为保证渠道通水后保持稳定的流动状态，尽量使设计底坡 i 与设计流量下相应的临界底坡 i_c 相差两倍以上。

综上所述，本节讨论了明渠水流的流动状态及其判别，其中微波速度 C、弗劳德数 Fr 及临界水深 h_c 作为判别标准是等价的，无论均匀流或非均匀流都适用，是普遍标准。临界底坡 i_c 作为判别标准，只适用于明渠均匀流，是专属标准。

【例 9-4】试分析矩形明渠，水流过：（1）底高变化；（2）宽度变化的断面，不考虑水头损失，水深的变化。

【分析】（1）底高变化

渠道底面抬高如图 9-22（a）所示。

取渠底抬高前、后断面 A、B 列伯努利方程

$$h_A + \frac{\alpha v_A^2}{2g} + z_{bA} = h_B + \frac{\alpha v_B^2}{2g} + z_{bB}$$

以断面单位能量表示

$$e_A + z_{bA} = e_B + z_{bB}$$

则

$$e_B = e_A - \Delta z \tag{9-25}$$

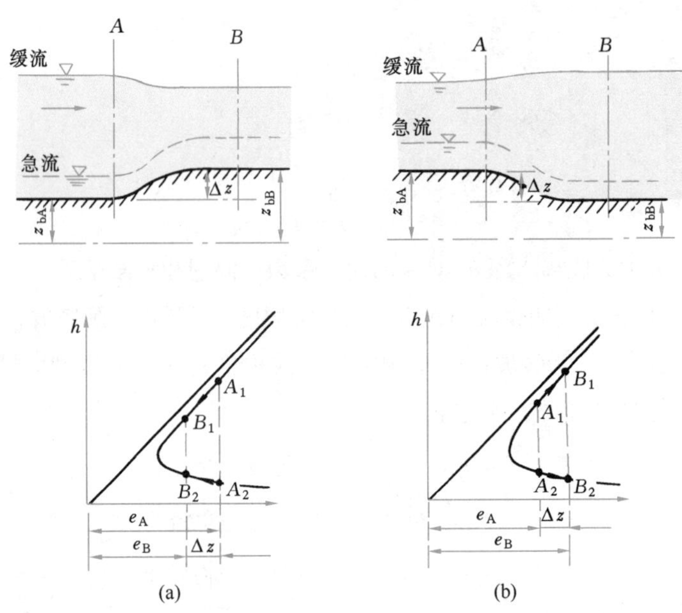

图 9-22　缓、急流水深变化（1）

式中　e_A、e_B 为断面 A、B 的断面单位能量，$\Delta z=z_{bB}-z_{bA}>0$。

绘 $e=f\ (h)$ 曲线图，根据式（9-25），断面 B 的状态点在断面 A 的左侧。水流由断面 A 流向断面 B，对照 $e=f\ (h)$ 曲线图：缓流的状态点在曲线上支，由 A_1 移向 B_1，水深减小；急流的状态点在曲线下支，由 A_2 移向 B_2，水深增加。

渠道底面降低如图 9-22（b）所示，按与上面相同的分析方法得出：缓流水深增加，急流水深减小。

（2）宽度变化

渠道断面缩窄如图 9-23（a）所示。

取渠道缩窄前、后断面 A、B 列伯努利方程

$$h_A+\frac{\alpha v_A^2}{2g}=h_B+\frac{\alpha v_B^2}{2g}$$

以断面单位能量表示

$$e_A=e_B \tag{9-26}$$

断面 A、B 宽度不同，需分别绘出两断面的 $e=f\ (h)$ 曲线图，根据式（9-26），断面 A、B 的状态点在与 h 轴平行的同一直线上。水流由断面 A 流向断面 B，对照 $e=f\ (h)$ 曲线图：缓流的状态点由 A_1 移向 B_1，水深减小；急流的状态点由 A_2 移向 B_2，水深增加。

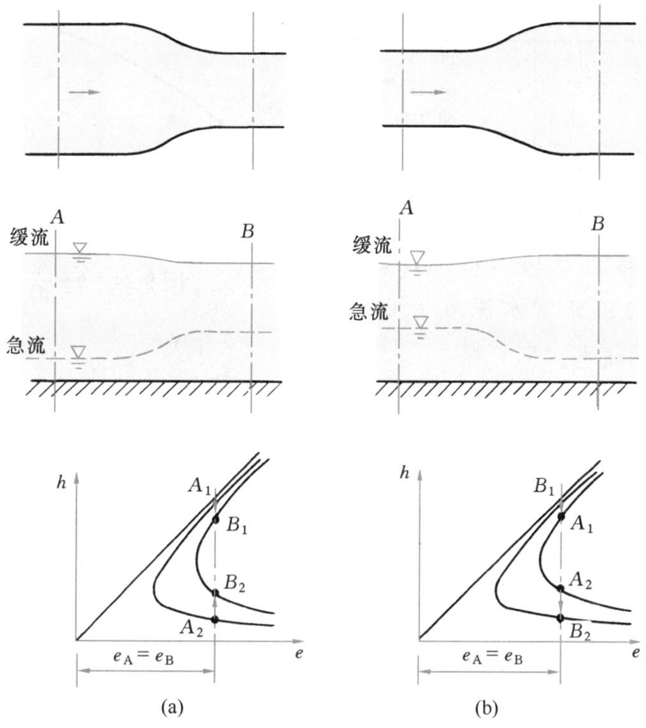

图 9-23　缓、急流水深变化（2）

渠道断面扩宽如图 9-23（b）所示，按与上面相同的分析方法得出：缓流水深增加，急流水深减小。

总结以上分析，明渠水流因渠道断面突变的干扰，水深变化，不同的流动状态（缓流、急流），水深的增减变化相反。

【例 9-5】梯形断面渠道，底宽 $b=5\text{m}$，边坡系数 $m=1.0$，通过流量 $Q=8\text{m}^3/\text{s}$，试求临界水深 h_c。

【解】由式（9-21）

$$\frac{\alpha Q^2}{g}=\frac{A_c^3}{B_c}$$

其中

$$\frac{\alpha Q^2}{g}=6.53\text{m}^5$$

为免去直接由上式求解 h_c 的困难，给 h 以不同值，计算相应的$\frac{A^3}{B}$，列入表 9-6 中，并作 $h\sim\frac{A^3}{B}$ 关系曲线（图 9-24）。在图上找出$\frac{\alpha Q^2}{g}=6.53\text{m}^5$ 对应的水深，就是所求的临界水深 $h_c=0.61\text{m}$。

计算表　　　　　表 9-6

h（m）	B（m）	A（m^2）	A^3/B（m^5）
0.4	5.8	2.16	1.74
0.5	6.0	2.75	3.47
0.6	6.2	3.36	6.12
0.65	6.3	3.67	7.86

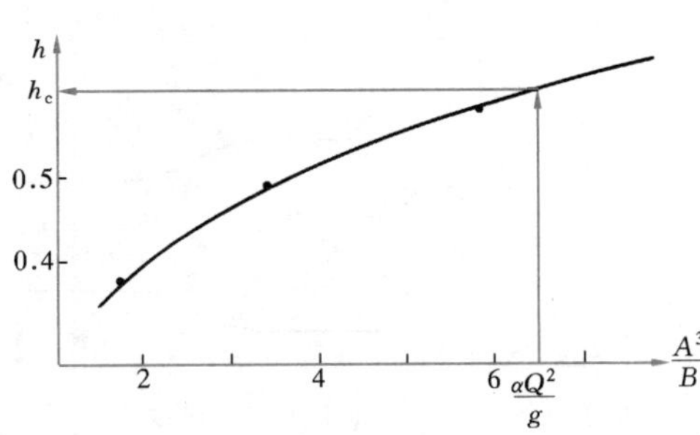

图 9-24　$h\sim\frac{A^3}{B}$关系曲线

【例 9-6】长直的矩形断面渠道，底宽 $b=1\text{m}$，粗糙系数 $n=0.014$，底坡 $i=0.0004$，渠内均匀流正常水深 $h_0=0.6\text{m}$，试判别水流的流动状态。

【解】1. 用微波速度判别

断面平均流速

$$v=C\sqrt{Ri}$$

式中

$$R=\frac{bh_0}{b+2h_0}=0.273\text{m}$$

$$C=\frac{1}{n}R^{1/6}=57.5\text{m}^{0.5}/\text{s}$$

得

$$v=0.601\text{m/s}$$

微波速度

$$C=\sqrt{gh}=2.43\text{m/s}$$

$v<C$，流动为缓流。

2. 用弗劳德数判别

弗劳德数

$$Fr=\frac{v}{\sqrt{gh}}=0.25$$

$Fr<1$，流动为缓流。

3. 用临界水深判别

由式（9-22）

$$h_c=\sqrt[3]{\frac{\alpha q^2}{g}}$$

其中

$$q=vh_0=0.361\text{m}^2/\text{s}$$

得

$$h_c=0.237\text{m}$$

实际水深（均匀流即正常水深）

$h_0>h_c$，流动为缓流。

4. 用临界底坡判别

由临界水深 $h_c=0.237\text{m}$，计算相应量

$$B_c=b=1\text{m}$$

$$\chi_c = b + 2h_c = 1.474\text{m}$$

$$R_c = \frac{bh_c}{\chi_c} = 0.1608\text{m}$$

$$C_c = \frac{1}{n} R_c^{1/6} = 52.7\text{m}^{0.5}/\text{s}$$

临界底坡由式（9-23）

$$i_c = \frac{g}{\alpha C_c^2} \frac{\chi_c}{B_c} = 0.0052$$

$i < i_c$，为缓坡渠道，均匀流是缓流。

9.5 水跃和水跌

上一节讨论了明渠水流的两种流动状态——缓流和急流。工程中往往由于明渠沿程流动边界的变化，导致流动状态由急流向缓流，或由缓流向急流过渡。如闸下出流，水冲出闸孔后是急流，而下游渠道中是缓流，水从急流过渡到缓流（图 9-25）；渠道从缓坡变为陡坡或形成跌坎（$i=\infty$），水流将由缓流向急流过渡（图 9-26）。水跃和水跌就是水流由急流过渡到缓流，或由缓流过渡到急流时发生的急变流现象。

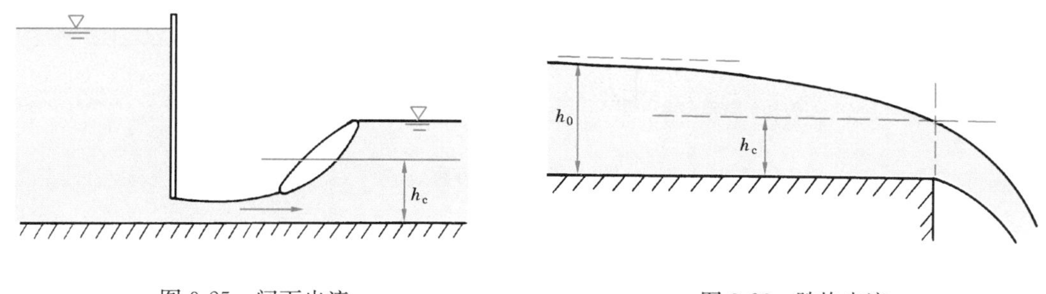

图 9-25　闸下出流　　图 9-26　跌坎出流

上述水流由一种状态过渡到另一种流动状态，理论上是水面升、降变化经过临界水深的过程，研究水流衔接、流态过渡问题，均需由此入手。

9.5.1 水跃

1. 水跃现象

水跃是明渠水流从急流状态（水深小于临界水深）过渡到缓流状态（水深大于临界水深）时，水面骤然跃起的急变流现象。

水跃区如图 9-27 所示。上部是急流冲入缓流所激起的表面旋流，翻腾滚动，饱掺空气，称为“表面水滚”。水滚下面是断面向前扩张的主流。确定水跃区的几何要素有：

跃前水深 h'——跃前断面（表面水滚起点所在过水断面）的水深；

跃后水深 h''——跃后断面（表面水滚终点所在过水断面）的水深；

水跃高度　$a=h''-h'$；

水跃长度 l_j——跃前断面与跃后断面之间的距离。

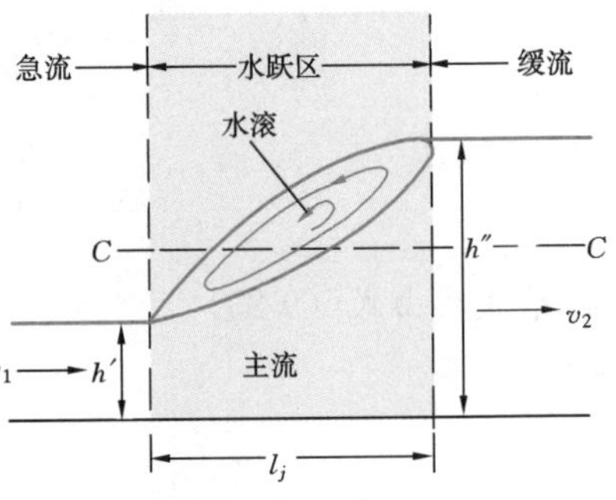

图 9-27　水跃区结构

由于表面水滚大量掺气、旋转、内部极强的紊动掺混作用，以及主流流速分布不断改组，集中消耗大量机械能，可达跃前断面急流能量的 60%～70%，水跃成为主要的消能方式，具有重大的工程意义。

2. 水跃方程

下面推导平坡（$i=0$）棱柱形渠道中水跃的基本方程。

设平坡棱柱形渠道，通过流量 Q 时发生水跃（图 9-28）。跃前断面水深 h'，平均流速 v_1；跃后断面水深 h''，平均流速 v_2。

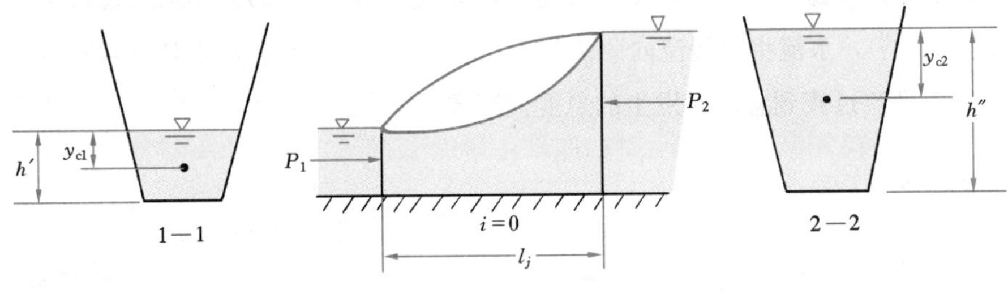

图 9-28　水跃方程

引用假设条件：

（1）渠道边壁摩擦阻力较小忽略不计；

（2）跃前、跃后断面为渐变流断面，面上动水压强按静水压强的规律分布；

（3）跃前、跃后断面的动量修正系数 $\beta_1=\beta_2=1$。

取跃前断面 1-1，跃后断面 2-2 之间的水跃区为控制体，列流动方向总流的动量方程

$$\sum F=\rho Q(\beta_2 v_2-\beta_1 v_1)$$

因平坡渠道重力与流动方向正交，又边壁摩擦阻力忽略不计，故作用在控制体上的力只有过流断面上的动水压力：$P_1=\rho g y_{c1}A_1$，$P_2=\rho g y_{c2}A_2$，代入上式

$$\rho g y_{c1}A_1-\rho g y_{c2}A_2=\rho Q\left(\frac{Q}{A_2}-\frac{Q}{A_1}\right)$$

$$\frac{Q^2}{gA_1}+y_{c1}A_1=\frac{Q^2}{gA_2}+y_{c2}A_2 \tag{9-27}$$

式中，y_{c1}、y_{c2} 分别为跃前、跃后断面形心点的水深；A_1、A_2 分别为跃前、跃后断面的面积。

上式就是平坡棱柱形渠道中水跃的基本方程。它说明水跃区单位时间内，流入跃前断面的动量与该断面动水总压力之和，同流出跃后断面的动量与该断面动水总压力之和相等。

式（9-27）中，A 和 y_c 都是水深的函数，其余量均为常量，所以可写出下式

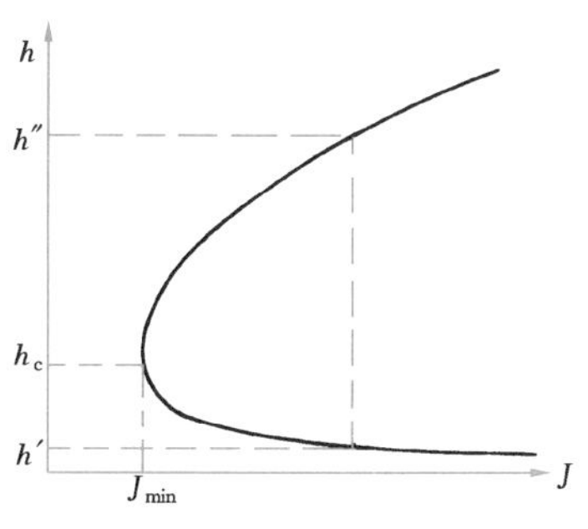

图 9-29　水跃函数曲线

$$\frac{Q^2}{gA}+y_cA=J(h) \tag{9-28}$$

J（h）称为水跃函数，类似断面单位能量曲线，可以画出水跃函数曲线，如图 9-29 所示。可以证明，曲线上对应水跃函数最小值的水深，恰好也是该流量在已给明渠中的临界水深 h_c，即 J（h_c）$=J_{min}$。当 $h>h_c$ 时，J（h）随水深增大而增大；当 $h<h_c$ 时，J（h）随水深增大而减小。

水跃方程式（9-27）可简写为

$$J(h')=J(h'') \tag{9-29}$$

式中 h'、h''分别为跃前和跃后水深，是使水跃函数值相等的两个水深，这一对水深称为共轭水深。由图 9-29 可以看出，跃前水深越小，对应的跃后水深越大；反之跃前水深越大，对应的跃后水深越小。

3. 水跃计算

（1）共轭水深计算

共轭水深计算是各项水跃计算的基础。若已知共轭水深中的一个（跃前水深或跃后水深），算出这个水深相应的水跃函数 J（h'）或 J（h''），再由式（9-29）求解另一个共轭水深，一般采用图解法计算。

对于矩形断面渠道，$A=bh$，$y_c=\dfrac{h}{2}$，$q=\dfrac{Q}{b}$代入式（9-27），消去 b，得

$$\frac{q^2}{gh'}+\frac{h'^2}{2}=\frac{q^2}{gh''}+\frac{h''^2}{2}$$

经过整理，得二次方程式

$$h'h''(h'+h'')=\frac{2q^2}{g} \tag{9-30}$$

分别以跃后水深 h''或跃前水深 h'为未知量，解上式得

$$h''=\frac{h'}{2}\left(\sqrt{1+\frac{8q^2}{gh'^3}}-1\right) \tag{9-31}$$

$$h'=\frac{h''}{2}\left(\sqrt{1+\frac{8q^2}{gh''^3}}-1\right) \tag{9-32}$$

式中
$$\frac{q^2}{gh'^3}=\frac{v_1^2}{gh'}=Fr_1^2$$

$$\frac{q^2}{gh''^3}=\frac{v_2^2}{gh''}=Fr_2^2$$

上两式可写为
$$h''=\frac{h'}{2}\left(\sqrt{1+8Fr_1^2}-1\right) \tag{9-33}$$

$$h'=\frac{h''}{2}\left(\sqrt{1+8Fr_2^2}-1\right) \tag{9-34}$$

式中 Fr_1 及 Fr_2 分别为跃前和跃后水流的弗劳德数。

（2）水跃长度计算

水跃长度是泄水建筑物消能设计的主要依据之一。由于水跃现象的复杂性，目前理论研究尚不成熟，水跃长度的确定仍以实验研究为主。现介绍用于计算平底坡矩形渠道水跃长度的经验公式。

1）以跃后水深表示的公式

$$l_j=6.1h''$$

适用范围为 $4.5<Fr_1<10$

2）以跃高表示的公式

$$l_j=6.9(h''-h')$$

3）含弗劳德数的公式

$$l_j=9.4(Fr_1-1)h'$$

（3）消能计算

（实验演示——水跃测定实验）

跃前断面与跃后断面受单位重力作用的液体机械能之差是水跃消除的能量，以 ΔE_j 表示。对于平底坡矩形渠道

$$\Delta E_j=\left(h'+\frac{\alpha_1 v_1^2}{2g}\right)-\left(h''+\frac{\alpha_2 v_2^2}{2g}\right) \tag{9-35}$$

由式(9-30)
$$\frac{2q^2}{g}=h'h''(h'+h'')$$

则
$$\frac{\alpha_1 v_1^2}{2g}=\frac{q^2}{2gh'^2}=\frac{1}{4}\frac{h''}{h'}(h'+h'')$$

$$\frac{\alpha_2 v_2^2}{2g}=\frac{q^2}{2gh''^2}=\frac{1}{4}\frac{h'}{h''}(h'+h'')$$

将以上两式代入式（9-35），经化简得

$$\Delta E_j = \frac{(h''-h')^3}{4h'h''} \tag{9-36}$$

式（9-36）说明，在给定流量下，跃前与跃后水深相差越大，水跃消除的能量值越大。

【例 9-7】 某泄水建筑物下游矩形断面渠道，泄流单宽流量 $q=15\text{m}^2/\text{s}$。产生水跃，跃前水深 $h'=0.8\text{m}$。试求：（1）跃后水深 h''；（2）水跃长度 l_j；（3）水跃消能率 $\Delta E_j/E_1$。

【解】（1）$Fr_1^2=\dfrac{q^2}{gh'^3}=\dfrac{15^2}{9.8\times0.8^3}=44.84$

$$h''=\frac{h'}{2}(\sqrt{1+8Fr_1^2}-1)=7.19\text{m}$$

（2）按 $l_j=6.1h''=6.1\times7.19=43.86\text{m}$

按 $l_j=6.9\ (h''-h')\ =6.9\times6.39=44.09\text{m}$

按 $l_j=9.4\ (Fr_1-1)\ h'=42.83\text{m}$

（3）$\Delta E_j=\dfrac{(h''-h')^3}{4h'h''}=\dfrac{(7.19-0.8)^3}{4\times0.8\times7.19}=11.34\text{m}$

$$\frac{\Delta E_j}{E_1}=\frac{\Delta E_j}{h'+\dfrac{q^2}{2gh'^2}}=61\%$$

9.5.2 水跌

水跌是明渠水流从缓流过渡到急流，水面急剧降落的急变流现象。这种现象常见于渠道底坡由缓坡（$i<i_c$）突然变为陡坡（$i>i_c$）或下游渠道断面形状突然改变处。下面以缓坡渠道末端跌坎上的水流为例来说明水跌现象（图 9-30）。

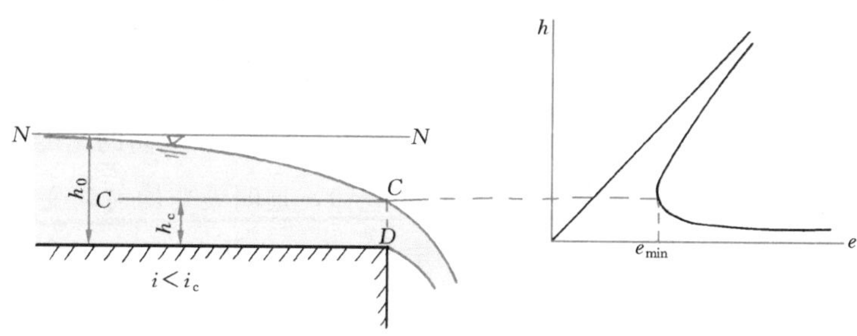

图 9-30　水跌现象

设想该渠道的底坡无变化，一直向下游延伸下去，渠道内将形成缓流状态的均匀流，水深为正常水深 h_0，水面线 N-N 与渠底平行。现在渠道在 D 断面截断成为跌坎，失去了下游水流的阻力，使得重力的分力与阻力不相平衡，造成水流加速，水面急剧降低，临近跌坎断面水流变为非均匀急变流。

跌坎上水面沿程降落，应符合机械能沿程减小，末端断面最小，$E=E_{\min}$的规律，

$$E=z_1+h+\frac{\alpha v^2}{2g}=z_1+e$$

式中 z_1 为某断面渠底在基准面 0-0 以上的高度；e 为断面单位能量。

在缓流状态下，水深减小，断面单位能量随之减小，坎端断面水深降至临界水深 h_c，断面单位能量达最小值，$e=e_{\min}$，该断面的位置高度 z_1 也最小，所以机械能最小，符合机械能沿程减小的规律。缓流以临界水深通过跌坎断面或变为陡坡的断面，过渡到急流是水跌现象的特征。

需要指出的是，上述断面单位能量和临界水深的理论，都是在渐变流的前提下建立的，坎端断面附近，水面急剧下降，流线显著弯曲，流动已不是渐变流。由实验得出，实际坎端水深 h_D 略小于按渐变流计算的临界水深 h_c，$h_D\approx 0.7h_c$。h_c 值发生在距坎端断面约（3～4）h_c的位置。但一般的水面分析和计算，仍取坎端断面的水深是临界水深 h_c 作为控制水深。

9.6 棱柱形渠道非均匀渐变流水面曲线的分析

明渠非均匀流是不等深、不等速的流动。根据沿程流速、水深变化程度的不同，分为非均匀渐变流和非均匀急变流。例如，在缓坡渠道中，设有顶部泄流的溢流坝，渠道末端为跌坎（图 9-31）。此时，坝上游水位抬高，并影响一定范围，这一段为非均匀渐变流，再远可视为均匀流；坝下游水流收缩断面至水跃前断面，以及水跌上游流段也是非均匀渐变流，而水沿溢流坝面下泄及水跃、水跌均为非均匀急变流。

明渠非均匀渐变流水深沿程变化，自由水面线是和渠底不平行的曲线，称为水面曲线 $h=f(s)$。水深沿程变化的情况，直接关系到河渠的淹没范围、堤防的高度、渠道内的冲淤的变化等诸多工程问题。因此，水深沿程变化的规律，是明渠非均匀渐变流主要研究的内容。明渠水深变化规律的研究，可分为定性和定量两方面，前者可给出水深变化的趋势（壅高或降低）；后者定量绘出水面曲线。

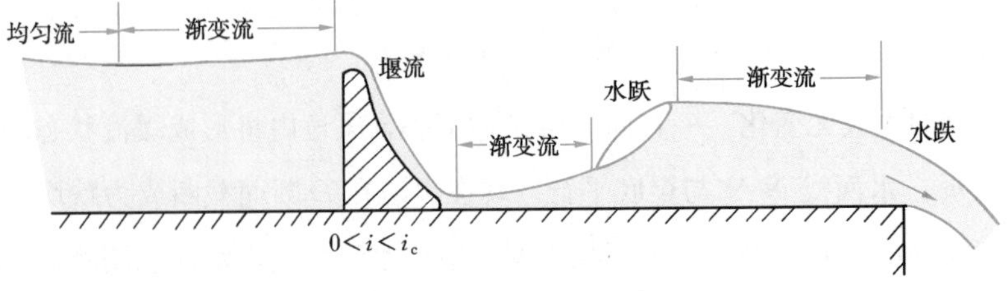

图 9-31　明渠水流流动状态

9.6.1 棱柱形渠道非均匀渐变流微分方程

设明渠恒定非均匀渐变流段，取过流断面1-1、2-2，相距 ds，因为是非均匀渐变流，两断面的运动要素相差微小量（图9-32）。

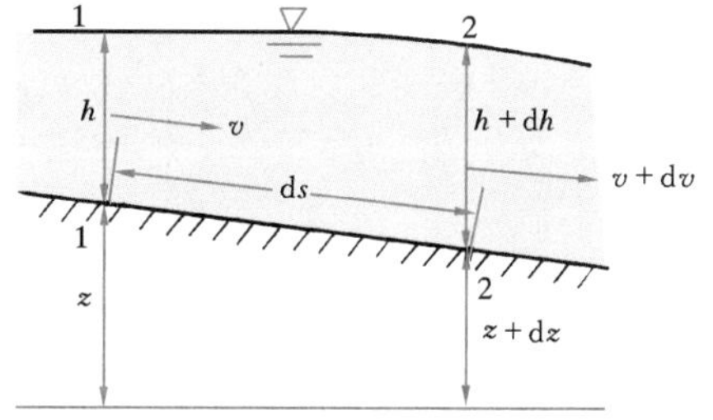

图 9-32　非均匀渐变流

列1-1、2-2断面伯努利方程

$$(z+h)+\frac{\alpha v^2}{2g}=(z+\mathrm{d}z+h+\mathrm{d}h)+\frac{\alpha(v+\mathrm{d}v)^2}{2g}+\mathrm{d}h_{\mathrm{w}}$$

展开 $(v+\mathrm{d}v)^2$，并忽略 $(\mathrm{d}v)^2$，整理得

$$\mathrm{d}z+\mathrm{d}h+\mathrm{d}\left(\frac{\alpha v^2}{2g}\right)+\mathrm{d}h_{\mathrm{w}}=0$$

因渐变流，局部水头损失忽略不计，$\mathrm{d}h_{\mathrm{w}}=\mathrm{d}h_{\mathrm{f}}$，并以 d$s$ 除上式

$$\frac{\mathrm{d}z}{\mathrm{d}s}+\frac{\mathrm{d}h}{\mathrm{d}s}+\frac{\mathrm{d}}{\mathrm{d}s}\left(\frac{\alpha v^2}{2g}\right)+\frac{\mathrm{d}h_{\mathrm{f}}}{\mathrm{d}s}=0$$

式中：(1) $\frac{\mathrm{d}z}{\mathrm{d}s}=-\frac{z_1-z_2}{\mathrm{d}s}=-i$

(2) $\frac{\mathrm{d}}{\mathrm{d}s}\left(\frac{\alpha v^2}{2g}\right)=\frac{\mathrm{d}}{\mathrm{d}s}\left(\frac{\alpha Q^2}{2gA^2}\right)=-\frac{\alpha Q^2}{gA^3}\frac{\mathrm{d}A}{\mathrm{d}s}$

棱柱形渠道过流断面面积只随水深变化 $A=f(h)$，而水深 h 又是流程 s 的函数，

则
$$\frac{\mathrm{d}A}{\mathrm{d}s}=\frac{\mathrm{d}A}{\mathrm{d}h}\frac{\mathrm{d}h}{\mathrm{d}s}=B\frac{\mathrm{d}h}{\mathrm{d}s}$$

于是
$$\frac{\mathrm{d}}{\mathrm{d}s}\left(\frac{\alpha v^2}{2g}\right)=-\frac{\alpha Q^2}{gA^3}B\frac{\mathrm{d}h}{\mathrm{d}s}$$

(3) $\frac{\mathrm{d}h_{\mathrm{f}}}{\mathrm{d}s}=J$

非均匀渐变流过流断面沿程变化很缓慢，可以认为水头损失只有沿程水头损失，近似按均匀流计算，由谢才公式

$$J=\frac{Q^2}{A^2C^2R}=\frac{Q^2}{K^2}$$

将(1)、(2)、(3)代入前式

$$-i+\frac{\mathrm{d}h}{\mathrm{d}s}-\frac{\alpha Q^2}{gA^3}B\frac{\mathrm{d}h}{\mathrm{d}s}+J=0$$

$$\frac{\mathrm{d}h}{\mathrm{d}s}=\frac{i-J}{1-\frac{\alpha Q^2}{gA^3}B}=\frac{i-J}{1-Fr^2} \tag{9-37}$$

式(9-37)是棱柱形渠道恒定非均匀渐变流微分方程式。该式是在顺坡($i>0$)的情况下得出的。

对于平坡渠道 $i=0$，则有

$$\frac{\mathrm{d}h}{\mathrm{d}s}=\frac{-J}{1-Fr^2} \tag{9-38}$$

对于逆坡渠道 $i<0$，以渠底坡度的绝对值的负值代入式（9-37）得

$$\frac{\mathrm{d}h}{\mathrm{d}s}=-\frac{|i|-J}{1-Fr^2} \tag{9-39}$$

9.6.2 水面曲线分析

棱柱形渠道非均匀渐变流水面曲线的变化，决定于式（9-37）中分子、分母的正负变化。因此，使分子、分母为零的水深，就是水面曲线变化规律不同的区域的分界。实际水深等于正常水深 $h=h_0$ 时，$J=i$，分子 $i-J=0$；实际水深等于临界水深 $h=h_c$ 时，$Fr=1$，分母 $1-Fr^2=0$。所以分析水面曲线的变化，需借助 h_0 线（N-N 线）和 h_c 线（C-C 线）将流动空间分区进行。

1. 顺坡（$i>0$）渠道

顺坡渠道分为缓坡（$i<i_c$）、陡坡（$i>i_c$）、临界坡（$i=i_c$）三种，均可由微分方程

$$\frac{\mathrm{d}h}{\mathrm{d}s}=\frac{i-J}{1-Fr^2}$$

分析水面曲线。

（1）缓坡（$i<i_c$）渠道

缓坡渠道中，正常水深 h_0 大于临界水深 h_c，由 N-N 线和 C-C 线将流动空间分成三个区域，明渠水流在不同的区域内流动。水面曲线的变化不同（图 9-33）。

1 区（$h>h_0>h_c$）

水深 h 大于正常水深 h_0，也大于临界水深 h_c，流动是缓流。该区水深变化的趋势，在式（9-37）中，分子：$h>h_0$，流量模数 $K>K_0$，$J<i$，$i-J>0$；分母：$h>h_c$，$Fr<1$，$1-Fr^2>0$，所以 $\frac{\mathrm{d}h}{\mathrm{d}s}>0$，水深沿程增加，水面线是壅水曲线，称为 M_1 型水面线。

两端的极限情况：上游 $h\to h_0$，$J\to i$，$i-J\to 0$；$h\to h_0>h_c$，$Fr<1$，$1-Fr^2>0$，所以 $\frac{\mathrm{d}h}{\mathrm{d}s}\to 0$，水深沿程不变，水面线以 N-N 线为渐近线。下游 $h\to\infty$，流量模数 $K\to\infty$，$J\to 0$，$i-J\to i$；$h\to\infty$，$Fr\to 0$，$1-Fr^2\to 1$，所以 $\frac{\mathrm{d}h}{\mathrm{d}s}\to i$，单位距离上水深的增加等于渠底高程的降低，水面线为水平线。

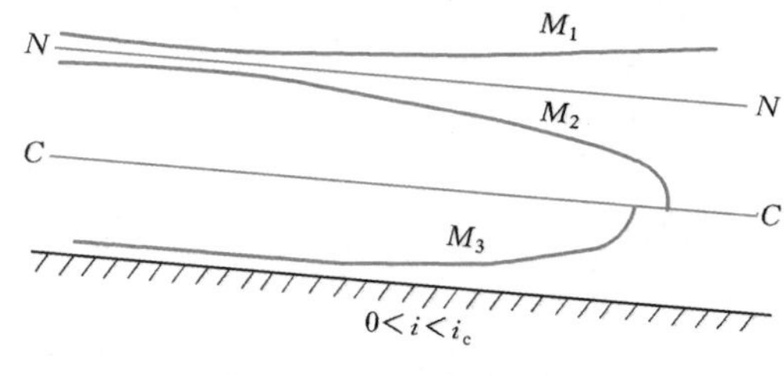

图 9-33　M 型水面线

综合以上分析，M_1 型水面线是上游以 N-N 线为渐近线，下游为水平线，形状下凹

的壅水曲线(图 9-33)。

在缓坡渠道上修建溢流坝，抬高水位的控制水深 h 超过该流量的正常水深 h_0，溢流坝上游将出现 M_1 型水面线（图 9-34)。

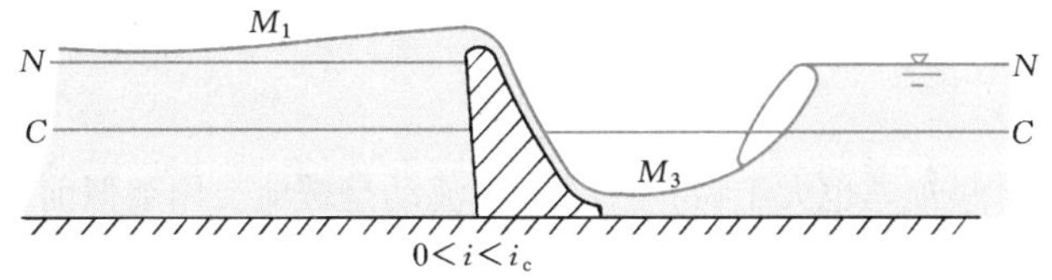

图 9-34　M_1、M_3 型水面线

2 区（$h_0>h>h_c$）

水深 h 小于正常水深 h_0，但大于临界水深 h_c，流动仍是缓流。该区水深变化的趋势，在式（9-37）中，分子：$h<h_0$，$J>i$，$i-J<0$；分母：$h>h_c$，$Fr<1$，$1-Fr^2>0$，所以 $\frac{dh}{ds}<0$，水深沿程减小，水面线是降水曲线，称为 M_2 型水面线。

两端的极限情况：上游 $h\to h_0$，与分析 M_1 型水面线类似，得 $\frac{dh}{ds}\to 0$，水深沿程不变，水面线以 N-N 为渐近线。下游 $h\to h_c<h_0$，$J>i$，$i-J<0$；$h\to h_c$，$Fr\to 1$，$1-Fr^2\to 0$，所以 $\frac{dh}{ds}\to -\infty$，水面线与 C-C 线正交，此处已不再是渐变流，而发生水跃现象。

综合以上分析，M_2 型水面线是上游以 N-N 线为渐近线，下游发生水跃，形状上凸的降水曲线(图 9-33)。

缓坡渠道末端为跌坎，渠道内为 M_2 型水面线，跌坎断面水深为临界水深（图 9-35)。

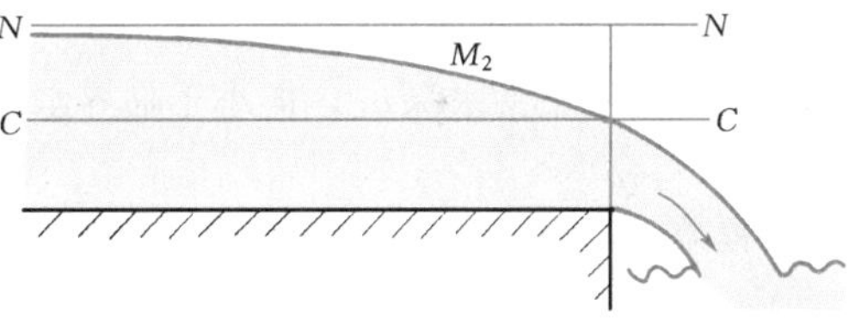

图 9-35　M_2 型水面线

3 区（$h<h_c<h_0$）

水深 h 小于正常水深 h_0，也小于临界水深 h_c，流动是急流。该区水深变化的趋势，在式（9-37）中，分子：$h<h_0$，$J>i$，$i-J<0$；分母：$h<h_c$，$Fr>1$，$1-Fr^2<0$，所以 $\frac{dh}{ds}>0$，水深沿程增加，水面线是壅水曲线，称为 M_3 型水面线。

两端极限情况：上游水深由出流条件控制，下游 $h\to h_c<h_0$，$J>i$，$i-J<0$；$h\to h_c$，$Fr\to 1$，$1-Fr^2\to 0$，所以 $\frac{dh}{ds}\to\infty$，发生水跃。

综合以上分析，M_3 型水面线是上游由出流条件控制，下游发生水跃，形状下凹的壅水曲线（图 9-33)。

在缓坡渠道中修建溢流坝，下泄水流的收缩水深小于临界水深，下泄的急流受下游缓流的阻滞，流速沿程减小，水深增加，形成 M_3 型水面线（图 9-34）。

（2）陡坡（$i>i_c$）渠道

陡坡渠道中，正常水深 h_0 小于临界水深 h_c，由 N-N 线和 C-C 线将流动空间分成三个区域（图 9-36）。

1 区（$h>h_c>h_0$）

水深 h 大于正常水深 h_0，也大于临界水深 h_c，流动是缓流。用类似前面分析缓坡渠道水面线的方法，由式（9-37），可得$\frac{dh}{ds}>0$，水深沿程增加，水面线是壅水曲线，称为 S_1 型水面线。当上游 $h\to h_c$ 时，$\frac{dh}{ds}\to\infty$，发生水跃；当下游 $h\to\infty$时，$\frac{dh}{ds}\to i$，水面线为水平线(图 9-36)。

在陡坡渠道中修建溢流坝，上游形成 S_1 型水面线（图 9-37）。

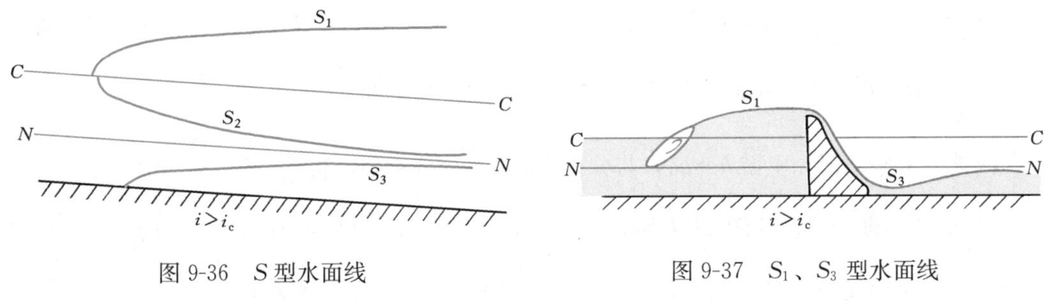

图 9-36　S 型水面线

图 9-37　S_1、S_3 型水面线

2 区（$h_c>h>h_0$）

水深 h 大于正常水深 h_0，但小于临界水深 h_c，流动是急流。由式（9-37），可得$\frac{dh}{ds}<0$，水深沿程减小，水面线是降水曲线，称为 S_2 型水面线。当上游 $h\to h_c$ 时，$\frac{dh}{ds}\to-\infty$，发生水跌；当下游 $h\to h_0$ 时，$\frac{dh}{ds}\to 0$，水深沿程不变，水面线以 N-N 线为渐近线。

水流由缓坡渠道流入陡坡渠道，在缓坡渠道中为 M_2 型水面线，在变坡断面水深降至临界水深，发生水跌，与下游陡坡渠道中形成的 S_2 型水面线衔接（图 9-38）。

3 区（$h<h_0<h_c$）

水深 h 小于正常水深 h_0，也小于临界水深 h_c，流动是急流。由式（9-37），可得$\frac{dh}{ds}>0$，水深沿程增加，水面线是壅水曲线，称为 S_3 型水面线。上游水深由出流断面控制，当下游 $h\to h_0$ 时，$\frac{dh}{ds}\to 0$，水深沿程不变，水面线以 N-N 线为渐近线（图 9-36）。

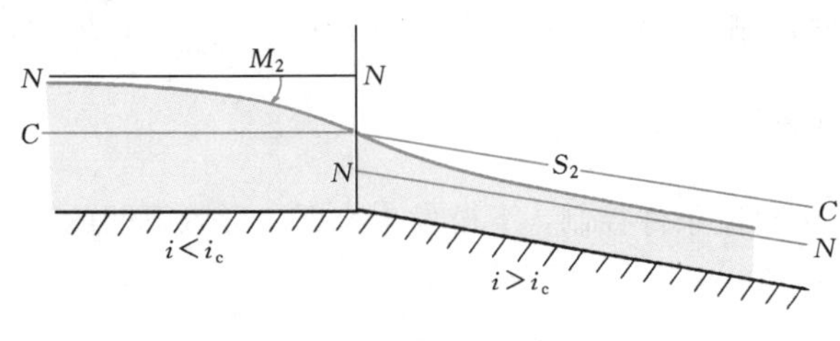

图 9-38　M_2、S_2 型水面线

在陡坡渠道中修建溢流坝，下泄水流的收缩水深小于正常水深，也小于临界水深，下游形成 S_3 型水面线（图 9-37）。

（3）临界坡（$i=i_c$）渠道

临界坡渠道中，正常水深 h_0 等于临界水深 h_c，N-N 线与 C-C 线重合，流动空间分为 1、3 两个区域，无 2 区。水面线分别称为 C_1 型水面线和 C_3 型水面线，都是壅水曲线，且在趋近 N-N（C-C）线时，趋于水平线（图 9-39）。

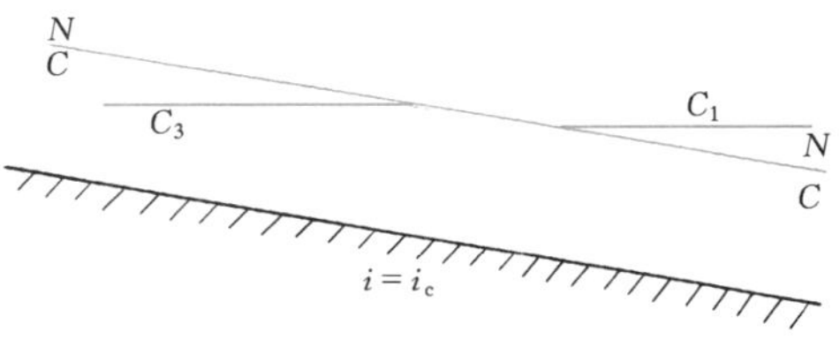

图 9-39　C 型水面线

在临界坡渠道（实际工程不适用）泄水闸门上、下游，可形成 C_1、C_3 型水面线（图 9-40）。

2. 平坡（$i=0$）渠道

平坡渠道中，不能形成均匀流，无 N-N 线，只有 C-C 线，流动空间分为 2、3 两个区域。

平坡渠道中水面线的变化，由式（9-38），得到：2 区（$h>h_c$），$\frac{dh}{ds}<0$，水面线是降水曲线，称为 H_2 型水面线；3 区（$h<h_c$），$\frac{dh}{ds}>0$，水面线是壅水曲线，称为 H_3 型水面线（图 9-41）。

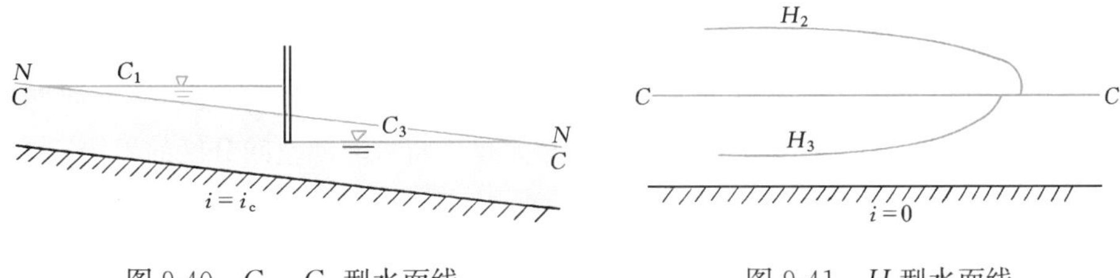

图 9-40　C_1、C_3 型水面线　　图 9-41　H 型水面线

在平坡渠道中，设有泄水闸门，闸门的开启高度小于临界水深，渠道足够长，末端为跌坎时，闸门下游将形成 H_2、H_3 型水面线（图 9-42）。

3. 逆坡（$i<0$）渠道

逆坡渠道中，不能形成均匀流，无 N-N 线，只有 C-C 线，流动空间分为 2、3 两个区域。

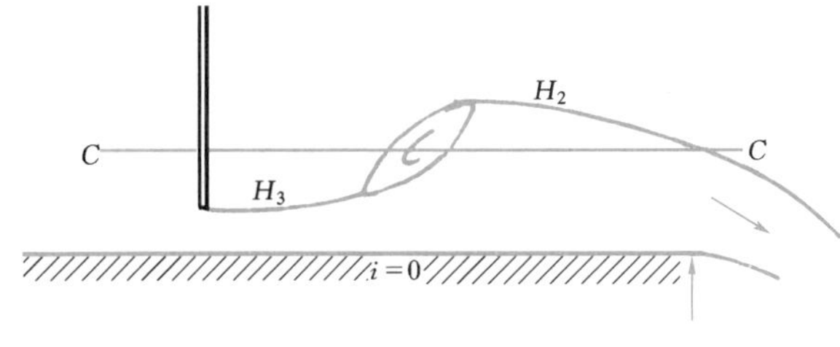

图 9-42　H_2、H_3 型水面线

逆坡渠道中水面线的变化，由式(9-39)，得到：2 区($h>h_c$)，$\frac{dh}{ds}<0$，水面线是降水曲线，称为 A_2 型水面线；3 区（$h<h_c$），$\frac{dh}{ds}>0$，水面线是壅水

曲线，称为 A_3 型水面线(图 9-43)。

在逆坡渠道中，设有泄水闸门，闸门的开启高度小于临界水深，渠道足够长，末端为跌坎时，闸门下游将形成 A_2、A_3 型水面线（图 9-44)。

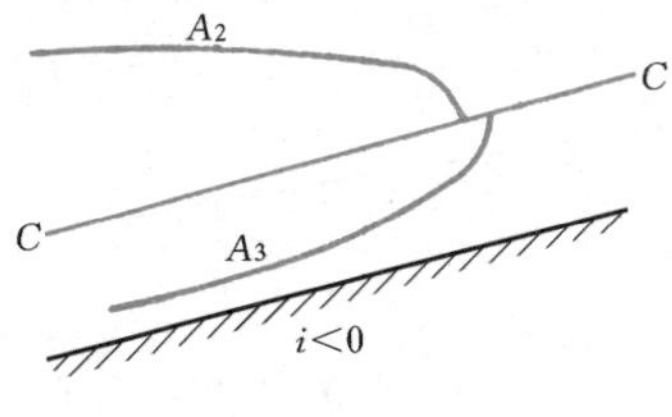

图 9-43　A 型水面线

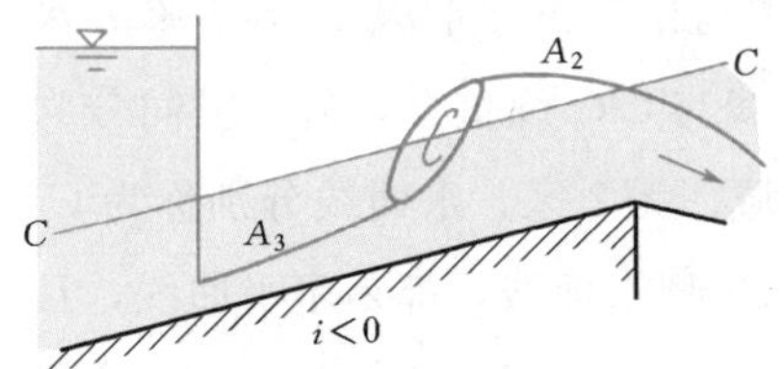

图 9-44　A_2、A_3 型水面线

9.6.3 水面线分析的总结

本节分析了棱柱形渠道可能出现的 12 种渐变流水面曲线。工程中最常见的是 M_1、M_2、M_3、S_2 型四种，汇总简图及工程实例见表 9-7。总结对水面线的分析。

(1) 棱柱形渠道非均匀渐变流微分方程

$$\frac{\mathrm{d}h}{\mathrm{d}s}=\frac{i-J}{1-Fr^2}$$

是分析和计算水面线的理论基础。通过分析函数的单调增、减性，便可得到水面线沿程变化的趋势及两端的极限情况。

(2) 为得出分析结果，由该流量下的正常水深线 N-N 与临界水深线 C-C，将明渠流动空间分区。这里 N-N、C-C 不是渠道中的实际水面线，而是流动空间分区的界线。

(3) 微分方程式（9-37）在每一区域内的解是唯一的，因此，每一区域内水面线也是唯一确定的。如缓坡渠道 2 区，只可能发生 M_2 型降水曲线，不可能有其他型的水面线。

(4) 在各区域中，1、3 区的水面线(M_1、M_3、S_1、S_3、C_1、C_3、H_3、A_3 型水面线)是壅水曲线，2 区的水面线(M_2、S_2、H_2、A_2 型水面线)是降水曲线。

水面曲线汇总　　表 9-7

	水面曲线简图	工程实例
$i<i_c$	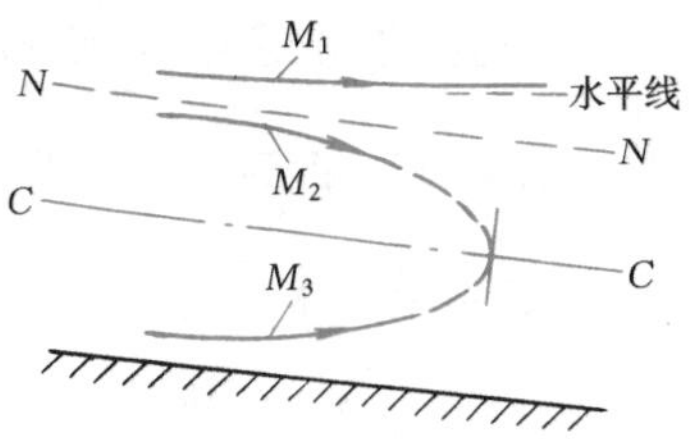 M_1, N, 水平线, N, M_2, C, M_3, C	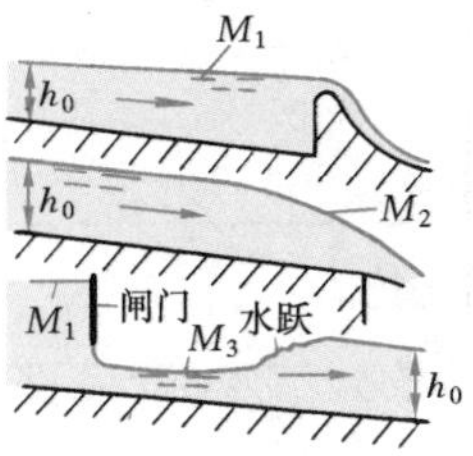 M_1, h_0, h_0, M_2, M_1, 闸门, M_3, 水跃, h_0

续表

	水面曲线简图	工程实例
$i>i_c$	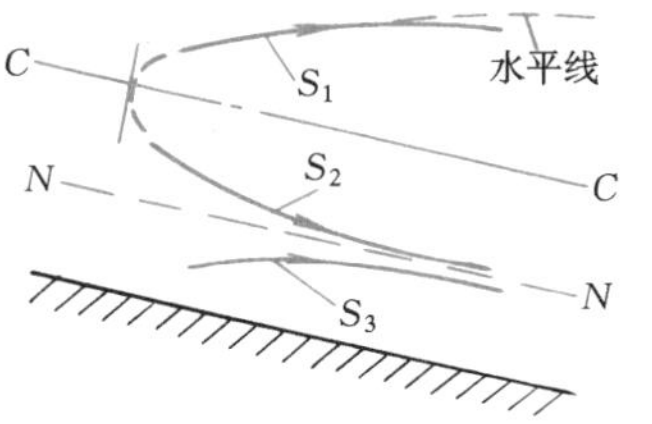	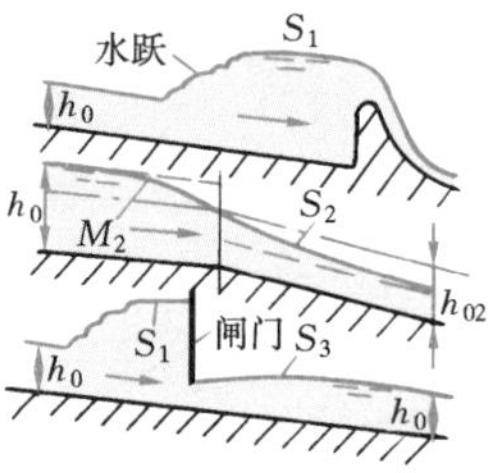
$i=i_c$	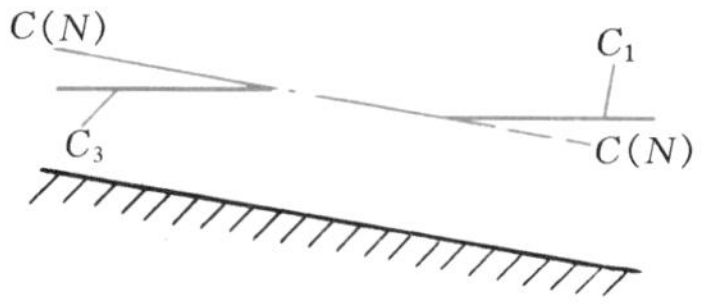	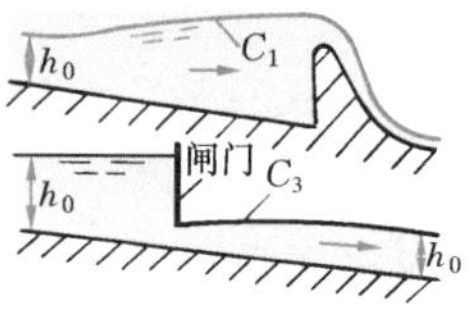
$i=0$	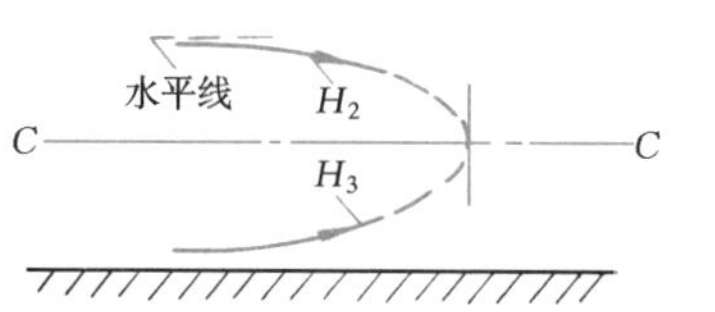	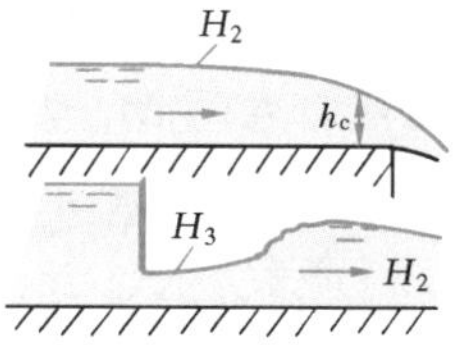
$i<0$	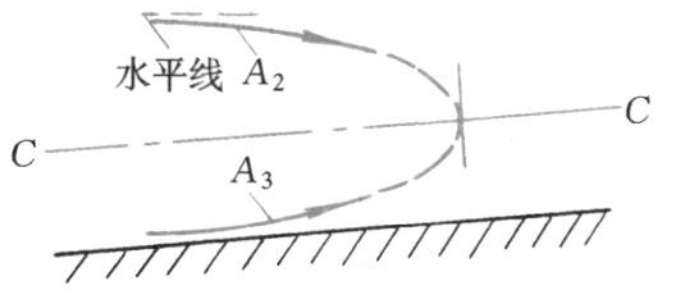	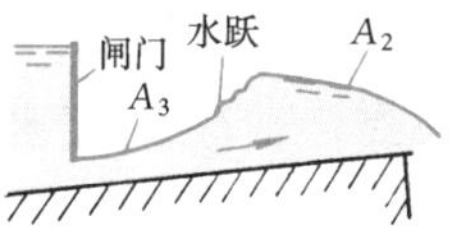

（5）除 C_1、C_3 型外，所有水面线在水深趋于正常水深 $h \to h_0$ 时，以 N-N 线为渐近线。在水深趋于临界水深 $h \to h_c$ 时，与 C-C 线正交，发生水跃或水跌。

（6）因急流的干扰波只能向下游传播，急流状态的水面线（M_3、S_2、S_3、C_3、H_3、A_3 各型）控制水深必在上游。缓流的干扰影响可以上传，缓流状态的水面线（M_1、M_2、S_1、C_1、H_2、A_2 各型）控制水深在下游。

【例 9-8】 贮水池引出的输水长渠道，中间设有闸门，末端为跌坎，试画出：（1）输水渠道为缓坡，闸门开启高度小于临界水深（图 9-45a），水面曲线示意图；（2）输水渠道为陡坡，闸门开启高度小于正常水深（图 9-45b），水面曲线示意图。

【解】（1）缓坡（$0<i<i_c$）渠道

绘 N-N、C-C 线将流动空间分区，找出闸前水深、闸下出流收缩水深及渠道末端临界水深为各渠段水面线的控制水深。闸前段：因闸门阻水，闸前水面升高超过 N-N 线，

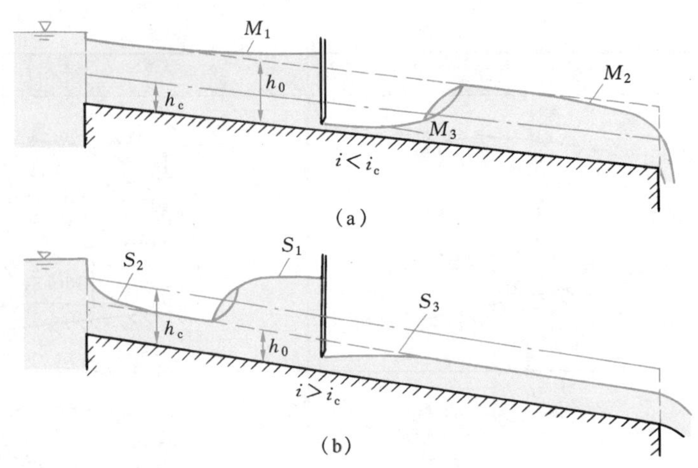

图 9-45　水面曲线绘例

闸前段为 M_1 型壅水曲线，向上延伸到贮水池出口，影响水池出流。闸后段：闸下水深小于临界水深，自收缩断面向下为 M_3 型壅水曲线，又渠道末端为临界水深，向上为 M_2 型降水曲线，在与 M_3 型水面曲线的水深成共轭水深的断面间发生水跃。

（2）陡坡（$i>i_c$）渠道

绘 N-N、C-C 线将流动空间分区，找出渠道进口水深、闸前水深及闸下出流收缩水深为各渠段水面线的控制水深。闸前段：因闸门阻水，闸前水面升高超过 C-C 线，闸前段为 S_1 型壅水曲线，向上延伸到 C-C 线，不影响贮水池出流，输水渠道自进口向下为 S_2 型降水曲线，在与 S_1 型水面曲线的水深成共轭水深的断面间发生水跃。闸后段：自收缩断面向下为 S_3 型壅水曲线，下游以 N-N 线为渐近线流出跌坎。

以上水面曲线直接绘于图 9-45(a)、图 9-45(b) 上面。

【例 9-9】试分析由陡坡变为缓坡的长渠道（图 9-46），水面曲线可能的衔接形式。

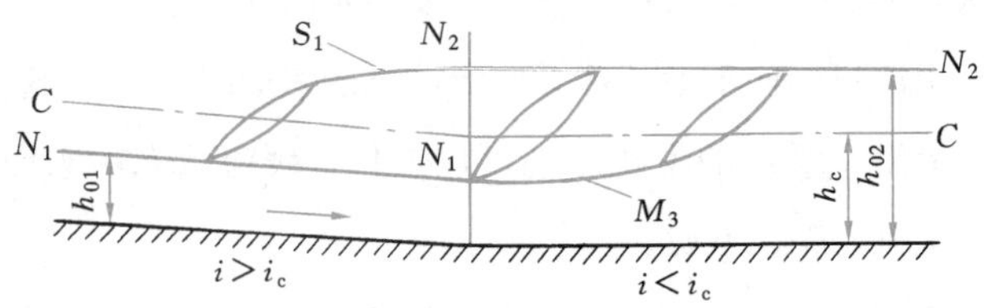

图 9-46　水面曲线衔接

【分析】绘出陡坡渠段的正常水深（h_{01}）线 N_1-N_1，缓坡渠段的正常水深（h_{02}）线 N_2-N_2，临界水深线 C-C，将流动空间分区。渠道变底坡在一定范围内造成非均匀流，再远处不受变坡影响仍为均匀流，故渠中水流是从上渠远处均匀流的急流（水深 h_{01}）过渡到下渠远处均匀流的缓流（水深 h_{02}）。急流向缓流过渡要发生水跃，水跃的位置将决定水面曲线衔接的形式，以水深 h_{01} 的共轭水深 h''_{01} 与水深 h_{02} 相比较：

(1) $h''_{01}=h_{02}$，水跃发生在变坡断面，称为临界水跃，水跃前后为均匀流急流和均匀流缓流；

(2) $h''_{01}>h_{02}$，急流冲入缓坡渠段，形成 M_3 型壅水曲线，水深沿程增加，增至与水深 h_{02} 成共轭水深时发生水跃，此时水跃远离变坡断面，称为远驱式水跃；

(3) $h''_{01}<h_{02}$，缓流淹没变坡断面，将水跃阻挡在陡坡渠段，跃前为均匀流急流，跃后以 S_1 型壅水曲线与缓坡渠段均匀流缓流衔接，这样的水跃称为淹没水跃。

9.7 明渠非均匀渐变流水面曲线的计算

实际明渠工程除要求对水面线作出定性分析之外，有时还需定量计算和绘出水面线。水面线常用分段求和法计算，这个方法是将整个流程分为若干个流段 Δl，并以有限差分格式来代替微分方程式，然后根据有限差分计算水深和相应的距离。

设明渠非均匀渐变流，取其中某流段 Δl（图 9-47），列 1-1、2-2 断面伯努利方程式

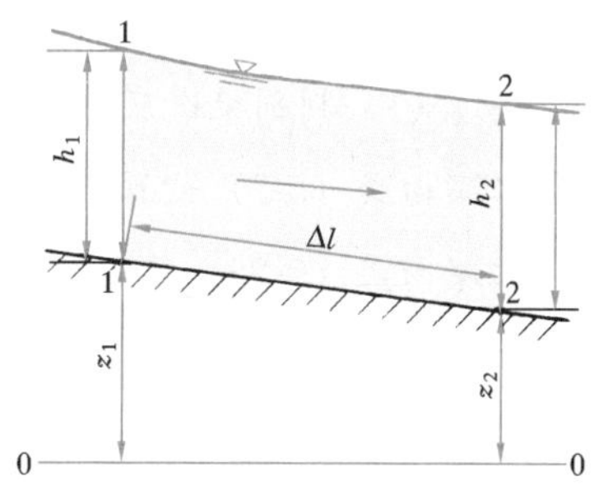

图 9-47　水面曲线计算

$$z_1+h_1+\frac{\alpha_1 v_1^2}{2g}=z_2+h_2+\frac{\alpha_2 v_2^2}{2g}+\Delta h_w$$

$$\left(h_2+\frac{\alpha_2 v_2^2}{2g}\right)-\left(h_1+\frac{\alpha_1 v_1^2}{2g}\right)=(z_1-z_2)-\Delta h_w$$

式中　$z_1-z_2=i\Delta l$；

$\Delta h_w\approx\Delta h_f=\overline{J}\Delta l$，渐变流沿程水头损失近似按均匀流公式计算。该流段平均水力坡度

$$\overline{J}=\frac{\overline{v}^2}{\overline{C}^2\,\overline{R}}$$

其中

$$\overline{v}=\frac{v_1+v_2}{2},\overline{R}=\frac{R_1+R_2}{2},\overline{C}=\frac{C_1+C_2}{2}$$

又

$$e_1=h_1+\frac{\alpha_1 v_1^2}{2g}$$

$$e_2=h_2+\frac{\alpha_2 v_2^2}{2g}$$

将各项代入前式，整理得

$$\Delta l=\frac{e_2-e_1}{i-\overline{J}}=\frac{\Delta e}{i-\overline{J}} \tag{9-40}$$

上式就是分段求和法计算水面线的计算式。

以控制断面水深作为起始水深 h_1（或 h_2），假设相邻断面水深 h_2（或 h_1），算出 Δe 和 $\overline{J}$，代入式（9-40）即可求第一个分段的长度 Δl_1。再以 Δl_1 处的断面水深作为下一分段的起始水深，用同样方法求出第 2 个分段的长度 Δl_2。依次计算，直至分段总和等于渠道总长 $\Sigma\Delta l=l$。根据所求各断面的水深及各分段的长度，即可绘制定量的水面线。

由于分段求和法直接由伯努利方程导出，对棱柱形渠道和非棱柱形渠道都适用，是水面线计算的基本方法。此外，对于棱柱形渠道，还可对式（9-37）近似积分计算。

【例 9-10】 矩形排水长渠道，底宽 $b=2$m，粗糙系数 $n=0.025$，底坡 $i=0.0002$，排水流量 $Q=2.0\text{m}^3/\text{s}$，渠道末端排入河中（图 9-48）。试绘制水面曲线。

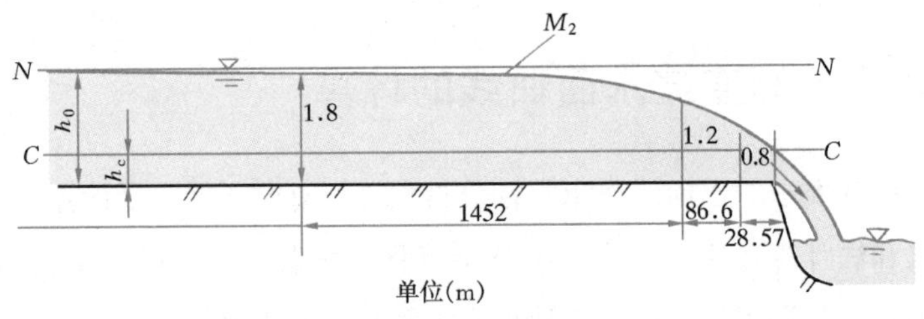

图 9-48　水面线绘制

【解】（1）判别渠道底坡性质及水面线类型

正常水深由式（9-7）试算得　$h_0=2.26$m

临界水深由式（9-22）算得　$h_c=0.467$m

按 h_0、h_c 计算值，在图中标出 N-N 线和 C-C 线。$h_0>h_c$ 为缓坡渠道，末端（跌坎）水深为 h_c，渠内水流在缓坡渠道 2 区流动，水面线为 M_2 型降水曲线。

（2）水面线计算

渠道内为缓流，末端水深 h_c 为控制水深，向上游推算。取 $h_2=h_c=0.467$m，$A_2=bh_2=0.934\text{m}^2$，$v_2=\dfrac{Q}{A_2}=2.14\text{m/s}$，$\dfrac{v_2^2}{2g}=0.234$m，$e_2=h_2+\dfrac{v_2^2}{2g}=0.7$m，$R_2=\dfrac{A_2}{\chi_2}=0.32$m，$C_2=\dfrac{1}{n}R_2^{1/6}=33.07\text{m}^{0.5}/\text{s}$

设 $h_1=0.8$m，$A_1=bh_1=1.6\text{m}^2$，$v_1=\dfrac{Q}{A_1}=1.25\text{m/s}$，$\dfrac{v_1^2}{2g}=0.08$m，$e_1=h_1+\dfrac{v_1^2}{2g}=0.88$m，$R_1=\dfrac{A_1}{\chi_1}=0.44$m，$C_1=\dfrac{1}{n}R_1^{1/6}=34.94\text{m}^{0.5}/\text{s}$

平均值 $\overline{v}=\dfrac{v_1+v_2}{2}=1.695\text{m/s}$，$\overline{R}=\dfrac{R_1+R_2}{2}=0.38$m，$C=\dfrac{C_1+C_2}{2}=34\text{m}^{0.5}/\text{s}$，$\overline{J}=\dfrac{\overline{v^2}}{\overline{C^2}\ \overline{R}}=0.0065$

$$\Delta l_{1-2}=\frac{\Delta e}{i-\overline{J}}=\frac{-0.18}{-0.0063}=28.57\text{m}$$

继续按 $h=1.2\text{m}$、1.8m、2.1m，重复以上步骤计算各段长度，各段计算结果见表 9-8。

根据计算值，便可绘制泄水渠内水面线。

水面曲线计算表　　表 9-8

断面	h (m)	A (m²)	v (m/s)	$\overline{v}$ (m/s)	$v^2/2g$ (m)	e (m)	Δe (m)
1	0.476	0.934	2.14	1.695	0.234	0.7	−0.18
2	0.8	1.6	1.25	1.64	0.08	0.88	−0.355
3	1.2	2.4	0.833	0.694	0.035	1.235	−0.581
4	1.8	3.6	0.556	0.516	0.016	1.816	−0.296
5	2.1	4.2	0.476		0.012	2.112	

断面	R (m)	$\overline{R}$ (m)	C (m^0.5/s)	$\overline{C}$ (m^0.5/s)	$\overline{J}$	$i-\overline{J}$	Δl (m)	$\Sigma\Delta l$ (m)
1	0.32	0.38	33.07	34.0	0.0065	−0.0063	28.57	28.57
2	0.44	0.493	34.94	35.55	0.0043	−0.0041	86.59	115.16
3	0.545	0.594	36.15	36.66	0.0006	−0.0004	1452	1567.16
4	0.643	0.660	37.16	37.32	0.00029	−0.00009	3288	4855
5	0.677		37.48					

注：为便于水面曲线定位绘制，表中的断面编号，是自末端断面（控制断面）算起的。

习题

选择题

9.1　明渠均匀流只能出现在：(a) 平坡棱柱形渠道；(b) 顺坡棱柱形渠道；(c) 逆坡棱柱形渠道；(d) 天然河道中。

9.2　水力最优断面是：(a) 造价最低的渠道断面；(b) 壁面粗糙系数最小的断面；(c) 过水断面面积一定，湿周最小的断面；(d) 过水断面面积一定，水力半径最小的断面。

9.3　水力最优矩形渠道断面，宽深比 b/h 是：(a) 0.5；(b) 1.0；(c) 2.0；(d) 4.0。

9.4　平坡和逆坡渠道中，断面单位能量沿程的变化：(a) $\frac{\text{d}e}{\text{d}s}>0$；(b) $\frac{\text{d}e}{\text{d}s}<0$；(c) $\frac{\text{d}e}{\text{d}s}=0$；(d) 都有可能。

9.5　明渠流动为急流时：(a) $Fr>1$；(b) $h>h_c$；(c) $v<c$；(d) $\frac{\text{d}e}{\text{d}h}>0$。

9.6　明渠流动为缓流时：(a) $Fr<1$；(b) $h<h_c$；(c) $v>c$；(d) $\frac{\text{d}e}{\text{d}h}<0$。

9.7　明渠水流由急流过渡到缓流时发生：(a) 水跃；(b) 水跌；(c) 连续过渡；(d) 都可能。

9.8　在流量一定，渠道断面的形状、尺寸和壁面粗糙一定时，随底坡的增大，正常水深将：(a) 增大；(b) 减小；(c) 不变；(d) 不定。

9.9　在流量一定，渠道断面的形状、尺寸一定时，随底坡的增大，临界水深将：(a) 增大；(b) 减小；(c) 不变；(d) 不定。

9.10　宽浅的矩形断面渠道，随流量的增大，临界底坡 i_c 将：(a) 增大；(b) 减小；(c) 不变；(d) 不定。

计算题

9.11 明渠水流如图 9-49 所示，试求 1、2 断面间渠道底坡，水面坡度，水力坡度。

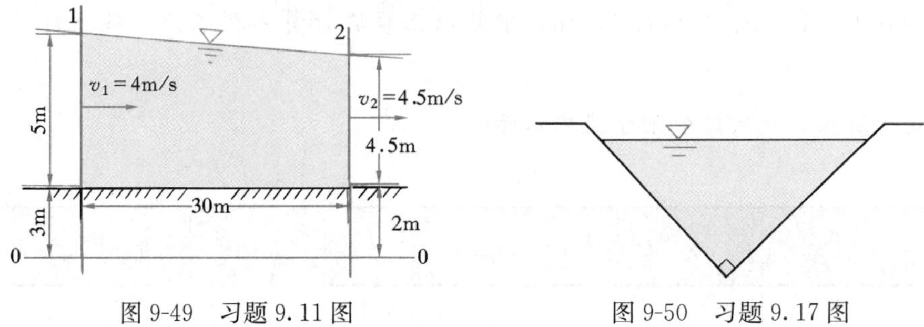

图 9-49　习题 9.11 图　　　　图 9-50　习题 9.17 图

9.12 梯形断面土渠，底宽 $b=3\text{m}$，边坡系数 $m=2$，水深 $h=1.2\text{m}$，底坡 $i=0.0002$，渠道受到中等养护，试求通过流量。

9.13 修建混凝土砌面（较粗糙）的矩形渠道，要求通过流量 $Q=9.7\text{m}^3/\text{s}$，底坡 $i=0.001$，试按水力最优断面设计断面尺寸。

9.14 修建梯形断面渠道，要求通过流量 $Q=1\text{m}^3/\text{s}$，边坡系数 $m=1.0$，底坡 $i=0.0022$，粗糙系数 $n=0.03$，试按不冲允许流速 $[v]_{\max}=0.8\text{m/s}$，设计断面尺寸。

9.15 已知一钢筋混凝土圆形排水管道，污水流量 $Q=0.2\text{m}^3/\text{s}$，底坡 $i=0.005$，粗糙系数 $n=0.014$，试确定此管道的直径。

9.16 钢筋混凝土圆形排水管，已知直径 $d=1.0\text{m}$，粗糙系数 $n=0.014$，底坡 $i=0.002$，试校核此无压管道的过流量。

9.17 三角形断面渠道如图 9-50 所示，顶角为 90°，通过流量 $Q=0.8\text{m}^3/\text{s}$，试求临界水深。

9.18 有一梯形土渠，底宽 $b=12\text{m}$，边坡系数 $m=1.5$，粗糙系数 $n=0.025$，通过流量 $Q=18\text{m}^3/\text{s}$，试求临界水深及临界底坡。

9.19 在矩形断面平坡渠道中发生水跃，已知跃前断面的 $Fr_1=\sqrt{3}$，问跃后水深 h'' 是跃前水深 h' 的几倍?

9.20 试分析图 9-51 所示棱柱形渠道中水面曲线衔接的可能形式。

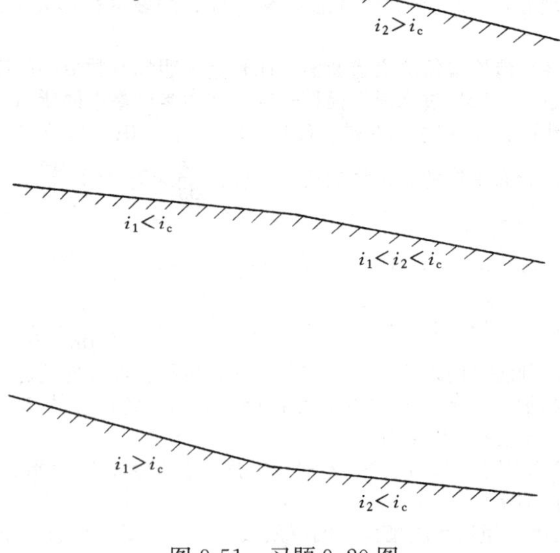

图 9-51　习题 9.20 图

9.21 有棱柱形渠道如图 9-52 所示，各渠段足够长，其中底坡 $0<i_1<i_c$，$i_2>i_3>i_c$，闸门的开度小于临界水深 h_c，试绘出水面曲线示意图，并标出曲线的类型。

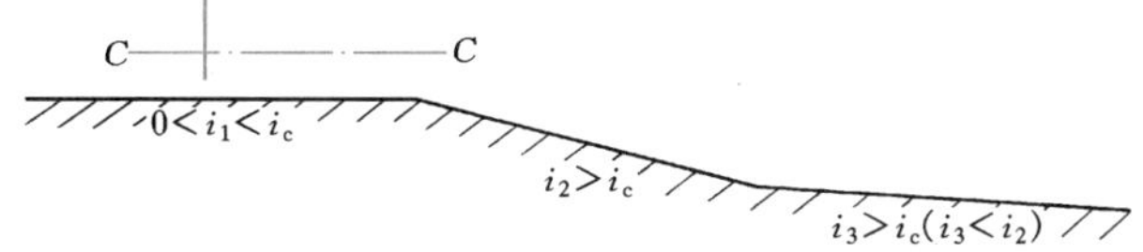

图 9-52 习题 9.21 图

9.22 用矩形断面长渠道向低处排水如图 9-53 所示，末端为跌坎，已知渠道底宽 $b=1$m，底坡 $i=0.0004$，正常水深 $h_0=0.5$m，粗糙系数 $n=0.014$，试求：(1) 渠道末端出口断面的水深；(2) 绘渠道中水面曲线示意图。

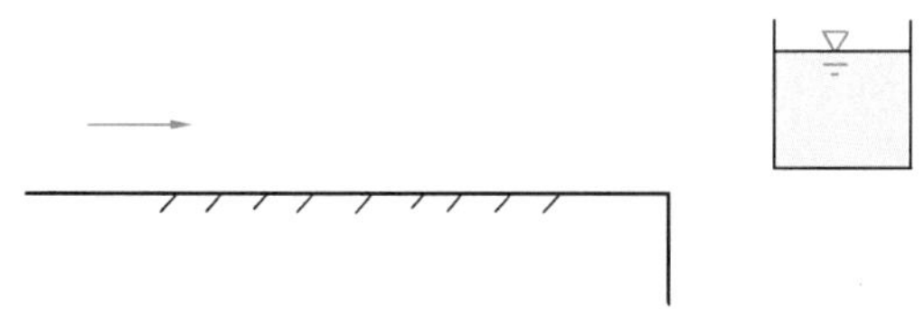

图 9-53 习题 9.22 图

9.23 矩形断面长渠道如图 9-54 所示，底宽 $b=2$m，底坡 $i=0.001$，粗糙系数 $n=0.014$，通过流量 $Q=3.0\text{m}^3/\text{s}$，渠尾设有溢流堰，已知堰前水深为 1.5m，要求定量绘出堰前断面至水深 1.1m 断面之间的水面曲线。

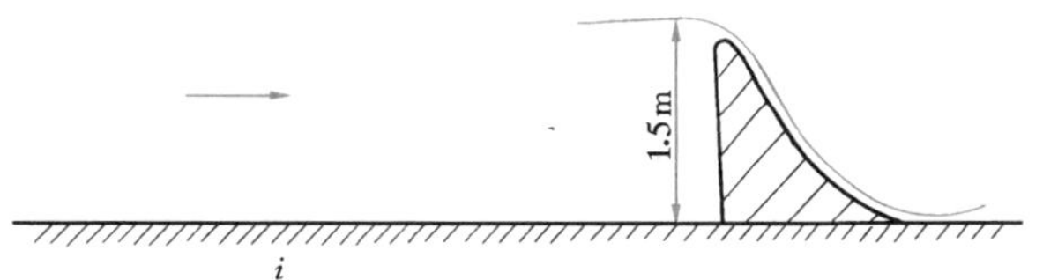

图 9-54 习题 9.23 图

(拓展习题)

(拓展习题答案)

第 10 章 堰 流

10.1 堰流及其特征

10.1.1 堰和堰流

在缓流中，为控制水位和流量而设置的顶部溢流的障壁称为堰，缓流经堰顶溢流的急变流现象称为堰流。堰顶溢流时，由于堰对来流的约束，使堰前水面壅高，然后堰上水面降落，流过堰顶。

堰在工程中应用十分广泛，在水利工程中，溢流堰是主要的泄水建筑物；在给水排水工程中，是常用的溢流集水设备和量水设备；也是实验室常用的流量量测设备。

表征堰流的各项特征量如图 10-1 所示。

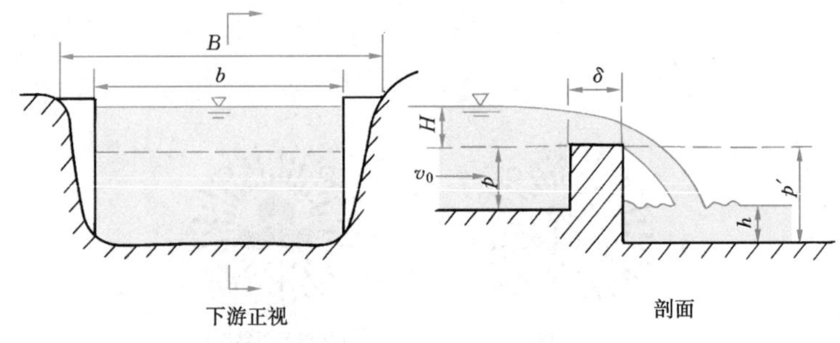

图 10-1 堰流

b —堰宽，水漫过堰顶的宽度；δ—堰顶厚度；H—堰上水头，上游水位在堰顶上最大超高；p，p'—堰上、下游坎高；h—堰下游水深；B—上游渠道宽，上游来流宽度；v_0—行近流速，上游来流速度

本章主要讨论堰流的流量与其他特征量的关系。

10.1.2 堰的分类

堰顶溢流的水流情况，随堰顶厚度 δ 与堰上水头 H 的比值不同而变化，按 δ/H 比值范围将堰分为三类。

1. 薄壁堰　$\frac{\delta}{H}<0.67$（图 10-2）

堰前来流由于受堰壁阻挡，底部水流因惯性作用上弯，当水舌回落到堰顶高程时，距上游壁面约 $0.67H$，堰顶厚 $\delta<0.67H$ 则过堰水流与堰顶为线接触，堰顶厚度对水流无影响，故称为薄壁堰。薄壁堰具有稳定的水位流量关系，主要用作测量流量的设备。

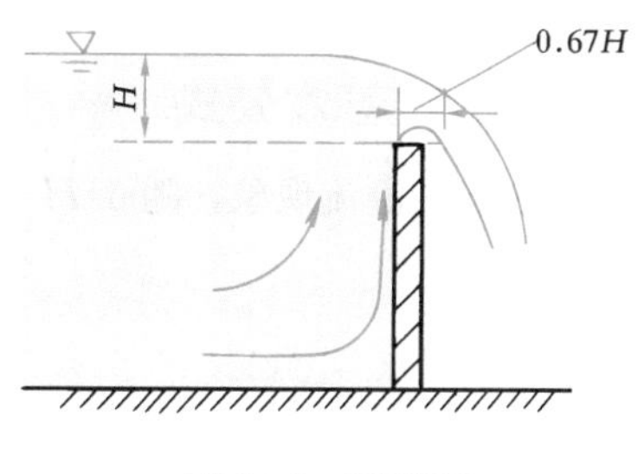

图 10-2　薄壁堰

2. 实用堰　$0.67\leqslant\frac{\delta}{H}<2.5$（图 10-3）

堰顶厚度大于薄壁堰，堰顶厚对水流有一定的影响，但堰上水面仍连续降落，这样的堰型称为实用堰。实用堰的剖面有曲线形和折线形两种(图 10-3)，水利工程中的大、中型溢流坝一般都采用曲线形实用堰，小型工程常采用折线形实用堰。

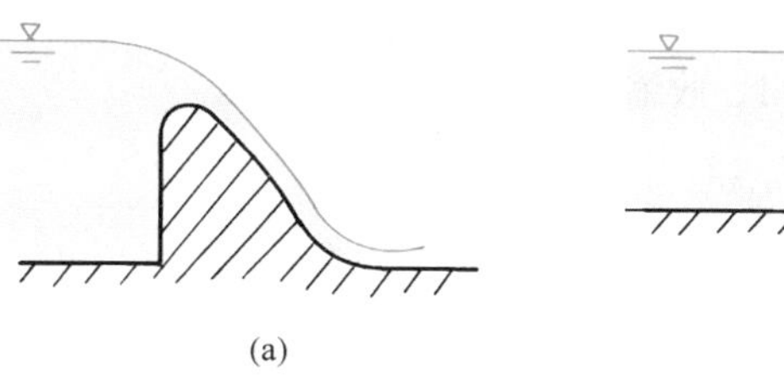

(a)　(b)

图 10-3　实用堰

3. 宽顶堰　$2.5\leqslant\frac{\delta}{H}<10$（图 10-4）

堰顶厚度较大，与堰上水头的比值超过 2.5，堰顶厚对水流有显著影响，在堰坎进口水面发生降落，堰上水流近似于水平流动，至堰坎出口水面再次降落与下游水流衔接，这种堰型称为宽顶堰。堰宽增至 $\delta>10H$，沿程水头损失不能忽略，流动已不属于堰流。

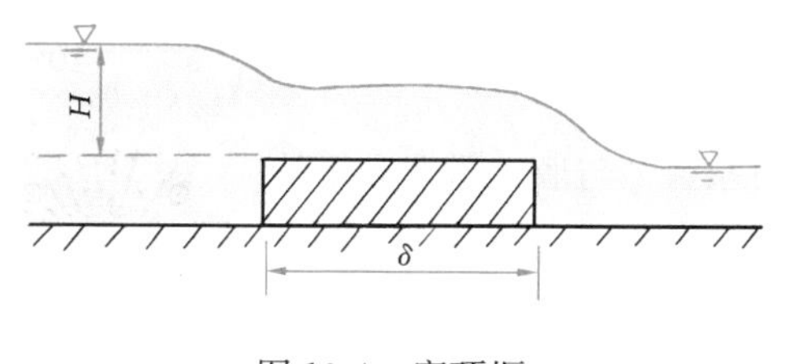

图 10-4　宽顶堰

工程上有许多流动，如流经平底进水闸(闸门底缘高出水面)、桥孔、无压短涵管等处的水流，虽无底坎阻碍，但受到侧向束缩，过水断面减小，其流动现象与宽顶堰溢流类同，故称无坎宽顶堰流。

10.2 宽顶堰溢流

10.2.1 基本公式

宽顶堰的溢流现象，随 δ/H 而变化，综合实际溢流情况，得出代表性的流动图形，如图 10-5 所示。

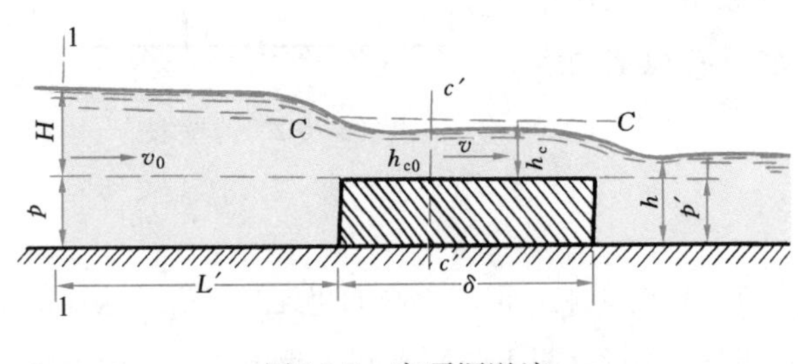

图 10-5 宽顶堰溢流

由于堰顶上过流断面小于来流的过流断面，流速增加，动能增大，同时水流进入堰口有局部水头损失，造成堰上水流势能减小，水面降落。在堰进口不远处形成小于临界水深的收缩水深 $h_{c0}<h_c$，堰上水流保持急流状态，水面近似平行堰顶。在出口（堰尾）水面第二次降落，与下游连接。

以堰顶为基准面，列上游断面 1-1、收缩断面 c'-c' 伯努利方程

$$H+\frac{\alpha_0 v_0^2}{2g}=h_{c0}+\frac{\alpha v^2}{2g}+\zeta\frac{v^2}{2g}$$

令 $H_0=H+\frac{\alpha_0 v_0^2}{2g}$，为包括行近流速水头的堰上水头。又 h_{c0} 与 H_0 有关，表示为 $h_{c0}=kH_0$，k 是与堰口形式和堰的相对高度（用 p/H 表示）有关的系数。将 H_0 及 $h_{c0}=kH$ 代入前式，得

流速 $$v=\frac{1}{\sqrt{\alpha+\zeta}}\sqrt{1-k}\ \sqrt{2gH_0}=\varphi\sqrt{1-k}\ \sqrt{2gH_0}$$

流量 $$Q=vkH_0b=\varphi k\sqrt{1-k}b\ \sqrt{2g}\,H_0^{3/2}=mb\sqrt{2g}H_0^{3/2} \tag{10-1}$$

式中 φ——流速系数，$\varphi=\frac{1}{\sqrt{\alpha+\zeta}}$，这里局部阻力系数 ζ 与堰口形式和堰的相对高度 p/H 有关；

m——流量系数，$m=\varphi k\sqrt{1-k}$，由决定系数 k、φ 的因素可知，m 取决于堰口形式和相对堰高 p/H。

（实验演示——宽顶堰测定实验）

别列津斯基（Березинский. А. Р. 1950 年）根据实验，提出流量系数 m 的经验公式：

矩形直角进口宽顶堰(图 10-6a)

$0 \leqslant \frac{p}{H} \leqslant 3.0$

$$m = 0.32 + 0.01 \frac{3 - \frac{p}{H}}{0.46 + 0.75 \frac{p}{H}} \tag{10-2}$$

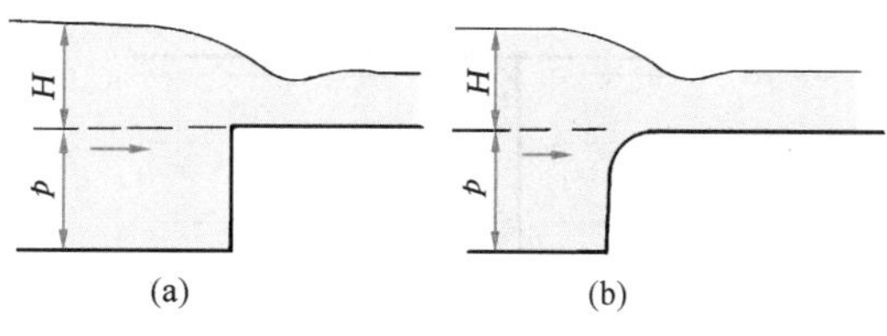

图 10-6　宽顶堰进口情况

$\frac{p}{H} > 3.0$，流量系数取常数　$m = 0.32$

矩形修圆进口宽顶堰（图 10-6b)

$0 \leqslant \frac{p}{H} \leqslant 3.0$

$$m = 0.36 + 0.01 \frac{3 - \frac{p}{H}}{1.2 + 1.5 \frac{p}{H}} \tag{10-3}$$

$\frac{p}{H} > 3.0$，流量系数取常数　$m = 0.36$

10.2.2 淹没的影响

下游水位较高，顶托过堰水流，造成堰上水流性质发生变化。堰上水深由小于临界水深变为大于临界水深，水流由急流变为缓流，下游干扰波能向上游传播，此时为淹没溢流(图 10-7)。

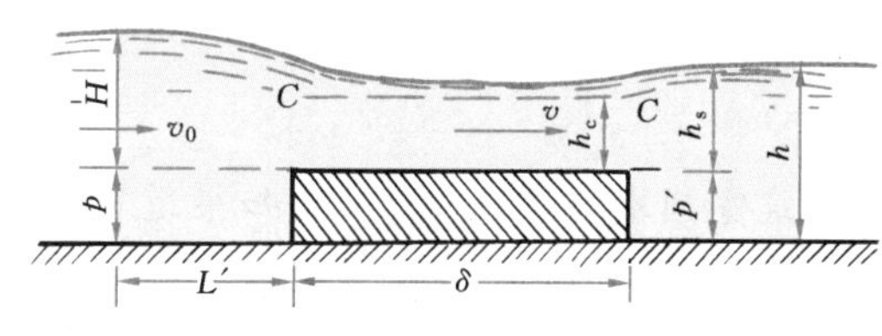

图 10-7　宽顶堰淹没溢流

下游水位高于堰顶 $h_s = h - p' > 0$，是形成淹没溢流的必要条件。形成淹没溢流的充分条件是下游水位影响到堰上水流由急流变为缓流。据实验得到淹没溢流的充分条件近似为

$$h_s = h - p' \geqslant (0.75 \sim 0.85) H_0 \tag{10-4}$$

淹没溢流由于受下游水位的顶托，堰的过流能力降低。淹没的影响用淹没系数表示，淹没宽顶堰的溢流量

$$Q = \sigma_s m b \sqrt{2g} H_0^{3/2} \tag{10-5}$$

式中，σ_s 为淹没系数，主要随淹没程度 h_s/H_0 的增大而减小，见表 10-1。

宽顶堰的淹没系数　**表 10-1**

$\frac{h_s}{H_0}$	0.80	0.81	0.82	0.83	0.84	0.85	0.86	0.87	0.88	0.89	0.90	0.91	0.92	0.93	0.94	0.95	0.96	0.97	0.98
σ_s	1.00	0.995	0.99	0.98	0.97	0.96	0.95	0.93	0.90	0.87	0.84	0.82	0.78	0.74	0.70	0.65	0.59	0.50	0.40

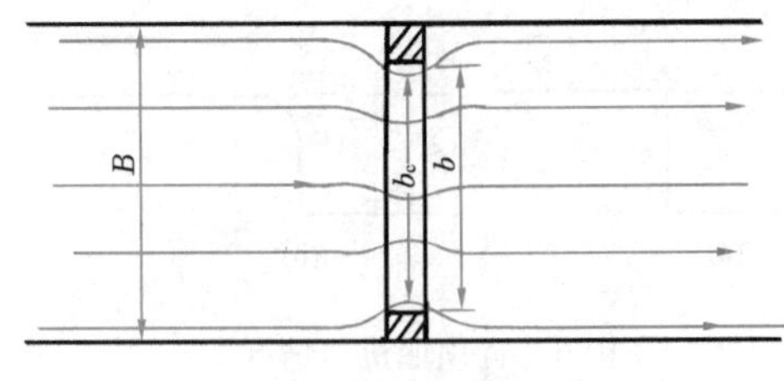

图 10-8 宽顶堰的侧收缩

10.2.3 侧收缩的影响

堰宽小于上游渠道宽 $b<B$，水流流进堰口后，在边墩前部发生脱离，使堰流的过流断面宽度实际上小于堰宽（图10-8），同时也增加了局部水头损失，造成堰的过流能力降低，这就是侧收缩现象。侧收缩的影响用侧收缩系数表示，非淹没有侧收缩的宽顶堰溢流量

$$Q = m\varepsilon b\sqrt{2g}H_0^{3/2} = mb_c\sqrt{2g}H_0^{3/2} \tag{10-6}$$

式中 b_c——收缩堰宽 $b_c=\varepsilon b$；

ε——侧收缩系数，与相对堰高 p/H，相对堰宽 b/B，墩头形状（以墩形系数 a 表示）有关。对单孔宽顶堰有经验公式

$$\varepsilon = 1 - \frac{a}{\sqrt[3]{0.2+\dfrac{p}{H}}}\sqrt[4]{\frac{b}{B}}\left(1-\frac{b}{B}\right) \tag{10-7}$$

a 为墩形系数，矩形墩 $a=0.19$，圆弧墩 $a=0.10$。公式应用条件 $\dfrac{b}{B}\geqslant 0.2$，$\dfrac{P}{H}\leqslant 3$。

淹没式有侧收缩宽顶堰溢流量

$$Q = \sigma_s m\varepsilon b\sqrt{2g}H_0^{3/2} = \sigma_s mb_c\sqrt{2g}H_0^{3/2} \tag{10-8}$$

【例 10-1】某矩形断面渠道，为引水灌溉修筑宽顶堰（图 10-9）。已知渠道宽 $B=3\text{m}$，堰宽 $b=2\text{m}$，坝高 $p=p'=1\text{m}$，堰上水头 $H=2\text{m}$，堰顶为直角进口，墩头为矩形，下游水深 $h=2\text{m}$，试求过堰流量。

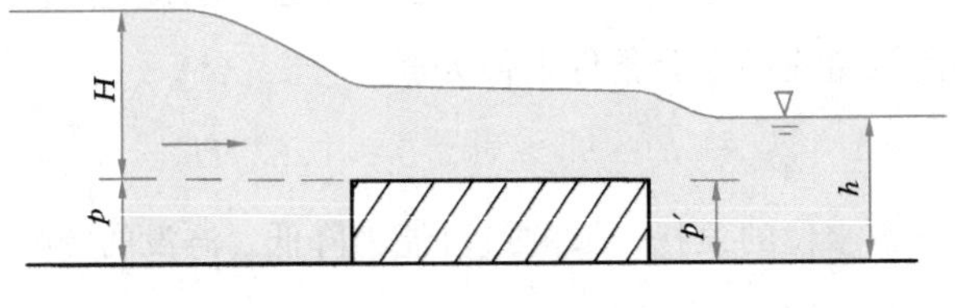

图 10-9 宽顶堰算例

【解】(1) 判别出流形式

$$h_s = h - p' = 1\text{m} > 0$$

$$0.8H_0 > 0.8H = 0.8\times 2 = 1.6\text{m} > h_s$$

满足淹没溢流必要条件，但不满足充分条件，为自由式溢流。

$b<B$，有侧收缩。综上，本堰为自由溢流有侧收缩的宽顶堰。

（2）计算流量系数 m

堰顶为直角进口，$\frac{p}{H}=0.5<3$，由式（10-2）

$$m=0.32+0.01\frac{3-\frac{p}{H}}{0.46+0.75\frac{p}{H}}=0.35$$

（3）计算侧收缩系数

单孔宽顶堰，由式（10-7）

$$\varepsilon=1-\frac{a}{\sqrt[3]{0.2+\frac{p}{H}}}\sqrt[4]{\frac{b}{B}}\left(1-\frac{b}{B}\right)=0.936$$

（4）计算流量

自由溢流有侧收缩宽顶堰，由式（10-6）

$$Q=m\varepsilon b\sqrt{2g}H_0^{3/2}$$

其中 $H_0=H+\frac{\alpha v_0^2}{2g}$，$v_0=\frac{Q}{b\ (H+p)}$

用迭代法求解 Q，第一次取 $H_{0(1)}\approx H$

$$Q_{(1)}=m\varepsilon b\sqrt{2g}H_{0(1)}^{3/2}=0.35\times0.936\times2\sqrt{2g}\times2^{3/2}$$

$$=2.9\times2^{3/2}=8.2\text{m}^3/\text{s}$$

$$v_{0(1)}=\frac{Q_{(1)}}{b(H+p)}=\frac{8.2}{6}=1.37\text{m/s}$$

第二次近似，取 $H_{0(2)}=H+\frac{\alpha v_{0(1)}^2}{2g}=2+\frac{1.37^2}{19.6}=2.096\text{m}$

$$Q_{(2)}=2.9\times H_{0(2)}^{3/2}=2.9\times(2.096)^{3/2}=8.80\text{m}^3/\text{s}$$

$$v_{0(2)}=\frac{Q_{(2)}}{6}=\frac{8.8}{6}=1.47\text{m/s}$$

第三次近似，取 $H_{0(3)}=H+\frac{\alpha v_{0(2)}^2}{2g}=2.11\text{m}$

$$Q_{(3)}=2.9H_{0(3)}^{3/2}=8.89\text{m}^3/\text{s}$$

$$\frac{Q_{(3)}-Q_{(2)}}{Q_{(3)}}=\frac{8.89-8.8}{8.89}=0.01$$

本题计算误差限值定为1%，则过堰流量为

$$Q=Q_{(3)}=8.89\text{m}^3/\text{s}$$

(5) 校核堰上游流动状态

$$v_0 = \frac{Q}{b(H+p)} = \frac{8.89}{6} = 1.48\text{m/s}$$

$$Fr = \frac{v_0}{\sqrt{g(H+p)}} = \frac{1.48}{\sqrt{9.8 \times 3}} = 0.27 < 1$$

上游来流为缓流，流经障壁形成堰流，上述计算有效。

用迭代法求解宽顶堰流量高次方程，是一种基本的方法，但计算繁复，可编程用计算机求解。

10.3 薄壁堰和实用堰溢流

薄壁堰和实用堰虽然堰型和宽顶堰不同，但堰流的受力性质（受重力作用，不计沿程阻力）和运动形式（缓流经障壁顶部溢流）相同，因此具有相似的规律性和相同结构的基本公式。

10.3.1 薄壁堰溢流

常用的薄壁堰的堰口形状有矩形和三角形两种。

1. 矩形薄壁堰

矩形薄壁堰溢流如图 10-10 所示。

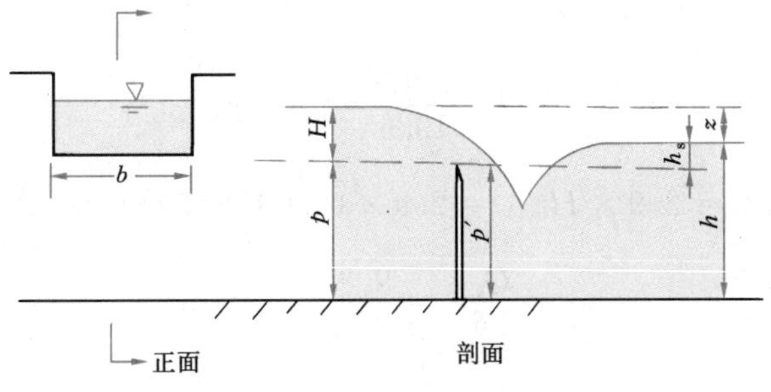

图 10-10　矩形薄壁堰溢流

因水流特点相同，基本公式的结构形式同式（10-1），对自由式溢流

$$Q = mb\sqrt{2g}H_0^{3/2}$$

为了能以实测的堰上水头 H 直接求得流量，将行近流速水头$\dfrac{\alpha v_0^2}{2g}$的影响计入流量系数内，则基本公式改写为

$$Q = m_0 b \sqrt{2g} H^{3/2} \tag{10-9}$$

式中 m_0 是计入行近流速水头影响的流量系数，需由实验确定。1898 年法国工程师巴赞（Bazin）提出经验公式

$$m_0 = \left(0.405 + \frac{0.0027}{H}\right)\left[1 + 0.55\left(\frac{H}{H+p}\right)^2\right] \tag{10-10}$$

式中 H、p 均以“m”计，公式适用范围为 $0.025\text{m} \leqslant H \leqslant 1.24\text{m}$，$p \leqslant 1.13\text{m}$，$b \leqslant 2\text{m}$。

淹没影响和侧收缩影响：

下游水位高于堰顶 $h_s = h - p' > 0$ 是淹没溢流的必要条件，上、下游水位相对落差 $\frac{z}{p'}$ < 0.7，发生淹没水跃是淹没溢流的充分条件。淹没溢流堰的过水能力降低，下游水面波动较大，溢流不稳定，所以用于量测流量用的薄壁堰，不宜在淹没条件下工作。

堰宽小于上游渠道的宽度 $b<B$ 时，水流在平面上受到束缩，堰的过水能力降低，流量系数可用修正的巴赞公式计算

$$m_0 = \left[0.405 + \frac{0.0027}{H} - 0.03\frac{B-b}{B}\right] \times \left[1 + 0.55\left(\frac{H}{H+p}\right)^2\left(\frac{b}{B}\right)^2\right] \tag{10-11}$$

2. 三角形薄壁堰

用矩形堰量测流量，当小流量时，堰上水头 H 很小，量测误差增大。为使小流量仍能保持较大的堰上水头，就要减小堰宽，为此采用三角形堰（图 10-11）。

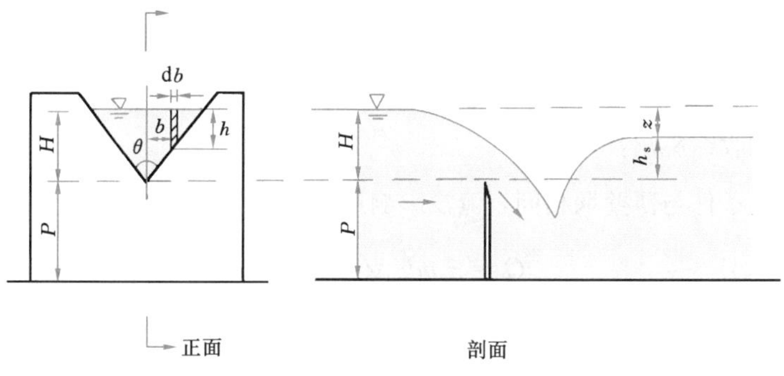

图 10-11 三角形堰溢流

设三角形堰的夹角为 θ，自顶点算起的堰上水头为 H，将微小宽度 $\mathrm{d}b$ 看成矩形薄壁堰流，则微小流量的表达式为

$$\mathrm{d}Q = m_0 \sqrt{2g} h^{3/2} \mathrm{d}b$$

式中 h 为 $\mathrm{d}b$ 处的水头，由几何关系 $b = (H-h)\tan\frac{\theta}{2}$，则

$$\mathrm{d}b = -\tan\frac{\theta}{2}\mathrm{d}h$$

代入上式

$$dQ = -m_0 \tan\frac{\theta}{2}\sqrt{2g}h^{3/2}dh$$

堰的溢流量

$$Q = -2m_0\tan\frac{\theta}{2}\sqrt{2g}\int_H^0 h^{3/2}dh = \frac{4}{5}m_0\tan\frac{\theta}{2}\sqrt{2g}H^{5/2}$$

当 $\theta=90°$，$0.07\text{m}\leqslant H\leqslant 0.26\text{m}$ 时，由实验得出 $m_0=0.395$，于是

$$Q = 1.4H^{5/2} \tag{10-12}$$

式中 H 为自堰口顶点算起的堰上水头，单位以“m”计，流量 Q 单位以“m^3/s”计。

当 $\theta=90°$，$0.06\text{m}\leqslant H\leqslant 0.55\text{m}$ 时，另有经验公式

$$Q = 1.343H^{2.47} \tag{10-13}$$

式中符号和单位与式（10-12）相同。

10.3.2 实用堰溢流

实用堰是水利工程中用来挡水同时又能泄水的水工建筑物，按剖面形状分为曲线形实用堰（图 10-3a）和折线形实用堰（图 10-3b）。曲线形实用堰的剖面，是按矩形薄壁堰自由溢流水舌的下缘面加以修正定型的，折线形实用堰以梯形剖面居多。实用堰基本公式的结构形式同式（10-1）

$$Q = mb\sqrt{2g}H_0^{3/2}$$

实用堰的流量系数 m 变化范围较大，视堰壁外形、水头大小及首部情况而定。初步估算，曲线形实用堰可取 $m=0.45$，折线形实用堰可取 $m=0.35\sim0.42$。

淹没影响和侧收缩影响：

实用堰的淹没条件与薄壁堰相同，淹没影响用淹没系数 σ_s 表示

$$Q = \sigma_s mb\sqrt{2g}H_0^{3/2}$$

式中 σ_s——淹没系数，取决于下游相对堰高 P'/H_0 和相对淹高 h_s/H_0，P'/H_0 较大的堰，σ_s 主要随相对淹高 h_s/H_0 变化，见表 10-2（取 $H_0\approx H$）。

当堰宽小于上游渠道的宽度 $b<B$，过堰水流发生侧收缩，造成过流能力降低。侧收缩的影响用侧收缩系数表示

$$Q = m\varepsilon b\sqrt{2g}H_0^{3/2}$$

式中 ε 为侧收缩系数，初步估算时常取 $\varepsilon=0.85\sim0.95$。

实用堰的淹没系数　　表 10-2

$\frac{h_s}{H}$	0.05	0.20	0.30	0.40	0.50	0.60	0.70	0.80	0.90	0.95	0.975	0.995	1.00
σ_s	0.997	0.985	0.972	0.957	0.935	0.906	0.856	0.776	0.621	0.470	0.319	0.100	0

10.4* 小桥孔径的水力计算

桥梁孔径计算方法分为“小桥”和“大中桥”两类。小桥孔径计算方法适用桥下不能冲刷的河槽，如人工加固或岩石河槽；大中桥孔径计算方法适用于桥下河槽能够发生冲淤变形的天然河床。本节讨论小桥孔径的水力计算。

10.4.1 小桥孔过流的水力特性

小桥孔过流属无坎宽顶堰流，仍按宽顶堰溢流分析。根据下游水位是否影响桥孔过流，分为自由出流和淹没出流。

1. 自由出流

若下游河槽水深 h 不超过桥下河槽临界水深 h_c 的 1.3 倍，即 $h<1.3h_c$，下游水位不影响桥孔过流，称为桥孔自由出流（图 10-12）。

桥位河段为缓坡，桥上游水面线为 M_1 型水面线，桥前最大水深为 H，水流跌落进入桥下河槽后形成收缩断面，水深 h_{c0} 略小于 h_c，其后水深逐渐增加，接近 h_c，水流保持急流状态，在出口后水面第二次降落与下游衔接。

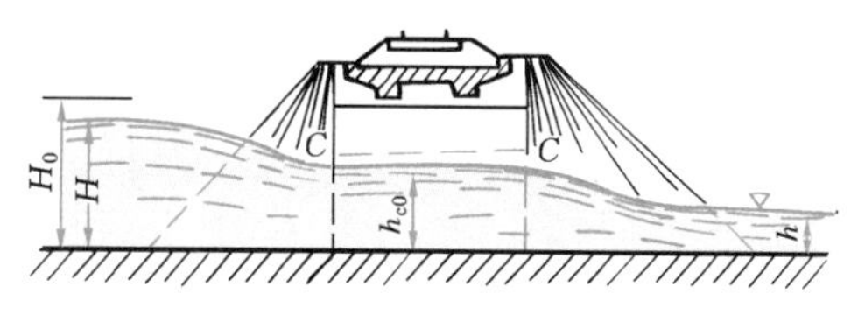

图 10-12　自由式小桥过流

列桥前断面和桥下收缩断面伯努利方程

$$H+\frac{\alpha_0 v_0^2}{2g}=h_{c0}+\frac{\alpha v^2}{2g}+\zeta\frac{v^2}{2g}$$

令 $H_0=H+\frac{\alpha_0 v^2}{2g}$，又 $h_{c0}=\psi h_c$，其中系数 ψ 视小桥进口形状而定，平滑进口 $\psi=0.80\sim0.85$，非平滑进口 $\psi=0.75\sim0.80$。代入前式，解得

流速
$$v=\frac{1}{\sqrt{\alpha+\zeta}}\sqrt{2g(H_0-\psi h_c)}=\varphi\sqrt{2g(H_0-\psi h_c)} \tag{10-14}$$

流量
$$Q=vA=\varepsilon b\psi h_c\varphi\sqrt{2g(H_0-\psi h_c)} \tag{10-15}$$

式中　φ——小桥孔的流速系数，$\varphi=\frac{1}{\sqrt{\alpha+\zeta}}$；

ε——小桥孔的侧收缩系数。

系数 φ 和 ε 的经验值列于表 10-3。

小桥的流速系数和侧收缩系数　　表 10-3

小桥形式	φ（自由流）	φ（淹没流）	ε
单孔桥锥坡填土	0.56	0.90	0.90
单孔桥八字翼墙	0.56	0.90	0.85
多孔桥，无锥坡桥或桥台伸出锥坡外	0.54	0.85	0.80
拱桥，淹没拱脚	0.54	0.80	0.75

2. 淹没出流

若下游河槽水深 h 超过桥下河槽临界水深 h_c 的 1.3 倍，即 $h>1.3h_c$，下游水位影响桥孔过流，此时为桥孔淹没出流（图 10-13）。

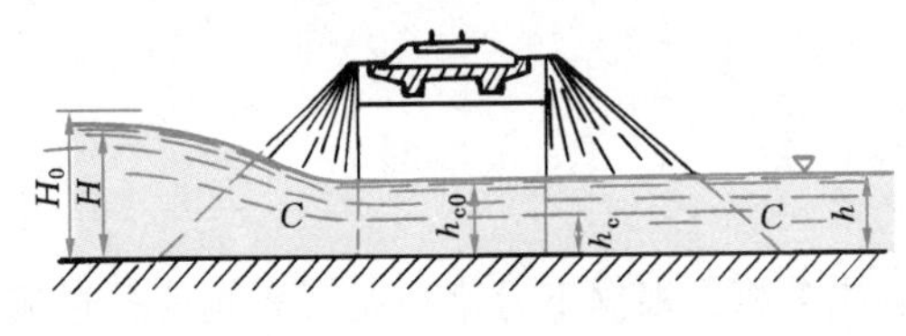

图 10-13　淹没式小桥过流

上游来流在桥孔进口水面降落，桥下河槽水深 h_{c0} 大于 h_c，忽略桥孔出口动能恢复，$h_{c0}=h$。

列桥前断面和桥下断面伯努利方程，得

$$v=\varphi\sqrt{2g(H_0-h)} \tag{10-16}$$

$$Q=\varepsilon bh\varphi\sqrt{2g(H_0-h)} \tag{10-17}$$

10.4.2 小桥孔径的水力计算

按桥梁孔径计算方法分类特点，小桥孔径水力计算要满足通过设计流量时，桥下河槽不发生冲刷，为此，以不冲允许流速 v' 作为小桥孔径的设计流速，计算要点如下：

1. 计算临界水深

以不冲允许流速 v' 计算桥下河槽的临界水深，已知设计流量（设计频率的流量，由水文计算确定）Q，桥孔过水断面为矩形，设宽度为 b，因侧收缩影响，有效宽度为 εb，临界水深由式（9-22）

$$h_c=\sqrt[3]{\frac{\alpha Q^2}{g(\varepsilon b)^2}}$$

由设计流量

$Q=\varepsilon b\psi h_c v'$ 代入上式，化简得

$$h_c=\frac{\alpha\psi^2 v'^2}{g} \tag{10-18}$$

2. 计算小桥孔径

由式（10-18）算出 h_c，判别桥孔出流形式并计算孔径。

自由出流（$h<1.3h_c$），桥下河槽水深 $h_{c0}=\psi h_c$

$$b=\frac{Q}{\varepsilon\psi h_c v'}$$

淹没出流（$h>1.3h_c$），桥下河槽水深 $h_{c0}=h$

$$b=\frac{Q}{\varepsilon h v'}$$

实际工程中常采用标准孔径，铁路、公路桥梁的标准孔径有 4m、5m、6m、8m、10m、12m、16m、20m 等多种。

3. 按采用的标准孔径验算桥孔过流情况

按采用的标准孔径 B，由式（9-22）重新计算 h_c，判别桥孔出流形式并计算桥下河槽的流速 v。

自由出流（$h<1.3h_c$）　$v=\frac{Q}{\varepsilon B\psi h_c}$

淹没出流（$h>1.3h_c$）　$v=\frac{Q}{\varepsilon Bh}$

v 应小于 v'，以保证桥下河槽不发生冲刷。

4. 计算桥梁壅水

桥梁壅水水深是上游水面线的控制水深，决定桥梁壅水的影响范围。就桥梁本身而言，过高的壅水，会部分或全部地淹没桥梁上部结构，使桥孔过流变为有压流，并使主梁受水平推力和浮力作用，导致上部结构在洪水中颤动解体，因此，桥梁壅水水深要控制在规范允许的范围内。

自由出流，由式（10-14）

$$H_0=\frac{v^2}{2g\varphi^2}+\psi h_c$$

$$H=H_0-\frac{\alpha_0 v_0^2}{2g}=H_0-\frac{Q^2}{2g(B_1 H)^2}<H' \tag{10-19}$$

近似用

$$H\approx H_0<H'$$

式中　B_1——桥前河槽宽；

H'——桥梁允许壅水水深。

淹没出流，由式（10-16）

$$H_0=\frac{v^2}{2g\varphi^2}+h$$

$$H=H_0-\frac{\alpha_0 v_0^2}{2g}=H_0-\frac{Q^2}{2g(B_1 H)^2}<H' \tag{10-20}$$

近似用

$$H\approx H_0<H'$$

【例 10-2】 由水文计算已知小桥设计流量 $Q=30\text{m}^3/\text{s}$。根据下游河段流量-水位关系曲线，求得该流量时下游水深 $h=1.0\text{m}$。由规范，桥梁允许壅水水深 $H'=2\text{m}$，桥下允许流速 $v'=3.5\text{m/s}$。由小桥进口形式，查得各项系数：$\varphi=0.90$；$\varepsilon=0.85$；$\psi=0.80$。试设计此小桥孔径。

【解】(1) 计算临界水深

$$h_c=\frac{\alpha\psi^2 v'^2}{g}=\frac{1.0\times0.8^2\times3.5^2}{9.8}=0.8\text{m}$$

$1.3h_c=1.3\times0.8=1.04\text{m}>h=1.0\text{m}$，此小桥过流为自由出流。

(2) 计算小桥孔径

$$b=\frac{Q}{\varepsilon\psi h_c v'}=\frac{30}{0.85\times0.8\times0.8\times3.5}=15.8\text{m}$$

取标准孔径

$$B=16\text{m}$$

(3) 重新计算临界水深

$$h_c=\sqrt[3]{\frac{\alpha Q^2}{(\varepsilon B)^2 g}}=\sqrt[3]{\frac{1\times30^2}{(0.85\times16)^2\times9.8}}=0.792\text{m}$$

$1.3h_c=1.3\times0.792=1.03\text{m}>h$，仍为自由出流。桥孔的实际流速

$$v=\frac{Q}{\varepsilon B\psi h_c}=\frac{30}{0.85\times16\times0.8\times0.792}=3.48\text{m/s}$$

$v<v'$ 不会发生冲刷。

(4) 验算桥梁壅水水深

$$H\approx H_0=\frac{v^2}{2g\varphi^2}+\psi h_c=\frac{3.48^2}{19.6\times0.9^2}+0.8\times0.792=1.397\text{m}$$

$H<H'$ 满足设计要求。

习题

选择题

10.1 堰流是：(a) 缓流经障壁溢流；(b) 急流经障壁溢流；(c) 无压均匀流动；(d) 有压均匀流动。

10.2 符合以下条件的堰流是宽顶堰溢流：(a) $\frac{\delta}{H}<0.67$；(b) $0.67<\frac{\delta}{H}<2.5$；(c) $2.5<\frac{\delta}{H}<10$；(d) $\frac{\delta}{H}>10$。

10.3　自由式宽顶堰的堰顶水深 h_{c0}：(a) $h_{c0}<h_c$；(b) $h_{c0}>h_c$；(c) $h_{c0}=h_c$；(d) 不定(h_c 为临界水深)。

10.4　堰的淹没系数 σ_s：(a) $\sigma_s<1$；(b) $\sigma_s>1$；(c) $\sigma_s=1$；(d) 都有可能。

10.5　小桥孔自由出流，桥下水深 h_{c0}：(a) $h_{c0}<h_c$；(b) $h_{c0}>h_c$；(c) $h_{c0}=h_c$；(d) 不定(h_c 为临界水深)。

10.6　小桥孔淹没出流的必要充分条件是下游水深 h：(a) $h>0$；(b) $h\geqslant 0.8h_c$；(c) $h\geqslant h_c$；(d) $h\geqslant 1.3h_c$。

计算题

10.7　自由溢流矩形薄壁堰，水槽宽 $B=2$m，堰宽 $b=1.2$m，堰高 $p=p'=0.5$m，试求堰上水头 $H=0.25$m 时的流量。

10.8　一直角进口无侧收缩宽顶堰，堰宽 $b=4.0$m，堰高 $p=p'=0.6$m，堰上水头 $H=1.2$m，堰下游水深 $h=0.8$m，求通过的流量。

10.9　设上题的下游水深 $h=1.70$m，求流量。

10.10　一圆进口无侧收缩宽顶堰，堰宽 $b=1.8$m，堰高 $p=p'=0.8$m，流量 $Q=12\text{m}^3/\text{s}$，下游水深 $h=1.73$m，求堰顶水头。

10.11　矩形断面渠道宽 2.5m，流量为 $1.5\text{m}^3/\text{s}$，水深 0.9m，为使水面抬高 0.15m，在渠道中设置低堰，已知堰的流量系数 $m=0.39$，试求堰的高度。

10.12　水面面积 50000m^2 的人工贮水池，通过宽 4m 的矩形堰泄流，溢流开始时堰顶水头为 0.5m，堰的流量系数 $m=0.4$，试求 9h 后堰顶水头是多少?

10.13　用直角三角形薄壁堰测量流量，如测量水头有 1%的误差，所造成的流量计算误差是多少?

10.14　小桥孔径设计，已知设计流量 $Q=15\text{m}^3/\text{s}$，允许流速 $v'=3.5$m/s，桥下游水深 $h=1.3$m，取 $\varepsilon=0.9$，$\varphi=0.9$，$\psi=1.0$，允许壅水水深 $H'=2.2$m，试设计小桥孔径 B。

(拓展习题)

(拓展习题答案)

（思维导图）

第11章 渗　　流

11.1 概述

流体在孔隙介质中的流动称为渗流，水在土孔隙中的流动即地下水流动，是自然界最常见的渗流现象。渗流理论在水利、石油、采矿、化工等领域有着广泛的应用，在土木工程中为地下水源的开发、降低地下水位、防止建筑物地基发生渗流变形提供理论依据。

11.1.1 水在土中的状态

水在土中的存在可分为气态水、附着水、薄膜水、毛细水和重力水等不同状态。气态水以蒸汽状态散逸于土孔隙中，存量极少，不需考虑。附着水和薄膜水也称结合水，其中附着水以极薄的分子层吸附在土颗粒表面，呈现固态水的性质；薄膜水则以厚度不超过分子作用半径的薄层包围土颗粒，性质和液态水近似，结合水数量很少，在渗流运动中可不考虑。毛细水因毛细管作用保持在土孔隙中，除特殊情况外，一般也可忽略。当土含水量很大时，除少许结合水和毛细水外，大部分水是在重力的作用下，在土孔隙中运动，这种水就是重力水。重力水是渗流理论研究的对象。

11.1.2 渗流模型

由于土孔隙的形状、大小及分布情况极其复杂，要详细地确定渗流在土孔隙通道中的流动情况极其困难，也无此必要。工程中所关心的是渗流的宏观平均效果，而不是孔隙内的流动细节，为此引入简化的渗流模型来代替实际的渗流。

渗流模型是渗流区域（流体和孔隙介质所占据的空间）的边界条件保持不变，略去全部土颗粒，认为渗流区连续充满流体，而流量与实际渗流相同，压强和渗流阻力也与实际渗流相同的替代流场。

按渗流模型的定义，渗流模型中某一过水断面积 ΔA（其中包括土颗粒面积和孔隙面积）通过的实际流量为 ΔQ，则 ΔA 上的平均速度，简称为渗流速度。

$$u=\frac{\Delta Q}{\Delta A}$$

而水在孔隙中的实际平均速度

$$u'=\frac{\Delta Q}{\Delta A'}=\frac{u\Delta A}{\Delta A'}=\frac{1}{n}u>u$$

式中 $\Delta A'$——ΔA 中孔隙面积；

n——土的孔隙度，$n=\dfrac{\Delta A'}{\Delta A}$，$n<1$。

可见，渗流速度小于土孔隙中的实际速度。

渗流模型将渗流作为连续空间内连续介质的运动，使得前面基于连续介质建立起来的描述流体运动的方法和概念，能直接应用于渗流中，使得在理论上研究渗流问题成为可能。

11.1.3 渗流的分类

在渗流模型的基础上，渗流也可按欧拉法的概念进行分类，例如，根据各渗流空间点上的流动参数是否随时间变化，分为恒定渗流和非恒定渗流；根据流动参数与坐标的关系，分为一维、二维、三维渗流；根据流线是否平行直线，分为均匀渗流和非均匀渗流，而非均匀渗流又可分为渐变渗流和急变渗流。此外从有无自由水面，可分为有压渗流和无压渗流。

11.1.4 不计流速水头

渗流的速度很小，流速水头 $\dfrac{\alpha v^2}{2g}$ 更小而忽略不计，则过流断面的总水头等于测压管水头，即

$$H=H_{\mathrm{p}}=z+\frac{p}{\rho g}$$

或者说，渗流的测压管水头等于总水头，测压管水头差就是水头损失，测压管水头线的坡度就是水力坡度，$J_{\mathrm{p}}=J$。

11.2 渗流的达西定律

流体在孔隙中流动，必然要有能量损失。法国工程师达西（Darcy，H. 1856 年）通过实验研究，总结出渗流水头损失与渗流速度之间的关系式，后人称之为达西定律。

11.2.1 达西定律

达西渗流实验装置如图 11-1 所示。该装置为上端开口的直立圆筒，筒壁

（达西实验）

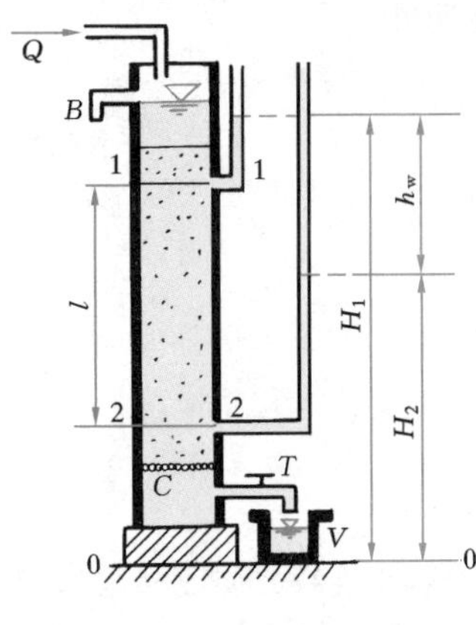

图 11-1　达西实验装置

上、下两断面装有测压管，圆筒下部距筒底不远处装有滤板 C。圆筒内充填均匀砂层，由滤板托住。水由上端注入圆筒，并以溢水管 B 使水位保持恒定。水渗流即可测量出测压管水头差，同时透过砂层的水经排水管流入计量容器 V 中，以便计算实际渗流量。

由于渗流不计流速水头，实测的测压管水头差即为两断面间的水头损失

$$h_w = H_1 - H_2$$

水力坡度
$$J = \frac{h_w}{l} = \frac{H_1 - H_2}{l}$$

达西由实验得出，圆筒内的渗流量 Q 与过流断面积（圆筒面积）A 及水力坡度 J 成正比，并和土的透水性能有关，基本关系式为

$$Q = kAJ \tag{11-1}$$

或

$$v = \frac{Q}{A} = kJ \tag{11-2}$$

式中　v——渗流断面平均流速，称渗流速度；

k——反映土性质和流体性质综合影响渗流的系数，具有速度的量纲，称为渗透系数。

达西实验是在等直径圆筒内均质砂土中进行的，属于均匀渗流，可以认为各点的流动状况相同，各点的速度等于断面平均流速，式（11-2）可写为

$$u = kJ \tag{11-3}$$

式（11-3）称为达西定律，该定律表明渗流的水力坡度，即单位距离上的水头损失与渗流速度的一次方成比例，因此也称为渗流线性定律。

达西定律推广到非均匀、非恒定渗流中，其表达式为

$$u = kJ = -k\frac{\mathrm{d}H}{\mathrm{d}s} \tag{11-4}$$

式中　u——点流速；

J——该点的水力坡度。

11.2.2　达西定律的适用范围

达西定律是渗流线性定律，后来范围更广的实验指出，随着渗流速度的加大，水头损失将与流速的 1～2 次方成比例。当流速大到一定数值后，水头损失和流速的 2 次方成正比，可见达西定律有一定的适用范围。

关于达西定律的适用范围，可用雷诺数进行判别。因为土孔隙的大小、形状和分布在很大的范围内变化，相应的判别雷诺数为

$$Re = \frac{vd}{\nu} \leqslant 1 \sim 10 \tag{11-5}$$

式中 v——渗流断面平均流速；

d——土颗粒的有效直径，一般用 d_{10}，即筛分时占10%质量的土粒所通过的筛孔直径；

ν——水的运动黏度。

为安全起见，可把 $Re=1.0$ 作为线性定律适用的上限。本章所讨论的内容，仅限于符合达西定律的渗流。

11.2.3 渗透系数的确定

渗透系数是反映土性质和流体性质综合影响渗流的系数，是分析计算渗流问题最重要的参数。由于该系数取决于土颗粒大小、形状、分布情况及地下水的物理化学性质等多种因素，要准确地确定其数值相当困难。确定渗透系数的方法，大致分为三类。

1. 实验室测定法

利用类似图11-1所示的渗流实验设备，实测水头损失 h_w 和流量 Q，按式(11-1)求得渗透系数

$$k = \frac{Ql}{Ah_w}$$

该法简单可靠，但往往因实验用土样受到扰动，和实地原状土有一定差别。

2. 现场测定法

在现场钻井或挖试坑，做抽水或注水试验，再根据相应的理论公式，反算渗透系数。

3. 经验方法

在有关手册或规范资料中，给出各种土的渗透系数值或计算公式，由于土的工程分类方法不统一，大都是经验性的，各有其局限性，可作为初步估算用。现将各类土的渗透系数列于表11-1。

土的渗透系数　　表11-1

土名	渗透系数 k		土名	渗透系数 k	
	m/d	cm/s		m/d	cm/s
黏土	<0.005	$<6\times10^{-6}$	粗砂	20～50	$2\times10^{-2}\sim6\times10^{-2}$
粉质黏土	0.005～0.1	$6\times10^{-6}\sim1\times10^{-4}$	均质粗砂	60～75	$7\times10^{-2}\sim8\times10^{-2}$
黏质粉土	0.1～0.5	$1\times10^{-4}\sim6\times10^{-4}$	圆砾	50～100	$6\times10^{-2}\sim1\times10^{-1}$
黄土	0.25～0.5	$3\times10^{-4}\sim6\times10^{-4}$	卵石	100～500	$1\times10^{-1}\sim6\times10^{-1}$
粉砂	0.5～1.0	$6\times10^{-4}\sim1\times10^{-3}$	无填充物卵石	500～1000	$6\times10^{-1}\sim1\times10$
细砂	1.0～5.0	$1\times10^{-3}\sim6\times10^{-3}$	稍有裂隙岩石	20～60	$2\times10^{-2}\sim7\times10^{-2}$
中砂	5.0～20.0	$6\times10^{-3}\sim2\times10^{-2}$	裂隙多的岩石	>60	$>7\times10^{-2}$
均质中砂	35～50	$4\times10^{-2}\sim6\times10^{-2}$			

11.3 地下水的渐变渗流

在透水地层中的地下水流动，很多情况是具有自由液面的无压渗流。无压渗流相当于透水地层中的明渠流动，水面线称为浸润线。同地上明渠流动的分类相似，无压渗流也可分为流线是平行直线、等深、等速的均匀渗流，均匀渗流的水深称为渗流正常水深，以 h_0 表示。但由于受自然水文地质条件的影响，无压渗流更多的是流线近于平行直线的非均匀渐变渗流。

因渗流区地层宽阔，无压渗流一般可按一维流动处理，并将渗流的过流断面简化为宽阔的矩形断面计算。

通过对渐变渗流的分析，可以得出地下水位变化规律、地下水的动向和补给情况。

11.3.1 裘皮依（Dupuit，J.）公式

设非均匀渐变渗流，如图 11-2 所示。取相距为 ds 的过流断面 1-1、2-2，根据渐变流的性质，过流断面近于平面，面上各点的测压管水头皆相等。又由于渗流的总水头等于测压管水头，所以，1-1 与 2-2 断面之间任一流线上的水头损失相同

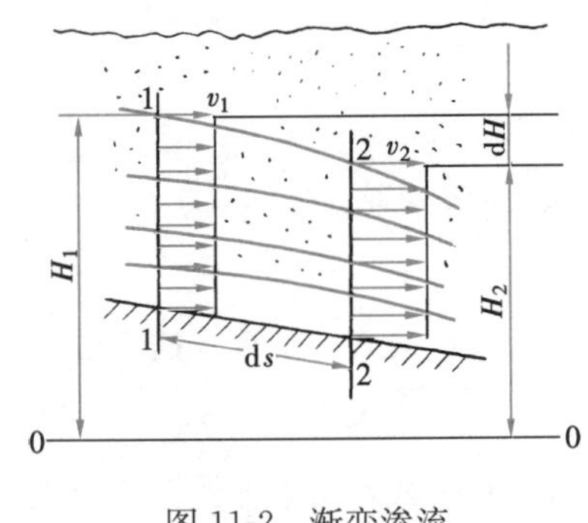

图 11-2 渐变渗流

$$H_1 - H_2 = -\mathrm{d}H$$

因为渐变流的流线近于平行直线，1-1 与2-2断面间各流线的长度近于 ds，则过流断面上各点的水力坡度相等

$$J = -\frac{\mathrm{d}H}{\mathrm{d}s}$$

代入式（11-4），过流断面上各点的流速相等，并等于断面平均流速，流速分布图为矩形，但不同过流断面的流速大小不同。

$$v = u = kJ = -k\frac{\mathrm{d}H}{\mathrm{d}s} \tag{11-6}$$

上式称裘皮依公式，它是法国学者裘皮依在 1863 年首先提出的。公式形式虽然和达西定律一样，但含意已是非均匀渐变渗流过流断面上，平均速度与水力坡度的关系。

11.3.2 渐变渗流基本方程

设无压非均匀渐变渗流，不透水地层坡度为 i，取过流断面 1-1、2-2，相距 ds，水深和

测压管水头的变化分别为 $\mathrm{d}h$ 和 $\mathrm{d}H$（图 11-3）。

1-1 断面的水力坡度

$$J=-\frac{\mathrm{d}H}{\mathrm{d}s}=-\left(\frac{\mathrm{d}z}{\mathrm{d}s}+\frac{\mathrm{d}h}{\mathrm{d}s}\right)=i-\frac{\mathrm{d}h}{\mathrm{d}s}$$

将 J 代入式（11-6），得 1-1 断面的平均渗流速度

$$v=k\left(i-\frac{\mathrm{d}h}{\mathrm{d}s}\right) \tag{11-7}$$

渗流量

$$Q=kA\left(i-\frac{\mathrm{d}h}{\mathrm{d}s}\right) \tag{11-8}$$

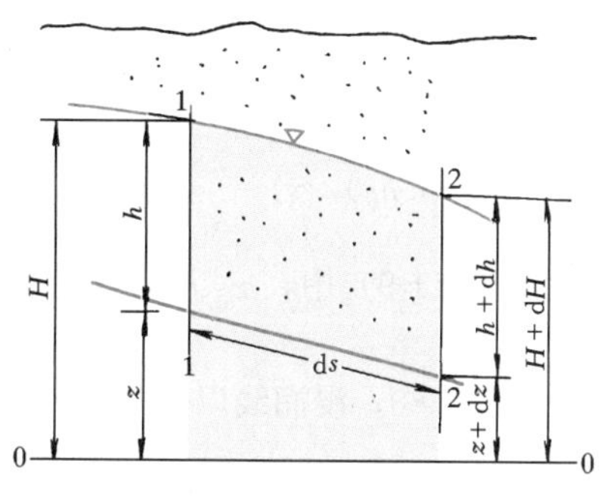

图 11-3 渐变渗流断面

上式是无压恒定渐变渗流的基本方程，是分析和绘制渐变渗流浸润曲线的理论基础。

11.3.3 渐变渗流浸润曲线的分析

同明渠非均匀渐变流水面曲线的变化相比较，因渗流速度很小，流速水头忽略不计，所以浸润线既是测压管水头线，又是总水头线。由于存在水头损失，总水头线沿程下降，因此，浸润线也只能沿程下降，不可能水平，更不可能上升，这是浸润线的主要几何特征。

渗流区不透水基底的坡度分为顺坡（$i>0$），平坡（$i=0$），逆坡（$i<0$）三种。只有顺坡存在均匀渗流，有正常水深。无压渗流无临界水深及缓流、急流的概念，因此浸润线的类型大为简化。

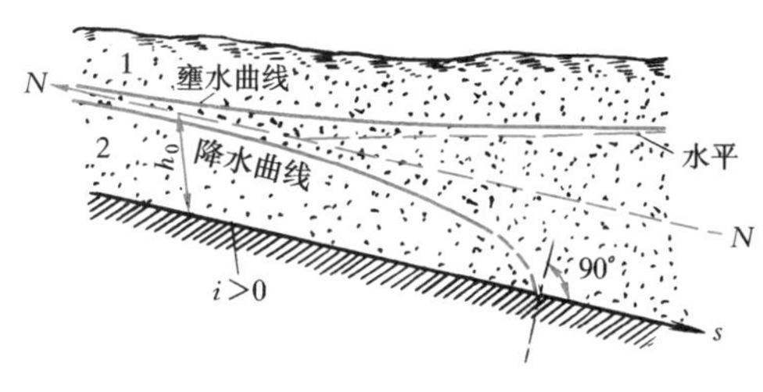

图 11-4 顺坡基底渗流

1. 顺坡渗流

对顺坡渗流，以均匀渗流正常水深 N-N 线，将渗流区分为上、下两个区域（图 11-4）。

由渐变渗流基本方程式（11-8）得

$$\frac{\mathrm{d}h}{\mathrm{d}s}=i-\frac{Q}{kA}$$

为便于同正常水深比较，式中流量用均匀渗流计算式 $Q=kA_0i$ 代入，得顺坡渗流浸润线微分方程

$$\frac{\mathrm{d}h}{\mathrm{d}s}=i\left(1-\frac{A_0}{A}\right) \tag{11-9}$$

式中 A_0——均匀渗流的过流断面积；

A——实际渗流的过流断面积。

1 区（$h>h_0$）

在式（11-9）中，$h>h_0$，$A>A_0$，$\frac{\mathrm{d}h}{\mathrm{d}s}>0$，浸润线是渗流壅水曲线。其上游端 $h\to h_0$，

$A \to A_0$，$\frac{dh}{ds} \to 0$，以 N-N 线为渐近线；下游端 $h \to \infty$，$A \to \infty$，$\frac{dh}{ds} \to i$，浸润线以水平线为渐近线。

2 区（$h < h_0$）

在式（11-9）中，$h < h_0$，$A < A_0$，$\frac{dh}{ds} < 0$，浸润线是渗流降水曲线。其上游端 $h \to h_0$，$A \to A_0$，$\frac{dh}{ds} \to 0$，浸润线以 N-N 为渐近线；下游端 $h \to 0$，$A \to 0$，$\frac{dh}{ds} \to -\infty$，浸润线与基底正交。由于此处曲率半径很小，不再符合渐变流条件，式（11-6）已不适用，这条浸润线的下游端实际上取决于具体的边界条件。

设渗流区的过流断面是宽度为 b 的宽阔矩形，$A = bh$，$A_0 = bh_0$ 代入式(11-9)，并令 $\eta = \frac{h}{h_0}$，$dh = h_0 d\eta$，得到

$$\frac{i ds}{h_0} = d\eta + \frac{d\eta}{\eta - 1}$$

将上式从断面 1-1 到 2-2 进行积分，得

$$\frac{il}{h_0} = \eta_2 - \eta_1 + 2.3\lg\frac{\eta_2 - 1}{\eta_1 - 1} \tag{11-10}$$

式中　$\eta_1 = \frac{h_1}{h_0}$；$\eta_2 = \frac{h_2}{h_0}$。

此式可用以绘制顺坡渗流的浸润线和进行水力计算。

2. 平坡渗流

平坡渗流区域如图 11-5 所示。令式（11-8）中底坡 $i = 0$，即得平坡渗流浸润线微分方程

$$\frac{dh}{ds} = -\frac{Q}{kA} \tag{11-11}$$

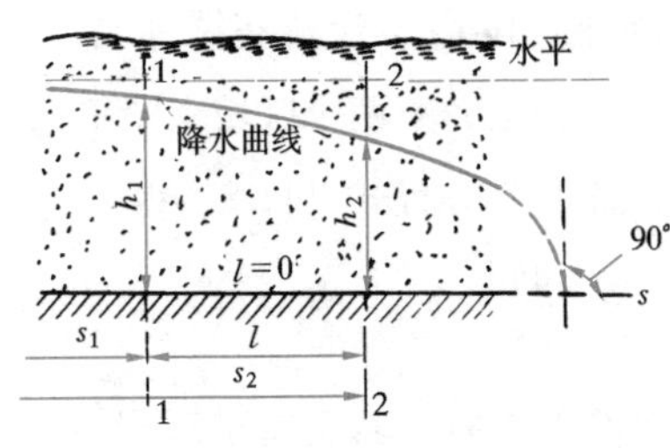

图 11-5　平坡基底渗流

在平坡基底上不能形成均匀渗流。上式中 Q、k、A 皆为正值，故 $\frac{dh}{ds} < 0$，只可能有一种浸润线，为渗流的降水曲线。其上游端 $h \to \infty$，$\frac{dh}{ds} \to 0$，以水平线为渐近线；下游端 $h \to 0$，$\frac{dh}{ds} \to -\infty$，与基底正交，性质和上述顺坡渗流的降水曲线末端类似。

设渗流区的过流断面是宽度为 b 的宽阔矩形，$A = bh$，$\frac{Q}{b} = q$（单宽流量）。代入式(11-11)，整理得

$$\frac{q}{k} ds = -h dh$$

将上式从断面 1-1 到 2-2 积分

$$\frac{ql}{k}=\frac{1}{2}(h_1^2-h_2^2) \qquad (11\text{-}12)$$

此式可用于绘制平坡渗流的浸润曲线和进行水力计算。

3. 逆坡渗流

在逆坡基底上，也不可能形成均匀渗流。对于逆坡渗流也只有一种浸润线，为渗流的降水曲线，如图 11-6 所示。其微分方程和积分式，这里不详述。

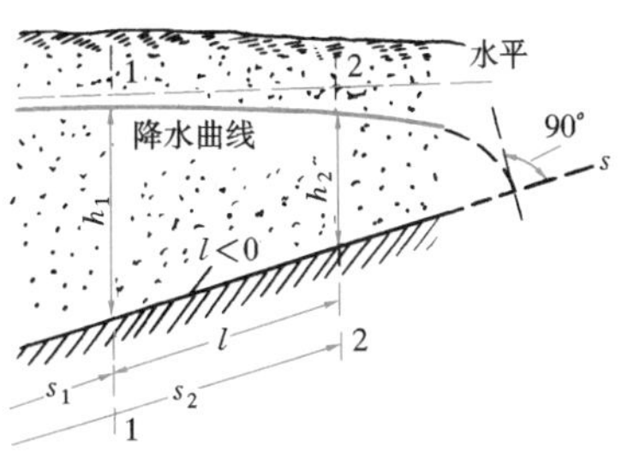

图 11-6 逆坡基底渗流

11.4 井和井群

井是汲取地下水源和降低地下水位的集水构筑物，应用十分广泛。

在具有自由水面的潜水层中凿的井，称为普通井或潜水井，其中贯穿整个含水层，井底直达不透水层的称为完整井，井底未达到不透水层的称不完整井。

含水层位于两个不透水层之间，含水层顶面压强大于大气压强，这样的含水层称为承压含水层。汲取承压地下水的井，称为承压井或自流井。

下面讨论普通完整井和自流井的渗流计算。

11.4.1 普通完整井

水平不透水层上的普通完整井如图 11-7 所示。管井的直径 50～1000mm，井深可达 1000m 以上。

设含水层中地下水的天然水面 A-A，含水层厚度为 H，井的半径为 r_0。从井内抽水时，井内水位下降，四周地下水向井中补给，并形成对称于井轴的漏斗形浸润面。如抽水流量不过大且恒定时，经过一段时间，向井内渗流达到恒定状态。井中水深和浸润漏斗面均保持不变。

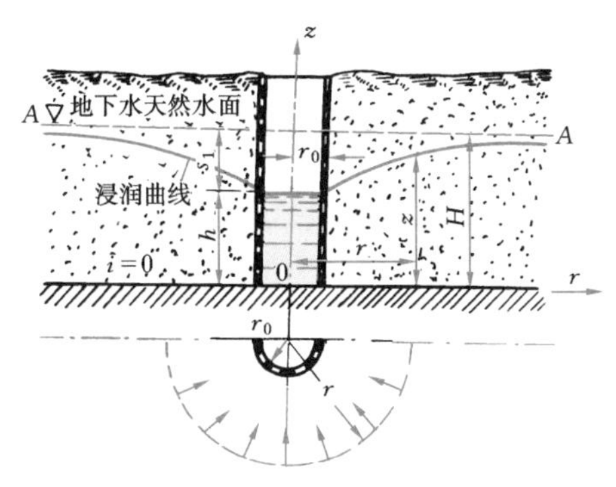

图 11-7 普通完整井

取距井轴为 r，浸润面高为 z 的圆柱形过水断面，除井周附近区域外，浸润曲线的曲率很小，可看作是恒定渐变渗流。

由裘皮依公式

$$v=kJ=-k\frac{\mathrm{d}H}{\mathrm{d}s}$$

将 $H=z$，$ds=-dr$ 代入上式

$$v = k\frac{dz}{dr}$$

渗流量
$$Q = Av = 2\pi rzk\frac{dz}{dr}$$

分离变量并积分

$$\int_h^z z dz = \int_{r_0}^r \frac{Q}{2\pi k}\frac{dr}{r}$$

得到普通完整井浸润线方程

$$z^2 - h^2 = \frac{Q}{\pi k}\ln\frac{r}{r_0} \tag{11-13}$$

或
$$z^2 - h^2 = \frac{0.732Q}{k}\lg\frac{r}{r_0} \tag{11-14}$$

从理论上讲，浸润线是以地下水天然水面线为渐近线，当 $r\to\infty$，$z=H$。但从工程实用观点来看，认为渗流区存在影响半径 R，R 以外的地下水位不受影响，即 $r=R$，$z=H$。代入式（11-14），得

$$Q = 1.366\frac{k(H^2-h^2)}{\lg\frac{R}{r_0}} \tag{11-15}$$

以抽水降深 s 代替井水深 h，$s=H-h$，式（10-15）整理得

$$Q = 2.732\frac{kHs}{\lg\frac{R}{r_0}}\left(1-\frac{s}{2H}\right) \tag{11-16}$$

当 $\frac{s}{2H}\ll 1$，式（11-16）可简化为

$$Q = 2.732\frac{kHs}{\lg\frac{R}{r_0}} \tag{11-17}$$

式中 Q——产水量；

h——井水深；

s——抽水降深；

R——影响半径；

r_0——井半径。

影响半径 R 可由现场抽水试验测定，估算时，可根据经验数据选取，对于细砂 $R=100\sim200$m，中等粒径砂 $R=250\sim500$m，粗砂 $R=700\sim1000$m。或用以下经验公式计算

$$R = 3000s\sqrt{k} \tag{11-18}$$

或
$$R = 575s\sqrt{Hk} \tag{11-19}$$

式中，k 以“m/s”计，R、s 和 H 均以“m”计。

11.4.2　承压完整井

承压完整井如图 11-8 所示，含水层位于两不透水层之间。设水平走向的承压含水层厚度为 t，凿井穿透含水层，未抽水时地下水位上升到 H，为承压含水层的总水头，井中水面高于含水层厚 t，有时甚至高出地表面向外喷涌。

自井中抽水，井中水深由 H 降至 h，井周围测压管水头线形成漏斗形曲面。取距井轴 r 处，测压管水头为 z 的过水断面，由裘皮依公式

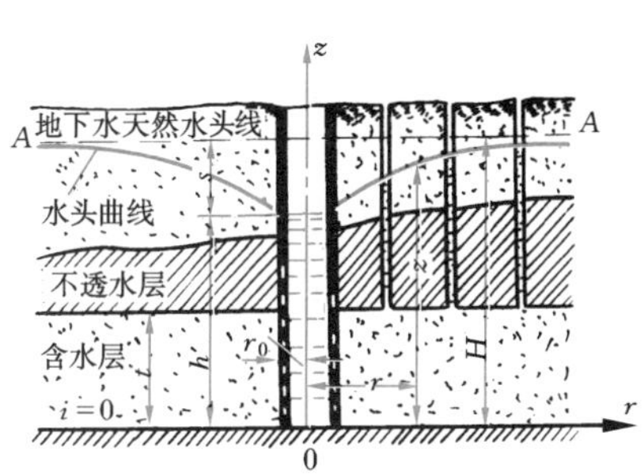

图 11-8　承压完整井

$$v = k\frac{\mathrm{d}z}{\mathrm{d}r}$$

流量　　$Q = Av = 2\pi rtk\dfrac{\mathrm{d}z}{\mathrm{d}r}$

分离变量积分

$$\int_h^z \mathrm{d}z = \frac{Q}{2\pi kt}\int_{r_0}^r \frac{\mathrm{d}r}{r}$$

承压完整井水头线方程为

$$z - h = 0.366\frac{Q}{kt}\lg\frac{r}{r_0}$$

同样引入影响半径概念，当 $r=R$ 时，$z=H$，代入上式，解得承压完整井产水量公式

$$Q = 2.732\frac{kt(H-h)}{\lg\dfrac{R}{r_0}} = 2.732\frac{kts}{\lg\dfrac{R}{r_0}} \tag{11-20}$$

11.4.3　井群

在工程中为了大量汲取地下水源，或更有效地降低地下水位，常需在一定范围内开凿多口井共同工作，这种情况称为井群。因为井群中各单井之间距离不很大，每一口井都处于其他井的影响半径之内，由于相互影响，使渗流区内地下水浸润面形状复杂化，总的产水量也不等于按单井计算产水量的总和。

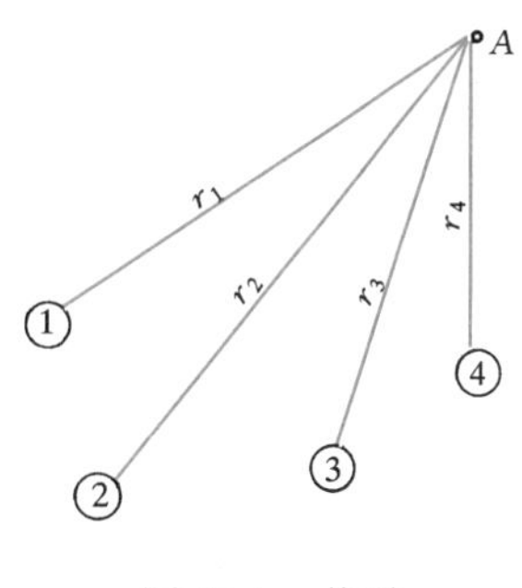

图 11-9　井群

设由 n 个普通完整井组成的井群如图 11-9 所示。各井的半径、产水量、至某点 A 的水平距离分别为 r_{01}、r_{02}、…、r_{0n}，Q_1、Q_2、…、Q_n 及 r_1、r_2、…、r_n。若各井单独工作时，它们的井水深分别为 h_1、h_2、…、h_n，在 A 点形成的浸润线高度分别为 z_1、z_2、…、z_n，由式（11-14）可知各自的浸润线方程为

$$z_1^2 = \frac{0.732Q_1}{k}\lg\frac{r_1}{r_{01}} + h_1^2$$

$$z_2^2 = \frac{0.732Q_2}{k}\lg\frac{r_2}{r_{02}} + h_2^2$$

……

$$z_n^2 = \frac{0.732Q_n}{k}\lg\frac{r_n}{r_{0n}} + h_n^2$$

各井同时抽水，在 A 点形成共同的浸润线高度 z，按势流叠加原理，其方程为

$$z^2 = \sum_{i=1}^{n} z_i^2 = \sum_{i=1}^{n}\left(\frac{0.732Q_i}{k}\lg\frac{r_i}{r_{0i}} + h_i^2\right)$$

当各井抽水状况相同，$Q_1 = Q_2 = \cdots = Q_n$，$h_1 = h_2 = \cdots = h_n$ 时，则

$$z^2 = \frac{0.732Q}{k}[\lg(r_1 r_2 \cdots r_n) - \lg(r_{01} r_{02} \cdots r_{0n})] + nh^2 \tag{11-21}$$

井群也具有影响半径 R，若 A 点处于影响半径处，可认为 $r_1 \approx r_2 \approx \cdots \approx r_n = R$，而 $z = H$，得

$$H^2 = \frac{0.732Q}{k}[n\lg R - \lg(r_{01} r_{02} \cdots r_{0n})] + nh^2 \tag{11-22}$$

式（11-21）与式（11-22）相减，得井群的浸润面方程

$$z^2 = H^2 - \frac{0.732Q}{k}[n\lg R - \lg(r_1 r_2 \cdots r_n)]$$

$$= H^2 - \frac{0.732Q_0}{k}\left[\lg R - \frac{1}{n}\lg(r_1 r_2 \cdots r_n)\right] \tag{11-23}$$

式中 $R = 575s\sqrt{Hk}$；

s——井群中心水位降深，以“m”计；

$Q_0 = nQ$ 总产水量。

【例 11-1】有一普通完整井，其半径为 0.1m，含水层厚度（即水深）H 为 8m，土的渗透系数为 0.001m/s，抽水时井中水深 h 为 3m，试估算井的产水量。

【解】最大抽水降深 $s = H - h = 8 - 3 = 5$m。由式（11-18）求影响半径

$$R = 3000s\sqrt{k} = 3000 \times 5\sqrt{0.001} = 474.3\text{m}$$

由式（11-15）求产水量

$$Q = 1.366\frac{k(H^2 - h^2)}{\lg\frac{R}{r_0}} = 1.366 \times \frac{0.001(8^2 - 3^2)}{\lg\frac{474.3}{0.1}} = 0.02\text{m}^3/\text{s}$$

【例 11-2】为了降低基坑中的地下水位，在基坑周围设置了 8 个普通完整井，其布置如图 11-10 所示，已知潜水层的厚度 $H = 10$m，井群的影响半径 $R = 500$m，渗透系数 $k =$

0.001m/s，井的半径 $r_0=0.1$m，总产水量 $Q_0=0.02\text{m}^3/\text{s}$，试求井群中心 0 点地下水位降深多少。

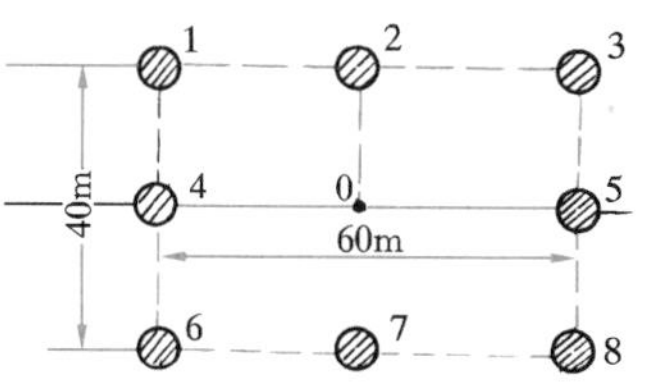

图 11-10　降低基坑地下水位

【解】各单井至 0 点的距离

$$r_4=r_5=30\text{m}, r_2=r_7=20\text{m}$$

$$r_1=r_3=r_6=r_8=\sqrt{30^2+20^2}=36\text{m}$$

代入式（11-23），$n=8$

$$z^2=H^2-\frac{0.732Q_0}{k}\left[\lg R-\frac{1}{8}\lg(r_1r_2\cdots r_8)\right]$$

$$=10^2-\frac{0.732\times0.02}{0.001}\left[\lg500-\frac{1}{8}(30^2\times20^2\times36^4)\right]$$

$$=82.09\text{m}^2$$

$$z=9.06\text{m}$$

0 点地下水位降深 $s=H-z=0.94$m

11.5　渗流对建筑物安全稳定的影响

前面各节围绕渗流量和浸润线的变化，阐述了地下水运动的一些基本规律，本章最后简略介绍渗流对建筑物安全稳定的影响。

11.5.1　扬压力

土木工程中，有许多建在透水地基上，由混凝土或其他不透水材料建造的建筑物，渗流作用在建筑物基底上的压力称为扬压力。

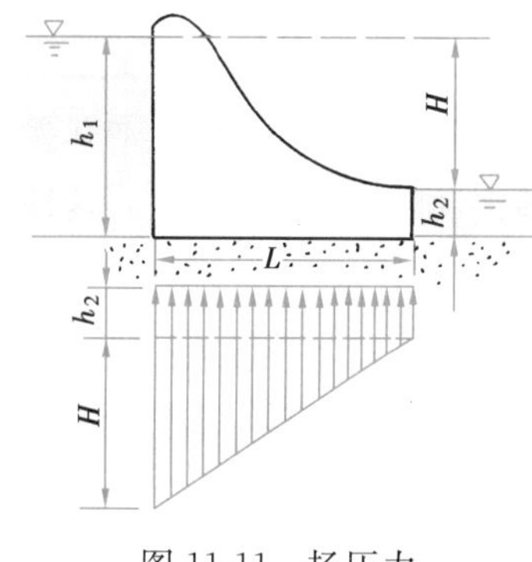

图 11-11　扬压力

以山区河流取水工程，建在透水岩石地基上的混凝土低坝（图 11-11）为例，介绍扬压力的近似算法。因坝上游水位高于下游水位，部分来水经地基渗透至下游，坝基底面任一点的渗透压强水头，等于上游河床的总水头减去入渗点至该点渗流的水头损失

$$\frac{P_i}{\rho g}=h_1-h_f=h_2+(H-h_f)$$

由上式，可将渗流作用在坝基底面的压强及所形成的压力，看成由两部分组成：

下游水深 h_2 产生的压强，这部分压强在坝基底面上均匀分布，所形成的压力是坝基淹

没 h_2 水深所受的浮力，作用在单位宽底面上的浮力

$$P_{Z1} = \rho g h_2 L$$

有效作用水头（$H-h_f$）产生的压强，根据观测资料，近似假定作用水头全部消耗于沿坝基底流程的水头损失，且水头损失均匀分配，故这部分压强按直线分布，分布图为三角形，作用在单位宽底面上的渗透压力

$$P_{Z2} = \frac{1}{2}\rho g H L$$

作用在单位宽坝基底面上的扬压力

$$P_Z = P_{Z1} + P_{Z2} = \frac{1}{2}\rho g(h_1 + h_2)L$$

非岩基渗透压强，一般可按势流理论用流网的方法计算，从略。

扬压力的作用，降低了建筑物的稳定性，对于主要依靠自重和地基间产生的摩擦力来保持抗滑动稳定性的重力式挡水建筑物，扬压力是稳定计算的基本载荷，不可忽视。

11.5.2 地基渗透变形

渗流对建筑物安全稳定的影响，除扬压力降低建筑物的稳定性之外，渗流速度过大，造成地基渗透变形，进而危及建筑物安全。地基渗透变形有两种形式：

1. 管涌

在非黏性土基中，渗流速度达一定值，基土中个别细小颗粒被冲动携带，随着细小颗粒被渗流带出，地基土的孔隙增大，渗流阻力减小，流速和流量增大，得以携带更大更多的颗粒，如此继续发展下去，在地基中形成空道，终将导致建筑物垮塌，这种渗流的冲蚀现象称为机械管涌，简称管涌。汛期江河堤防受洪水河槽高水位作用，在背河堤脚处发生管涌，是汛期常见的险情。在石基中，地下水可将岩层所含可溶性盐类溶解带出，在地基中形成空穴，削弱地基的强度和稳定性，这种渗流的溶滤现象称为化学管涌。

2. 流土

在黏性土基中，因土颗粒之间有粘结力，个别颗粒一般不易被渗流冲动携带，而在渗出点附近，当渗透压力超过上部土体质量，会使一部分基土整体浮动隆起，造成险情，这种局部渗透冲破现象称为流土。

管涌和流土危及建筑物的安全，工程上可采取限制渗流速度，阻截基土颗粒被带出地面等多种防渗措施，来防止破坏性渗透变形。

习题

选择题

11.1 比较地下水在不同土中渗透系数（黏土 k_1，黄土 k_2，细砂 k_3）的大小：(a) $k_1>k_2>k_3$；(b) $k_1<k_2<k_3$；(c) $k_2<k_1<k_3$；(d) $k_3<k_1<k_2$。

11.2 地下水浸润线沿程变化：(a) 下降；(b) 全程水平；(c) 上升；(d) 以上情况都可能。

11.3 地下水渐变渗流，过流断面上的渗流速度按：(a) 线性分布；(b) 抛物线分布；(c) 均匀分布；(d) 对数曲线分布。

11.4 达西定律的适用范围$\left(Re=\dfrac{ud_{10}}{\nu}\right)$：(a) $Re<2300$；(b) $Re>2300$；(c) $Re<575$；(d) $Re\leqslant 1\sim10$。

11.5 普通完整井的出水量：(a) 与渗透系数成正比；(b) 与井的半径成正比；(c) 与含水层厚度成正比；(d) 与影响半径成正比。

计算题

11.6 在实验室中用达西实验装置（图 11-1）来测定土样的渗透系数。如圆筒直径为 20cm，两测压管间距为 40cm，测得的渗流量为 100mL/min，两测压管的水头差为 20cm，试求土样的渗透系数。

11.7 上、下游水箱中间有一连接管（图 11-12），水箱水位恒定，连接管内充填两种不同的砂层（$k_1=0.003$m/s，$k_2=0.001$m/s），管道断面积为 0.01m^2，试求渗流量。

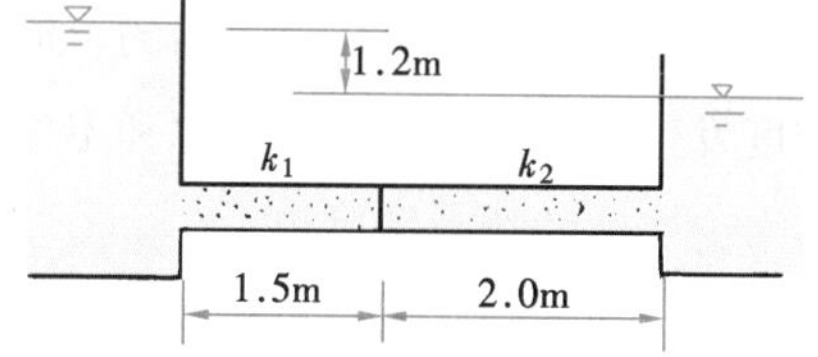

图 11-12 习题 11.7 图

11.8 河中水位为 65.8m，距河 300m 处有一钻孔，孔中水位为 68.5m，不透水层为水平面，高程为 55.0m，土的渗透系数 $k=16$m/d，如图 11-13 所示，试求单宽渗流量。

11.9 某工地以潜水为给水水源。由钻探测知含水层为夹有砂粒的卵石层，厚度为 6m，渗透系数为 0.00116m/s，现打一普通完整井，井的半径为 0.15m，影响半径为 150m，试求井中水位降深 3m 时，井的产水量。

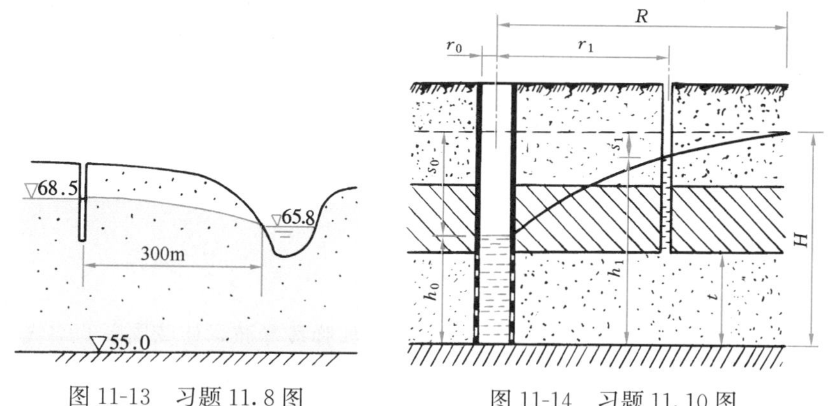

图 11-13 习题 11.8 图

图 11-14 习题 11.10 图

11.10 从一承压井取水，如图 11-14 所示。井的半径 $r_0=0.1$m，含水层厚度 $t=5$m，在离井中心 10m 处钻一观测孔，在未抽水前，测得地下水的水位 $H=12$m，现抽水量 $Q=36$m^3/h，井中水位降深 $s_0=2$m，观测孔中水位降深 $s_1=1$m，试求含水层的渗透系数 k 及井中水位降深 $s_0=3$m 时的产水量。

（拓展习题）

（拓展习题答案）

第 12 章*

一维气体动力学基础

在前面的研究中，除个别章节（如有压管道中的水击）外，将液体和气体均视为不可压缩流体，即运动过程中密度是常数，从而使理论研究得到简化。这样处理，一般情况下对于液体和低速运动的气体是正确的。但是，对于高速运动的气体，因速度、压强的变化，引起密度发生显著变化，运动规律和不可压缩流体大不相同，所以必须考虑气体的压缩性，同时要考虑气体的热力学过程。

气体动力学又称为可压缩流体动力学，研究可压缩气体的运动规律和工程应用。近年来，气体动力学在土建工程中应用日益广泛，如燃气管道输送、高速铁（公）路隧道洞型设计等专业领域，都需要气体动力学理论的指导。

本章简要介绍一维气体动力学的基础理论。

12.1 可压缩气流的一些基本概念

12.1.1 声速

声速是小扰动波在可压缩介质中的传播速度。如弹拨琴弦，使弦周围的空气受到微小扰动，压强、密度发生微弱变化，并以纵波的形式向外传播。气体动力学中，声速概念不限于人耳所能接收的声音传播速度，凡小扰动波在介质中的传播速度都定义为声速。

为说明小扰动波的传播过程，取面积为 A，左端带活塞的长管（图 12-1a），管内充满可压缩流体，压强为 p，密度为 ρ。若以微小速度 dv 向右推动活塞，紧贴活塞的一层流体受到扰动，以速度 dv 向右运动，压强和密度发生微小变化，变为 $p+dp$，$\rho+d\rho$。由于该流层受到压缩，体积减小，因而要延迟微小时段，扰动才能波及该层右侧的流层，使其速度为 dv，压强和密度变为 $p+dp$，$\rho+d\rho$。这一传播过程形成小扰动波，波的传播速度即声速，以符号 a 表示。这里，要注意声速 a 与流体受扰动后的速度 dv 不同，前者是由于流体的弹性来传播的，数值很大；后者是扰动波所到之处，引起的速度增量，数值很小。

为便于分析，取固结在波面上的动坐标系（图 12-1b），相对于动坐标系，波面静止不动。波面右侧，流体以速度 a 流向波面，压强和密度仍为 p、ρ；波面左侧，流体以速度 $a-\mathrm{d}v$ 离开波面，压强为 $p+\mathrm{d}p$，密度为 $\rho+\mathrm{d}\rho$。

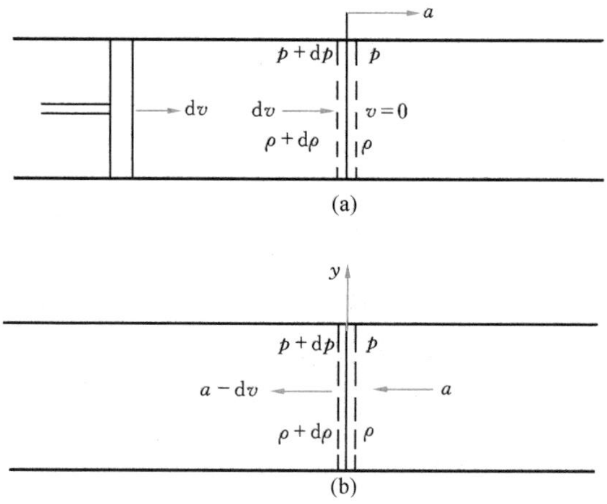

取波面两侧虚线区域为控制体，波面两侧的控制面无限接近，控制体的体积趋近于零。对所取控制体列连续性方程和动量方程

(a)

(b)

图 12-1　小扰动波的传播

$$\rho a A=(\rho+\mathrm{d}\rho)(a-\mathrm{d}v)A$$

$$pA-(p+\mathrm{d}p)A=\rho a A[(a-\mathrm{d}v)-a]$$

展开前两式，略去高阶微小量，分别整理得

$$a\mathrm{d}\rho-\rho\mathrm{d}v=0$$

$$\mathrm{d}p=\rho a\mathrm{d}v$$

消去 $\mathrm{d}v$，得声速公式

$$a=\sqrt{\frac{\mathrm{d}p}{\mathrm{d}\rho}} \tag{12-1}$$

该式由连续性方程和动量方程导出，对液体和气体都适用。

对于液体，体积弹性模量 $K=\rho\dfrac{\mathrm{d}p}{\mathrm{d}\rho}$（式 1-8），代入上式得声速公式

$$a=\sqrt{\frac{K}{\rho}} \tag{12-2}$$

对于气体，由于小扰动波的传播速度很快，与外界来不及进行热交换，且各项参数的变化为微小量，故可认为，小扰动波的传播过程是一个既绝热，又没有能量损失的等熵过程。由热力学可知，绝热过程方程

$$\frac{p}{\rho^k}=c \tag{12-3}$$

其微分式为

$$\frac{\mathrm{d}p}{\mathrm{d}\rho}=ck\rho^{k-1}=k\frac{p}{\rho} \tag{12-4}$$

式中　k——绝热指数。

将式（12-4）及完全气体状态方程 $\frac{p}{\rho}=RT$ 代入式（12-1），便得到气体中声速公式

$$a=\sqrt{k\frac{p}{\rho}}=\sqrt{kRT} \tag{12-5}$$

综合以上分析，得出声速的性质：

（1）密度对压强的变化率 $\frac{d\rho}{dp}$ 反映流体的压缩性，$\frac{d\rho}{dp}$ 越大，其倒数 $\frac{dp}{d\rho}$ 越小，声速 $a=\sqrt{\frac{dp}{d\rho}}$ 越小，流体越容易压缩。反之，a 越大，流体越不易压缩，不可压缩流体 $a\to\infty$。所以声速是反映流体压缩性大小的物理参数。

（2）声速与气体热力学温度 T 有关（$a=\sqrt{kRT}$），在气体动力学中，温度是空间坐标的函数，所以声速也是空间坐标的函数，为强调这一点，常称当地声速。

（3）声速与气体的绝热指数 k 和气体常数 R 有关，所以不同气体声速不同。对于空气，$k=1.4$，$R=287\text{J/(kg}\cdot\text{K)}$ 代入式（12-5），得

$$a=20.1\sqrt{T} \tag{12-6}$$

12.1.2 马赫数

当地气流速度与当地声速之比，定义为马赫数，以符号 Ma 表示

$$Ma=\frac{v}{a} \tag{12-7}$$

由第 6 章已知，马赫数是惯性力与由压缩性引起的弹性力之比，是气体动力学中最重要的相似准数。因为气流速度的变化，引起密度的变化，而声速反映流体的压缩性的大小，两者之比——马赫数反映了气体的压缩程度。马赫数小，表示气流压缩程度小，可近似按不可压缩流体处理；马赫数大，表示气流压缩（实为膨胀）程度很大，应是可压缩流体。

气体动力学依据马赫数对可压缩气流进行分类：

$Ma<1$，即 $v<a$，为亚声速流动；

$Ma>1$，即 $v>a$，为超声速流动；

$Ma=1$，即 $v=a$，为跨声速流动。

亚声速气流和超声速气流的性质有很大不同，下面分析小扰动波的传播特点(图 12-2)。

设 0 点是定扰动源，能连续不断地对气体发出小扰动。若在静止的大气中，扰动波将以声速向四周对称传播，不同时刻（如 1s、2s、3s）的波面为不同半径的球面（图 12-2a），只要不限时间，波面可传播到整个空间；若扰动源在亚声速气流中（流动方向由左向右），扰动波以声速向外传播，同时又被气流以来流速度 U_0 带向下游，不同时刻的波面如图 12-2(b) 所示，由于来流速度小于声速，只要不限时间，波面仍可传播到整个空间；若扰动源在声速气流中，由于来流速度等于声速，扰动波只能传播到扰动源下游的半无限空间内，扰动源上

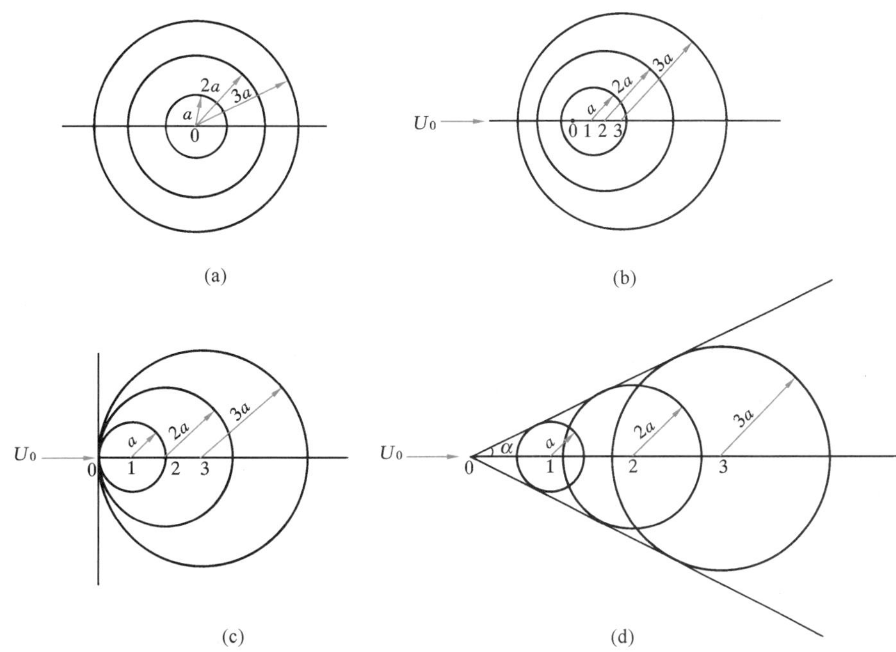

图 12-2　小扰动波传播图形

(a) $U_0=0$；(b) $U_0<a$；(c) $U_0=a$；(d) $U_0>a$

游的半无限空间为不受扰动区，感觉不到扰动源的存在（图 12-2c）；若扰动源在超声速气流中，由于来流速度大于声速，扰动波的球形波面被整个带向扰动源的下游，扰动波只能传播到扰动源的下游、以扰动源为顶点的圆锥空间——马赫锥内（图 12-2d），锥的半顶角 α 称为马赫角，它与声速和气流速度的关系为

$$\sin\alpha = \frac{a}{U_0} = \frac{1}{Ma} \tag{12-8}$$

上面分析了定源小扰动波在均匀气流中的传播。同样地，气流静止，扰动源以速度 U_0 运动，小扰动波的传播图形与前者相同，两者只是惯性系不同而已。如扰动源在静止的大气中，以速度 U_0 自右向左运动，扰动波传播图形与（图 12-2b～d）相同。图中 0 点为此刻扰动源所在位置，点 1、2、3 为此前 1s、2s、3s 扰动源所在位置。

【例 12-1】飞行的子弹头在大气中产生小扰动波，从纹影图上测出马赫角为 50°，当地气温为 25℃，求弹头的飞行速度。

【解】由式（12-8）计算弹头飞行的马赫数

$$Ma = \frac{1}{\sin\alpha} = \frac{1}{\sin 50^\circ} = 1.305$$

当地声速，由式（12-5）

$$a = \sqrt{kRT} = \sqrt{1.4 \times 287 \times (273+25)} = 346.03\text{m/s}$$

弹头飞行速度，由式（12-7）

$$v = Ma \cdot a = 451.57\text{m/s}$$

12.2 无黏性完全气体一维恒定流动的基本方程

无黏性完全气体是指无黏性（$\mu=0$）效应，又服从完全气体状态方程式（1-10）的气体，是一种理想化的气体模型。在常温、常压下，实际气体（如空气、燃气、烟气等），基本符合状态方程，若黏性可以忽略，无黏性完全气体一维恒定流动的基本方程同样适用于实际气体。

12.2.1 基本方程

1. 连续性方程

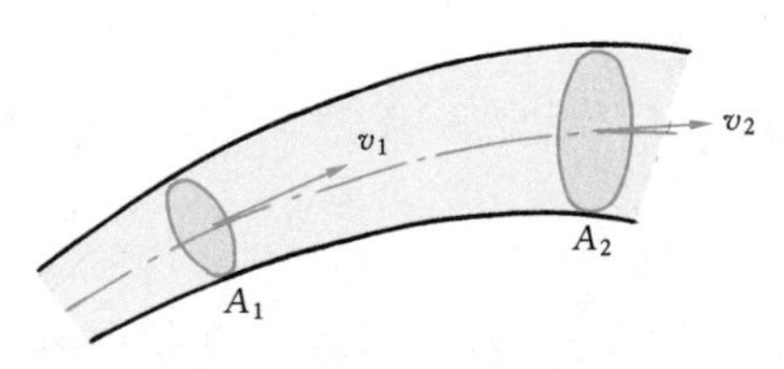

图 12-3　一维气流

设一维恒定气流，任取过流断面 A_1、A_2，面上流速 v_1、v_2，密度 ρ_1、ρ_2（图 12-3），因为恒定流，根据质量守恒原理，通过两断面的质量流量相等，得

$$\rho_1 v_1 A_1 = \rho_2 v_2 A_2$$

$$\rho v A = c \tag{12-9}$$

对上式微分，可得连续性方程的微分表达式

$$\frac{\mathrm{d}\rho}{\rho} + \frac{\mathrm{d}v}{v} + \frac{\mathrm{d}A}{A} = 0 \tag{12-10}$$

2. 状态方程

已知完全气体状态方程式（1-10）

$$\frac{p}{\rho} = RT$$

微分式

$$\frac{\mathrm{d}p}{p} = \frac{\mathrm{d}\rho}{\rho} + \frac{\mathrm{d}T}{T} \tag{12-11}$$

3. 运动微分方程

设一维恒定气流，取距离 $\mathrm{d}l$ 的两过流断面 1、2，断面面积、流速、压强、密度和温度分别为 A、v、p、ρ、T；$A+\mathrm{d}A$、$v+\mathrm{d}v$、$p+\mathrm{d}p$、$\rho+\mathrm{d}\rho$、$T+\mathrm{d}T$，流段表面的摩擦阻力为 δF_τ，忽略质量力（图 12-4）。

对所取流段，列运动方程 $\Sigma F=ma$

$$pA - (p+\mathrm{d}p)(A+\mathrm{d}A) + \left(p+\frac{\mathrm{d}p}{2}\right)\mathrm{d}A - \delta F_\tau = \rho A\,\mathrm{d}l\,\frac{\mathrm{d}v}{\mathrm{d}t}$$

一维恒定流动$\frac{\mathrm{d}v}{\mathrm{d}t}=v\frac{\mathrm{d}v}{\mathrm{d}l}$，代入上式整理，并略去高阶微小量，得运动微分方程

$$\frac{\mathrm{d}p}{\rho}+v\mathrm{d}v+\frac{\delta F_{\tau}}{\rho A}=0 \tag{12-12}$$

对于无黏性气体，$\delta F_{\tau}=0$，得

$$\frac{\mathrm{d}p}{\rho}+v\mathrm{d}v=0 \tag{12-13}$$

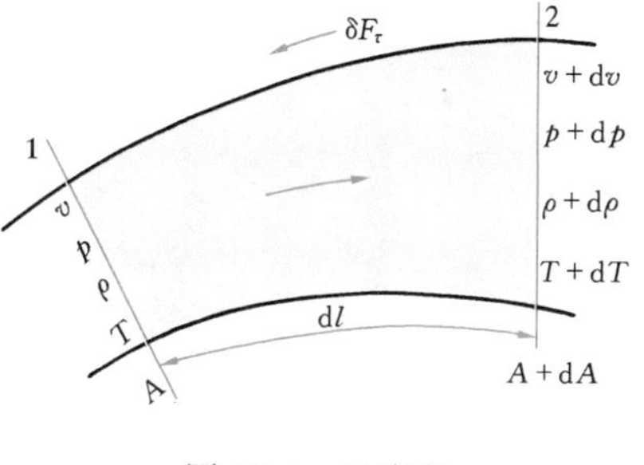

图 12-4　dl 流段

或
$$\frac{\mathrm{d}p}{\rho}+\mathrm{d}\left(\frac{v^{2}}{2}\right)=0$$

4. 能量方程

对运动微分方程式（12-13）积分，就可得到无黏性气体一维恒定流的能量方程

$$\int\frac{\mathrm{d}p}{\rho}+\frac{v^{2}}{2}=c \tag{12-14}$$

可压缩气流密度不是常数，而是压强和温度的函数，为积分式（12-14），需要补充 ρ、p、T 三者关系的热力过程方程和气体状态方程。

（1）定容过程

定容过程是指比容保持不变的热力过程。所谓比容是单位质量气体所占有的容积，即是密度的倒数，因此，定容过程气体的密度不变。

密度 ρ 为常数，积分式（12-14），得定容过程能量方程

$$\frac{p}{\rho}+\frac{v^{2}}{2}=c \tag{12-15}$$

或
$$\frac{p}{\rho g}+\frac{v^{2}}{2g}=c$$

式（12-15）与不可压缩流体、不计质量力的能量方程相同。方程表明沿程各断面单位质量流体具有的机械能保持不变。

可压缩气体的热力状态受完全气体状态方程式（1-10）控制，当状态参数压强（或温度）变化，保持密度不变，则相应有温度（或压强）变化，而不可压缩流体密度不因压强、温度变化，两者有本质区别。

（2）等温过程

等温过程是指温度保持不变的热力过程。根据状态方程 $\frac{p}{\rho}=RT$，结合过程特征 T=定值，得出过程方程 $\frac{p}{\rho}=c$。将 $\rho=\frac{p}{c}$ 代入积分式

$$\int\frac{\mathrm{d}p}{\rho}=c\ln p=\frac{p}{\rho}\ln p$$

将上式代入式（12-14），得等温过程能量方程

$$\frac{p}{\rho}\ln p+\frac{v^2}{2}=c \tag{12-16}$$

或

$$RT\ln p+\frac{v^2}{2}=c \tag{12-17}$$

（3）绝热过程

绝热过程是指与外界没有热交换的热力过程。完全气体、无摩擦的绝热过程是等熵过程。

等熵过程方程$\frac{p}{\rho^k}=c$，则 $\rho=p^{1/k}c^{-1/k}$，代入积分式

$$\int\frac{\mathrm{d}p}{\rho}=c^{1/k}\int\frac{\mathrm{d}p}{p^{1/k}}=\frac{k}{k-1}\frac{p}{\rho}$$

将上式代入式（12-14），得绝热过程能量方程

$$\frac{k}{k-1}\frac{p}{\rho}+\frac{v^2}{2}=c \tag{12-18}$$

或

$$\frac{1}{k-1}\frac{p}{\rho}+\frac{p}{\rho}+\frac{v^2}{2}=c$$

式（12-18）是无黏性气体恒定绝热流动的能量方程，同不可压缩流体的能量方程式比较，多出一项 $\frac{1}{k-1}\frac{p}{\rho}$，该项是单位质量流体的内能，这表明无黏性气体绝热流动，单位质量流体具有的机械能和内能之和保持不变。

式（12-18）还可写成下面形式

$$\frac{kRT}{k-1}+\frac{v^2}{2}=c \tag{12-19}$$

$$\frac{a^2}{k-1}+\frac{v^2}{2}=c \tag{12-20}$$

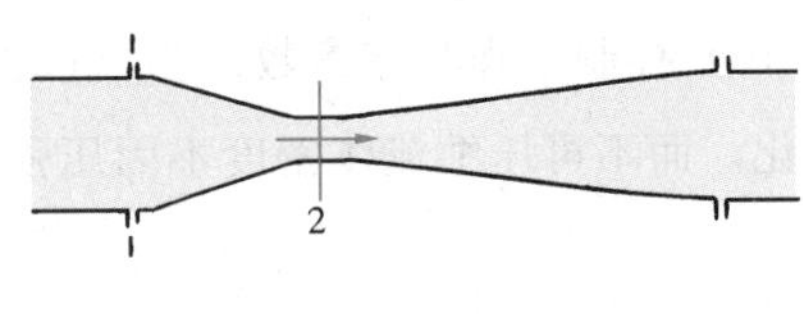

图 12-5 文丘里流量计

【例 12-2】 用文丘里流量计计量空气流量(图 12-5)，流量计进口直径为 50mm，喉管直径为 20mm，实测进口断面压强为 35kN/m²，温度为 20℃；喉管断面压强为 15kN/m²，试求空气的质量流量。

【解】 气流通过流量计，因流速大、流程短，来不及同周围管壁进行热交换，且摩擦损失可忽略不计，因此按一元恒定等熵气流计算。

设流量计进口断面为 1 断面，喉管断面为 2 断面，当地大气压 Pa=101.3kN/m²。

计算 1、2 断面气体的密度

由式（1-10） $\rho_1=\frac{p_1}{RT_1}=\frac{(35+101.3)\times10^3}{287\times293}=1.621\text{kg/m}^3$

由式（12-3）　$\rho_2=\rho_1\left(\frac{p_2}{p_1}\right)^{1/k}=1.621\times\left(\frac{15+101.3}{35+101.3}\right)^{1/1.4}=1.447\text{kg/m}^3$

由式（12-9）　$v_2=\frac{\rho_1 A_1 v_1}{\rho_2 A_2}=7v_1$

将各量代入等熵过程能量方程式（12-19）

$$\frac{k}{k-1}\frac{p_1}{\rho_1}+\frac{v_1^2}{2}=\frac{k}{k-1}\frac{p_2}{\rho_2}+\frac{v_2^2}{2}$$

$$\frac{1.4}{1.4-1}\times\frac{136.3\times10^3}{1.621}+\frac{v_1^2}{2}=\frac{1.4}{1.4-1}\times\frac{116.3\times10^3}{1.447}+\frac{(7v_1)^2}{2}$$

解得

$$v_1=23.26\text{m/s}$$

质量流量

$$Q_m=\rho_1 v_1 A=0.074\text{kg/s}$$

12.2.2 滞止参数

理想气体一维恒定流动的计算过程，是由已知某一断面的参数，推求另一断面的参数。如能找到一个断面，各项参数在整个运动过程中保持不变，将使计算更为便捷。滞止参数就是这样的参数。

设想某一断面的流速，以无摩擦的绝热过程（即等熵过程）降至零时，该断面的气流状态称为滞止状态，相应的运动参数称为滞止参数。如气体从大体积容器中流出，容器内气体的运动参数，或气流绕过物体，驻点处的运动参数均可认为是滞止参数。滞止参数通常用下标“0”标识，以 p_0，ρ_0，T_0，a_0 分别表示滞止压强、滞止密度、滞止温度和滞止声速。

按滞止参数的定义，由绝热过程能量方程式（12-18）～式（12-20），便可得到某一断面的运动参数和滞止参数之间的关系。

$$\frac{k}{k-1}\frac{p_0}{\rho_0}=\frac{k}{k-1}\frac{p}{\rho}+\frac{v^2}{2} \tag{12-21}$$

$$\frac{k}{k-1}RT_0=\frac{k}{k-1}RT+\frac{v^2}{2} \tag{12-22}$$

$$\frac{a_0^2}{k-1}=\frac{a^2}{k-1}+\frac{v^2}{2} \tag{12-23}$$

为便于分析计算，将滞止参数与运动参数之比表示为马赫数的函数，由式（12-22）

$$\frac{T_0}{T}=1+\frac{k-1}{2}Ma^2 \tag{12-24}$$

由等熵过程方程式（12-3）、状态方程式（1-10）和式（12-24）不难导出

$$\frac{p_0}{p}=\left(\frac{T_0}{T}\right)^{\frac{k}{k-1}}=\left(1+\frac{k-1}{2}Ma^2\right)^{\frac{k}{k-1}} \tag{12-25}$$

$$\frac{\rho_0}{\rho}=\left(\frac{T_0}{T}\right)^{\frac{1}{k-1}}=\left(1+\frac{k-1}{2}Ma^2\right)^{\frac{1}{k-1}} \tag{12-26}$$

由式（12-5）和式（12-24）

$$\frac{a_0}{a}=\left(\frac{T_0}{T}\right)^{\frac{1}{2}}=\left(1+\frac{k-1}{2}Ma^2\right)^{\frac{1}{2}} \tag{12-27}$$

根据上面四个参数比和马赫数的关系式，只需已知滞止参数和某一断面的马赫数，便可求得该断面的运动参数。

【例 12-3】 大体积容器中的压缩空气，经一收缩喷嘴喷出，喷嘴出口处的压强为 100kN/m^2（绝对），温度为－30℃，流速为 250m/s，试求容器中的压强和温度。

【解】 容器中空气的速度近于零，其流动参数为滞止参数

喷口处声速 $a=\sqrt{kRT}=\sqrt{1.4\times287\times(273-30)}=312.5\text{m/s}$

马赫数 $Ma=\dfrac{v}{a}=\dfrac{250}{312.5}=0.8$

由式(12-25) $p_0=p\left(1+\dfrac{k-1}{2}Ma^2\right)^{k/k-1}=152.4\text{kN/m}^2$

由式(12-24) $T_0=T\left(1+\dfrac{k-1}{2}Ma^2\right)=274.1\text{K}=1.1℃$

12.2.3 气流按不可压缩流体处理的限度

在本章之前就已指出，对于低速气流，可忽略气体的压缩性，按不可压缩流体处理。

现以总压的计算，讨论气流按不可压缩流体处理的限度。由参数比关系式（12-25）

$$\frac{p_0}{p}=\left(1+\frac{k-1}{2}Ma^2\right)^{\frac{k}{k-1}}$$

低马赫数，$\dfrac{k-1}{2}Ma^2<1$，上式右边按二项式展开取前 3 项，整理得

$$\frac{p_0}{p}=1+\frac{k}{2}Ma^2+\frac{k}{8}Ma^4=1+\frac{k}{2}Ma^2\left(1+\frac{1}{4}Ma^2\right)$$

其中 $\dfrac{k}{2}Ma^2=\dfrac{k}{2}\dfrac{v^2}{a^2}=\dfrac{\rho v^2}{2p}$ 代入上式得

$$p_0=p+\frac{\rho v^2}{2}\left(1+\frac{1}{4}Ma^2\right) \tag{12-28}$$

在 Ma 很小，$\dfrac{1}{4}Ma^2\ll1$ 时，式（12-28）可近似为

$$p_0=p+\frac{\rho v^2}{2} \tag{12-29}$$

式（12-29）即不可压缩流体不计重力的伯努利方程式，故低马赫数气流可按不可压缩流体伯努利方程计算。

比较式（12-28）和式（12-29）可知，用式（12-29）计算总压，其近似程度受密度误差

的影响，用不可压缩公式，密度应取 $\rho\left(1+\frac{1}{4}Ma^2\right)$ 计算，当$Ma<0.2$，密度误差 $\frac{1}{4}Ma^2<0.01$，计算所得总压值是可用的。常温（15℃）下空气的声速 $a=340\text{m/s}$，$Ma<0.2$，相应的气流速度 $v=aMa<68\text{m/s}$，由此得出在速度 $v<70\text{m/s}$ 的限度内，可按不可压缩流体处理。

另以密度的变化，讨论气流按不可压缩流体处理的限度。由参数比关系式（12-26）

$$\frac{\rho_0}{\rho}=\left(1+\frac{k-1}{2}Ma^2\right)^{\frac{1}{k-1}}$$

当 $Ma\to 0$，滞止密度与任一截面的当地密度之比 $\frac{\rho_0}{\rho}\to 1$，密度无变化，如允许密度比值 $1<\frac{\rho_0}{\rho}<1.01$，由式（12-26）解得空气流（$k=1.4$）的马赫数 $Ma\leqslant 0.141$。常温下空气的声速 $a=340\text{m/s}$，相应的气流速度 $v=aMa\leqslant 48\text{m/s}$，常言气流速度 $v<50\text{m/s}$ 可按不可压缩流体处理，其根据即在此。

以上结论是在无黏性气体恒定等熵流动的条件下得出的，对于非恒定、有摩擦或有热交换的流动，即使 $Ma<0.2$，也需考虑气体的压缩性。

【例 12-4】用皮托管测量空气的点流速（图 12-6），实测静压 p，总压 p'，求证按不可压缩流体计算流速的误差。

【解】按不可压缩流体计算，由伯努利方程

$$\frac{p}{\rho}+\frac{u_{\text{inc}}^2}{2}=\frac{p'}{\rho}\qquad p'=p_0(\text{滞止压强})$$

$$u_{\text{inc}}=\sqrt{\frac{2(p_0-p)}{\rho}}$$

按可压缩流体计算，由等熵过程，滞止参数比公式（12-25）

$$\frac{p_0}{p}=\left(1+\frac{k-1}{2}Ma^2\right)^{\frac{k}{k-1}}$$

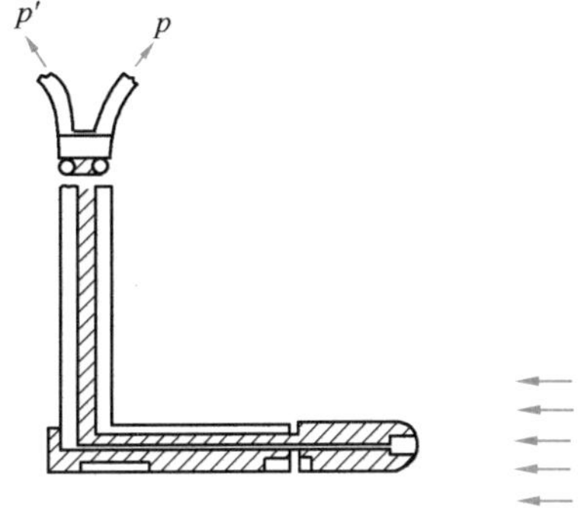

图 12-6 皮托管测速

上式右边按二项式展开取前 3 项，整理得

$$\frac{p_0}{p}=1+\frac{k}{2}Ma^2\left(1+\frac{1}{4}Ma^2\right)$$

$$\frac{p_0-p}{\rho}=\frac{1}{2}\frac{kp}{\rho}\frac{u^2}{a^2}\left(1+\frac{1}{4}Ma^2\right)$$

解得

$$u=\sqrt{\frac{2(p_0-p)}{\rho}}\left(1+\frac{1}{4}Ma^2\right)^{-\frac{1}{2}}$$

$$\frac{u_{\mathrm{inc}}}{u}=\sqrt{1+\frac{1}{4}Ma^2} \qquad Ma>0 \qquad \frac{u_{\mathrm{inc}}}{u}>1$$

用皮托管测量气流速度，按不可压缩流体计算的速度大于实有速度，差值决定于气流的马赫数。算例：20℃气流，声速 $a=\sqrt{kRT}=\sqrt{1.4\times287\times293}=343\mathrm{m/s}$，当气流速度

$u=50\mathrm{m/s}$，$Ma=0.15$，$\frac{u_{\mathrm{inc}}}{u}=1.003$，$u_{\mathrm{inc}}$比实有速度大 0.3%；

$u=100\mathrm{m/s}$，$Ma=0.29$，$\frac{u_{\mathrm{inc}}}{u}=1.01$，$u_{\mathrm{inc}}$比实有速度大 1%；

$u=240\mathrm{m/s}$，$Ma=0.7$，$\frac{u_{\mathrm{inc}}}{u}=1.06$，$u_{\mathrm{inc}}$比实有速度大 6%。

综上，对于 $Ma\leqslant0.3$ 的低马赫数气流，按不可压缩流体处理是合理的。

12.3 喷管的等熵出流

喷管是在很短的流程内，通过改变截面几何尺寸来控制气流速度的装置。高速气流在这种长度很短的喷管内流动，来不及和外界进行热交换，同时摩擦阻力可忽略不计，所以很接近于等熵流动。研究喷管的等熵出流，不仅有工程实际意义，而且通过与不可压缩流体出流相比较，加深对无黏性气体流动特性的认识。

12.3.1 流动参数随截面积变化的关系

由运动微分方程式（12-13）$\frac{\mathrm{d}p}{\rho}+v\mathrm{d}v=0$ 及声速公式（12-1）$a=\sqrt{\frac{\mathrm{d}p}{\mathrm{d}\rho}}$ 得到关系式

$$v\mathrm{d}v=-\frac{\mathrm{d}p}{\rho}=-\frac{\mathrm{d}p}{\mathrm{d}\rho}\frac{\mathrm{d}\rho}{\rho}=-a^2\frac{\mathrm{d}\rho}{\rho}$$

则

$$\frac{\mathrm{d}\rho}{\rho}=-\frac{v\mathrm{d}v}{a^2}=-Ma^2\frac{\mathrm{d}v}{v} \tag{12-30}$$

将式（12-30）代入等熵过程方程的微分式（12-4）得

$$\frac{\mathrm{d}p}{p}=k\frac{\mathrm{d}\rho}{\rho}=-kMa^2\frac{\mathrm{d}v}{v} \tag{12-31}$$

将式（12-30）、式（12-31）代入状态方程的微分式（12-11），整理得

$$\frac{\mathrm{d}T}{T}=\frac{\mathrm{d}p}{p}-\frac{\mathrm{d}\rho}{\rho}=-(k-1)Ma^2\frac{\mathrm{d}v}{v} \tag{12-32}$$

式（12-30）～式（12-32）表明，气流速度 v 的变化，总是与参数 ρ、p、T 的变化相反，如 v 沿程增大，ρ、p、T 必减小，反之亦然。

最后，为分析流动参数随截面积变化的关系，将式（12-30）代入连续性方程的微分式（12-10），整理得

$$\frac{\mathrm{d}v}{v}=\frac{1}{Ma^2-1}\frac{\mathrm{d}A}{A} \tag{12-33}$$

将式（12-33）分别代入式（12-30）～式（12-32），得到

$$\frac{\mathrm{d}\rho}{\rho}=-\frac{Ma^2}{Ma^2-1}\frac{\mathrm{d}A}{A} \tag{12-34}$$

$$\frac{\mathrm{d}p}{p}=-\frac{kMa^2}{Ma^2-1}\frac{\mathrm{d}A}{A} \tag{12-35}$$

$$\frac{\mathrm{d}T}{T}=-(k-1)\frac{Ma^2}{Ma^2-1}\frac{\mathrm{d}A}{A} \tag{12-36}$$

由式（12-33）可得出以下结论：

（1）亚声速气流（$Ma<1$），$\frac{1}{Ma^2-1}<0$，速度随喷管截面积变化的趋势，与不可压缩流体是一致的。在渐缩管（$\mathrm{d}A<0$）中，速度沿程增大（$\mathrm{d}v>0$）；在渐扩管（$\mathrm{d}A>0$）中，速度沿程减小（$\mathrm{d}v<0$）。但在量的关系上却不相同，不可压缩流体 $Ma=0$，由式（12-33）得$\frac{\mathrm{d}v}{v}=-\frac{\mathrm{d}A}{A}$，积分此式，即得 $vA=c$，速度与喷管截面积成反比；亚声速气流，$\left|\frac{1}{Ma^2-1}\right|>1$，速度绝对值的相对变化大于喷管截面积的相对变化，$Ma$ 越接近于 1，两者的差别越大。所以在高速的亚声速气流中，喷管截面积的微小变化就会导致速度很大的变化。

（2）超声速气流（$Ma>1$），速度随喷管截面积变化的趋势，与不可压缩流体相反，即在渐缩管中速度沿程减小，在渐扩管中速度沿程增大。为什么会出现这种现象呢？由式（12-34）可知，$Ma>1$，$\frac{Ma^2}{Ma^2-1}>1$，$\frac{\mathrm{d}\rho}{\rho}$与$\frac{\mathrm{d}A}{A}$异号，这表明在渐缩管中密度沿程增大，且密度的相对增大值，大于喷管截面积的相对减小值，根据质量守恒原理，沿程质量流量一定 ρvA=常数，这样速度只能沿程减小。这就是超声速气流在渐缩管中，速度沿程减小的物理解释。用类似的分析，也可解释超声速气流在渐扩管中，速度沿程增大。

（3）若 $Ma=1$，由式（12-33）$\frac{\mathrm{d}A}{A}=(Ma^2-1)\frac{\mathrm{d}v}{v}=0$，$\mathrm{d}A=0$，表明声速只能出现在喷管的最大或最小截面处。但是，根据前面已经得到的结论，在最大截面处出现声速是不可能的，如喷管截面的变化如图 12-7(a) 所示，进入喷管的气流为亚声速时，在渐扩管内速度沿程减小，最大截面处不可能达到声速；进入喷管的气流为超声速时，在渐扩管内速度沿程增大，最大截面处也不可能是声速。只有在先收缩、后扩大的喷管内，在最小截面上才可能出现声速（图12-7b）。此时，亚声速气流在渐缩管内加速，在最小截面处达到声速，进入渐扩管后继续加速为超声速气流。

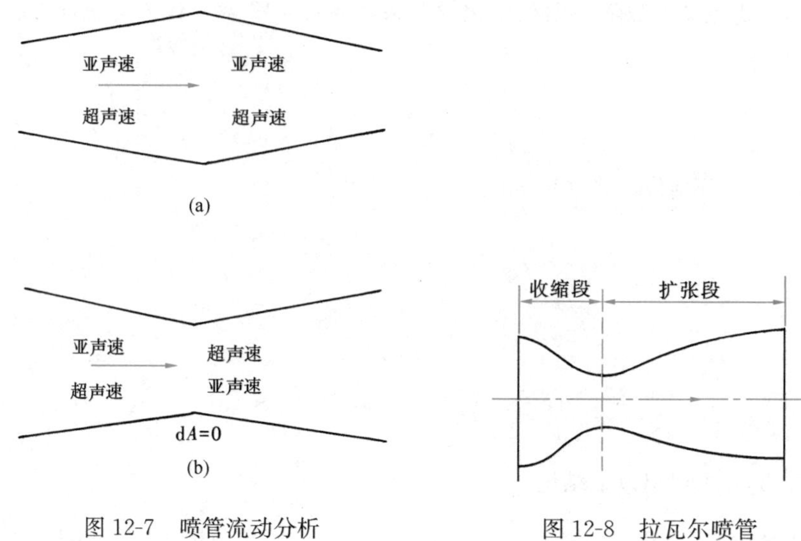

图 12-7　喷管流动分析　　图 12-8　拉瓦尔喷管

1883 年瑞典工程师拉瓦尔（Laval，C. G）将先收缩后扩大的喷管——拉瓦尔喷管(图 12-8)用于蒸气涡轮机中。拉瓦尔喷管在冲压式喷气发动机、超声速风洞等领域广为应用。

12.3.2 通过收缩喷管的最大流量

大容器（例如贮气罐）内的气体经收缩喷管出流（图 12-9）。容器内的气体可认为速度 $v_0=0$，处于滞止状态，已知各项参数分别记作 ρ_0、p_0、T_0，喷管出口截面积 A_2，外界环境压强（或称背压）p_b。

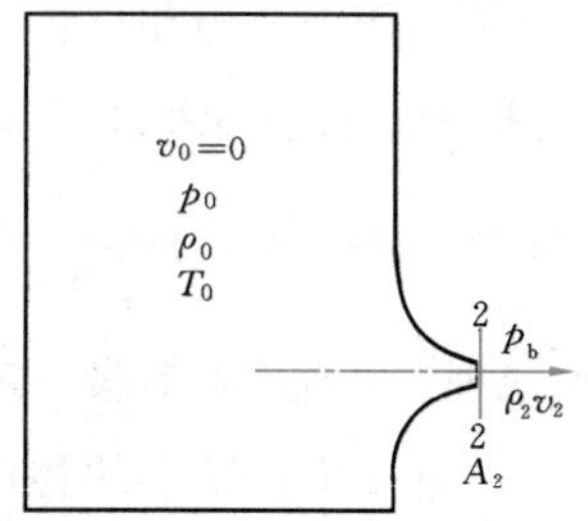

图 12-9　收缩喷管出流

首先推导喷管流量与已知滞止参数和出口截面马赫数的关系式

$$Q_m=\rho_2 v_2 A_2=\rho_0 a_0 \frac{\rho_2}{\rho_0}\frac{a_2}{a_0}\frac{v_2}{a_2}A_2=\rho_0 a_0 \frac{\rho_2}{\rho_0}\frac{a_2}{a_0}Ma_2 A_2$$

式中 $\frac{\rho_2}{\rho_0}$、$\frac{a_2}{a_0}$ 分别用式(12-26)、式(12-27) 及 $a_0=\sqrt{k\frac{p_0}{\rho_0}}$ 代入，整理得

$$Q_m=A_2\sqrt{kp_0\rho_0}Ma_2\left(1+\frac{k-1}{2}Ma_2^2\right)^{-\frac{k+1}{2(k-1)}} \tag{12-37}$$

式中 Ma_2 由式(12-25) 给出

$$Ma_2=\sqrt{\left[\left(\frac{p_0}{p_b}\right)^{\frac{k-1}{k}}-1\right]\frac{2}{k-1}} \tag{12-38}$$

算出 Ma_2，代入式(12-37) 便可求得通过喷管的质量流量。

进一步分析，若容器内滞止参数（p_0、ρ_0）及出口截面积 A_2 一定，以背压 p_b 为变量，由式(12-38) 和式(12-37) 可知 Ma_2 随 p_b 降低而增大，Q_m 随 Ma_2 变化并存在极大值，令

$$\frac{dQ_m}{dMa_2}=1-\frac{k+1}{2}Ma_2^2\left(1+\frac{k-1}{2}Ma_2^2\right)^{-1}=0$$

得 $Ma_2=1$，表明在喷管出口的马赫数 $Ma_2=1$ 时通过的流量最大。这是因为由容器进入收缩喷管的亚声速气流，增速的极限是在出口截面达到声速，继续降低背压 p_b，出口速度不再增大，因而流量达到了极限值。此时喷管出口截面的压强不再是 p_b，而是式（12-38）中满足 $Ma_2=1$ 时的压强 p_*，这个压强称为临界压强，接着在出口外面跳跃地变为外界低压 p_b。

令式（12-37）中 $Ma_2=1$，即得最大流量的计算式

$$Q_{mmax}=A_2\sqrt{kp_0\rho_0}\left(\frac{2}{k+1}\right)^{\frac{k+1}{2(k-1)}} \tag{12-39}$$

【例 12-5】大体积空气罐内的压强为 2×10^5Pa，温度为 57℃，空气经一个收缩喷管出流，喷管出口面积为 12cm^2，试求：在喷管外部环境的压强为 1.2×10^5Pa 和 0.8×10^5Pa 两种情况下喷管的质量流量。

【解】(1) 外部环境的压强为 1.2×10^5Pa 时的流量。计算喷管出口截面的马赫数，由式(12-38)

$$Ma_2=\sqrt{\left[\left(\frac{p_0}{p_b}\right)^{\frac{k-1}{k}}-1\right]\frac{2}{k-1}}$$

式中 $p_0=2\times10^5$Pa，$p_b=1.2\times10^5$Pa，$k=1.4$ 得

$$Ma_2=0.89<1$$

$Ma_2<1$，喷管的质量流量 Q_m 按式（12-37）计算

$$\rho_0=\frac{p_0}{RT_0}=\frac{2\times10^5}{287\times(273+57)}=2.11\text{kg/m}^3$$

$$Q_m=A_2\sqrt{kp_0\rho_0}Ma_2\left(1+\frac{k-1}{2}Ma^2\right)^{-\frac{k+1}{2(k-1)}}=0.527\text{kg/s}$$

(2) 外部环境的压强为 0.8×10^5Pa 时的流量。计算喷管出口截面的马赫数，由式(12-38)

$$Ma_2=\sqrt{\left[\left(\frac{p_0}{p_b}\right)^{\frac{k-1}{k}}-1\right]\frac{2}{k-1}}$$

式中 $p_0=2\times10^5$Pa，$p_b=0.8\times10^5$Pa，$k=1.4$ 得

$$Ma_2=1.22>1$$

通过的流量为最大流量 Q_{max}，应按式（12-39）计算

$$Q_{\max}=A_2\sqrt{kp_0\rho_0}\left(\frac{2}{k+1}\right)^{\frac{k+1}{2(k-1)}}=0.533\text{kg/s}$$

12.4 可压缩气体管道流动

在实际工程中，管道输送是最常用的输气方式，如煤气、天然气管道、高压蒸气管道等等随处可见。对于可压缩气体的管道流动，要考虑摩擦阻力和热交换对压缩性的影响，需针对不同的热力过程进行分析计算。

12.4.1 等温管流

许多工业输气管道，如煤气、天然气管道，由于管道很长，气体与外界能够进行充分的热交换，使气流基本保持与周围环境相同的温度。这类气体管道流动，可按等温管流处理。

1. 基本方程

等直径等温管道，因断面积 A 和温度 T 均为常数，一维气流基本方程进一步化简。连续性方程

$$\rho v=c \tag{12-40}$$

$$\frac{\mathrm{d}\rho}{\rho}+\frac{\mathrm{d}v}{v}=0 \tag{12-41}$$

过程方程

$$\frac{p}{\rho}=c \tag{12-42}$$

$$\frac{\mathrm{d}p}{p}=\frac{\mathrm{d}\rho}{\rho} \tag{12-43}$$

运动微分方程

$$\frac{\mathrm{d}p}{\rho}+v\mathrm{d}v+\frac{\delta F_\tau}{\rho A}=0$$

摩擦阻力 $\delta F_\tau=\tau_0\pi D(\mathrm{d}l)$，壁面切应力由式（7-11）$\tau_0=\lambda\dfrac{\rho v^2}{8}$，代入上式得

$$\frac{\mathrm{d}p}{\rho}+v\mathrm{d}v+\lambda\frac{\mathrm{d}l}{D}\frac{v^2}{2}=0 \tag{12-44}$$

2. 压降和流量计算

设等温管流，在过流断面 1、2 之间，取微小流段（图 12-10），列运动微分方程

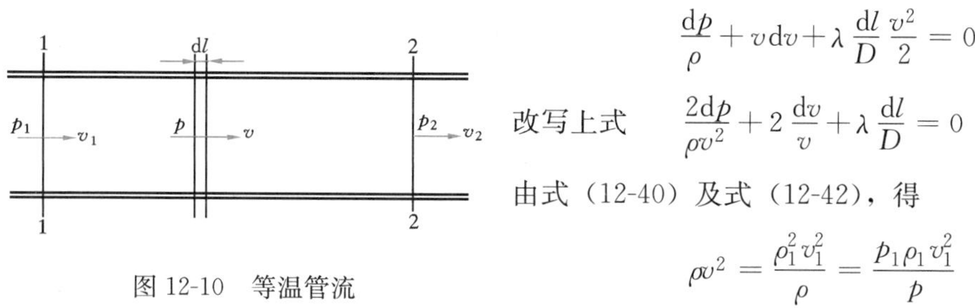

图 12-10　等温管流

$$\frac{dp}{\rho}+vdv+\lambda\frac{dl}{D}\frac{v^2}{2}=0$$

改写上式

$$\frac{2dp}{\rho v^2}+2\frac{dv}{v}+\lambda\frac{dl}{D}=0$$

由式（12-40）及式（12-42），得

$$\rho v^2=\frac{\rho_1^2 v_1^2}{\rho}=\frac{p_1\rho_1 v_1^2}{p}$$

代入上式积分

$$\frac{2}{p_1\rho_1 v_1^2}\int_{p_1}^{p_2}p\mathrm{d}p+2\int_{v_1}^{v_2}\frac{dv}{v}+\frac{\lambda}{D}\int_0^l dl=0$$

式中沿程摩阻系数，在亚声速气流受气体压缩性的影响很小，可以忽略，不可压缩流体摩阻系数的计算公式仍可用。$\lambda=f(Re,k_s/d)$，对于等直径、等温管流 $Re=\frac{\rho vD}{\mu}$，k_s/D 均为定值，λ 沿程不变。上式积分得

$$p_2^2=p_1^2-p_1\rho_1 v_1^2\left(2\ln\frac{v_2}{v_1}+\frac{\lambda l}{D}\right) \tag{12-45}$$

如管道较长，气流速度变化不大，$2\ln\frac{v_2}{v_1}\ll\frac{\lambda l}{D}$，略去对数项，便得到近似计算式

$$p_2=\sqrt{p_1^2-p_1\rho_1 v_1^2\frac{\lambda l}{D}}$$

$$=p_1\sqrt{1-\frac{v_1^2}{RT}\frac{\lambda l}{D}} \tag{12-46}$$

$$v_1=\sqrt{\frac{D}{p_1\rho_1\lambda l}(p_1^2-p_2^2)} \tag{12-47}$$

质量流量

$$Q_m=\rho_1 v_1\frac{\pi D^2}{4}=\sqrt{\frac{\rho_1\pi^2 D^5}{p_1 16\lambda l}(p_1^2-p_2^2)}$$

$$=\sqrt{\frac{\pi^2 D^5}{16\lambda lRT}(p_1^2-p_2^2)} \tag{12-48}$$

3. 流动分析

前面已得到运动微分方程式（12-44）

$$\frac{dp}{\rho}+vdv+\lambda\frac{dl}{D}\frac{v^2}{2}=0$$

各项除以$\frac{p}{\rho}$，得

$$\frac{dp}{p}+\frac{vdv}{p/\rho}+\frac{v^2}{p/\rho}\frac{\lambda dl}{2D}=0$$

由式（12-43）、式（12-41）得

$$\frac{\mathrm{d}p}{p}=\frac{\mathrm{d}\rho}{\rho}=-\frac{\mathrm{d}v}{v} \tag{12-49}$$

将式（12-49）及 $a^2=k\dfrac{p}{\rho}$，$Ma=\dfrac{v}{a}$，一并代入上式，整理得

$$-\frac{\mathrm{d}v}{v}+kMa^2\frac{\mathrm{d}v}{v}+kMa^2\frac{\lambda\,\mathrm{d}l}{2D}=0$$

$$\frac{\mathrm{d}v}{v}=\frac{kMa^2}{(1-kMa^2)}\frac{\lambda\,\mathrm{d}l}{2D} \tag{12-50}$$

式（12-50）是分析等温摩擦管流的基本方程，由式（12-50）及式（12-49）可得出：

（1）若 $Ma<\dfrac{1}{\sqrt{k}}$，$1-kMa^2>0$，沿程 $\mathrm{d}l>0$，则 $\mathrm{d}v>0$，$\mathrm{d}p<0$，$\mathrm{d}\rho<0$，即气流沿流程增速减压，气体膨胀；若 $Ma>\dfrac{1}{\sqrt{k}}$，$1-kMa^2<0$，沿程 $\mathrm{d}l>0$，则 $\mathrm{d}v<0$，$\mathrm{d}p>0$，$\mathrm{d}\rho>0$，即气流沿流程减速增压，气体压缩。

气体的绝热指数 $k>1$，马赫数 $Ma<\dfrac{1}{\sqrt{k}}<1$，$\mathrm{d}v>0$，指出摩阻使亚声速气流沿程增速。事实上，管道内气流的速度不可能无限增大，$1-kMa^2$ 不可能等于零，沿程增速的趋势，只可能以管道出口断面的马赫数 $Ma_2=\dfrac{1}{\sqrt{k}}$为极限。因此，用前述公式计算等温管流，须验算出口断面的马赫数，符合 $Ma_2\leqslant\dfrac{1}{\sqrt{k}}$计算有效，若 $Ma_2>\dfrac{1}{\sqrt{k}}$，实际流动只能按 $Ma_2=\dfrac{1}{\sqrt{k}}$计算。

（2）亚声速等温摩擦管流的速度以 $Ma=\dfrac{1}{\sqrt{k}}$为极限，而管道可任意加长，由此引出最大（极限）管长的概念。所谓最大管长是指对一定的进口马赫数 Ma_1，使出口断面的马赫数 $Ma_2=\dfrac{1}{\sqrt{k}}$的管长。如实际管长超过最大管长，流动发生壅塞，管道不能通过按式（12-48）计算的流量，流量将减小到进口断面的马赫数 Ma_1 正好使得出口断面的马赫数 $Ma_2=\dfrac{1}{\sqrt{k}}$。

从最大管长的定义出发，将等温管流$\dfrac{\mathrm{d}v}{v}=\dfrac{\mathrm{d}Ma}{Ma}$代入式（12-50），积分即得最大管长计算式

$$\frac{\mathrm{d}Ma}{Ma}=\frac{kMa^2}{(1-kMa^2)}\frac{\lambda\mathrm{d}l}{2D}$$

积分
$$\frac{\lambda}{D}\int_0^{l_{\max}}\mathrm{d}l=\frac{1}{k}\int_{Ma_1}^{\frac{1}{\sqrt{k}}}\frac{1-kMa^2}{Ma^4}\mathrm{d}Ma^2$$

得
$$\frac{\lambda}{D}l_{\max}=\frac{1-kMa_1^2}{kMa_1^2}+\ln(kMa_1^2) \tag{12-51}$$

式中　Ma_1 ——进口断面马赫数。

【例 12-6】 燃气管道的直径 200mm，长 3000m，入口压强 $p_1=980\text{kPa}$，出口压强 $p_2=400\text{kPa}$，地温 15℃，管道不保温。已知摩阻系数 $\lambda=0.012$，气体常数 $R=490\text{J/(kg·K)}$，绝热指数 $k=1.3$，求质量流量。

【解】 本题按等温管流计算，由式（12-48）

$$Q_m=\sqrt{\frac{\pi^2 D^5}{16\lambda lRT}(p_1^2-p_2^2)}=5.288\text{kg/s}$$

验算管道出口马赫数

$$a=\sqrt{kRT}=428.3\text{m/s}$$

$$\rho_2=\frac{p_2}{RT}=3.47\text{kg/m}^3$$

$$v_2=\frac{4Q_m}{\rho_2\pi D^2}=48.53\text{m/s}$$

$$Ma_2=\frac{v_2}{a}=0.11$$

$$Ma_2<\sqrt{\frac{1}{k}}=0.88\text{，计算有效。}$$

12.4.2 绝热管流

在实际工程中，如输气管道被包在良好的隔热材料内，气流与外界不发生热交换，这样的管道流动是绝热管流。

绝热管流的基本方程中，连续性方程和运动微分方程与等温管流相同，另有状态方程 $\frac{p}{\rho}=RT$，过程方程 $\frac{p}{\rho^k}=c$。下面用和等温管流相同的方法，推导绝热管流的计算公式，并进行流动分析。

改写运动微分方程式（12-44）

$$\frac{dp}{\rho v^2}+\frac{dv}{v}+\frac{\lambda dl}{2D}=0$$

由式（12-40）及式（12-3）

$$\rho v^2=\frac{\rho_1^2 v_1^2}{\rho}=\frac{p_1^{1/k}\rho_1 v_1^2}{p^{1/k}}$$

代入上式积分

$$\frac{1}{p_1^{1/k}\rho_1 v_1^2}\int_{p_1}^{p_2} p^{1/k}dp+\int_{v_1}^{v_2}\frac{dv}{v}+\frac{\lambda}{2D}\int_0^l dl=0$$

式中绝热管流的沿程摩阻系数 λ 是一个变量，但变化范围不大，可视为常数。上式积分得

$$\frac{1}{p_1^{1/k}\rho_1 v_1^2}\frac{k}{k+1}\left[p_1^{\frac{k+1}{k}}-p_2^{\frac{k+1}{k}}\right]=\ln\frac{v_2}{v_1}+\frac{\lambda l}{2D} \tag{12-52}$$

改写上式

$$\frac{p_1}{\rho_1 v_1^2}\frac{k}{k+1}\left[1-\left(\frac{p_2}{p_1}\right)^{\frac{k+1}{k}}\right]=\ln\frac{v_2}{v_1}+\frac{\lambda l}{2D}$$

$$v_1=\sqrt{\frac{\frac{k}{k+1}\frac{p_1}{\rho_1}\left[1-\left(\frac{p_2}{p_1}\right)^{\frac{k+1}{k}}\right]}{\ln\frac{v_2}{v_1}+\frac{\lambda l}{2D}}} \tag{12-53}$$

如管道较长，流速变化不大，$\ln\frac{v_2}{v_1}\ll\frac{\lambda l}{2D}$，略去对数项，于是

$$v_1=\sqrt{\frac{\frac{k}{k+1}\frac{p_1}{\rho_1}\left[1-\left(\frac{p_2}{p_1}\right)^{\frac{k+1}{k}}\right]}{\frac{\lambda l}{2D}}} \tag{12-54}$$

质量流量

$$Q_m=\rho_1 v_1\frac{\pi D^2}{4}=\sqrt{\frac{\pi^2 D^5}{8\lambda l}\frac{k}{k+1}\rho_1 p_1\left[1-\left(\frac{p_2}{p_1}\right)^{\frac{k+1}{k}}\right]}$$

$$=\sqrt{\frac{\pi^2 D^5}{8\lambda l}\frac{k}{k+1}\frac{p_1^2}{RT_1}\left[1-\left(\frac{p_2}{p_1}\right)^{\frac{k+1}{k}}\right]}\quad(\text{kg/s}) \tag{12-55}$$

为分析计算公式的运用条件，以$\frac{p}{\rho}$除运动微分方程式（12-44）各项

$$\frac{\mathrm{d}p}{p}+\frac{v\mathrm{d}v}{p/\rho}+\frac{v^2}{p/\rho}\frac{\lambda\,\mathrm{d}l}{2D}=0$$

由式（12-41）、式（12-3），得

$$-\frac{\mathrm{d}v}{v}=\frac{\mathrm{d}\rho}{\rho}=\frac{1}{k}\frac{\mathrm{d}p}{p} \tag{12-56}$$

将式（12-56）及$a^2=k\frac{p}{\rho}$，$Ma=\frac{v}{a}$，一并代入上式，整理得

$$\frac{\mathrm{d}v}{v}=\frac{Ma^2}{1-Ma^2}\frac{\lambda\mathrm{d}l}{2D} \tag{12-57}$$

由式（12-57）及式（12-56）得出：

（1）若$Ma<1$，$(1-Ma^2)>0$，$\mathrm{d}l>0$，则$\mathrm{d}v>0$，$\mathrm{d}p<0$；若$Ma>1$，$(1-Ma^2)<0$，$\mathrm{d}l>0$，则$\mathrm{d}v<0$，$\mathrm{d}p>0$，表明绝热管道中，亚声速气流沿程增速减压，超声速气流沿程减速增压，至出口断面，流速趋于声速。

因此，用前述公式计算绝热管流，须验算出口断面的马赫数，符合$Ma\leqslant1$计算有效。若出口断面$Ma>1$，实际流动只能按$Ma=1$计算。

（2）从进口至$Ma=1$处的管长，是绝热管流的最大（极限）管长，如实际管长超过最大管长，流动发生壅塞，流量减小。最大管长可按下式计算

$$\lambda\frac{l_{\max}}{D}=\frac{1-Ma_1^2}{kMa_1^2}+\frac{k+1}{2k}\ln\frac{(k+1)Ma_1^2}{(k-1)Ma_1^2+2} \tag{12-58}$$

式中 Ma_1 为进口断面马赫数。

【例 12-7】用绝热良好的管道输送空气，管道直径为 100mm，长度为 300m，进口断面压强为 1MPa，温度为 20℃，送气的质量流量为 2.8kg/s，已知管道摩阻系数 $\lambda=0.016$，求出口断面的压强。

【解】本题按绝热管流计算

$$\rho_1=\frac{p_1}{RT_1}=\frac{10^6}{287\times293}=11.89\text{kg/m}^3$$

$$v_1=\frac{4Q_m}{\rho_1\pi D^2}=\frac{4\times2.8}{11.89\times3.14\times0.1^2}=30\text{m/s}$$

由式（12-52），忽略对数项

$$\frac{1}{\rho_1 v_1^2 p_1^{1/k}}\frac{k}{k+1}\left(p_1^{\frac{k+1}{k}}-p_2^{\frac{k+1}{k}}\right)=\frac{\lambda l}{2D}$$

解得

$$p_2=p_1\left(1-\frac{k+1}{k}\frac{\lambda l v_1^2}{2DRT_1}\right)^{\frac{k}{k+1}}=0.712\text{MPa}$$

验算管道出口断面的马赫数

$$\rho_2=\left(\frac{p_2}{p_1}\right)^{\frac{1}{k}}\rho_1=9.33\text{kg/m}^3$$

$$T_2=\frac{p_2}{\rho_2 R}=265.9\text{K}$$

$$a_2=\sqrt{kRT_2}=326.86\text{m/s}$$

$$v_2=\frac{\rho_1}{\rho_2}v_1=38.23\text{m/s}$$

出口马赫数

$$Ma=\frac{v_2}{a_2}=0.12<1\text{，计算有效。}$$

习题

选择题

12.1　在气体中，声速正比于气体状态参数的开方：(a) 密度；(b) 相对压强；(c) 热力学温度；(d) 以上都不是。

12.2　马赫数 Ma 等于：(a) $\frac{v}{a}$；(b) $\frac{a}{v}$；(c) $\sqrt{k\frac{p}{\rho}}$；(d) $\frac{1}{\sqrt{k}}$。

12.3　在收缩喷管内，亚声速等熵气流随截面面积沿程减小：(a) v 减小；(b) p 增大；(c) ρ 增大；(d) T 下降。

12.4　有摩阻的等温管流 $\left(Ma<\frac{1}{\sqrt{k}}\right)$ 沿程：(a) v 减小；(b) p 增大；(c) ρ 增大；(d) Ma 增大。

12.5　有摩阻的超声速绝热管流，沿程：(a) v 增大；(b) p 减小；(c) ρ 增大；(d) T 下降。

计算题

12.6　用声纳探测仪，探测水下物体，已知水温 10℃，水的体积弹性模量为 2.11×10^9N/m^2，密度为 999.1kg/m^3，今测得往返时间为 6s，求声源到该物体的距离。

12.7　飞机在气温 20℃的海平面上，以 1188km/h 的速度飞行，马赫数是多少？若以同样的速度在同温层（参看第 2 章 2.3.2）飞行，马赫数是多少？

12.8　飞机在距地面 1000m 上空，飞过人所在位置 600m 时，才听到飞机的声音，当地气温为 15℃，试求飞机的速度、马赫数及飞机的声音传到人耳所需时间。

12.9　二氧化碳气体作等熵流动，某点的温度 $t_1=60$℃，速度 $v_1=14.8$m/s，在同一流线上，另一点的温度 $t_2=30$℃，已知二氧化碳 $R=189$J/(kg·K)，$k=1.29$，求该点的速度。

12.10　空气作等熵流动，已知滞止压强 $p_0=490$kN/m^2，滞止温度 $t_0=20$℃，试求滞止声速 a_0 及 $Ma=0.8$ 处的声速、流速和压强。

12.11　用皮托管测量送风管中空气的速度，如图 12-11 所示，实测静压为 35828N/m^2（表压），总压与静压之差 $\Delta h=400$mmHg，气流温度为 54℃，当地大气压为 101300N/m^2，试求速度值：(1) 考虑气流的压缩性；(2) 不考虑气流的压缩性。

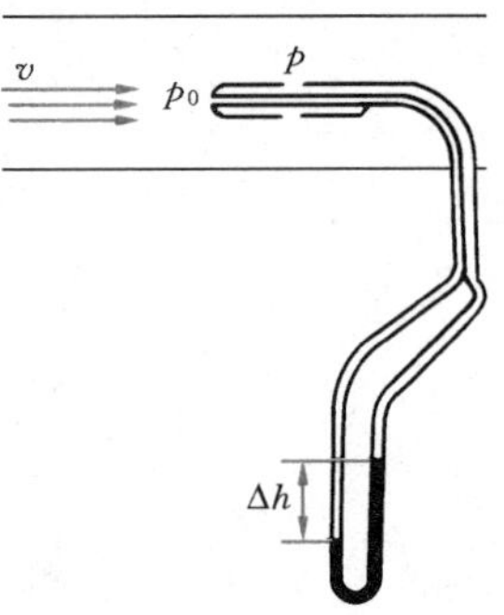

图 12-11　习题 12.11 图

12.12　20℃的氮气绕物体流动，测得物体前面驻点气体的温度为 40℃，已知氮气 $R=296$J/(kg·K)，$k=1.4$，求气流的趋近流速。

12.13　高压蒸汽由收缩喷管出流，在喷管进口断面处，流速为 200m/s，温度为 350℃，压强为 1MPa，蒸汽流在喷管中被加速，在出口处 $Ma=0.9$，已知蒸汽 $R=462$J/(kg·K)，$k=1.33$，求出口速度。

12.14　氦气在直径 $D=200$mm，长 $L=600$m 的管道中作等温流动，已知进口断面的速度 $v_1=90$m/s，压强 $p_1=1380$kN/m^2，温度 $t_1=25$℃，氦气 $R=2077$J/(kg·K)，$k=1.67$，沿程摩阻系数 $\lambda=0.015$。求：(1) 管道出口的压强和流速；(2) 如按不可压缩流体计算，出口的压强和流速。

12.15　空气从压强为 300kN/m^2、温度 15℃的大型贮气罐中，经直径 50mm、长 85m 的管道中绝热出流，出口压强为 120kN/m^2，沿程摩阻系数 $\lambda=0.024$，求质量流量。

12.16　直径 $d=20$mm，长 $l=3000$m 的燃气管道，已知进口断面的压强 $p_1=980$kPa、温度 $T_1=300$K，出口断面的压强 $p_2=490$kPa，燃气的气体常数 $R=490$J/(kg·K)，绝热指数 $R=1.3$，管道的沿程摩阻系数 $\lambda=0.012$，按等温流动计算，求通过的重力流量及出口断面的马赫数。

（拓展习题）

（拓展习题答案）

部分习题答案

1.9 2kg，19.6N
1.10 900kg/m^3
1.11 5.88×10^{-6}m^2/s
1.12 0.05Pa·s
1.13 1.0N
1.14 39.5N·m
1.15 1.98×10^9N/m^2
1.16 ≈12 转
1.17 0.36m^3
1.18 533×10^5N/m^2
1.19 435.44kPa

2.12 13.33～15.99kPa（收缩压），7.99～11.99kPa（舒张压）
2.13 14994N/m^2
2.14 −5880N/m^2
2.15 $P=352.8$kN，$N=274.4$kN
2.16 37704N/m^2，29597.6N
2.17 264796Pa
2.18 $p=p_0$
2.20 117.6kN/m^2
2.21 657.75kN
2.22 30.99kN
2.23 88.2kN，距底 1.5m
2.24 $y=0.44$m
2.25 98kN
2.26 1.414m，2.586m
2.27 23.45kN，$\theta=19.85°$
2.28 $P_x=\frac{1}{2}\rho gh^2$，$P_z=-\frac{2}{3}\rho gh\sqrt{\frac{h}{a}}$
2.29 $0.7\rho gR^3$；$x_D=y_D=0.473R$，$Z_D=0.743R$
2.31 $P_x=29.23$kN，$P_z=2.56$kN
2.32 153.86N，0，0
2.33 0.11，11.4%

3.7 35.86m/s^2
3.8 13.06m/s^2
3.9 70.65m/s
3.10 $y=\frac{b}{a}x+c$
3.11 $x^2+y^2=c$
3.12 $\frac{3}{2}x-y=c$
3.13 （1）否，（2）能，（3）否
3.14 $u_x=-2x-2xy$

3.15　7.5m/s

3.16　$q=\frac{4}{3}bu_{max}$

3.17　(1) $\omega_z=\alpha$，$\varepsilon_{xy}=\varepsilon_{yz}=\varepsilon_{zx}=0$
　　(2) $\omega_z=0$，$\varepsilon_{xy}\neq 0$

3.18　$\omega_x=\omega_y=\omega_z=\frac{1}{2}$

　　$\varepsilon_{xy}=\varepsilon_{yz}=\varepsilon_{zx}=\frac{5}{2}$

4.7　$B\to A$
4.8　3.85m/s
4.9　10.9L/s
4.10　235.5mm
4.11　51.1L/s
4.12　1.23m
4.13　1.499m^3/s
4.14　$p_1=-64.5$Pa，$p_2=967.5$Pa
4.15　11.72m
4.16　2.06kN
4.17　142.86kN
4.18　98.35kN，120.05kN
4.19　8.46m^3/s，22.46kN

5.5　(1) $\psi=\frac{1}{2}(x^2+y^2)$；(2) 不存在；

　　(3) $\varphi=\frac{1}{3}x^3-y^2x+\frac{1}{2}x^2-\frac{1}{2}y^2$，$\psi=(x+1)xy-\frac{1}{3}y^3$

5.6　$\psi=10y^2$，否

5.7　$\psi=-\frac{2y}{x^2-y^2}$，$u_x=-\frac{2(x^2+y^2)}{(x^2-y^2)^2}$，$u_y=\frac{4xy}{(x^2-y^2)^2}$

5.8　$\varphi=\frac{1}{2}x^2-3x-\frac{1}{2}y^2-2y$，$u_x=x-3$，$u_y=-y-2$

5.9　$u_x=-\frac{y}{x^2+y^2}$，$u_y=\frac{x}{x^2+y^2}$　($u_\theta=\frac{1}{r}$，$u_r=0$)

5.10　$\varphi=-2\alpha xy$

5.13　$\psi=U_0y-\frac{q}{2\pi}\arctan\frac{y}{x}$，$x_s=\frac{q}{2\pi U_0}$，$U_0y-\frac{q}{2\pi}=0$

5.14　$\alpha=54.7°$
5.15　18.67rad/s
5.16　−2462N，3977N

5.17　$x^2+\left(z-\frac{g}{\omega^2}\right)^2=\left(\frac{g}{\omega^2}\sqrt{1+\frac{p-p_0}{\rho g}\frac{2\omega^2}{g}}\right)^2$

5.18　11.07rad/s

6.10　$s=kgt^2$
6.11　$N=kM\omega$

6.12　$a=\sqrt{\frac{K}{\rho}}$

6.13　$y_{max}=k\frac{ql^4}{EI}$

6.14 $q=m\sqrt{2g}H^{3/2}$

6.17 $Q=\frac{\pi d^2}{4}\sqrt{2gH}\phi\left(\frac{d}{H}, \frac{vH\rho}{\mu}\right)$

6.18 0.034L/s，1.296m

6.19 2.26m^3/s

6.20 1.0m，1.4kN

6.21 74.67N/m^2，−35.56N/m^2

6.22 32.2min

6.23 8320kN

6.24 7.61，1234N

6.25 8.94m/s，62.61m^3/s，320kN

7.13 紊流；$v_c=0.03$m/s

7.14 6.77L/s；紊流

7.15 紊流

7.16 0.743m

7.17 1.94cm

7.18 5.19L/s

7.19 0.176m

7.20 1.68m (c)，1.36m (H-W)

7.21 0.0144

7.22 (1) 0.785；(2) 0.866

7.23 $\zeta=12.82$

7.24 $H>(1+\zeta)d/\lambda$

7.25 $v_2=\frac{1}{2}v_1$，$d_2=\sqrt{2}d_1$

7.26 3.12L/s；101.12N/m^2

7.27 0.022

7.28 43.9m

7.29 19.5，0.024m^3/s

7.30 214.15；482.25

7.31 2314N

7.32 15kW；5.25kW

8.8 $\varepsilon=0.64$，$\mu=0.62$，$\varphi=0.97$，$\zeta=0.06$

8.9 (1) 1.219L/s；(2) 1.612L/s；(3) 1.5m

8.10 (1) $h_1=1.07$m，$h_2=1.43$m；(2) 3.56L/s

8.11 394s

8.12 7.89h

8.13 $t=\frac{4lD^{3/2}}{3\mu A\sqrt{2g}}$

8.14 14.13L/s，3.11m

8.15 752.09kN/m^2

8.16 2.14L/s

8.17 334s

8.18 58L/s

8.19 108.7kN/m^2

8.20 10.14m

8.21 1.26

8.23 3.64

8.24　1604kPa；1507kPa
8.25　(1) 0，1.73L/s；(2) 2.25L/s，0.2L/s；(3) 1.1L/s，19.7
8.26　8.8L/s，24.5m，64%，3.3kW
8.27　H=35.6m，N=44.4kW

9.11　0.033，0.05，0.0428
9.12　3.09m^3/s
9.13　h=1.54m，b=3.08m
9.14　h=0.5m，b=2m
9.15　d=0.493m，取 500mm
9.16　0.91m^3/s
9.17　0.67m
9.18　h_c=0.6m，i_c=0.0077
9.19　$h''=2h'$
9.22　Q=0.283m^3/s，h_c=0.202m

10.7　0.274m^3/s
10.8　$Q_{(4)}$=8.97m^3/s
10.9　$Q_{(4)}$=8.16m^3/s
10.10　2.3m
10.11　0.57m
10.12　0.073m
10.13　2.47%
10.14　3.81m 取 4m

11.6　0.0106cm/s
11.7　4.8mL/s
11.8　1.75m^3/(d·m)
11.9　14.26L/s
11.10　0.00146m/s，54m^3/h

12.6　4360m
12.7　0.96；1.12
12.8　5.7s
12.9　225.08m/s
12.10　a_0=343.11m/s，a=323.1m/s，258.5m/s，321.5kPa
12.11　242.7m/s，257.74m/s
12.12　203.5m/s
12.13　527.55m/s
12.14　(1) 884.7kPa，140.4m/s；(2) 973.6kPa，90m/s
12.15　0.292kg/s
12.16　50.77N/s，0.113

名 词 索 引

A

B

C

D

E

F

G

K

M

N

O

P

Q

R

S

T

X

Z

主 要 参 考 文 献

[1] 刘鹤年主编. 流体力学. 第 3 版. 北京：中国建筑工业出版社，2016.

[2] 全国高等教育自学考试指导委员会组编. 刘鹤年主编. 流体力学. 武汉：武汉大学出版社，2006.

[3] 屠大燕主编. 流体力学与流体机械. 北京：中国建筑工业出版社，1994.

[4] 清华大学水力学教研组编. 董曾南主编. 水力学(上册). 北京：高等教育出版社，1995.

[5] 清华大学水力学教研组编. 余常昭主编. 水力学(下册). 北京：高等教育出版社，1996.

[6] 李玉柱，苑明顺编. 流体力学. 第 2 版. 北京：高等教育出版社，2008.

[7] 李玉柱，贺五洲主编. 工程流体力学(上册). 北京：清华大学出版社，2006.

[8] 李玉柱，江春波主编. 工程流体力学(下册). 北京：清华大学出版社.

[9] 水力学与山区河流开发保护国家重点实验室(四川大学)编. 吴持恭主编. 水力学(上册，下册). 4 版. 北京：高等教育出版社，2008.

[10] 闻德荪主编. 工程流体力学(水力学)上、下册. 第 3 版. 北京：高等教育出版社，2010.

[11] 龙天渝，蔡增基主编. 流体力学. 第 2 版. 北京：中国建筑工业出版社，2013.

[12] 毛根海主编. 应用流体力学. 北京：高等教育出版社，2006.

[13] 赵振兴，何建京编著. 水力学. 北京：清华大学出版社，2005.

[14] 陈卓如主编. 工程流体力学. 第 3 版. 北京：高等教育出版社，2013.

[15] 夏震寰. 现代水力学(一)、(二). 第 1 版. 北京：高等教育出版社，1990.

[16] 张长高. 水动力学. 第 1 版. 北京：高等教育出版社，1993.

[17] 章梓雄，董曾南编著. 黏性流体力学. 第 2 版. 北京：清华大学出版社，2011.

[18] E. John Finnemore，JosephB. Franzini. Fluid Mechanics with Engineering Applications (Tenth Edition). 北京：清华大学出版社影印版，2003.

[19] V. L. Streeter，E. B. Wylie 著. 周均长，郝中堂，冯士明，钟学正，郑文康译. 流体力学. 第 1 版. 北京：高等教育出版社，1988.

[20] 林泰造著. 基礎水理学. 第 5 刷発行. 東京：鹿島出版会，2000.

[21] 日野幹雄著. 流体力学. 第 17 刷発行. 東京：朝倉書店，2007.

[22] 陸浩，高冬光编著. 桥梁水力学. 第 1 版. 北京：人民交通出版社，1991.

[23] 沈仲棠，刘鹤年合编．非牛顿流体力学及其应用．第 1 版．北京：高等教育出版社，1989.

[24] 中村喜代次著．非ニュートン流体力学．第 4 刷発行．東京：コロナ社，2008.

[25] 水利部水利水电规划设计总院．河海大学(主编单位)．刘志明，王德信，汪德爟主编．水工设计手册．第 2 版．第 1 卷．北京：中国水利水电出版社，2011.

[26] 日本土木学会．水理公式集．昭 46.

[27] Hunter Rouse & Simon Ince. History of Hydranlics (Iowa Institute of Hydraulic Research)．日译本.高橋　裕，鈴木高明訳．水理学史．東京：鹿島出版会，1974.

[28] 伊藤英覚、本田睦．流体力学．第 12 刷発行．東京：丸善株式会社，1995.